U0190437

应用型本科教育数学基础教材
编　委　会

主任　祝家贵　许志才

委员　（以姓氏笔画为序）

王家正　宁　群　李远华

李宝萍　李烈敏　张千祥

陈　秀　赵建中　胡跃进

黄海生　梅　红　翟明清

应用型本科教育数学基础教材
普通高等学校“十三五”省级规划教材

Linear Algebra

线性代数

（第2版）

宁 群◎主编

中国科学技术大学出版社

内容简介

本书根据安徽省应用型本科高校联盟关于应用型本科教育数学基础教材的编写要求编写，入选安徽省“十三五”省级规划教材. 全书贯彻了以“问题驱动”构建知识体系，通过“实际案例(问题)”引入“抽象概念”，用“问题”和“问题解决”贯穿课程内容的理念. 本书以“知识要点”的架构形式陈述章节内容，更有利于学生学习和掌握知识体系；在MATLAB“零基础”的前提下，直接使用MATLAB作为计算工具，降低了因“计算”而产生的学习困难；以“初等变换”作为“基本算法”，揭示了矩阵运算、线性方程组、向量空间、行列式、矩阵的等价、相似与合同等知识内容所蕴含的数学思想方法；通过实际问题的解决，诠释了“线性代数是理工、经管类专业必修的工具课程”的意义.

本书适合应用型本科高校理工、经管类专业作为教材使用.

图书在版编目(CIP)数据

线性代数/宁群主编. —2版. —合肥：中国科学技术大学出版社，2019.2(2021.6重印)
(应用型本科教育数学基础教材)
ISBN 978-7-312-04631-5

Ⅰ.线…　Ⅱ.宁…　Ⅲ.线性代数—高等学校—教材　Ⅳ.O151.2

中国版本图书馆CIP数据核字(2019)第005885号

出版　中国科学技术大学出版社
安徽省合肥市金寨路96号，230026
http://press.ustc.edu.cn
https://zgkxjsdxcbs.tmall.com
印刷　合肥市宏基印刷有限公司
发行　中国科学技术大学出版社
经销　全国新华书店
开本　710 mm×1000 mm　1/16
印张　13.5
字数　280千
版次　2013年8月第1版　2019年2月第2版
印次　2021年6月第8次印刷
定价　32.00元

总　　序

1998 年以来，出现了一大批以培养应用型人才为主要目标的地方本科院校，且办学规模日益扩大，已经成为我国高等教育的主体，为实现高等教育大众化作出了突出贡献. 但是，作为知识与技能重要载体的教材建设没能及时跟上高等学校人才培养规格的变化，较长时间以来，应用型本科院校仍然使用精英教育模式下培养学术型人才的教材，人才培养目标和教材体系明显不对应，影响了应用型人才培养质量. 因此，认真研究应用型本科教育教学的特点，加强应用型教材研发，是摆在应用型本科院校广大教师面前的迫切任务.

安徽省应用型本科高校联盟组织联盟内 13 所学校共同开展应用数学类教材建设工作，成立了“安徽省应用型高校联盟数学类教材建设委员会”，于 2009 年 8 月在皖西学院召开了应用型本科数学类教材建设研讨会，会议邀请了中国高等教育学著名专家潘懋元教授作应用型课程建设专题报告，研讨数学类基础课程教材的现状和建设思路. 先后多次召开课程建设会议，讨论大纲，论证编写方案，并落实工作任务，使应用型本科数学类基础课程教材建设工作迈出了探索的步伐. 即将出版的这套丛书共计 6 本，包括《高等数学（文科类）》《高等数学（工程类）》《高等数学（经管类）》《高等数学（生化类）》《应用概率与数理统计》和《线性代数》，相关讲义已在参编学校使用两届，并经过多次修改. 教材明确定位于“应用型人才培养”目标，其内容体现了教学改革的成果和教学内容的优化，具有以下主要特点：

1. 强调“学以致用”. 教材突破了学术型本科教育的知识体系，降低了理论深度，弱化了理论推导和运算技巧的训练，加强对“应用能力”的培养.

2. 突出“问题驱动”. 把解决实际工程问题作为学习理论知识的出发点和落脚点，增强案例与专业的关联度，把解决应用型习题作为教学内容的有效补充.

3. 增加“实践教学”. 教材中融入了数学建模的思想和方法，把数学应用软件的学习和实践作为必修内容.

4. 改革“教学方法”. 教材力求通俗易懂，要求教师重点讲透思想方法，开展课堂讨论，引导学生掌握解决问题的精要.

这套丛书是安徽省应用型本科高校联盟几年来大胆实践的成果，在此，我要感谢这套丛书的主编单位以及编写组的各位老师，感谢他们这几年在编写过程中的付出与贡献. 同时感谢中国科学技术大学出版社为这套教材的出版提供了服务和平台. 希望我省的应用型本科教育多为国家培养应用型人才.

当然，开展应用型本科教育的研究和实践，是我省应用型本科高校联盟光荣而又艰巨的历史任务，这套丛书的出版，只是万里长征走完了第一步，今后任重而道远，需要大家继续共同努力，创造更好的成绩！

2013 年 7 月

第 2 版前言

本书更好地贯彻了以“问题驱动”建构课程体系的基本思想，坚持了通过“实际案例 (问题)”引入“抽象概念”，把“初等变换”作为“基本算法”，用“问题”和“问题解决”贯穿课程内容的理念. 在此基础上，本次修订的重点体现在以下几个方面：

(1) 调整了若干章节的内容

例如，先讲授矩阵的初等行变换和标准形，再引入可逆矩阵的概念和逆矩阵的求法；介绍了矩阵的运算及其性质之后，再介绍矩阵的分块技术；在不影响课程知识体系的严谨要求的基础上，减少了相应“数学理论”的推演过程，将关于“向量空间”的 6 节内容压缩为 4 节内容，把关于“行列式”的 3 节内容压缩为 2 节内容.

(2) 直截了当地将 MATLAB 作为线性代数课程的基本计算工具引入教材

MATLAB 在解决线性代数的相关计算问题时，有着“不可替代”的工具作用. 线性代数的课程教学，不应该排斥现代计算工具. 在不增加教学内容和 MATLAB“零基础”的前提下，通过具体实例演示，引入了“矩阵在初等行变换下的标准形”“矩阵的求逆”“基础解系”“行列式”“特征值和特征向量”等 MATLAB 的运算函数，学生只要重复教材中的演示过程，就能初步掌握常用的基本算法，并在 MATLAB 的命令窗口中实现相应的运算.

(3) 利用初等行变换下方阵化得到的三角形矩阵，定义方阵的行列式

将方阵的某一行的倍数加到另一行，可以把方阵化成三角形矩阵. 所得三角形矩阵的对角元素的乘积定义为方阵的行列式.

(4) 用“知识点”建构章节的知识体系，更便于理解和掌握章节内容

例如，将“矩阵的关系和运算”一节的相关知识，划分为“矩阵的相等”“矩

阵的加法”等 8 个知识点；将“矩阵的逆”一节的知识，划分为“初等矩阵都是可逆矩阵”“可逆矩阵的逆矩阵是唯一的”等 10 个知识点，等等.

本书凝聚了作者从事线性代数课程教学三十余年的经验，也反映了作者对线性代数课程知识体系的理解. 与本书配套的电子教案、各章节的习题和练习的详细解答等教学材料，可以扫描书中和书后的二维码获取.

作者衷心感谢中国科学技术大学出版社为本书的出版付出的辛勤劳动！衷心感谢对本书的修订提出宝贵意见和建议的各位老师！衷心感谢秦春艳老师为本书的校对所付出的辛苦！

本书是安徽省省级公共数学教学团队项目 (2016jxtd122) 的建设成果之一.

宁　群

2018 年 12 月于宿州学院

前　言

线性代数是理工、经管类专业必修的一门专业基础课程，也是一门学科工具课程. 这门课程主要是以矩阵、行列式、数组向量空间等为主要工具，来研究一般线性方程组解的存在性和解的表示，同时考虑其他数学对象的矩阵表示以及相互关系等. 本书的撰写也是围绕着上述内容展开的.

在第 1 章我们使用了“开门见山”的方式对矩阵展开了讨论. 首先通过一些实例，给出了矩阵的数学表示，定义了矩阵的基本关系和运算，讨论了矩阵的求逆等. 对于矩阵的求逆，我们尝试了另外一种处理方式，即直接引入矩阵的初等变换，将初等变换作为一种“基本算法”，利用初等变换、初等矩阵与矩阵乘积的关系，给出矩阵求逆的初等 (行) 变换法.

第 2 章主要利用初等变换讨论一般的线性方程组，引入了“高斯消元法”，解决了线性方程组有解的判定和通解的表示问题.

第 3 章从线性方程组的表示入手，给出了一般数组向量空间的结构. 在这一章中，我们重点讨论了向量组的线性相关性和向量组的秩概念，利用向量组的线性相关性和秩概念讨论了一般线性方程组解的判定和解的表示问题.

行列式作为线性代数的基本教学内容，我们将其安排在了第 4 章. 在这一章中，我们采用了“非传统”的行列式定义方式：利用“初等变换”来定义行列式. 初等变换是对矩阵 (行列式) 的一种变形操作，是通常情况下计算行列式的主要方法，利用初等变换定义行列式，可以淡化“抽象的行列式”概念，使得行列式变得具体. 基于行列式的初等变换定义，重点讨论了行列式的性质以及行列式的计算，并利用初等变换证明了“积的行列式等于行列式的积”“转置不改变行列式的值”“行列式的按行 (列) 展开定理”等，最后给出了线性方程组的克莱姆法则.

第 5 章主要讨论了矩阵的等价、合同、相似关系，给出了两个矩阵等价、合同、相似的若干条件. 作为矩阵合同和相似的应用，最后一节讨论了二次型.

撰写本书的主要出发点是突出线性代数知识的应用. 在编写过程中, 我们尽可能地突出以下几点:

(1) 将“初等变换”作为线性代数的“基本算法”. 第 1 章的矩阵求逆、第 2 章的线性方程组的有解判定、第 3 章的线性相关性判定和秩的求法、第 4 章的行列式以及第 5 章的矩阵等价与合同等, 都是利用“初等变换”来进行讨论的. 强化“初等变换”的作用, 可以使得抽象的理论变成一种可以通过“变形操作”来实现的具体过程, 实现线性代数内容的“具体化”.

(2) 尽可能利用“实际案例或问题”来引入“抽象概念”, 突出理论的应用背景. 我们以统计表格为案例引入了矩阵, 以线性方程组的表示为问题, 引入了数组向量空间.

(3) “问题驱动”是引导学生思考的最好方法. 在编写的过程中, 我们将后面要解决的“问题”在前面相关的内容或问题解决中自然地提出, 使整个内容都围绕解决问题而展开, 以“问题”和“问题解决”将线性代数的内容构成了一个有机整体.

(4) 尽可能多地选择具有应用背景的实际问题作为习题. 为了突出线性代数知识的应用, 我们尽可能地选配了具有应用背景的问题作为相应章节的习题. 利用线性代数知识解决具有实际背景的问题, 可以促进学生利用代数知识进行数学建模方面能力的提高和意识水平的提升.

本书体现了作者个人对线性代数的知识体系和蕴含在其中的数学思想方法的理解. 限于作者水平, 书中所陈述的知识体系以及对蕴含在知识体系中的数学思想方法的揭示, 可能都没有达到预期目的. 但尝试着去革新传统的线性代数知识体系, 尽可能地去揭示线性代数中蕴含的数学思想方法总是有益的.

本书编写过程中, 参阅了大量的相关文献, 在此向它们的作者表示感谢!

作者衷心感谢巢湖学院祝家贵院长对本书进行的审校工作, 衷心感谢林永博士对本书写作提出的宝贵意见和建议, 衷心感谢刘钢老师、杜玉霞老师、郝家芹老师为本书的习题选配所付出的劳动.

宁　群

2013 年 4 月于宿州学院

目　　录

第 1 章　矩阵及其运算

1.1　引　　例

引例 1.1　安徽省境内的淮南矿业、淮北矿业、皖北煤电集团公司, 年生产煤炭的能力均在千万吨的水平. 三个集团公司生产的焦煤和动力煤主要销往安徽、上海、江苏、浙江等地. 表 1.1~表 1.4 分别给出了三个集团公司在 2017 年度销往各地的煤炭数量（单位：万吨）和价格（单位：万元 / 万吨）.

表 1.1　焦煤销量表

销地 产地	安徽	上海	江苏	浙江
淮南矿业	110	70	60	90
淮北矿业	120	80	50	80
皖北煤电	100	60	40	70

表 1.2　焦煤销售价格表

产地 销地	淮南矿业	淮北矿业	皖北煤电
安徽	1 330	1 352	1 340
上海	1 360	1 362	1 361
江苏	1 345	1 346	1 348
浙江	1 350	1 355	1 353

表 1.3　动力煤销量表

销地 产地	安徽	上海	江苏	浙江
淮南矿业	230	420	260	200
淮北矿业	250	360	380	260
皖北矿业	110	230	140	300

表 1.4　动力煤销售价格表

产地 / 销地	淮南矿业	淮北矿业	皖北煤电
安徽	680	685	680
上海	715	710	712
江苏	690	685	690
浙江	700	695	705

表 1.1~表 1.4 是三个集团公司煤炭销售情况的统计表, 省却统计表的表头、行标题、列标题, 只留下数字, 并按数字原来的相对位置分别组成纯数字的数表, 并用“( )”表示, 分别记为 $\boldsymbol{A},\boldsymbol{B},\boldsymbol{C},\boldsymbol{D}$, 具体如下:

$$\boldsymbol{A}=\begin{pmatrix}110&70&60&90\\120&80&50&80\\100&60&40&70\end{pmatrix},\ \boldsymbol{B}=\begin{pmatrix}1330&1352&1340\\1360&1362&1361\\1345&1346&1348\\1350&1355&1353\end{pmatrix},$$

$$\boldsymbol{C}=\begin{pmatrix}230&420&260&200\\250&360&380&260\\110&230&140&300\end{pmatrix},\boldsymbol{D}=\begin{pmatrix}680&685&680\\715&710&712\\690&685&690\\700&695&705\end{pmatrix}.$$

$\boldsymbol{A}$ 与 $\boldsymbol{C}$ 都是由 12 个数构成的 3 行 4 列的数表, $\boldsymbol{B}$ 与 $\boldsymbol{D}$ 都是由 12 个数构成的 4 行 3 列的数表, 这种由 $m\times n$ 个数构成的 m 行、 n 列的数表, 称为 m 行 n 列矩阵.

定义 1.1　设 $a_{ij}(i=1,2,\cdots,m;j=1,2,\cdots,n)$ 是 $m\times n$ 个数, 由 a_{ij} 排成 m 行、 n 列的数表 $\begin{pmatrix}a_{11}&a_{12}&\cdots&a_{1n}\\a_{21}&a_{22}&\cdots&a_{2n}\\\vdots&\vdots&&\vdots\\a_{m1}&a_{m2}&\cdots&a_{mn}\end{pmatrix}$, 称为 m 行、 n 列矩阵, 也称 $m\times n$ 阶矩阵.

矩阵通常用大写的英文字母 $\boldsymbol{A}, \boldsymbol{B}, \boldsymbol{C}$ 等表示, 也用 $(a_{ij})_{m\times n}$ 表示. 称 a_{ij} 为矩阵 $(a_{ij})_{m\times n}$ 第 i 行、第 j 列的元素 $(i=1,2,\cdots,m;j=1,2,\cdots,n)$, $(a_{k1}\ \ a_{k2}\ \ \cdots\ \ a_{kn})$ 为矩阵 $(a_{ij})_{m\times n}$ 的第 $k(k=1,2,\cdots,m)$ 行; $\begin{pmatrix}a_{1l}\\a_{2l}\\\vdots\\a_{ml}\end{pmatrix}$ 为矩阵 $(a_{ij})_{m\times n}$ 的第 $l(l=1,2,\cdots,n)$ 列.

引例 1.1 中, 矩阵 $\boldsymbol{A}$ 的第 1 行 $(110\quad 70\quad 60\quad 90)$ 的元素, 分别是淮南矿业集团

销往各地焦煤的数量, $\boldsymbol{B}$ 的第 1 列 $\begin{pmatrix}1330\\1360\\1345\\1350\end{pmatrix}$ 的元素, 分别是淮南矿业集团销往各地焦煤的相应价格, 把它们对应位置的元素相乘并相加, 即

$$110\times1330+70\times1360+60\times1345+90\times1350=443\,700,$$

得到淮南矿业集团 2017 年度销售焦煤的总收入 443 700(万元).

类似地, $\boldsymbol{A}$ 的第 2 行元素与 $\boldsymbol{B}$ 的第 2 列元素, 对应位置的元素相乘并相加, 得到淮北矿业集团 2017 年度销售焦煤的总收入.

利用计算机和 MATLAB 软件, 可以高效地计算上述数值.

在已经安装 MATLAB 软件的计算机上, 运行 MATLAB 软件, 在命令窗口中输入以下内容 (包括括号、空格、逗号、分号等符号):

A = [110　70　60　90;120　80　50　80;100　60　40　70],

B = [1330　1352　1340;1360　1362　1361;1345　1346　1348;1350　1355　1353],

E = A ∗ B

完成输入, 点击“回车”键, 命令窗口中出现如图 1.1 的内容.

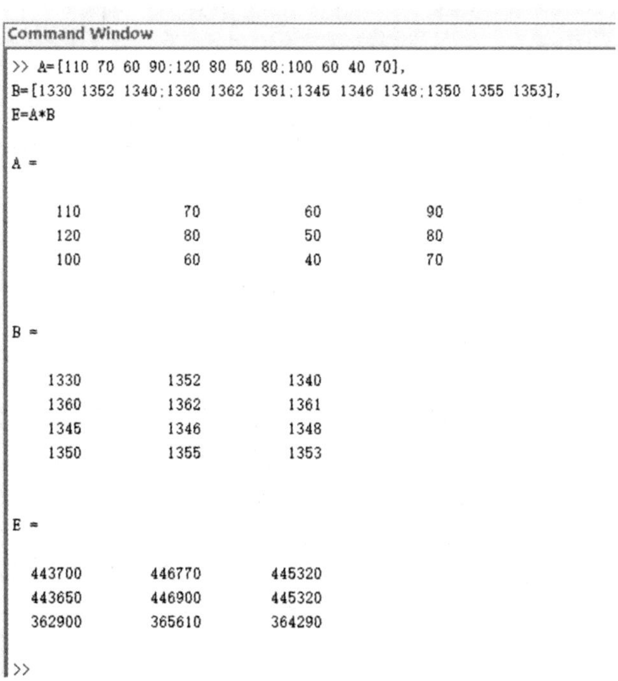

```
Command Window
>> A=[110 70 60 90;120 80 50 80;100 60 40 70],
B=[1330 1352 1340;1360 1362 1361;1345 1346 1348;1350 1355 1353],
E=A*B

A =

   110    70    60    90
   120    80    50    80
   100    60    40    70


B =

  1330  1352  1340
  1360  1362  1361
  1345  1346  1348
  1350  1355  1353


E =

  443700  446770  445320
  443650  446900  445320
  362900  365610  364290

>>
```

图 1.1

命令窗口中输出的运算结果分别是矩阵 $\boldsymbol{A}$, $\boldsymbol{B}$, $\boldsymbol{E}$, 且

$$\boldsymbol{A}=\begin{pmatrix}110&70&60&90\\120&80&50&80\\100&60&40&70\end{pmatrix},\ \boldsymbol{B}=\begin{pmatrix}1\,330&1\,352&1\,340\\1\,360&1\,362&1\,361\\1\,345&1\,346&1\,348\\1\,350&1\,355&1\,353\end{pmatrix},$$

$$\boldsymbol{E}=\begin{pmatrix}443\,700&446\,770&445\,320\\443\,650&446\,900&445\,320\\362\,900&365\,610&364\,290\end{pmatrix}.$$

$\boldsymbol{E}$ 是由 3×3 个元素构成的 3 行 3 列的矩阵, 如果记 $\boldsymbol{E}=\left(e_{ij}\right)_{3\times3}$, 则

$$e_{11}=443\,700,\ e_{12}=446\,770,\ e_{13}=445\,320,$$

$$e_{21}=443\,650,\ e_{22}=446\,900,\ e_{23}=445\,320,$$

$$e_{31}=362\,900,\ e_{32}=365\,610,\ e_{33}=364\,290.$$

$\boldsymbol{A}$ 的第 i 行元素, $\boldsymbol{B}$ 的第 j 列元素, 对应位置的元素相乘并相加, 得元素 e_{ij}. 例如:

$\boldsymbol{A}$ 的第 2 行 $\begin{pmatrix}120&80&50&80\end{pmatrix}$ 的元素与 $\boldsymbol{B}$ 的第 2 列 $\begin{pmatrix}1\,352\\1\,362\\1\,346\\1\,355\end{pmatrix}$ 的元素, 对应位置元素相乘并相加, 得

$$e_{22}=120\times1\,352+80\times1\,362+50\times1\,346+80\times1\,355=446\,900.$$

数值 $e_{22}=446\,900$(万元) 是淮北矿业集团销往各地的焦煤数量与销售价格乘积的和, 也就是淮北矿业集团 2017 年度销售焦煤的总收入.

$\boldsymbol{A}$ 的第 3 行 $\begin{pmatrix}100&60&40&70\end{pmatrix}$ 的元素与 $\boldsymbol{B}$ 的第 3 列 $\begin{pmatrix}1\,340\\1\,361\\1\,348\\1\,353\end{pmatrix}$ 的元素, 对应位置元素相乘并相加, 得

$$e_{33}=100\times1\,340+60\times1\,361+40\times1\,348+70\times1\,353=364\,290.$$

数值 $e_{33}=364\,290$(万元) 是皖北煤电集团销往各地的焦煤数量与销售价格乘积的和, 也就是皖北煤电集团 2017 年度销售焦煤的总收入.

用矩阵 $\boldsymbol{A}$ 的每一行的元素与矩阵 $\boldsymbol{B}$ 的每一列的元素, 对应位置元素相乘并相加, 得到的数值作为相应位置的元素, 确定的矩阵 $\boldsymbol{E}$, 称为 $\boldsymbol{A}$ 与 $\boldsymbol{B}$ 的乘积, 记作 $\boldsymbol{E}=\boldsymbol{AB}$.

在 MATLAB 的命令窗口中输入以下内容 (包括括号、空格、逗号、分号等符号):

```
C = [230 420 260 200;250 360 380 260;110 230 140 300],
D = [680 685 680;715 710 712;690 685 690;700 695 705],
F = C*D
```

完成输入, 点击“回车”键, 命令窗口中出现如图 1.2 的内容.

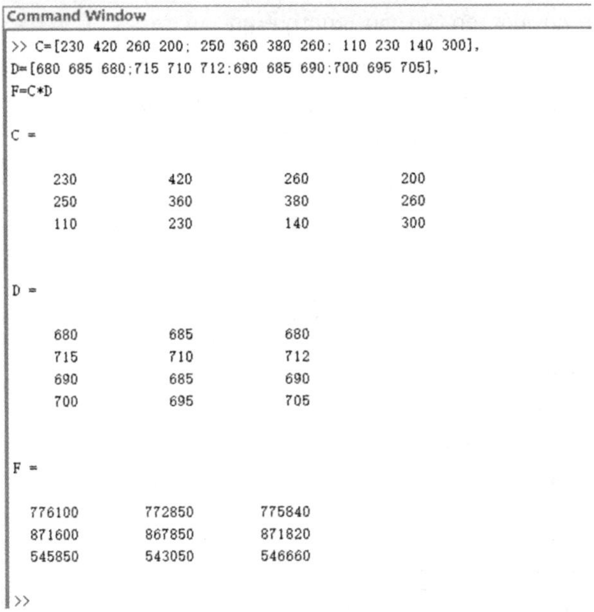
Command Window
>> C=[230 420 260 200; 250 360 380 260; 110 230 140 300],
D=[680 685 680;715 710 712;690 685 690;700 695 705],
F=C*D
C =
230 420 260 200
250 360 380 260
110 230 140 300
D =
680 685 680
715 710 712
690 685 690
700 695 705
F =
776100 772850 775840
871600 867850 871820
545850 543050 546660
>>

图 1.2

命令窗口中输出的运算结果分别是矩阵 $\boldsymbol{C}$, $\boldsymbol{D}$, $\boldsymbol{F}$, 且

$$\boldsymbol{C}=\begin{pmatrix}230&420&260&200\\250&360&380&260\\110&230&140&300\end{pmatrix},\ \boldsymbol{D}=\begin{pmatrix}680&685&680\\715&710&712\\690&685&690\\700&695&705\end{pmatrix},$$

$$\boldsymbol{F}=\begin{pmatrix}776\,100&772\,850&775\,840\\871\,600&867\,850&871\,820\\545\,850&543\,050&546\,660\end{pmatrix},$$

其中, $\boldsymbol{F}=\boldsymbol{CD}$. 若记 $\boldsymbol{F}=\left(f_{ij}\right)_{3\times 3}$, 则

$$\begin{aligned}&f_{11}=776\,100,\quad f_{12}=772\,850,\quad f_{13}=775\,840,\\&f_{21}=871\,600,\quad f_{22}=867\,850,\quad f_{23}=871\,820,\\&f_{31}=545\,850,\quad f_{32}=543\,050,\quad f_{33}=546\,660.\end{aligned}$$

由 $\boldsymbol{C}$, $\boldsymbol{D}$ 中数据的实际意义和矩阵乘法的意义,$\boldsymbol{F}$ 中的数据有以下实际意义:

$f_{11}=776\,100$(万元) 是淮南矿业集团 2017 年度销售动力煤的总收入;

$f_{22}=867\,850$(万元) 是淮北矿业集团 2017 年度销售动力煤的总收入;

$f_{33}=546\,660$(万元) 是皖北煤电集团 2017 年度销售动力煤的总收入.

而 $e_{11}+f_{11}$,$e_{22}+f_{22}$,$e_{33}+f_{33}$ 分别是三个集团公司销售煤炭的总收入.

在 MATLAB 的命令窗口中输入以下内容 (包括括号、空格、逗号、分号等符号):

A = [110 70 60 90;120 80 50 80;100 60 40 70];

B = [1330 1352 1340;1360 1362 1361;1345 1346 1348;1350 1355 1353];

C = [230 420 260 200;250 360 380 260;110 230 140 300];

D = [680 685 680;715 710 712;690 685 690;700 695 705];

E = A * B, F = C * D, K = E + F

完成输入, 点击 "回车" 键, 命令窗口中出现如图 1.3 的内容.

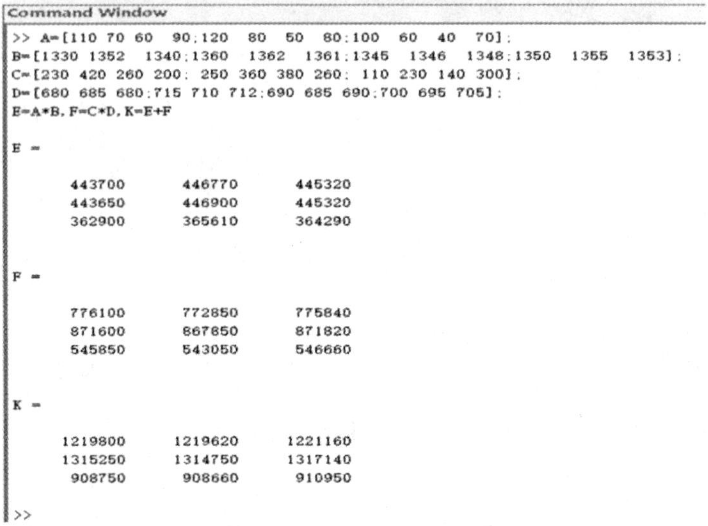

```
Command Window
>> A=[110 70 60  90;120  80  50  80;100  60  40  70];
B=[1330 1352  1340;1360  1362  1361;1345  1346  1348;1350  1355  1353];
C=[230 420 260 200; 250 360 380 260; 110 230 140 300];
D=[680 685 680;715 710 712;690 685 690;700 695 705];
E=A*B, F=C*D, K=E+F

E =

      443700       446770       445320
      443650       446900       445320
      362900       365610       364290


F =

      776100       772850       775840
      871600       867850       871820
      545850       543050       546660


K =

     1219800      1219620      1221160
     1315250      1314750      1317140
      908750       908660       910950

>>
```

图 1.3

命令窗口输出的运算结果, 不仅计算了积矩阵 $\boldsymbol{E} = \boldsymbol{AB}$, $\boldsymbol{F} = \boldsymbol{CD}$, 也计算得到了

$$\boldsymbol{K} = \begin{pmatrix} 1219800 & 1219620 & 1221160 \\ 1315250 & 1314750 & 1317140 \\ 908750 & 908660 & 910950 \end{pmatrix}.$$

矩阵 $\boldsymbol{K}$ 是由 $\boldsymbol{E}$ 与 $\boldsymbol{F}$ 对应位置元素之和所确定的一个矩阵. 若记 $\boldsymbol{K} = \left(k_{ij}\right)_{3\times 3}$, 则 $k_{ij} = e_{ij} + f_{ij}$, 且

$$k_{11} = 1219800,\ k_{12} = 1219620,\ k_{13} = 1221160,$$

$$k_{21} = 1315250,\ k_{22} = 1314750,\ k_{23} = 1317140,$$

$$k_{31} = 908750,\ k_{32} = 908660,\ k_{33} = 910950.$$

由矩阵 $\boldsymbol{E}$, $\boldsymbol{F}$ 中元素的实际意义知道:

$k_{11} = 1219800$(万元) 是淮南矿业集团 2017 年度销售煤炭 (焦煤和动力煤) 的总收入;

$k_{22}=1314750$(万元) 是淮北矿业集团 2017 年度销售煤炭 (焦煤和动力煤) 的总收入;

$k_{33}=910950$(万元) 是皖北煤电集团 2017 年度销售煤炭 (焦煤和动力煤) 的总收入.

把矩阵 $\boldsymbol{E}$ 和矩阵 $\boldsymbol{F}$ 的对应位置元素相加, 作为新矩阵的元素, 得到矩阵 $\boldsymbol{K}$ 的运算, 称为矩阵的加法, 记作 $\boldsymbol{K}=\boldsymbol{E}+\boldsymbol{F}$.

用安徽、上海、江苏、浙江四地购买各集团的焦煤价格分别乘上相应的购买量, 并相加, 可以得到 2017 年度四地各自购买三个集团焦煤的总费用. 也就是通过计算 $\boldsymbol{B}$ 与 $\boldsymbol{A}$ 的积 $\boldsymbol{BA}$, 能得到 2017 年度四地各自购买三个集团焦煤的总费用.

同样, 计算乘积 $\boldsymbol{DC}$, 能得到 2017 年度四地各自购买动力煤所花费的费用.

把积矩阵 $\boldsymbol{BA}$ 与 $\boldsymbol{DC}$ 相加, 则得到 2017 年度四地各自购买煤炭 (焦煤和动力煤) 所花费的总费用.

在 MATLAB 的命令窗口中输入以下内容 (包括括号、空格、逗号、分号等符号):

```
A = [110  70  60  90;120  80  50  80;100  60  40  70];
B = [1330  1352  1340;1360  1362  1361;1345  1346  1348;1350  1355  1353];
C = [230  420  260  200;250  360  380  260;110  230  140  300];
D = [680  685  680;715  710  712;690  685  690;700  695  705];
L=B*A,M=D*C,N=L+M
```

完成输入, 点击“回车”键, 命令窗口中出现如图 1.4 的内容.

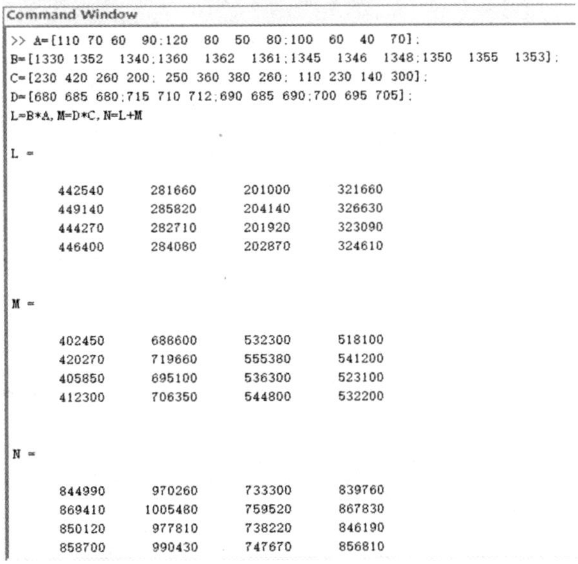

```
Command Window
>> A=[110 70 60  90;120  80  50  80;100  60  40  70];
B=[1330 1352  1340;1360  1362  1361;1345  1346  1348;1350  1355  1353];
C=[230 420 260 200; 250 360 380 260; 110 230 140 300];
D=[680 685 680;715 710 712;690 685 690;700 695 705];
L=B*A, M=D*C, N=L+M

L =

      442540      281660      201000      321660
      449140      285820      204140      326630
      444270      282710      201920      323090
      446400      284080      202870      324610


M =

      402450      688600      532300      518100
      420270      719660      555380      541200
      405850      695100      536300      523100
      412300      706350      544800      532200


N =

      844990      970260      733300      839760
      869410     1005480      759520      867830
      850120      977810      738220      846190
      858700      990430      747670      856810
```

图 1.4

命令窗口中输出的运算结果分别是矩阵 $\boldsymbol{L}=\boldsymbol{BA}$, $\boldsymbol{M}=\boldsymbol{DC}$, $\boldsymbol{N}=\boldsymbol{L}+\boldsymbol{M}$.

$$\boldsymbol{L}=\begin{pmatrix}442\,540 & 281\,660 & 201\,000 & 321\,660\\ 449\,140 & 285\,820 & 204\,140 & 326\,630\\ 444\,270 & 282\,710 & 201\,920 & 323\,090\\ 446\,400 & 284\,080 & 202\,870 & 324\,610\end{pmatrix},$$

$$\boldsymbol{M}=\begin{pmatrix}402\,450 & 688\,600 & 532\,300 & 518\,100\\ 420\,270 & 719\,660 & 555\,380 & 541\,200\\ 405\,850 & 695\,100 & 536\,300 & 523\,100\\ 412\,300 & 706\,350 & 544\,800 & 532\,200\end{pmatrix},$$

$$\boldsymbol{N}=\begin{pmatrix}844\,990 & 970\,260 & 733\,300 & 839\,760\\ 869\,410 & 1\,005\,480 & 759\,520 & 867\,830\\ 850\,120 & 977\,810 & 738\,220 & 846\,190\\ 858\,700 & 990\,430 & 747\,670 & 856\,810\end{pmatrix}.$$

由矩阵 $\boldsymbol{B}$, $\boldsymbol{A}$, $\boldsymbol{D}$, $\boldsymbol{C}$ 中数值的实际意义, 得到:

安徽 2017 年度购买三个集团焦煤的总费用为 $\boldsymbol{L}$ 中第 1 行第 1 列的数值, 442 540 万元; 购买动力煤的总费用为 $\boldsymbol{M}$ 中第 1 行第 1 列的数值, 402 450 万元; 2017 年购买煤炭的总费用为 $\boldsymbol{N}$ 中第 1 行第 1 列的数值, 844 990 万元.

上海 2017 年度购买三个集团焦煤的总费用为 $\boldsymbol{L}$ 中第 2 行第 2 列的数值, 285 820 万元; 购买动力煤的总费用为 $\boldsymbol{M}$ 中第 2 行第 2 列的数值, 719 660 万元; 2017 年购买煤炭的总费用为 $\boldsymbol{N}$ 中第 2 行第 2 列的数值, 1 005 480 万元.

江苏 2017 年度购买三个集团焦煤的总费用为 $\boldsymbol{L}$ 中第 3 行第 3 列的数值, 201 920 万元; 购买动力煤的总费用为 $\boldsymbol{M}$ 中第 3 行第 3 列的数值, 536 300 万元; 2017 年购买煤炭的总费用为 $\boldsymbol{N}$ 中第 3 行第 3 列的数值, 738 220 万元.

浙江 2017 年度购买三个集团焦煤的总费用为 $\boldsymbol{L}$ 中第 4 行第 4 列的数值, 324 610 万元; 购买动力煤的总费用为 $\boldsymbol{M}$ 中第 4 行第 4 列的数值, 532 200 万元; 2017 年购买煤炭的总费用为 $\boldsymbol{N}$ 中第 4 行第 4 列的数值, 856 810 万元.

引例 1.2 某股份公司 2017 年度生产 A, B, C, D 四种产品, 各种产品在生产过程中的生产成本（单位：万元 / 吨）以及各季度的产量（单位：吨）分别由表 1.5、表 1.6 给出.

表 1.5 产品生产成本

消耗 \ 产品	A	B	C	D
原材料	0.5	0.8	0.7	0.65
劳动力	0.8	1.05	0.9	0.85
经营管理	0.3	0.6	0.7	0.5

表 1.6　各季产品产量

产品＼季度	春季	夏季	秋季	冬季
A	9 000	10 500	11 000	8 500
B	6 500	6 000	5 500	7 000
C	10 500	9 500	9 500	10 000
D	8 500	9 500	9 000	8 500

年度股东大会上, 公司总裁准备用一个简单的数表向股东们介绍 2017 年度所有产品在各个季度的各项生产成本, 各个季度的总成本, 以及 2017 年全年各项的总成本.

若你是这个公司的总裁, 你如何来制作这个表格?

类似于引例 1.1 的做法, 省却表 1.5 和表 1.6 的表头、行标题、列标题, 只留下数字, 并按照原来的相对位置构成矩阵:

$$\boldsymbol{P}=\begin{pmatrix}0.5 & 0.8 & 0.7 & 0.65\\ 0.8 & 1.05 & 0.9 & 0.85\\ 0.3 & 0.6 & 0.7 & 0.5\end{pmatrix},\ \boldsymbol{Q}=\begin{pmatrix}9000 & 10500 & 11000 & 8500\\ 6500 & 6000 & 5500 & 7000\\ 10500 & 9500 & 9500 & 10000\\ 8500 & 9500 & 9000 & 8500\end{pmatrix}.$$

为了计算 2017 年度所有产品在各个季度的各项生产成本、各个季度的总成本、2017 年度各项的总成本, 在 MATLAB 命令窗口中输入以下内容 (包括括号、空格、逗号、分号等符号):

```
P =[0.5  0.8  0.7  0.65;0.8  1.05  0.9  0.85;0.3  0.6  0.7  0.5];
Q =[9000  10500  11000  8500;6500  6000  5500  7000;
    10500  9500  9500  10000;8500  9500  9000  8500];
S =[1  1  1];T = [1;1;1;1];
U =P*Q, V = U*T, W = S*U, X = S*U*T
```

完成输入, 点击 “回车” 键, 命令窗口中出现如图 1.5 的内容.

命令窗口中输出的运算结果, 分别是

$$\boldsymbol{U}=\boldsymbol{PQ}=\begin{pmatrix}22575 & 22875 & 22400 & 22375\\ 30700 & 31325 & 30775 & 30375\\ 18200 & 18150 & 17750 & 18000\end{pmatrix},$$

$$\boldsymbol{V}=\boldsymbol{UT}=\begin{pmatrix}22575 & 22875 & 22400 & 22375\\ 30700 & 31325 & 30775 & 30375\\ 18200 & 18150 & 17750 & 18000\end{pmatrix}\begin{pmatrix}1\\1\\1\\1\end{pmatrix}=\begin{pmatrix}90225\\123175\\72100\end{pmatrix},$$

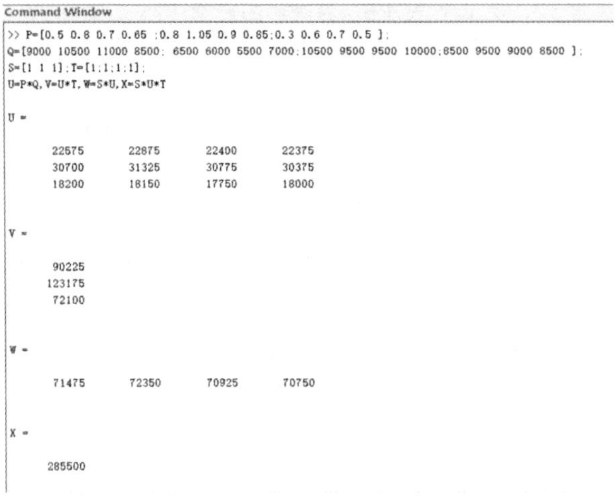

```
Command Window
>> P=[0.5 0.8 0.7 0.65 ;0.8 1.05 0.9 0.85;0.3 0.6 0.7 0.5 ];
Q=[9000 10500 11000 8500; 6500 6000 5500 7000;10500 9500 9500 10000;8500 9500 9000 8500 ];
S=[1 1 1];T=[1;1;1;1];
U=P*Q, V=U*T, W=S*U, X=S*U*T

U =

      22575       22875       22400       22375
      30700       31325       30775       30375
      18200       18150       17750       18000


V =

      90225
     123175
      72100


W =

      71475       72350       70925       70750


X =

     285500
```

图 1.5

$$
\boldsymbol{W}=\boldsymbol{SU}=\begin{pmatrix}1 & 1 & 1\end{pmatrix}\begin{pmatrix}22\,575 & 22\,875 & 22\,400 & 22\,375\\ 30\,700 & 31\,325 & 30\,775 & 30\,375\\ 18\,200 & 18\,150 & 17\,750 & 18\,000\end{pmatrix}
$$

$$
=\begin{pmatrix}71\,475 & 72\,350 & 70\,925 & 70\,750\end{pmatrix},
$$

$$
\boldsymbol{X}=\boldsymbol{SUT}=\begin{pmatrix}1 & 1 & 1\end{pmatrix}\begin{pmatrix}22\,575 & 22\,875 & 22\,400 & 22\,375\\ 30\,700 & 31\,325 & 30\,775 & 30\,375\\ 18\,200 & 18\,150 & 17\,750 & 18\,000\end{pmatrix}\begin{pmatrix}1\\ 1\\ 1\\ 1\end{pmatrix}
$$

$$
=\begin{pmatrix}285\,500\end{pmatrix}.
$$

矩阵 $\boldsymbol{U}$ 是矩阵 $\boldsymbol{P}$ 与 $\boldsymbol{Q}$ 的乘积. 矩阵 $\boldsymbol{P}$ 的第 $i(i=1,2,3)$ 行, $\boldsymbol{Q}$ 的第 $j(j=1,2,3,4)$ 列, 对应位置元素相乘并相加, 得到 $\boldsymbol{U}$ 的第 i 行、第 j 列的元素.

因为 $\boldsymbol{P}$ 的行分别是原材料、劳动力、经营管理在四种产品上的消耗成本, $\boldsymbol{Q}$ 的列分别是四种产品在春、夏、秋、冬各季的产量, 所以, 它们对应位置元素相乘并相加, 得到的分别是原材料、劳动力、经营管理在春、夏、秋、冬四季的总成本.

矩阵 $\boldsymbol{U}$ 的第 1 行数值, 分别是原材料的春季成本 22 575 万元、夏季成本 22 875 万元、秋季成本 22 400 万元、冬季成本 22 375 万元.

类似地, 矩阵 $\boldsymbol{U}$ 的第 2 行数值, 分别是劳动力的春、夏、秋、冬季的成本 30 700 万元、31 325 万元、30 775 万元、30 375 万元.

矩阵 $\boldsymbol{U}$ 的第 3 行数值, 分别是经营管理的春、夏、秋、冬季的成本 18 200 万元、18 150 万元、17 750 万元、18 000 万元.

矩阵 $\boldsymbol{V}=\boldsymbol{UT}$ 是 $\boldsymbol{U}$ 与 $\boldsymbol{T}$ 的乘积. $\boldsymbol{U}$ 的行元素分别乘 1 且相加, 也就是求得了 $\boldsymbol{U}$ 的每行元素之和.

$\boldsymbol{U}$ 的第 1 行元素之和为 90 225(万元), 是 2017 年度原材料的总成本;

$\boldsymbol{U}$ 的第 2 行元素之和为 123 175(万元), 是 2017 年度劳动力的总成本;

$\boldsymbol{U}$ 的第 3 行元素之和为 72 100(万元), 是 2017 年度经营管理的总成本.

矩阵 $\boldsymbol{W}=\boldsymbol{SU}$ 是 $\boldsymbol{S}$ 与 $\boldsymbol{U}$ 的乘积, 是用行 $\boldsymbol{S}=\begin{pmatrix}1 & 1 & 1\end{pmatrix}$ 分别乘 $\boldsymbol{U}$ 的列相应的元素并相加, 求得 $\boldsymbol{U}$ 的每列元素之和.

$\boldsymbol{U}$ 的第 1 列元素之和为 71 475(万元), 是 2017 年度公司春季总成本;

$\boldsymbol{U}$ 的第 2 列元素之和为 72 350(万元), 是 2017 年度公司夏季总成本;

$\boldsymbol{U}$ 的第 3 列元素之和为 70 925(万元), 是 2017 年度公司秋季总成本;

$\boldsymbol{U}$ 的第 4 列元素之和为 70 750(万元), 是 2017 年度公司冬季总成本.

矩阵 $\boldsymbol{X}=\boldsymbol{SUT}$, $\boldsymbol{X}=\boldsymbol{SV}=\boldsymbol{WT}$. 求得了矩阵 $\boldsymbol{U}$ 的所有元素之和, 也就求得了 2017 年度公司的总成本为 285 500(万元).

将上述运算所得数据绘制成统计表如表 1.7 所示, 则此统计表就直观地反映出公司 2017 年度消耗成本（单位: 万元）的总体情况.

表 1.7　成本汇总

	春季	夏季	秋季	冬季	全年
原材料	22 575	22 875	22 400	22 375	90 225
劳动力	30 700	31 325	30 775	30 375	123 175
经营管理	18 200	18 150	17 750	18 000	72 100
总成本	71 475	72 350	70 925	70 750	285 500

本节最后, 给出几类特殊结构的矩阵.

为了表述的方便, 用符号 $\mathbf{R}^{m\times n}$ 表示数集 $\mathbf{R}$ 上所有的 $m\times n$ 阶矩阵构成的集合.

若矩阵 $\boldsymbol{A}$ 的行数与列数都等于 n, 则称 $\boldsymbol{A}$ 为 n 阶方阵. 数集 $\mathbf{R}$ 上的 n 阶方阵的集合记为 $\mathbf{R}^{n\times n}$.

1. 对角矩阵

设矩阵 $\boldsymbol{D}=\left(d_{ij}\right)_{n\times n}\in\mathbf{R}^{n\times n}$, 若对任意 $i\neq j$, 都有 $d_{ij}=0$, 即

$$\boldsymbol{D}=\begin{pmatrix} d_{11} & 0 & \cdots & 0\\ 0 & d_{22} & \cdots & 0\\ \vdots & \vdots & & \vdots\\ 0 & 0 & \cdots & d_{nn}\end{pmatrix},$$

则称 $\boldsymbol{D}$ 是以 $d_{11},d_{22},\cdots,d_{nn}$ 为对角元的 n 阶对角阵.

特别地, 若对角阵 $\boldsymbol{D}$ 的对角元 d_{ii} 均相等, $d_{11}=d_{22}=\cdots=d_{nn}=d$,

$$\boldsymbol{D}=\begin{pmatrix} d & 0 & \cdots & 0 \\ 0 & d & \cdots & 0 \\ \vdots & \vdots & & \vdots \\ 0 & 0 & \cdots & d \end{pmatrix},$$

则称 $\boldsymbol{D}$ 是由数 d 确定的 n 阶数量阵.

由 $d=1$ 确定的 n 阶数量阵称为 n 阶单位矩阵, 记为 $\boldsymbol{I}_n$, 即

$$\boldsymbol{I}_n=\begin{pmatrix} 1 & 0 & \cdots & 0 \\ 0 & 1 & \cdots & 0 \\ \vdots & \vdots & & \vdots \\ 0 & 0 & \cdots & 1 \end{pmatrix}.$$

2. 三角形矩阵

设 $\boldsymbol{A}=\left(a_{ij}\right)_{n\times n}$ 是以 a_{ij} 为元素的 n 阶方阵.

如当 $i>j$ 时, 都有 $a_{ij}=0$, 即

$$\boldsymbol{A}=\begin{pmatrix} a_{11} & a_{12} & \cdots & a_{1n} \\ 0 & a_{22} & \cdots & a_{2n} \\ \vdots & \vdots & & \vdots \\ 0 & 0 & \cdots & a_{nn} \end{pmatrix},$$

则称 $\boldsymbol{A}$ 是上三角矩阵;

如当 $i<j$ 时, 都有 $a_{ij}=0$, 即

$$\boldsymbol{A}=\begin{pmatrix} a_{11} & 0 & \cdots & 0 \\ a_{21} & a_{22} & \cdots & 0 \\ \vdots & \vdots & & \vdots \\ a_{n1} & a_{n2} & \cdots & a_{nn} \end{pmatrix},$$

则称 $\boldsymbol{A}$ 是下三角矩阵.

3. 阶梯形矩阵

设 $\boldsymbol{A}=\left(a_{ij}\right)_{m\times n}$ 是以 a_{ij} 为元素的 $m\times n$ 阶矩阵, 若 $\boldsymbol{A}$ 满足:

(1) 元素全为零的行在下面 (若存在零行).

(2) 每一个非零行的第 1 个非零元素 (称为主元) 所在的列数随行数的增加严格递增. 下面行的主元所在的列数大于上面行的主元所在的列数.

则称 $\boldsymbol{A}$ 是阶梯形矩阵.

例如, $\boldsymbol{A}=\begin{pmatrix}1&1&1&1&1\\0&0&-1&0&2\\0&0&0&2&-4\\0&0&0&0&-8\end{pmatrix}$, $\boldsymbol{B}=\begin{pmatrix}0&2&1&-1&0\\0&0&-2&0&1\\0&0&0&1&-4\\0&0&0&0&0\end{pmatrix}$ 都是阶梯形矩阵, 而 $\boldsymbol{A}_1=\begin{pmatrix}0&-1&1&-1&1\\0&0&-1&0&2\\0&0&0&0&-4\\0&0&0&1&2\end{pmatrix}$, $\boldsymbol{B}_1=\begin{pmatrix}0&1&2&-2&0\\0&0&-1&0&3\\0&0&0&0&0\\0&0&0&2&-1\end{pmatrix}$ 都不是阶梯形矩阵.

若 $\boldsymbol{A}$ 是阶梯形矩阵, 且又满足:

(3) 每一个非零行的主元都是 1.

(4) 每一个主元所在的列, 除了主元 1 之外, 其余的元素全为 0.

则称 $\boldsymbol{A}$ 为标准阶梯形矩阵.

例如, $\boldsymbol{A}_2=\begin{pmatrix}1&1&0&0&0\\0&0&1&0&0\\0&0&0&1&0\\0&0&0&0&1\end{pmatrix}$, $\boldsymbol{B}_2=\begin{pmatrix}0&1&0&0&-3\\0&0&1&0&1\\0&0&0&1&-4\\0&0&0&0&0\end{pmatrix}$ 都是标准阶梯形矩阵.

练　习　1.1

练习1.1解答

1. 设 $\boldsymbol{A}=\begin{pmatrix}a_{11}&a_{12}&\cdots&a_{1n}\\a_{21}&a_{22}&\cdots&a_{2n}\\\vdots&\vdots&&\vdots\\a_{n1}&a_{n2}&\cdots&a_{nn}\end{pmatrix}$ 是 n 阶方阵, 称 $a_{11}+a_{22}+\cdots+a_{nn}$ 为矩阵 $\boldsymbol{A}$ 的迹, 记作 $\mathrm{tr}(\boldsymbol{A})$. 若 $\boldsymbol{A},\boldsymbol{B}\in\mathbf{R}^{n\times n}$, 验证 $\mathrm{tr}(\boldsymbol{A}+\boldsymbol{B})=\mathrm{tr}(\boldsymbol{A})+\mathrm{tr}(\boldsymbol{B})$.

2. 无向图在电路分析等课程中有着广泛的应用. 无向图是由顶点 $v_1,v_2,\cdots,v_m$ 和与之相关联的边 $e_1,e_2,\cdots,e_n$ 组成的.

用 g_{ij} 记顶点 v_i 与边 e_j 的关联次数, 称以 g_{ij} 为元素的矩阵 $\boldsymbol{G}=\left(g_{ij}\right)_{m\times n}$ 是无向图的关联矩阵.

图 1.6 是两个无向图, 请写出它们各自的关联矩阵.

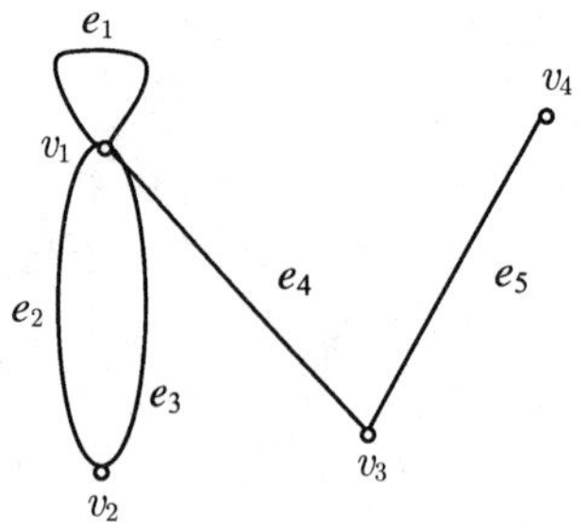

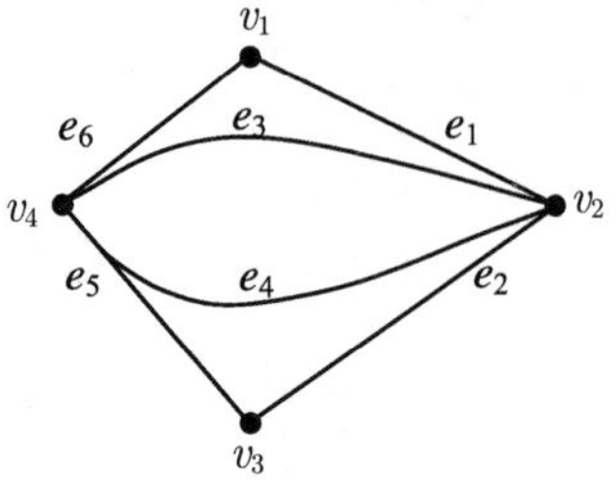

图 1.6

3. 判断下列矩阵是否为阶梯形矩阵, 是否为标准阶梯形矩阵.

(1) $\boldsymbol{A}_1=\begin{pmatrix}0&1&0&1\\0&0&1&1\\0&0&0&0\end{pmatrix}$;　　(2) $\boldsymbol{A}_2=\begin{pmatrix}1&1&0&1\\0&1&1&1\\0&0&0&0\end{pmatrix}$;

(3) $\boldsymbol{A}_3=\begin{pmatrix}1&0&0&1\\0&1&0&1\\0&1&1&1\end{pmatrix}$;　　(4) $\boldsymbol{A}_4=\begin{pmatrix}1&1&0&0\\0&0&1&1\\0&0&0&0\end{pmatrix}$.

4. 把自然数 1 到 n^2 排成一个 n 行 n 列的数表, 使得每一行、每一列以及两条对角线的数字之和相等, 称为 n 阶幻方.

图 1.7 就是一个 3 阶幻方.

8	3	4
1	5	9
6	7	2

图 1.7

n 阶幻方可以看作一个 n 阶方阵. 上面的 3 阶幻方对应的方阵是

$$\boldsymbol{A}=\begin{pmatrix}8&3&4\\1&5&9\\6&7&2\end{pmatrix}.$$

请尝试写出所有的 3 阶幻方相应的 3 阶方阵, 并描述它们之间的关系.

5. 图 1.8 是四个城市间的单向航线图. 记

$$a_{ij}=\begin{cases}1 & \text{从}i\text{市到}j\text{市有 1 条单向航线}\\ 0 & \text{从}i\text{市到}j\text{市没有单向航线}\end{cases},$$

则四城市之间的单向航线可以用矩阵 $\boldsymbol{A}=\left(a_{ij}\right)_{4\times4}$ 表示.

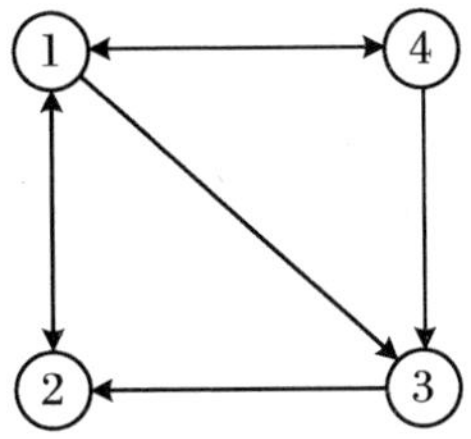

图 1.8

请给出图 1.8 对应的单向航线矩阵 $\boldsymbol{A}$, 并解释积矩阵 $\boldsymbol{AA}$(也记作 $\boldsymbol{A}^2$) 中元素的实际意义.

6. 某餐饮集团每天需要采购蔬菜、肉食、豆制品、米面等食材. 各类食材的需求量以及价格都会随季节的变化而变化, 表 1.8、表 1.9 分别给出了各类食材在各个季节的平均价格 (单位：元 / 千克) 和需求量 (单位：千克).

表 1.8　平均价格

季节 食材	春	夏	秋	冬
蔬菜	1.5	1.2	1.1	1.6
肉类	16.8	15.4	16	17.5
豆制品	4.2	4	4.1	4.6
米面	6.6	6.4	6.2	6.8

表 1.9　需求量

食材 季节	蔬菜	肉类	豆制品	米面
春	9 800	9 000	6 000	11 000
夏	12 000	8 000	6 800	10 000
秋	11 500	8 600	6 600	10 500
冬	10 000	9 500	7 000	12 000

请参照引例 1.1 的做法, 绘制成本汇总的数表, 并解释数表中每一个数据的实际意义.

1.2 矩阵的关系和运算

在 1.1 节中, 我们已经引入了矩阵的概念, 并结合实例介绍了矩阵的乘积运算与加法运算. 本节将给出矩阵运算的数学定义, 讨论矩阵运算的性质.

1. 矩阵的相等

设矩阵 $\boldsymbol{A}=(a_{ij})_{m\times n}\in\mathbf{R}^{m\times n},\boldsymbol{B}=(b_{kl})_{s\times t}\in\mathbf{R}^{s\times t}$, 若满足 $m=s,n=t$, 且对应位置的元素 $a_{ij}=b_{ij}(i=1,2,\cdots,m;\ j=1,2,\cdots,n)$, 则称矩阵 $\boldsymbol{A},\boldsymbol{B}$ 相等, 记作 $\boldsymbol{A}=\boldsymbol{B}$.

矩阵的相等是一种"全等". 两个矩阵相等既要有相同的行数与列数 (也说它们有相同的"大小"), 也要对应位置的元素相等.

例如, $\boldsymbol{A}=\begin{pmatrix}1&-2\\c&d\end{pmatrix},\boldsymbol{B}=\begin{pmatrix}a&b\\-4&0\end{pmatrix}$, 则 $\boldsymbol{A}=\boldsymbol{B}\Leftrightarrow a=1,b=-2,c=-4,d=0$.

元素全为 0 的矩阵, 称为 $\mathbf{0}$ 矩阵, 记作 $\mathbf{0}$.

两个 $\mathbf{0}$ 矩阵相等当且仅当它们有相同的阶数.

2. 矩阵的加法

设 $\boldsymbol{A}=(a_{ij})_{m\times n},\boldsymbol{B}=(b_{ij})_{m\times n}\in\mathbf{R}^{m\times n}$ 是两个同阶矩阵, 以 $a_{ij}+b_{ij}$ 为元素的 $m\times n$ 阶矩阵 $(a_{ij}+b_{ij})_{m\times n}$, 称为 $\boldsymbol{A}$ 与 $\boldsymbol{B}$ 的和, 记作 $\boldsymbol{A}+\boldsymbol{B}$.

$$\boldsymbol{A}+\boldsymbol{B}=(a_{ij})_{m\times n}+(b_{ij})_{m\times n}=(a_{ij}+b_{ij})_{m\times n}.$$

两个同阶矩阵的和仍是同阶矩阵, 且把对应位置的元素相加. 矩阵的加法有以下性质:

(1) 矩阵加法满足交换律

即对任意的 $\boldsymbol{A},\boldsymbol{B}\in\mathbf{R}^{m\times n}$, 都满足 $\boldsymbol{A}+\boldsymbol{B}=\boldsymbol{B}+\boldsymbol{A}$.

(2) 矩阵加法满足结合律

即对任意的 $\boldsymbol{A},\boldsymbol{B},\boldsymbol{C}\in\mathbf{R}^{m\times n}$, 都满足 $(\boldsymbol{A}+\boldsymbol{B})+\boldsymbol{C}=\boldsymbol{A}+(\boldsymbol{B}+\boldsymbol{C})$.

(3) 矩阵加法中存在 $\mathbf{0}$ 矩阵

即存在 $\mathbf{0}=(0)_{m\times n}$, 对任意的 $\boldsymbol{A}\in\mathbf{R}^{m\times n}$, 都满足 $\boldsymbol{A}+\mathbf{0}=\boldsymbol{A}$.

(4) 矩阵加法中存在负矩阵

即对任意的 $\boldsymbol{A}=(a_{ij})_{m\times n}\in\mathbf{R}^{m\times n}$, 存在 $\boldsymbol{B}=(-a_{ij})_{m\times n}$, 满足 $\boldsymbol{A}+\boldsymbol{B}=\mathbf{0}$. 满足 $\boldsymbol{A}+\boldsymbol{B}=\mathbf{0}$ 的矩阵 $\boldsymbol{B}$ 称为 $\boldsymbol{A}$ 的负矩阵, 记作 $\boldsymbol{B}=-\boldsymbol{A}$.

利用负矩阵, 可以定义两个同阶矩阵的减法, 即 $\boldsymbol{A}-\boldsymbol{B}=\boldsymbol{A}+(-\boldsymbol{B})$.

两个同阶矩阵相减的差仍是同阶矩阵, 且把对应位置的元素相减.

3. 数与矩阵的乘积

设 $\boldsymbol{A}=\left(a_{ij}\right)_{m\times n}\in\mathbf{R}^{m\times n}$, $k\in\mathbf{R}$ 是一个数, 称矩阵 $\left(ka_{ij}\right)_{m\times n}$ 为数 k 与 $\boldsymbol{A}$ 的乘积, 记作 $k\boldsymbol{A}$.

数 k 与矩阵 $\boldsymbol{A}$ 的乘积, 结果是与 $\boldsymbol{A}$ 同阶的矩阵, 且把 $\boldsymbol{A}$ 的每一个元素都乘以数 k. 数与矩阵的乘积有以下性质:

(5) 数与矩阵的乘积满足结合律

即对任意的 $k,l\in\mathbf{R},\boldsymbol{A}\in\mathbf{R}^{m\times n}$, 都满足 $(kl)\boldsymbol{A}=k(l\boldsymbol{A})$.

(6) 数与矩阵的乘积对数的加法满足分配律

即对任意的 $k,l\in\mathbf{R},\boldsymbol{A}\in\mathbf{R}^{m\times n}$, 都满足 $(k+l)\boldsymbol{A}=k\boldsymbol{A}+l\boldsymbol{A}$.

(7) 数与矩阵的乘积对矩阵的加法满足分配律

即对任意的 $k\in\mathbf{R},\boldsymbol{A},\boldsymbol{B}\in\mathbf{R}^{m\times n}$, 都满足 $k(\boldsymbol{A}+\boldsymbol{B})=k\boldsymbol{A}+k\boldsymbol{B}$.

4. 矩阵的乘法

设矩阵 $\boldsymbol{A}=\left(a_{ij}\right)_{m\times p}\in\mathbf{R}^{m\times p},\boldsymbol{B}=\left(b_{kl}\right)_{p\times n}\in\mathbf{R}^{p\times n}$, 记 c_{st} 是 $\boldsymbol{A}$ 的第 s 行 $\begin{pmatrix}a_{s1} & a_{s2} & \cdots & a_{sp}\end{pmatrix}$ 与 $\boldsymbol{B}$ 的第 t 列 $\begin{pmatrix}b_{1t}\\ b_{2t}\\ \vdots\\ b_{pt}\end{pmatrix}$ 对应位置元素相乘并相加的和, $c_{st}=a_{s1}b_{1t}+a_{s2}b_{2t}+\cdots+a_{sp}b_{pt}(s=1,2,\cdots,m;\ t=1,2,\cdots,n)$. 以 $c_{st}\ (s=1,2,\cdots,m;\ t=1,2,\cdots,n)$ 为元素确定一个 $m\times n$ 阶矩阵 $\boldsymbol{C}=\left(c_{st}\right)_{m\times n}$, 称为 $\boldsymbol{A}$ 与 $\boldsymbol{B}$ 的乘积, 记作 $\boldsymbol{C}=\boldsymbol{A}\boldsymbol{B}$.

只有矩阵 $\boldsymbol{A}$ 的列数等于矩阵 $\boldsymbol{B}$ 的行数时, 才能作乘法 $\boldsymbol{AB}$, 积矩阵 $\boldsymbol{AB}$ 的行数等于 $\boldsymbol{A}$ 的行数, 列数等于 $\boldsymbol{B}$ 的列数; 积矩阵 $\boldsymbol{AB}$ 的第 s 行、第 t 列的元素是 $\boldsymbol{A}$ 的第 s 行与 $\boldsymbol{B}$ 的第 t 列对应元素乘积的和.

矩阵的乘法有以下性质:

(8) 矩阵的乘法不满足交换律

即对任意的两个矩阵 $\boldsymbol{A},\boldsymbol{B}$, 一般不满足 $\boldsymbol{AB}\neq\boldsymbol{BA}$.

例如, $\boldsymbol{A}=\begin{pmatrix}1 & -1\\ 2 & 0\end{pmatrix}$, $\boldsymbol{B}=\begin{pmatrix}2 & 1 & 0\\ 1 & 0 & -2\end{pmatrix}$, 则

$$\boldsymbol{AB}=\begin{pmatrix}1\times2+(-1)\times1 & 1\times1+(-1)\times0 & 1\times0+(-1)\times(-2)\\ 2\times2+0\times1 & 2\times1+0\times0 & 2\times0+0\times(-2)\end{pmatrix}=\begin{pmatrix}1 & 1 & 2\\ 4 & 2 & 0\end{pmatrix},$$

但矩阵 $\boldsymbol{B}$ 与 $\boldsymbol{A}$ 不能作乘法.

又如, $\boldsymbol{A}\in\mathbf{R}^{2\times3},\boldsymbol{B}\in\mathbf{R}^{3\times2}$, 则 $\boldsymbol{AB}\in\mathbf{R}^{2\times2},\boldsymbol{BA}\in\mathbf{R}^{3\times3}$, $\boldsymbol{AB}$ 与 $\boldsymbol{BA}$ 的阶数不同, 不相等.

再如,

$$\boldsymbol{A}=\begin{pmatrix}1&-1\\-1&1\end{pmatrix},\ \boldsymbol{B}=\begin{pmatrix}1&1\\2&2\end{pmatrix},$$

则

$$\boldsymbol{AB}=\begin{pmatrix}1\times1+(-1)\times2 & 1\times1+(-1)\times2\\(-1)\times1+1\times2 & (-1)\times1+1\times2\end{pmatrix}=\begin{pmatrix}-1&-1\\1&1\end{pmatrix},$$

$$\boldsymbol{BA}=\begin{pmatrix}1\times1+1\times(-1) & 1\times(-1)+1\times1\\2\times1+2\times(-1) & 2\times(-1)+2\times1\end{pmatrix}=\begin{pmatrix}0&0\\0&0\end{pmatrix},$$

$\boldsymbol{AB}\neq\boldsymbol{BA}$.

此例子也说明：两个非零矩阵之积可能是 $\mathbf{0}$ 矩阵.

(9) 矩阵的乘法不满足消去律

即对任意矩阵 $\boldsymbol{A}\in\mathbf{R}^{m\times s},\boldsymbol{B},\boldsymbol{C}\in\mathbf{R}^{s\times n}$, 由 $\boldsymbol{AB}=\boldsymbol{AC}$ 且 $\boldsymbol{A}\neq\mathbf{0}$, 得不到 $\boldsymbol{B}=\boldsymbol{C}$(等式 $\boldsymbol{AB}=\boldsymbol{AC}$ 两边不能同时消去非零矩阵 $\boldsymbol{A}$).

例如,

$$\boldsymbol{A}=\begin{pmatrix}1&-1\\-1&1\end{pmatrix},\ \boldsymbol{B}=\begin{pmatrix}1&2\\3&4\end{pmatrix},\ \boldsymbol{C}=\begin{pmatrix}-1&0\\1&2\end{pmatrix},$$

满足

$$\boldsymbol{AB}=\begin{pmatrix}-2&-2\\2&2\end{pmatrix}=\boldsymbol{AC},$$

但 $\boldsymbol{B}\neq\boldsymbol{C}$.

(10) 矩阵的乘法满足结合律.

即对任意的 $\boldsymbol{A}\in\mathbf{R}^{m\times s},\boldsymbol{B}\in\mathbf{R}^{s\times t},\boldsymbol{C}\in\mathbf{R}^{t\times n}$, 都满足 $(\boldsymbol{AB})\boldsymbol{C}=\boldsymbol{A}(\boldsymbol{BC})$.

(11) 矩阵的乘法对矩阵的加法满足左、右分配律

即对任意的 $\boldsymbol{A}\in\mathbf{R}^{m\times s},\boldsymbol{B},\boldsymbol{C}\in\mathbf{R}^{s\times n}$, 都满足 $\boldsymbol{A}(\boldsymbol{B}+\boldsymbol{C})=\boldsymbol{AB}+\boldsymbol{AC}$(左分配律);

即对任意的 $\boldsymbol{A},\boldsymbol{B}\in\mathbf{R}^{m\times s},\boldsymbol{C}\in\mathbf{R}^{s\times n}$, 都满足 $(\boldsymbol{A}+\boldsymbol{B})\boldsymbol{C}=\boldsymbol{AC}+\boldsymbol{BC}$(右分配律).

(12) 数与矩阵的乘法与矩阵乘法满足结合律

即对任意的数 $k\in\mathbf{R}$, $\boldsymbol{A}\in\mathbf{R}^{m\times s},\boldsymbol{B}\in\mathbf{R}^{s\times n}$, 都满足 $k(\boldsymbol{AB})=(k\boldsymbol{A})\boldsymbol{B}=\boldsymbol{A}(k\boldsymbol{B})$.

5. 方阵的幂

设 $\boldsymbol{A}\in\mathbf{R}^{n\times n}$ 是一个 n 阶方阵, k 是非零自然数. k 个方阵 $\boldsymbol{A}$ 的乘积, 称为 $\boldsymbol{A}$ 的 k 次幂, 记作 $\boldsymbol{A}^k$, 即 $\underbrace{\boldsymbol{AA}\cdots\boldsymbol{A}}_{k个}=\boldsymbol{A}^k$.

例如, $\boldsymbol{A}=\begin{pmatrix}1&1\\-1&-1\end{pmatrix}$, 则 $\boldsymbol{A}^2=\begin{pmatrix}1&1\\-1&-1\end{pmatrix}\begin{pmatrix}1&1\\-1&-1\end{pmatrix}=\begin{pmatrix}0&0\\0&0\end{pmatrix}$.

(13) 对任意的非零自然数 k,l 以及方阵 $\boldsymbol{A}$, 矩阵的幂运算满足 $\boldsymbol{A}^k\boldsymbol{A}^l=\boldsymbol{A}^{k+l}$, $(\boldsymbol{A}^k)^l=\boldsymbol{A}^{kl}$.

6. 对角阵的乘积

设矩阵

$$\boldsymbol{D}=\begin{pmatrix}d_1&0&\cdots&0\\0&d_2&\cdots&0\\\vdots&\vdots&&\vdots\\0&0&\cdots&d_n\end{pmatrix},\ \boldsymbol{A}=\begin{pmatrix}a_{11}&a_{12}&\cdots&a_{1m}\\a_{21}&a_{22}&\cdots&a_{2m}\\\vdots&\vdots&&\vdots\\a_{n1}&a_{n2}&\cdots&a_{nm}\end{pmatrix},$$

$$\boldsymbol{B}=\begin{pmatrix}b_{11}&b_{12}&\cdots&b_{1n}\\b_{21}&b_{22}&\cdots&b_{2n}\\\vdots&\vdots&&\vdots\\b_{m1}&b_{m2}&\cdots&b_{mn}\end{pmatrix},$$

则

$$\boldsymbol{DA}=\begin{pmatrix}d_1a_{11}&d_1a_{12}&\cdots&d_1a_{1m}\\d_2a_{21}&d_2a_{22}&\cdots&d_2a_{2m}\\\vdots&\vdots&&\vdots\\d_na_{n1}&d_na_{n2}&\cdots&d_na_{nm}\end{pmatrix},\ \boldsymbol{BD}=\begin{pmatrix}d_1b_{11}&d_2b_{12}&\cdots&d_nb_{1n}\\d_1b_{21}&d_2b_{22}&\cdots&d_nb_{2n}\\\vdots&\vdots&&\vdots\\d_1b_{m1}&d_2b_{m2}&\cdots&d_nb_{mn}\end{pmatrix}.$$

矩阵 $\boldsymbol{A}$ 的左侧乘上对角阵 $\boldsymbol{D}$, 就是把 $\boldsymbol{A}$ 的每一行分别乘上 $\boldsymbol{D}$ 相应的对角元素;

矩阵 $\boldsymbol{B}$ 的右侧乘上对角阵 $\boldsymbol{D}$, 就是把 $\boldsymbol{B}$ 的每一列分别乘上 $\boldsymbol{D}$ 相应的对角元素.

特别地, 若 $\boldsymbol{D}$ 是数 d 确定的数量阵, 则 $\boldsymbol{DA}=d\boldsymbol{A}$, $\boldsymbol{BD}=d\boldsymbol{B}$. 也就是说, 数 d 与矩阵 $\boldsymbol{A}$ 的乘积与 d 确定的数量阵与 $\boldsymbol{A}$ 的乘积相等.

若 $\boldsymbol{D}$ 是单位矩阵, 即 $\boldsymbol{D}=\boldsymbol{I}$, 则 $\boldsymbol{IA}=\boldsymbol{A}$, $\boldsymbol{BI}=\boldsymbol{B}$.

若矩阵

$$\boldsymbol{D}=\begin{pmatrix}d_1&0&\cdots&0\\0&d_2&\cdots&0\\\vdots&\vdots&&\vdots\\0&0&\cdots&d_n\end{pmatrix},\ \boldsymbol{E}=\begin{pmatrix}e_1&0&\cdots&0\\0&e_2&\cdots&0\\\vdots&\vdots&&\vdots\\0&0&\cdots&e_n\end{pmatrix},$$

则

$$\boldsymbol{DE}=\boldsymbol{ED}=\begin{pmatrix}d_1e_1&0&\cdots&0\\0&d_2e_2&\cdots&0\\\vdots&\vdots&&\vdots\\0&0&\cdots&d_ne_n\end{pmatrix}.$$

即两个对角阵的乘积仍是对角阵, 且把相应的对角元素相乘.

7. 矩阵的转置

设矩阵

$$\boldsymbol{A}=\begin{pmatrix}a_{11}&a_{12}&\cdots&a_{1n}\\a_{21}&a_{22}&\cdots&a_{2n}\\\vdots&\vdots&&\vdots\\a_{m1}&a_{m2}&\cdots&a_{mn}\end{pmatrix}\in\mathbf{R}^{m\times n},$$

把 $\boldsymbol{A}$ 的行与列互换, 即把 $\boldsymbol{A}$ 的第 k 行转换为第 k 列, 得到 n 行 m 列的矩阵:

$$\boldsymbol{B}=\begin{pmatrix}a_{11}&a_{21}&\cdots&a_{m1}\\a_{12}&a_{22}&\cdots&a_{m2}\\\vdots&\vdots&&\vdots\\a_{1n}&a_{2n}&\cdots&a_{mn}\end{pmatrix}\in\mathbf{R}^{n\times m},$$

称 $\boldsymbol{B}$ 为 $\boldsymbol{A}$ 的转置, 记作 $\boldsymbol{B}=\boldsymbol{A}^{\mathrm{T}}$, 也记作 $\boldsymbol{B}=\boldsymbol{A}'$.

例如, $\boldsymbol{A}=\begin{pmatrix}1&2&-3\\-1&0&2\end{pmatrix}$, 则 $\boldsymbol{A}^{\mathrm{T}}=\begin{pmatrix}1&-1\\2&0\\-3&2\end{pmatrix}$.

矩阵的转置是对矩阵的一种变形, 具有以下性质:

(14) 矩阵和的转置等于转置的和

即对任意的 $\boldsymbol{A},\boldsymbol{B}\in\mathbf{R}^{m\times n}$, 都满足 $(\boldsymbol{A}+\boldsymbol{B})^{\mathrm{T}}=\boldsymbol{A}^{\mathrm{T}}+\boldsymbol{B}^{\mathrm{T}}$.

(15) 数与矩阵乘积的转置等于数与矩阵转置的乘积

即对任意的数 $k\in\mathbf{R},\boldsymbol{A}\in\mathbf{R}^{m\times n}$, 都满足 $(k\boldsymbol{A})^{\mathrm{T}}=k\boldsymbol{A}^{\mathrm{T}}$.

(16) 矩阵乘积的转置等于颠倒顺序的转置的乘积

即对任意的 $\boldsymbol{A}\in\mathbf{R}^{m\times s},\boldsymbol{B}\in\mathbf{R}^{s\times n}$, 都满足 $(\boldsymbol{A}\boldsymbol{B})^{\mathrm{T}}=\boldsymbol{B}^{\mathrm{T}}\boldsymbol{A}^{\mathrm{T}}$.

8. 矩阵运算的例子

例 1.1　设矩阵 $\boldsymbol{A}=\begin{pmatrix}2&0&-1\\3&1&-2\end{pmatrix}$, $\boldsymbol{B}=\begin{pmatrix}-1&2&2\\-2&1&3\end{pmatrix}$, 求 $\boldsymbol{A}+\boldsymbol{B}$, $\boldsymbol{A}-\boldsymbol{B}$, $3\boldsymbol{A}-2\boldsymbol{B}$, $(3\boldsymbol{A}-2\boldsymbol{B})^{\mathrm{T}}$, $3\boldsymbol{A}^{\mathrm{T}}-2\boldsymbol{B}^{\mathrm{T}}$.

解　$\boldsymbol{A}+\boldsymbol{B}=\begin{pmatrix}2&0&-1\\3&1&-2\end{pmatrix}+\begin{pmatrix}-1&2&2\\-2&1&3\end{pmatrix}=\begin{pmatrix}1&2&1\\1&2&1\end{pmatrix}$;

$\boldsymbol{A}-\boldsymbol{B}=\begin{pmatrix}2&0&-1\\3&1&-2\end{pmatrix}-\begin{pmatrix}-1&2&2\\-2&1&3\end{pmatrix}=\begin{pmatrix}3&-2&-3\\5&0&-5\end{pmatrix}$;

$3\boldsymbol{A}-2\boldsymbol{B}=\begin{pmatrix}6&0&-3\\9&3&-6\end{pmatrix}-\begin{pmatrix}-2&4&4\\-4&2&6\end{pmatrix}=\begin{pmatrix}8&-4&-7\\13&1&-12\end{pmatrix}$;

$$(3\boldsymbol{A}-2\boldsymbol{B})^{\mathrm{T}}=\begin{pmatrix}8 & -4 & -7\\ 13 & 1 & -12\end{pmatrix}^{\mathrm{T}}=\begin{pmatrix}8 & 13\\ -4 & 1\\ -7 & -12\end{pmatrix};$$

$$3\boldsymbol{A}^{\mathrm{T}}-2\boldsymbol{B}^{\mathrm{T}}=3\begin{pmatrix}2 & 3\\ 0 & 1\\ -1 & -2\end{pmatrix}-2\begin{pmatrix}-1 & -2\\ 2 & 1\\ 2 & 3\end{pmatrix}=\begin{pmatrix}8 & 13\\ -4 & 1\\ -7 & -12\end{pmatrix}.$$

利用 MATLAB 软件, 也可以进行上述矩阵运算.

在 MATLAB 命令窗口中输入以下内容 (包括括号、空格、逗号、分号等符号):

$\mathrm{A}=[2\ 0\ \ -1;3\ 1\ \ -2];\mathrm{B}=[-1\ 2\ 2;-2\ 1\ 3];$

$\mathrm{A}+\mathrm{B},\mathrm{A}-\mathrm{B},3*\mathrm{A}-2*\mathrm{B},(3*\mathrm{A}-2*\mathrm{B})',3*\mathrm{A}'-2*\mathrm{B}'$

完成输入, 点击 “回车” 键, 命令窗口中出现如图 1.9 的内容.

```
Command Window
>> A=[2 0 -1;3 1 -2];B=[-1 2 2;-2 1 3];
A+B,A-B,3*A-2*B,(3*A-2*B)',3*A'-2*B'

ans =

     1     2     1
     1     2     1


ans =

     3    -2    -3
     5     0    -5


ans =

     8    -4    -7
    13     1   -12


ans =

     8    13
    -4     1
    -7   -12


ans =

     8    13
    -4     1
    -7   -12

>>
```

图 1.9

命令窗口中输出的运算结果 (“ans=”), 分别是 $\boldsymbol{A}+\boldsymbol{B}$, $\boldsymbol{A}-\boldsymbol{B}$, $3\boldsymbol{A}-2\boldsymbol{B}$, $(3\boldsymbol{A}-2\boldsymbol{B})^{\mathrm{T}}$, $3\boldsymbol{A}^{\mathrm{T}}-2\boldsymbol{B}^{\mathrm{T}}$.

例 1.2 设矩阵

$$A=\begin{pmatrix}1&1&1\\1&1&-1\\1&-1&1\end{pmatrix},\ B=\begin{pmatrix}1&2&3\\-1&-2&4\\0&5&1\end{pmatrix},$$

求 AB, BA, $AB-BA$, $(AB)^{\mathrm{T}}$, $B^{\mathrm{T}}A^{\mathrm{T}}$.

解 在 MATLAB 命令窗口中输入以下内容 (包括括号、空格、逗号、分号等符号):

A=[1 1 1;1 1 -1;1 -1 1]; B=[1 2 3;-1 -2 4;0 5 1];

A∗B, B∗A, A∗B−B∗A, (A∗B)′, B′∗A′

完成输入, 点击“回车”键, 命令窗口中出现如图 1.10 的内容.

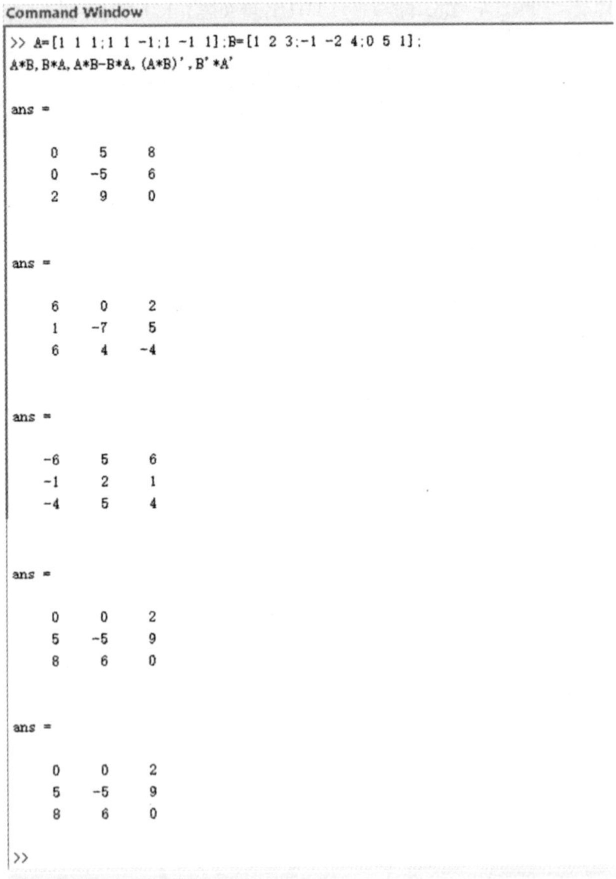

```
Command Window
>> A=[1 1 1;1 1 -1;1 -1 1];B=[1 2 3;-1 -2 4;0 5 1];
A*B,B*A,A*B-B*A,(A*B)',B'*A'

ans =

     0     5     8
     0    -5     6
     2     9     0


ans =

     6     0     2
     1    -7     5
     6     4    -4


ans =

    -6     5     6
    -1     2     1
    -4     5     4


ans =

     0     0     2
     5    -5     9
     8     6     0


ans =

     0     0     2
     5    -5     9
     8     6     0

>>
```

图 1.10

命令窗口中输出的运算结果（“ans=”），分别是

$$AB=\begin{pmatrix}0&5&8\\0&-5&6\\2&9&0\end{pmatrix},\ BA=\begin{pmatrix}6&0&2\\1&-7&5\\6&4&-4\end{pmatrix},\ AB-BA=\begin{pmatrix}-6&5&6\\-1&2&1\\-4&5&4\end{pmatrix},$$

$$(AB)^{\mathrm{T}}=\begin{pmatrix}0&0&2\\5&-5&9\\8&6&0\end{pmatrix},\ B^{\mathrm{T}}A^{\mathrm{T}}=\begin{pmatrix}0&0&2\\5&-5&9\\8&6&0\end{pmatrix}.$$

这个例子也验证了 $\boldsymbol{AB}\neq\boldsymbol{BA}$ 以及 $(\boldsymbol{AB})^{\mathrm{T}}=\boldsymbol{B}^{\mathrm{T}}\boldsymbol{A}^{\mathrm{T}}$.

例 1.3　设 $f(x)=ax^2+bx+c$ 是多项式, $\boldsymbol{A}$ 是 n 阶方阵, 定义 $f(\boldsymbol{A})=a\boldsymbol{A}^2+b\boldsymbol{A}+c\boldsymbol{I}_n$, 称为方阵 $\boldsymbol{A}$ 的多项式.

假设 $f(x)=x^2-2x+3$, $\boldsymbol{A}=\begin{pmatrix}3&1&1\\3&1&2\\1&-1&0\end{pmatrix}$, 求 $f(\boldsymbol{A})$.

解　在 MATLAB 命令窗口中输入以下内容 (包括括号、空格、逗号、分号等符号):

A = [3 1 1;3 1 2;1 −1 0];I = [1 0 0;0 1 0;0 0 1];

f = A^2 − 2∗A + 3∗I

完成输入, 点击“回车”键, 命令窗口中出现如图 1.11 的内容.

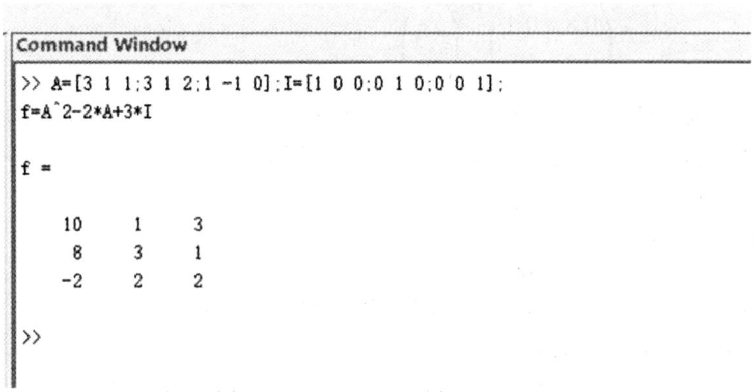
Command Window
>> A=[3 1 1;3 1 2;1 -1 0];I=[1 0 0;0 1 0;0 0 1];
f=A^2-2*A+3*I
f =
10 1 3
8 3 1
-2 2 2
>>

图 1.11

命令窗口中输出的运算结果（“$f=$”），即为

$$f(\boldsymbol{A})=\boldsymbol{A}^2-2\boldsymbol{A}+3\boldsymbol{I}=\begin{pmatrix}10&1&3\\8&3&1\\-2&2&2\end{pmatrix}.$$

注 利用网络资源，可以有效地学习利用 MATLAB 进行矩阵的加、减、数与矩阵的积、矩阵乘积等运算的方法. 例如，在搜索引擎中输入“在 MATLAB 中如何输入矩阵”，就会得到输入矩阵的方法；在搜索引擎中输入“利用 MATLAB 如何求矩阵的乘积”，就会得到相应的方法. 只要按照提示去做，就可以掌握利用 MATLAB 输入矩阵以及求矩阵乘积的方法等.

例 1.4 (城乡人口迁移模型) 通过对城乡人口流动做年度调查，发现每年农村居民的 20% 移居城镇，而城镇居民的 10% 移居农村. 假设城乡总人口保持不变，并且人口流动的这种趋势持续下去，那么，若干年后，农村人口与城镇人口分布是否会趋于一个“稳定状态”？

解 假设人口总数为 m，调查初始农村人口为 x_0，城镇人口为 y_0；k 年后，农村人口为 x_k，城镇人口为 y_k. 则

$$\begin{cases} x_k = 0.8x_{k-1} + 0.1y_{k-1} \\ y_k = 0.2x_{k-1} + 0.9y_{k-1} \end{cases}.$$

用矩阵可以表示为

$$\begin{pmatrix} x_k \\ y_k \end{pmatrix} = \begin{pmatrix} 0.8 & 0.1 \\ 0.2 & 0.9 \end{pmatrix} \begin{pmatrix} x_{k-1} \\ y_{k-1} \end{pmatrix},$$

所以，n 年后，农村人口、城镇人口分布与调查初期的关系是

$$\begin{pmatrix} x_n \\ y_n \end{pmatrix} = \begin{pmatrix} 0.8 & 0.1 \\ 0.2 & 0.9 \end{pmatrix} \begin{pmatrix} x_{n-1} \\ y_{n-1} \end{pmatrix} = \begin{pmatrix} 0.8 & 0.1 \\ 0.2 & 0.9 \end{pmatrix}^2 \begin{pmatrix} x_{n-2} \\ y_{n-2} \end{pmatrix} = \cdots$$

$$= \begin{pmatrix} 0.8 & 0.1 \\ 0.2 & 0.9 \end{pmatrix}^n \begin{pmatrix} x_0 \\ y_0 \end{pmatrix},$$

为了观察人口流动趋势，分别计算 $n=10$, $n=20$, $n=40$, $n=60$ 时的 $\boldsymbol{A}^n$.

在 MATLAB 的命令窗口中输入以下内容 (包括括号、空格、逗号、分号等符号)：

```
format rat
A=[4/5  1/10;1/5 9/10];
A^10, A^20, A^40, A^60,
```

完成输入，点击“回车”键，命令窗口出现如图 1.12 的内容.

命令窗口输出的运算结果 ("ans=") 分别是

$$\boldsymbol{A}^{10} = \begin{pmatrix} \dfrac{854}{2425} & \dfrac{1743}{5381} \\ \dfrac{1571}{2425} & \dfrac{359}{531} \end{pmatrix}, \quad \boldsymbol{A}^{20} = \begin{pmatrix} \dfrac{1046}{3133} & \dfrac{417}{1252} \\ \dfrac{417}{626} & \dfrac{835}{1252} \end{pmatrix},$$

$$\boldsymbol{A}^{40} = \begin{pmatrix} \dfrac{261775}{785324} & \dfrac{1}{3} \\ \dfrac{2}{3} & \dfrac{2}{3} \end{pmatrix}, \quad \boldsymbol{A}^{60} = \begin{pmatrix} \dfrac{1}{3} & \dfrac{1}{3} \\ \dfrac{2}{3} & \dfrac{2}{3} \end{pmatrix}.$$

```
Command Window
>> format rat
   A=[4/5 1/10;1/5 9/10]; A^10,A^20,A^40,A^60,

ans =

     854/2425       1743/5381
    1571/2425        359/531


ans =

    1046/3133        417/1252
     417/626         835/1252


ans =

  261775/785324        1/3
       2/3             2/3


ans =

       1/3             1/3
       2/3             2/3
```

图 1.12

所以,

$$\begin{pmatrix} x_{10} \\ y_{10} \end{pmatrix} = \begin{pmatrix} \dfrac{854}{2425} & \dfrac{1743}{5381} \\ \dfrac{1571}{2425} & \dfrac{359}{531} \end{pmatrix} \begin{pmatrix} x_0 \\ y_0 \end{pmatrix}, \quad \begin{pmatrix} x_{20} \\ y_{20} \end{pmatrix} = \begin{pmatrix} \dfrac{1046}{3133} & \dfrac{417}{1252} \\ \dfrac{417}{626} & \dfrac{835}{1252} \end{pmatrix} \begin{pmatrix} x_0 \\ y_0 \end{pmatrix},$$

$$\begin{pmatrix} x_{40} \\ y_{40} \end{pmatrix} = \begin{pmatrix} \dfrac{261775}{785324} & \dfrac{1}{3} \\ \dfrac{2}{3} & \dfrac{2}{3} \end{pmatrix} \begin{pmatrix} x_0 \\ y_0 \end{pmatrix}, \quad \begin{pmatrix} x_{60} \\ y_{60} \end{pmatrix} = \begin{pmatrix} \dfrac{1}{3} & \dfrac{1}{3} \\ \dfrac{2}{3} & \dfrac{2}{3} \end{pmatrix} \begin{pmatrix} x_0 \\ y_0 \end{pmatrix}.$$

由 $\boldsymbol{A}^{10}$, $\boldsymbol{A}^{20}$, $\boldsymbol{A}^{40}$, $\boldsymbol{A}^{60}$ 的趋势, 说明人口迁移会趋于一个稳定状态, 农村人口稳定在总人口的 $\dfrac{1}{3}$, 城镇人口稳定在总人口的 $\dfrac{2}{3}$.

9. 矩阵的分块

矩阵是由 $m\times n$ 个数构成的数表, 有时候需要把整个数表分割为若干个更小一些的子块, 例如,

$$\boldsymbol{A}=\begin{pmatrix}1&0&0&0\\0&1&0&0\\2&2&0&-1\\2&2&-1&0\end{pmatrix},$$

按行进行分块, 分为四行,

$$\boldsymbol{\alpha}_1=(1\ \ 0\ \ 0\ \ 0),\ \boldsymbol{\alpha}_2=(0\ \ 1\ \ 0\ \ 0),\ \boldsymbol{\alpha}_3=(2\ \ 2\ \ 0\ \ -1),\ \boldsymbol{\alpha}_4=(2\ \ 2\ \ -1\ \ 0),$$

这样, 矩阵 $\boldsymbol{A}$ 可以记为 $\boldsymbol{A}=\begin{pmatrix}\boldsymbol{\alpha}_1\\\boldsymbol{\alpha}_2\\\boldsymbol{\alpha}_3\\\boldsymbol{\alpha}_4\end{pmatrix}$;

按列进行分块, 分为四列,

$$\boldsymbol{\beta}_1=\begin{pmatrix}1\\0\\2\\2\end{pmatrix},\ \boldsymbol{\beta}_2=\begin{pmatrix}0\\1\\2\\2\end{pmatrix},\ \boldsymbol{\beta}_3=\begin{pmatrix}0\\0\\0\\-1\end{pmatrix},\ \boldsymbol{\beta}_4=\begin{pmatrix}0\\0\\-1\\0\end{pmatrix},$$

这样, 矩阵 $\boldsymbol{A}$ 可以记为 $\boldsymbol{A}=(\boldsymbol{\beta}_1\quad\boldsymbol{\beta}_2\quad\boldsymbol{\beta}_3\quad\boldsymbol{\beta}_4)$;

若记 $\boldsymbol{A}_{11}=\begin{pmatrix}1&0\\0&1\end{pmatrix}$, $\boldsymbol{A}_{12}=\begin{pmatrix}0&0\\0&0\end{pmatrix}$, $\boldsymbol{A}_{21}=\begin{pmatrix}2&2\\2&2\end{pmatrix}$, $\boldsymbol{A}_{22}=\begin{pmatrix}0&-1\\-1&0\end{pmatrix}$, 则矩阵 $\boldsymbol{A}$ 就被分为一个 2×2 阶的分块矩阵, 记为 $\boldsymbol{A}=\begin{pmatrix}\boldsymbol{A}_{11}&\boldsymbol{A}_{12}\\\boldsymbol{A}_{21}&\boldsymbol{A}_{22}\end{pmatrix}$.

矩阵的分块既是为了表述的方便, 也是为了更好地表述矩阵的特征, 或者明确矩阵运算的特征, 因此矩阵的分块是为了某种需要, 是没有固有模式的.

例如, 运算矩阵加法 $\boldsymbol{A}+\boldsymbol{B}$ 时, 矩阵 $\boldsymbol{A}$ 与矩阵 $\boldsymbol{B}$ 的分块需要完全一致才可以运算, 而运算矩阵乘法 $\boldsymbol{AB}$ 时, $\boldsymbol{A}$ 的列分块需要和 $\boldsymbol{B}$ 的行分块一致才可以运算.

练　习　1.2

练习1.2解答

1. 计算下列矩阵的乘积 (数值计算后用 MATLAB 验证求得的结果):

(1) $\begin{pmatrix} 7 & -1 \\ -2 & 5 \\ 3 & -4 \end{pmatrix}\begin{pmatrix} 1 & 4 \\ -5 & 2 \end{pmatrix}$; (2) $\begin{pmatrix} a_1 & a_2 & a_3 \\ b_1 & b_2 & b_3 \\ c_1 & c_2 & c_3 \end{pmatrix}\begin{pmatrix} 1 \\ 1 \\ 1 \end{pmatrix}$; (3) $\begin{pmatrix} 4 & 7 & 9 \end{pmatrix}\begin{pmatrix} 1 \\ 2 \\ -1 \end{pmatrix}$;

(4) $\begin{pmatrix} 1 \\ 2 \\ -1 \end{pmatrix}\begin{pmatrix} 4 & 7 & 9 \end{pmatrix}$; (5) $\begin{pmatrix} 2 & -1 & 4 & 0 \\ 1 & -1 & 3 & 2 \end{pmatrix}\begin{pmatrix} 1 & 3 & 1 \\ 0 & 1 & -1 \\ 1 & -1 & 2 \\ 2 & 0 & -2 \end{pmatrix}$;

(6) $\begin{pmatrix} 1 & 2 & 3 \\ 0 & 4 & 5 \\ 0 & 0 & 6 \end{pmatrix}\begin{pmatrix} 1 & -1 & 2 \\ 0 & 2 & 1 \\ 0 & 0 & -1 \end{pmatrix}$; (7) $\begin{pmatrix} 1 & 0 & 0 \\ 0 & 2 & 0 \\ 0 & 0 & -3 \end{pmatrix}\begin{pmatrix} a_1 & a_2 & a_3 \\ b_1 & b_2 & b_3 \\ c_1 & c_2 & c_3 \end{pmatrix}$;

(8) $\begin{pmatrix} a_1 & a_2 & a_3 \\ b_1 & b_2 & b_3 \\ c_1 & c_2 & c_3 \end{pmatrix}\begin{pmatrix} 1 & 0 & 0 \\ 0 & 2 & 0 \\ 0 & 0 & -3 \end{pmatrix}$; (9) $\begin{pmatrix} 1 & -1 & 2 \end{pmatrix}\begin{pmatrix} 1 & 2 & -1 \\ 0 & 1 & 0 \\ 3 & 0 & 2 \end{pmatrix}\begin{pmatrix} 1 \\ -1 \\ 2 \end{pmatrix}$;

(10) $\begin{pmatrix} x & y & z \end{pmatrix}\begin{pmatrix} a & a_{12} & a_{13} \\ a_{21} & b & a_{23} \\ a_{31} & a_{32} & c \end{pmatrix}\begin{pmatrix} x \\ y \\ z \end{pmatrix}$.

2. 设矩阵 $\boldsymbol{A}=\begin{pmatrix} 1 & -1 & 3 \\ -2 & 1 & -2 \end{pmatrix}$, $\boldsymbol{B}=\begin{pmatrix} -1 & 2 & 0 \\ -2 & 1 & -1 \end{pmatrix}$.

(1) 求 $\boldsymbol{A}+\boldsymbol{B}$, $\boldsymbol{A}-\boldsymbol{B}$, $2\boldsymbol{A}-3\boldsymbol{B}$; (2) 若 $3\boldsymbol{A}-4\boldsymbol{B}+\dfrac{1}{2}\boldsymbol{C}=\boldsymbol{0}$, 求 $\boldsymbol{C}$.

3. 若矩阵 $\boldsymbol{A},\boldsymbol{B}\in\mathbf{R}^{n\times n}$ 满足 $\boldsymbol{AB}=\boldsymbol{BA}$, 则称 $\boldsymbol{A}$ 与 $\boldsymbol{B}$ 可交换.

(1) 若 $\boldsymbol{A}=\begin{pmatrix} 1 & -1 \\ -1 & 1 \end{pmatrix}$ 与 $\boldsymbol{B}=\begin{pmatrix} 2 & -3 \\ x & y \end{pmatrix}$ 可交换, 求 x, y 的值;

(2) 若 $\boldsymbol{A}=\begin{pmatrix} a & b \\ 3 & 2 \end{pmatrix}$ 与 $\boldsymbol{B}=\begin{pmatrix} 1 & 2 \\ 1 & -1 \end{pmatrix}$ 可交换, 求 a, b 的值;

(3) 讨论 $\boldsymbol{B}=\begin{pmatrix} a & b \\ c & d \end{pmatrix}$ 与 $\boldsymbol{A}=\begin{pmatrix} 1 & -1 \\ -1 & 1 \end{pmatrix}$ 可交换的充分必要条件;

(4) 证明: 若 $\boldsymbol{B}_1$, $\boldsymbol{B}_2$ 都与 $\boldsymbol{A}$ 可交换, 则 $\boldsymbol{B}_1+\boldsymbol{B}_2$, $\boldsymbol{B}_1\boldsymbol{B}_2$ 也都与 $\boldsymbol{A}$ 可交换.

4. 求下列矩阵的幂 (其中, n 是任意的正整数):

(1) $\begin{pmatrix} 0 & 1 \\ 1 & 0 \end{pmatrix}^2$; (2) $\begin{pmatrix} 0 & 1 \\ 1 & 0 \end{pmatrix}^n$; (3) $\begin{pmatrix} 1 & -1 \\ 1 & -1 \end{pmatrix}^2$; (4) $\begin{pmatrix} 1 & 1 \\ 0 & 1 \end{pmatrix}^n$;

(5) $\begin{pmatrix} 0 & 1 & 0 \\ 0 & 0 & 1 \\ 0 & 0 & 0 \end{pmatrix}^n$; (6) $\begin{pmatrix} \lambda & 1 & 0 \\ 0 & \lambda & 1 \\ 0 & 0 & \lambda \end{pmatrix}^n$, λ 是参数.

5. 设 $\boldsymbol{A}$ 是 n 阶方阵, $f(x)=a_m x^m+a_{m-1}x^{m-1}+\cdots+a_1x+a_0$ 是多项式, 称 $f(\boldsymbol{A})=a_m\boldsymbol{A}^m+a_{m-1}\boldsymbol{A}^{m-1}+\cdots+a_1\boldsymbol{A}+a_0\boldsymbol{I}_n$ 为矩阵 $\boldsymbol{A}$ 的多项式.

(1) 已知 $f(x)=x^2-2x+1$, $\boldsymbol{A}=\begin{pmatrix} 1 & 1 \\ 0 & 1 \end{pmatrix}$, 求 $f(\boldsymbol{A})$(尝试用 MATLAB 验证所求结果);

(2) 已知 $f(x)=x^2-3x+5$, $\boldsymbol{A}=\begin{pmatrix} a & 0 \\ 0 & b \end{pmatrix}$, 求 $f(\boldsymbol{A})$;

(3) 已知 $f(x)=x^2-x-1$, $\boldsymbol{A}=\begin{pmatrix} 1 & 1 & 1 \\ 0 & 1 & 1 \\ 0 & 0 & 1 \end{pmatrix}$, 求 $f(\boldsymbol{A})$(尝试用 MATLAB 验证所求结果).

6. 设矩阵 $\boldsymbol{A}=\begin{pmatrix} 1 & 2 \\ -2 & 1 \end{pmatrix}$, $\boldsymbol{B}=\begin{pmatrix} 0 & 1 \\ 1 & 0 \end{pmatrix}$, 求 $\boldsymbol{B}^{2\,018}\boldsymbol{A}\boldsymbol{B}^{2\,019}$.

7. 设矩阵 $\boldsymbol{A}=\begin{pmatrix} 1 & 1 & 2 \\ 0 & 3 & 1 \\ 1 & 2 & 4 \end{pmatrix}$, $\boldsymbol{X}=\begin{pmatrix} x_1 \\ x_2 \\ x_3 \end{pmatrix}$, 求 $\boldsymbol{X}^{\mathrm{T}}\boldsymbol{A}\boldsymbol{X}$;

一般地, 设 $\boldsymbol{A}=\begin{pmatrix} a_{11} & a_{12} & a_{13} \\ a_{21} & a_{22} & a_{23} \\ a_{31} & a_{32} & a_{33} \end{pmatrix}$, $\boldsymbol{X}=\begin{pmatrix} x_1 \\ x_2 \\ x_3 \end{pmatrix}$, 求 $\boldsymbol{X}^{\mathrm{T}}\boldsymbol{A}\boldsymbol{X}$.

8. 设 $\boldsymbol{\alpha}$ 是 3×1 矩阵, $\boldsymbol{\alpha}^{\mathrm{T}}$ 是 $\boldsymbol{\alpha}$ 的转置. 若 $\boldsymbol{\alpha}\boldsymbol{\alpha}^{\mathrm{T}}=\begin{pmatrix} 1 & -1 & 1 \\ -1 & 1 & -1 \\ 1 & -1 & 1 \end{pmatrix}$, 求 $\boldsymbol{\alpha}^{\mathrm{T}}\boldsymbol{\alpha}$.

9. 因为矩阵的乘法不满足交换律, 所以对两个 n 阶方阵 $\boldsymbol{A},\boldsymbol{B}$, $(\boldsymbol{A}+\boldsymbol{B})^2=$

$\boldsymbol{A}^2+2\boldsymbol{AB}+\boldsymbol{B}^2$ 一般不成立. 请以 2 阶方阵为例, 说明上述等式确实不成立, 并讨论等式能成立的充要条件.

10. 设 n 阶方阵 $\boldsymbol{A}$ 满足 $\boldsymbol{A}^3=\boldsymbol{0}$, $\boldsymbol{I}$ 是 n 阶单位矩阵, 求 $(\boldsymbol{I}-\boldsymbol{A})(\boldsymbol{I}+\boldsymbol{A}+\boldsymbol{A}^2)$.

11. 某高校的本地学生度周末有回家和在校两种选择. 统计数据显示, 本周末回家的学生, 下周末回家的比率是 40%, 而本周末在校的学生, 下周末在校的比率是 20%. 若第一周周末有 40% 的本地学生选择回家, 求第十周周末本地学生选择回家的比率 (尝试使用 MATLAB 进行数值计算).

12. A, B 两家超市经营同类商品, 它们相互竞争. 每月 A 超市的顾客保有率为 $\dfrac{1}{4}$, 而 $\dfrac{3}{4}$ 转移向 B 超市; 每月 B 超市的顾客保有率为 $\dfrac{2}{3}$, 而 $\dfrac{1}{3}$ 转移向 A 超市. 假设年初 A 超市占有总顾客的 $\dfrac{3}{5}$, B 超市占有总顾客的 $\dfrac{2}{5}$. 求年底两超市的总顾客的占有率, 并预计两三年后, 两超市的总顾客的占有率的变化趋势 (尝试使用 MATLAB 进行数值计算).

1.3　初等行变换、初等矩阵以及标准阶梯形

矩阵是由 $m\times n$ 个数构成的数表, 可以实施如下的变形:

(1) 交换矩阵的某两行;

(2) 将某一行的倍数加到另一行;

(3) 将某一行乘以一个非零数.

这三种矩阵的变形, 称为矩阵的初等行变换. 矩阵的初等行变换是对矩阵的一种变形, 矩阵经过初等行变换可以化矩阵成什么形式呢?

定理 1.1　设 $\boldsymbol{A}=(a_{ij})_{m\times n}\in\mathbf{R}^{m\times n}$, 则 $\boldsymbol{A}$ 经过初等行变换, 可以化为标准阶梯形.

通过实例, 说明定理 1.1 成立.

例 1.5　设矩阵 $\boldsymbol{A}=\begin{pmatrix}2&-1&-1&1&2\\1&1&-2&1&4\\4&-6&2&-2&4\\3&6&-9&7&9\end{pmatrix}\in\mathbf{R}^{4\times 5}$, 用初等行变换将 $\boldsymbol{A}$ 化为标准阶梯形.

解 $\boldsymbol{A} \xrightarrow{\text{交换第 1、第 2 两行}} \begin{pmatrix} 1 & 1 & -2 & 1 & 4 \\ 2 & -1 & -1 & 1 & 2 \\ 4 & -6 & 2 & -2 & 4 \\ 3 & 6 & -9 & 7 & 9 \end{pmatrix}$

$$\xrightarrow[\substack{\text{第 1 行的 } (-4) \text{ 倍加到第 3 行} \\ \text{第 1 行的 } (-3) \text{ 倍加到第 4 行}}]{\text{第 1 行的 } (-2) \text{ 倍加到第 2 行}} \begin{pmatrix} 1 & 1 & -2 & 1 & 4 \\ 0 & -3 & 3 & -1 & -6 \\ 0 & -10 & 10 & -6 & -12 \\ 0 & 3 & -3 & 4 & -3 \end{pmatrix}$$

$$\xrightarrow[\substack{\text{第 2 行的 1 倍加到第 4 行} \\ \text{第 3 行乘 } (-1)}]{\text{第 2 行的 } (-3) \text{ 倍加到第 3 行}} \begin{pmatrix} 1 & 1 & -2 & 1 & 4 \\ 0 & -3 & 3 & -1 & -6 \\ 0 & 1 & -1 & 3 & -6 \\ 0 & 0 & 0 & 3 & -9 \end{pmatrix}$$

$$\xrightarrow[\text{第 4 行乘 } \left(\frac{1}{3}\right)]{\text{交换第 2、第 3 两行}} \begin{pmatrix} 1 & 1 & -2 & 1 & 4 \\ 0 & 1 & -1 & 3 & -6 \\ 0 & -3 & 3 & -1 & -6 \\ 0 & 0 & 0 & 1 & -3 \end{pmatrix}$$

$$\xrightarrow[\text{第 2 行的 3 倍加到第 3 行}]{} \begin{pmatrix} 1 & 1 & -2 & 1 & 4 \\ 0 & 1 & -1 & 3 & -6 \\ 0 & 0 & 0 & 8 & -24 \\ 0 & 0 & 0 & 1 & -3 \end{pmatrix}$$

$$\xrightarrow[\text{第 3 行的 } (-1) \text{ 倍加到第 4 行}]{\text{第 3 行乘 } \frac{1}{8}} \begin{pmatrix} 1 & 1 & -2 & 1 & 4 \\ 0 & 1 & -1 & 3 & -6 \\ 0 & 0 & 0 & 1 & -3 \\ 0 & 0 & 0 & 0 & 0 \end{pmatrix}$$

至此, 已经把矩阵 $\boldsymbol{A}$ 化为阶梯形, 再进一步化为标准阶梯形.

$$\xrightarrow[\text{第 3 行的 } (-1) \text{ 倍加到第 1 行}]{\text{第 3 行的 } (-3) \text{ 倍加到第 2 行}} \begin{pmatrix} 1 & 1 & -2 & 0 & 7 \\ 0 & 1 & -1 & 0 & 3 \\ 0 & 0 & 0 & 1 & -3 \\ 0 & 0 & 0 & 0 & 0 \end{pmatrix}$$

$$\xrightarrow[\text{第 2 行的 } (-1) \text{ 倍加到第 1 行}]{} \begin{pmatrix} 1 & 0 & -1 & 0 & 4 \\ 0 & 1 & -1 & 0 & 3 \\ 0 & 0 & 0 & 1 & -3 \\ 0 & 0 & 0 & 0 & 0 \end{pmatrix}.$$

经初等行变换, 矩阵 $\boldsymbol{A}$ 化为了标准阶梯形.

注 (1) 矩阵的初等行变换改变了原来的矩阵, 所得的新矩阵与原矩阵一般不相

等, 不能用等号 (“=”) 连接, 而使用箭线 “→” 连接, 表明后一个矩阵是由前一个矩阵经过初等行变换而得;

(2) 利用 MATLAB 中的 “rref” 函数 (化矩阵为行标准阶梯形), 可求初等行变换化矩阵所得的标准阶梯形.

例如, 在 MATLAB 命令窗口中输入以下内容 (包括括号、空格、逗号、分号等符号):

A = [2 −1 −1 1 2;1 1 −2 1 4;4 −6 2 −2 4;3 6 −9 7 9];

rref(A)

完成输入, 点击 “回车” 键, 命令窗口中出现如图 1.13 的内容.

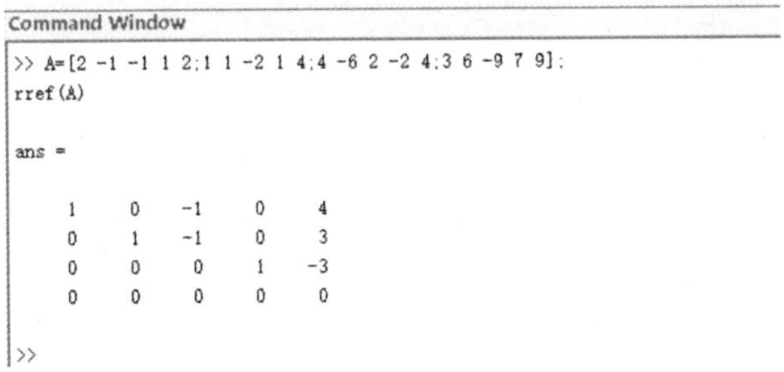
Command Window
>> A=[2 -1 -1 1 2;1 1 -2 1 4;4 -6 2 -2 4;3 6 -9 7 9];
rref(A)
ans =
1 0 -1 0 4
0 1 -1 0 3
0 0 0 1 -3
0 0 0 0 0
>>

图 1.13

命令窗口中输出的运算结果 (“ans=”), 是矩阵 $\boldsymbol{A}$ 经初等行变换化得的标准阶梯形.

$$\boldsymbol{A} \to \begin{pmatrix} 1 & 0 & -1 & 0 & 4 \\ 0 & 1 & -1 & 0 & 3 \\ 0 & 0 & 0 & 1 & -3 \\ 0 & 0 & 0 & 0 & 0 \end{pmatrix}.$$

利用 MATLAB 中的 rref 函数, 只直接求矩阵 $\boldsymbol{A}$ 在初等行变换下的标准阶梯形, 并不显示过程. 若问题中需要给出初等行变换化矩阵为标准阶梯形的过程, “手工” 计算是不可或缺的.

例 1.6　设 $\boldsymbol{A} = \begin{pmatrix} 1 & 1 & 0 \\ 0 & 1 & 1 \\ 1 & 0 & 1 \end{pmatrix}$, 利用初等行变换, 将 $\boldsymbol{A}$ 化为标准阶梯形.

解　先利用 MATLAB 中的 rref 函数, 求出矩阵 $\boldsymbol{A}$ 的标准阶梯形.

在 MATLAB 命令窗口中输入以下内容 (包括括号、空格、逗号、分号等符号):

A = [1 1 0;0 1 1;1 0 1]; rref(A)

完成输入, 点击 “回车” 键, 命令窗口中出现如图 1.14 的内容.

命令窗口中输出的运算结果 (“ans=”), 是 $\boldsymbol{A}$ 经过初等行变换化得的标准阶

```
Command Window
>> A=[1 1 0;0 1 1;1 0 1];rref(A)

ans =

     1     0     0
     0     1     0
     0     0     1

>>
```

图 1.14

梯形

$$A \to \begin{pmatrix} 1 & 0 & 0 \\ 0 & 1 & 0 \\ 0 & 0 & 1 \end{pmatrix}.$$

利用“手工”计算, 化矩阵 A 为标准阶梯形, 需要以下过程:

$$A \xrightarrow[\text{第 1 行的 }(-1)\text{ 倍加到第 3 行}]{} \begin{pmatrix} 1 & 1 & 0 \\ 0 & 1 & 1 \\ 0 & -1 & 1 \end{pmatrix}$$

$$\xrightarrow[\text{第 2 行加到第 3 行}]{} \begin{pmatrix} 1 & 1 & 0 \\ 0 & 1 & 1 \\ 0 & 0 & 2 \end{pmatrix}$$

$$\xrightarrow[\text{第 3 行乘 }\left(\frac{1}{2}\right)]{} \begin{pmatrix} 1 & 1 & 0 \\ 0 & 1 & 1 \\ 0 & 0 & 1 \end{pmatrix} \xrightarrow[\text{第 3 行的 }(-1)\text{ 倍加到第 2 行}]{} \begin{pmatrix} 1 & 1 & 0 \\ 0 & 1 & 0 \\ 0 & 0 & 1 \end{pmatrix}$$

$$\xrightarrow[\text{第 2 行的 }(-1)\text{ 倍加到第 1 行}]{} \begin{pmatrix} 1 & 0 & 0 \\ 0 & 1 & 0 \\ 0 & 0 & 1 \end{pmatrix}.$$

“手工”化矩阵 A 所得标准阶梯形与利用 MATLAB 的 rref 函数进行运算的结果一致. “手工”运算给出了初等行变换的过程, rref 函数只给出最终的结果.

单位矩阵经一次初等行变换所得到的矩阵, 在求解矩阵问题时, 有着重要的作用.

单位矩阵经一次初等行变换所得的矩阵, 称为初等矩阵.

例如, I_3 是 3 阶单位矩阵, 经一次初等行变换,

交换 I_3 的第 1 行、第 2 行, 得 $\begin{pmatrix} 0 & 1 & 0 \\ 1 & 0 & 0 \\ 0 & 0 & 1 \end{pmatrix}$, 记作 $P(1,2) = \begin{pmatrix} 0 & 1 & 0 \\ 1 & 0 & 0 \\ 0 & 0 & 1 \end{pmatrix}$;

交换 $\boldsymbol{I}_3$ 的第 2 行、第 3 行, 得 $\begin{pmatrix}1&0&0\\0&0&1\\0&1&0\end{pmatrix}$, 记作 $\boldsymbol{P}(2,3)=\begin{pmatrix}1&0&0\\0&0&1\\0&1&0\end{pmatrix}$;

$\boldsymbol{I}_3$的第3行的 (-1) 倍加到第1行, 得$\begin{pmatrix}1&0&-1\\0&1&0\\0&0&1\end{pmatrix}$, 记作 $\boldsymbol{P}(3(-1),1)=\begin{pmatrix}1&0&-1\\0&1&0\\0&0&1\end{pmatrix}$;

$\boldsymbol{I}_3$ 的第 1 行的 2 倍加到第 2 行, 得 $\begin{pmatrix}1&0&0\\2&1&0\\0&0&1\end{pmatrix}$, 记作 $\boldsymbol{P}(1(2),2)=\begin{pmatrix}1&0&0\\2&1&0\\0&0&1\end{pmatrix}$;

$\boldsymbol{I}_3$ 的第 3 行乘 (-4), 得 $\begin{pmatrix}1&0&0\\0&1&0\\0&0&-4\end{pmatrix}$, 记作 $\boldsymbol{P}(3(-4))=\begin{pmatrix}1&0&0\\0&1&0\\0&0&-4\end{pmatrix}$;

$\boldsymbol{I}_3$ 的第 1 行乘 $\dfrac{1}{2}$, 得 $\begin{pmatrix}\frac{1}{2}&0&0\\0&1&0\\0&0&1\end{pmatrix}$, 记作 $\boldsymbol{P}\left(1\left(\dfrac{1}{2}\right)\right)=\begin{pmatrix}\frac{1}{2}&0&0\\0&1&0\\0&0&1\end{pmatrix}$.

设 $\boldsymbol{I}_n$ 是 n 阶单位矩阵. 交换 $\boldsymbol{I}_n$ 的第 i 行、第 j 行, 得到的初等矩阵, 记作 $\boldsymbol{P}(i,j)$;

把 $\boldsymbol{I}_n$ 的第 i 行的 k 倍加到第 j 行, 得到的初等矩阵, 记作 $\boldsymbol{P}(i(k),j)$;

把 $\boldsymbol{I}_n$ 的第 i 行乘非零数 c, 得到的初等矩阵, 记作 $\boldsymbol{P}(i(c))$.

例如, 4 阶初等矩阵

$$\boldsymbol{P}(2,3)=\begin{pmatrix}1&0&0&0\\0&0&1&0\\0&1&0&0\\0&0&0&1\end{pmatrix},\quad \boldsymbol{P}\left(1\left(-\frac{2}{3}\right),3\right)=\begin{pmatrix}1&0&0&0\\0&1&0&0\\-\frac{2}{3}&0&1&0\\0&0&0&1\end{pmatrix},$$

$$\boldsymbol{P}(3(-2))=\begin{pmatrix}1&0&0&0\\0&1&0&0\\0&0&-2&0\\0&0&0&1\end{pmatrix}.$$

初等矩阵与矩阵的初等行变换满足:

定理 1.2　对矩阵 $\boldsymbol{A}$ 实施初等行变换, 就相当于在 $\boldsymbol{A}$ 的左侧乘上相应的初等矩阵.

假设 $\boldsymbol{A}\in\mathbf{R}^{m\times n}$, $\boldsymbol{P}(i,j)$, $\boldsymbol{P}(i(k),j)$, $\boldsymbol{P}(i(c))$ 分别是相应的 m 阶初等矩阵,

(1) 交换 $\boldsymbol{A}$ 的第 i 行与第 j 行, 得 $\boldsymbol{B}_1$, $\boldsymbol{A}\xrightarrow[\text{交换第 } i \text{ 行与第 } j \text{ 行}]{}\boldsymbol{B}_1$, 则 $\boldsymbol{B}_1=\boldsymbol{P}(i,j)\boldsymbol{A}$;

(2) $\boldsymbol{A}$ 的第 i 行的 k 倍加到第 j 行得 $\boldsymbol{B}_2$, $\boldsymbol{A} \xrightarrow[\text{第 } i \text{ 行的 } k \text{ 倍加到第 } j \text{ 行}]{} \boldsymbol{B}_2$, 则 $\boldsymbol{B}_2 = \boldsymbol{P}(i(k),j)\boldsymbol{A}$;

(3) $\boldsymbol{A}$ 的第 i 行乘非零数 c 得 $\boldsymbol{B}_3$,$\boldsymbol{A} \xrightarrow[\text{第 } i \text{ 行乘非零数 } c]{} \boldsymbol{B}_3$, 则 $\boldsymbol{B}_3 = \boldsymbol{P}(i(c))\boldsymbol{A}$.

对矩阵 $\boldsymbol{A}$ 实施初等行变换, 实质上是计算相应初等矩阵与 $\boldsymbol{A}$ 的乘积.

例如, 例 1.6 中的 $\boldsymbol{A} = \begin{pmatrix} 1 & 1 & 0 \\ 0 & 1 & 1 \\ 1 & 0 & 1 \end{pmatrix}$ 经过五次初等行变换, 化成了标准阶梯形.

第一步:“第 1 行的 (−1) 倍加到第 3 行”, 相应的初等矩阵

$$\boldsymbol{P}_1 = \boldsymbol{P}(1(-1),3) = \begin{pmatrix} 1 & 0 & 0 \\ 0 & 1 & 0 \\ -1 & 0 & 1 \end{pmatrix};$$

第二步:“第 2 行加到第 3 行”, 相应的初等矩阵

$$\boldsymbol{P}_2 = \boldsymbol{P}(2(1),3) = \begin{pmatrix} 1 & 0 & 0 \\ 0 & 1 & 0 \\ 0 & 1 & 1 \end{pmatrix};$$

第三步:“第 3 行乘 $\left(\frac{1}{2}\right)$”, 相应的初等矩阵

$$\boldsymbol{P}_3 = \boldsymbol{P}\left(3\left(\frac{1}{2}\right)\right) = \begin{pmatrix} 1 & 0 & 0 \\ 0 & 1 & 0 \\ 0 & 0 & \frac{1}{2} \end{pmatrix};$$

第四步:“第 3 行的 (−1) 倍加到第 2 行”, 相应的初等矩阵

$$\boldsymbol{P}_4 = \boldsymbol{P}(3(-1),2) = \begin{pmatrix} 1 & 0 & 0 \\ 0 & 1 & -1 \\ 0 & 0 & 1 \end{pmatrix};$$

第五步:“第 2 行的 (−1) 倍加到第 1 行”, 相应的初等矩阵

$$\boldsymbol{P}_5 = \boldsymbol{P}(2(-1),1) = \begin{pmatrix} 1 & -1 & 0 \\ 0 & 1 & 0 \\ 0 & 0 & 1 \end{pmatrix}.$$

利用 MATLAB, 分步计算初等矩阵乘积 $\boldsymbol{P}_5(\boldsymbol{P}_4(\boldsymbol{P}_3(\boldsymbol{P}_2(\boldsymbol{P}_1\boldsymbol{A}))))$.

在 MATLAB 命令窗口中输入以下内容 (包括括号、空格、逗号、分号等符号):

```
A = [1 1 0;0 1 1;1 0 1];
```

P1 = [1 0 0;0 1 0;−1 0 1];P2 = [1 0 0;0 1 0;0 1 1];P3 = [1 0 0;0 1 0;0 0 1/2];
P4 = [1 0 0;0 1 −1;0 0 1];P5 = [1 −1 0;0 1 0;0 0 1];
X1 = P1 ∗ A, X2 = P2 ∗ X1, X3 = P3 ∗ X2, X4 = P4 ∗ X3, X5 = P5 ∗ X4
完成输入, 点击“回车”键, 命令窗口中出现如图 1.15 的内容.

```
Command Window
>> A=[1 1 0;0 1 1;1 0 1];
P1=[1 0 0;0 1 0;-1 0 1];P2=[1 0 0;0 1 0;0 1 1];P3=[1 0 0;0 1 0;0 0 1/2];
P4=[1 0 0;0 1 -1;0 0 1];P5=[1 -1 0;0 1 0;0 0 1];
X1=P1*A,X2=P2*X1,X3=P3*X2,X4=P4*X3,X5=P5*X4

X1 =

     1     1     0
     0     1     1
     0    -1     1


X2 =

     1     1     0
     0     1     1
     0     0     2


X3 =

     1     1     0
     0     1     1
     0     0     1


X4 =

     1     1     0
     0     1     0
     0     0     1


X5 =

     1     0     0
     0     1     0
     0     0     1

>>
```

图 1.15

命令窗口中输出的运算结果, 分别是

$$\boldsymbol{X}_1 = \boldsymbol{P}_1\boldsymbol{A} = \begin{pmatrix} 1 & 1 & 0 \\ 0 & 1 & 1 \\ 0 & -1 & 1 \end{pmatrix}, \ \boldsymbol{X}_2 = \boldsymbol{P}_2(\boldsymbol{P}_1\boldsymbol{A}) = \begin{pmatrix} 1 & 1 & 0 \\ 0 & 1 & 1 \\ 0 & 0 & 2 \end{pmatrix},$$

$$X_3=P_3(P_2P_1A)=\begin{pmatrix}1&1&0\\0&1&1\\0&0&1\end{pmatrix},\ X_4=P_4(P_3P_2P_1A)=\begin{pmatrix}1&1&0\\0&1&0\\0&0&1\end{pmatrix},$$

$$X_5=P_5(P_4P_3P_2P_1A)=\begin{pmatrix}1&0&0\\0&1&0\\0&0&1\end{pmatrix}.$$

与例 1.6 中每一步初等行变换相应的结果比较, 完全一致.

定理 1.3　设 $\boldsymbol{I}_n$ 是 n 阶单位矩阵, $\boldsymbol{P}(i,j)$ 是交换 $\boldsymbol{I}_n$ 的第 i 行、第 j 行得到的初等矩阵; $\boldsymbol{P}(i(k),j)$ 是 $\boldsymbol{I}_n$ 的第 i 行的 k 倍加到第 j 行得到的初等矩阵; $\boldsymbol{P}(i(c))$ 是 $\boldsymbol{I}_n$ 的第 i 行乘非零数 c 得到的初等矩阵; 则

$$\boldsymbol{P}(i,j)\boldsymbol{P}(i,j)=\boldsymbol{I}_n;\boldsymbol{P}(i(k),j)\boldsymbol{P}(i(-k),j)=\boldsymbol{P}(i(-k),j)\boldsymbol{P}(i(k),j)=\boldsymbol{I}_n;$$

$$\boldsymbol{P}(i(c))\boldsymbol{P}\left(i\left(\frac{1}{c}\right)\right)=\boldsymbol{P}\left(i\left(\frac{1}{c}\right)\right)\boldsymbol{P}(i(c))=\boldsymbol{I}_n.$$

例如, $\boldsymbol{P}(1,2)=\begin{pmatrix}0&1&0\\1&0&0\\0&0&1\end{pmatrix}$, $\boldsymbol{P}(2,3)=\begin{pmatrix}1&0&0\\0&0&1\\0&1&0\end{pmatrix}$, 满足

$$\boldsymbol{P}(1,2)\boldsymbol{P}(1,2)=\begin{pmatrix}0&1&0\\1&0&0\\0&0&1\end{pmatrix}\begin{pmatrix}0&1&0\\1&0&0\\0&0&1\end{pmatrix}=\begin{pmatrix}1&0&0\\0&1&0\\0&0&1\end{pmatrix}=\boldsymbol{I}_3,$$

$$\boldsymbol{P}(2,3)\boldsymbol{P}(2,3)=\begin{pmatrix}1&0&0\\0&0&1\\0&1&0\end{pmatrix}\begin{pmatrix}1&0&0\\0&0&1\\0&1&0\end{pmatrix}=\begin{pmatrix}1&0&0\\0&1&0\\0&0&1\end{pmatrix}=\boldsymbol{I}_3.$$

$$\boldsymbol{P}\left(1\left(-\frac{2}{3}\right),3\right)=\begin{pmatrix}1&0&0&0\\0&1&0&0\\-\frac{2}{3}&0&1&0\\0&0&0&1\end{pmatrix};\boldsymbol{P}(4(2),2)=\begin{pmatrix}1&0&0&0\\0&1&0&2\\0&0&1&0\\0&0&0&1\end{pmatrix}, \text{满足}$$

$$\boldsymbol{P}\left(1\left(-\frac{2}{3}\right),3\right)\boldsymbol{P}\left(1\left(\frac{2}{3}\right),3\right)=\begin{pmatrix}1&0&0&0\\0&1&0&0\\-\frac{2}{3}&0&1&0\\0&0&0&1\end{pmatrix}\begin{pmatrix}1&0&0&0\\0&1&0&0\\\frac{2}{3}&0&1&0\\0&0&0&1\end{pmatrix}$$

$$=\begin{pmatrix}1&0&0&0\\0&1&0&0\\0&0&1&0\\0&0&0&1\end{pmatrix}=\boldsymbol{I}_4;$$

$$\boldsymbol{P}\left(1\left(\frac{2}{3}\right),3\right)\boldsymbol{P}\left(1\left(-\frac{2}{3}\right),3\right)=\begin{pmatrix}1&0&0&0\\0&1&0&0\\\frac{2}{3}&0&1&0\\0&0&0&1\end{pmatrix}\begin{pmatrix}1&0&0&0\\0&1&0&0\\-\frac{2}{3}&0&1&0\\0&0&0&1\end{pmatrix}$$

$$=\begin{pmatrix}1&0&0&0\\0&1&0&0\\0&0&1&0\\0&0&0&1\end{pmatrix}=\boldsymbol{I}_4;$$

$$\boldsymbol{P}(4(2),2)\boldsymbol{P}(4(-2),2)=\begin{pmatrix}1&0&0&0\\0&1&0&2\\0&0&1&0\\0&0&0&1\end{pmatrix}\begin{pmatrix}1&0&0&0\\0&1&0&-2\\0&0&1&0\\0&0&0&1\end{pmatrix}=\begin{pmatrix}1&0&0&0\\0&1&0&0\\0&0&1&0\\0&0&0&1\end{pmatrix}=\boldsymbol{I}_4;$$

$$\boldsymbol{P}(4(-2),2)\boldsymbol{P}(4(2),2)=\begin{pmatrix}1&0&0&0\\0&1&0&-2\\0&0&1&0\\0&0&0&1\end{pmatrix}\begin{pmatrix}1&0&0&0\\0&1&0&2\\0&0&1&0\\0&0&0&1\end{pmatrix}=\begin{pmatrix}1&0&0&0\\0&1&0&0\\0&0&1&0\\0&0&0&1\end{pmatrix}=\boldsymbol{I}_4;$$

$$\boldsymbol{P}(1(2))=\begin{pmatrix}2&0&0\\0&1&0\\0&0&1\end{pmatrix},\boldsymbol{P}\left(3\left(-\frac{1}{3}\right)\right)=\begin{pmatrix}1&0&0\\0&1&0\\0&0&-\frac{1}{3}\end{pmatrix}$$，满足

$$\boldsymbol{P}(1(2))\boldsymbol{P}\left(1\left(\frac{1}{2}\right)\right)=\begin{pmatrix}2&0&0\\0&1&0\\0&0&1\end{pmatrix}\begin{pmatrix}\frac{1}{2}&0&0\\0&1&0\\0&0&1\end{pmatrix}=\begin{pmatrix}1&0&0\\0&1&0\\0&0&1\end{pmatrix}=\boldsymbol{I}_3;$$

$$\boldsymbol{P}\left(1\left(\frac{1}{2}\right)\right)\boldsymbol{P}(1(2))=\begin{pmatrix}\frac{1}{2}&0&0\\0&1&0\\0&0&1\end{pmatrix}\begin{pmatrix}2&0&0\\0&1&0\\0&0&1\end{pmatrix}=\begin{pmatrix}1&0&0\\0&1&0\\0&0&1\end{pmatrix}=\boldsymbol{I}_3;$$

$$\boldsymbol{P}\left(3\left(-\frac{1}{3}\right)\right)\boldsymbol{P}(3(-3))=\begin{pmatrix}1&0&0\\0&1&0\\0&0&-\frac{1}{3}\end{pmatrix}\begin{pmatrix}1&0&0\\0&1&0\\0&0&-3\end{pmatrix}=\begin{pmatrix}1&0&0\\0&1&0\\0&0&1\end{pmatrix}=\boldsymbol{I}_3;$$

$$\boldsymbol{P}(3(-3))\boldsymbol{P}\left(3\left(-\frac{1}{3}\right)\right)=\begin{pmatrix}1&0&0\\0&1&0\\0&0&-3\end{pmatrix}\begin{pmatrix}1&0&0\\0&1&0\\0&0&-\frac{1}{3}\end{pmatrix}=\begin{pmatrix}1&0&0\\0&1&0\\0&0&1\end{pmatrix}=\boldsymbol{I}_3.$$

注　若矩阵 $\boldsymbol{A},\boldsymbol{B}$ 满足 $\boldsymbol{AB}=\boldsymbol{BA}$，则称矩阵 $\boldsymbol{A}$ 与 $\boldsymbol{B}$ 可交换. 满足 $\boldsymbol{AB}=\boldsymbol{BA}=\boldsymbol{I}_n$ 性质的方阵，称为可逆矩阵.

关于可逆矩阵的讨论, 将在下一节展开.

练　习　1.3

练习1.3解答

1. 用初等行变换化下列矩阵为标准阶梯形, 并写出每一步初等行变换对应的初等矩阵 (尝试利用 MATLAB 中的矩阵的乘积运算和 rref 函数, 验证过程和结果).

(1)$\begin{pmatrix} 0 & -2 & 1 \\ 3 & 0 & -2 \\ -2 & 3 & 0 \end{pmatrix}$; (2)$\begin{pmatrix} 0 & 2 & -3 & 1 \\ 0 & 3 & -4 & 3 \\ 0 & 4 & -7 & -1 \end{pmatrix}$; (3)$\begin{pmatrix} 2 & -1 & -1 & 1 & 2 \\ 1 & 1 & -2 & 1 & 4 \\ 4 & -6 & 2 & -2 & 4 \\ 3 & 6 & -9 & 7 & 9 \end{pmatrix}$;

(4)$\begin{pmatrix} 1 & -1 & 3 & -4 & 3 \\ 3 & -3 & 5 & -4 & 1 \\ 2 & -2 & 3 & -2 & 0 \\ 3 & -3 & 4 & -2 & -1 \end{pmatrix}$; (5)$\begin{pmatrix} 1 & 3 & 1 & 4 \\ 2 & -3 & 8 & 2 \\ 2 & 12 & -2 & 12 \end{pmatrix}$;

(6)$\begin{pmatrix} 3 & 2 & 1 & 0 & 4 \\ 2 & 1 & 4 & 4 & -3 \\ 2 & 0 & 3 & 1 & -2 \\ 2 & 3 & -1 & 2 & 5 \end{pmatrix}$.

2. 对下列矩阵 $\boldsymbol{A}$, 求初等矩阵 $\boldsymbol{P}_1,\boldsymbol{P}_2,\cdots,\boldsymbol{P}_m$, 满足 $\boldsymbol{P}_m\boldsymbol{P}_{m-1}\cdots\boldsymbol{P}_2\boldsymbol{P}_1\boldsymbol{A}$ 为标准阶梯形.

(1)$\boldsymbol{A}=\begin{pmatrix} 1 & 0 & -1 \\ 1 & 3 & 0 \\ 0 & 2 & 1 \end{pmatrix}$; (2)$\boldsymbol{A}=\begin{pmatrix} 2 & 1 & 1 \\ 1 & 1 & 1 \\ 2 & 2 & 1 \end{pmatrix}$.

3. 若矩阵 $\boldsymbol{A}$ 经初等行变换化为单位矩阵, 则 $\boldsymbol{A}$ 可以表示成初等矩阵的乘积. 把下列矩阵经初等行变换化为单位矩阵, 再尝试表示为初等矩阵的乘积.

(1)$\begin{pmatrix} 1 & 1 \\ -1 & 1 \end{pmatrix}$; (2)$\begin{pmatrix} -1 & 0 & -2 \\ 1 & 1 & 0 \\ 2 & 0 & 2 \end{pmatrix}$.

4. (1) 设 $\boldsymbol{A}_1$ 是 3 阶方阵. $\boldsymbol{A}_1$ 的第 1 行的 (-3) 倍加到第 3 行, 得 $\boldsymbol{B}_1$; $\boldsymbol{B}_1$ 的第 2 行乘 $\dfrac{1}{2}$, 得 $\boldsymbol{C}_1$; 交换 $\boldsymbol{C}_1$ 的第 2 行与第 1 行, 得 $\boldsymbol{D}_1$. 求满足 $\boldsymbol{P}\boldsymbol{A}_1=\boldsymbol{D}_1$ 的矩阵 $\boldsymbol{P}$.

(2) 设 $\boldsymbol{A}_2$ 是 2 阶方阵. 若依次经以下初等行变换：第 1 行加到第 2 行, 第 2 行

乘 $\dfrac{1}{2}$, 第 2 行的 (-1) 倍加到第 1 行, 把 $\boldsymbol{A}_2$ 化为单位矩阵, 求 $\boldsymbol{A}_2$.

(3) 设 $\boldsymbol{A}_3$ 是 3×4 矩阵. $\boldsymbol{A}_3$ 的第 2 行的 (-1) 倍加到第 1 行, 得 $\boldsymbol{B}_3$; $\boldsymbol{B}_3$ 的第 1 行的 (-1) 倍加到第 2 行, 得 $\boldsymbol{C}_3$; $\boldsymbol{C}_3$ 的第 1 行的 (-1) 倍加到第 3 行, 得 $\boldsymbol{D}_3$;$\boldsymbol{D}_3$ 的第 3 行乘 $\dfrac{1}{2}$,得 $\boldsymbol{E}_3$;$\boldsymbol{E}_3$ 的第 2 行的 (-1) 倍加到第 3 行, 得 $\boldsymbol{F}_3$.

若 $\boldsymbol{F}_3=\begin{pmatrix}1&0&1&1\\0&1&0&-1\\0&0&0&1\end{pmatrix}$, 求矩阵 $\boldsymbol{A}_3$.

1.4 矩阵的逆

定义 1.2 设 $\boldsymbol{A}=(a_{ij})_{n\times n}\in\mathbf{R}^{n\times n}$, $\boldsymbol{I}_n$ 是 n 阶单位矩阵. 若存在矩阵 $\boldsymbol{B}\in\mathbf{R}^{n\times n}$, 满足 $\boldsymbol{AB}=\boldsymbol{BA}=\boldsymbol{I}_n$, 则称 $\boldsymbol{A}$ 是可逆矩阵, $\boldsymbol{B}$ 为 $\boldsymbol{A}$ 的逆矩阵, 记作 $\boldsymbol{B}=\boldsymbol{A}^{-1}$. 即 $\boldsymbol{AA}^{-1}=\boldsymbol{A}^{-1}\boldsymbol{A}=\boldsymbol{I}_n$.

例如, 以 $d_1,d_2,\cdots,d_n$ 为对角元素的对角阵, 在 $d_1d_2\cdots d_n\neq0$ 时, 是可逆矩阵, 且

$$\begin{pmatrix}d_1&0&\cdots&0\\0&d_2&\cdots&0\\\vdots&\vdots&&\vdots\\0&0&\cdots&d_n\end{pmatrix}^{-1}=\begin{pmatrix}\dfrac{1}{d_1}&0&\cdots&0\\0&\dfrac{1}{d_2}&\cdots&0\\\vdots&\vdots&&\vdots\\0&0&\cdots&\dfrac{1}{d_n}\end{pmatrix}.$$

特别, 单位矩阵 $\boldsymbol{I}_n$ 是可逆矩阵, 且 $\boldsymbol{I}_n^{-1}=\boldsymbol{I}_n$.

问题是, 满足什么条件的矩阵是可逆矩阵? 矩阵 $\boldsymbol{A}$ 可逆时, 如何求 $\boldsymbol{A}$ 的逆?

1. 初等矩阵都是可逆矩阵

设 $\boldsymbol{P}(i,j)$, $\boldsymbol{P}(i(k),j)$, $\boldsymbol{P}(i(c))$ 是相应的 n 阶初等矩阵, 则它们都是可逆矩阵, 且 $(\boldsymbol{P}(i,j))^{-1}=\boldsymbol{P}(i,j)$, $(\boldsymbol{P}(i(k),j))^{-1}=\boldsymbol{P}(i(-k),j)$, $(\boldsymbol{P}(i(c)))^{-1}=\boldsymbol{P}\Big(i\Big(\dfrac{1}{c}\Big)\Big)$.

初等矩阵的逆矩阵仍是同类初等矩阵. 即

(1) 交换 $\boldsymbol{I}_n$ 的第 i 行、第 j 行所得初等矩阵的逆矩阵, 是交换 $\boldsymbol{I}_n$ 的第 i 行、第 j 行得到的初等矩阵;

(2) $\boldsymbol{I}_n$ 的第 i 行的 k 倍加到第 j 行所得初等矩阵的逆矩阵, 是 $\boldsymbol{I}_n$ 的第 i 行的 $(-k)$ 倍加到第 j 行得到的初等矩阵;

(3) $\boldsymbol{I}_n$ 的第 i 行乘非零数 c 所得初等矩阵的逆矩阵, 是 $\boldsymbol{I}_n$ 的第 i 行乘非零数 $\left(\dfrac{1}{c}\right)$ 得到的初等矩阵.

初等矩阵是由单位矩阵经过相应的初等行变换得到的, 再经过同类的初等行变换又变回到单位矩阵. 即

$\boldsymbol{P}(i,j)$ 是交换 $\boldsymbol{I}_n$ 的第 i 行、第 j 行, 而 $\boldsymbol{P}(i,j)\boldsymbol{P}(i,j)$ 是交换 $\boldsymbol{P}(i,j)$ 的第 i 行、第 j 行, 即交换 $\boldsymbol{I}_n$ 的第 i 行、第 j 行后, 再交换第 i 行、第 j 行, 又变回到 $\boldsymbol{I}_n$. 所以,

$$\boldsymbol{P}(i,j)\boldsymbol{P}(i,j)=\boldsymbol{I}_n.$$

$\boldsymbol{P}(i(k),j)$ 是 $\boldsymbol{I}_n$ 的第 i 行的 k 倍加到第 j 行, 而 $\boldsymbol{P}(i(-k),j)\boldsymbol{P}(i(k),j)$ 是 $\boldsymbol{P}(i(k),j)$ 的第 i 行的 $(-k)$ 倍加到第 j 行, 即把 $\boldsymbol{I}_n$ 的第 i 行的 k 倍加到第 j 行后, 再把第 i 行的 $(-k)$ 倍加到第 j 行, 又变回到 $\boldsymbol{I}_n$. 所以,

$$\boldsymbol{P}(i(-k),j)\boldsymbol{P}(i(k),j)=\boldsymbol{I}_n.$$

$\boldsymbol{P}(i(c))$ 是 $\boldsymbol{I}_n$ 的第 i 行乘非零数 c, 而 $\boldsymbol{P}\left(i\left(\dfrac{1}{c}\right)\right)\boldsymbol{P}(i(c))$ 是 $\boldsymbol{P}(i(c))$ 的第 i 行乘 $\left(\dfrac{1}{c}\right)$, 即把 $\boldsymbol{I}_n$ 的第 i 行乘 c, 再把第 i 行乘 $\dfrac{1}{c}$, 又变回到 $\boldsymbol{I}_n$. 所以,

$$\boldsymbol{P}\left(i\left(\frac{1}{c}\right)\right)\boldsymbol{P}(i(c))=\boldsymbol{I}_n.$$

2. 可逆矩阵 $\boldsymbol{A}$ 的逆矩阵是唯一的, 且 $(\boldsymbol{A}^{-1})^{-1}=\boldsymbol{A}$

假设 $\boldsymbol{B}_1,\boldsymbol{B}_2$ 是矩阵 $\boldsymbol{A}$ 的逆矩阵, 则 $\boldsymbol{AB}_1=\boldsymbol{B}_1\boldsymbol{A}=\boldsymbol{I}_n$, $\boldsymbol{AB}_2=\boldsymbol{B}_2\boldsymbol{A}=\boldsymbol{I}_n$, 所以, $\boldsymbol{B}_1=\boldsymbol{B}_1\boldsymbol{I}_n=\boldsymbol{B}_1(\boldsymbol{AB}_2)=(\boldsymbol{B}_1\boldsymbol{A})\boldsymbol{B}_2=\boldsymbol{I}_n\boldsymbol{B}_2=\boldsymbol{B}_2$, $\boldsymbol{A}$ 的逆矩阵唯一. 因为 $\boldsymbol{A}(\boldsymbol{A}^{-1})=(\boldsymbol{A}^{-1})\boldsymbol{A}=\boldsymbol{I}$, 所以 $(\boldsymbol{A}^{-1})^{-1}=\boldsymbol{A}$.

3. 若 $\boldsymbol{A},\boldsymbol{B}$ 是同阶可逆矩阵, 则积矩阵 $\boldsymbol{AB}$ 也可逆, 且 $(\boldsymbol{AB})^{-1}=\boldsymbol{B}^{-1}\boldsymbol{A}^{-1}$

这是因为,

$$(\boldsymbol{AB})(\boldsymbol{B}^{-1}\boldsymbol{A}^{-1})=\boldsymbol{A}(\boldsymbol{BB}^{-1})\boldsymbol{A}^{-1}=\boldsymbol{AI}_n\boldsymbol{A}^{-1}=\boldsymbol{AA}^{-1}=\boldsymbol{I}_n,$$
$$(\boldsymbol{B}^{-1}\boldsymbol{A}^{-1})(\boldsymbol{AB})=\boldsymbol{B}^{-1}(\boldsymbol{A}^{-1}\boldsymbol{A})\boldsymbol{B}=\boldsymbol{B}^{-1}\boldsymbol{I}_n\boldsymbol{B}=\boldsymbol{B}^{-1}\boldsymbol{B}=\boldsymbol{I}_n.$$

4. 若方阵 $\boldsymbol{A}$ 经过一次初等行变换化为 $\boldsymbol{B}$, 则 $\boldsymbol{A}$ 可逆当且仅当 $\boldsymbol{B}$ 可逆

这是因为, 对 $\boldsymbol{A}$ 实施初等行变换, 就是在 $\boldsymbol{A}$ 的左侧乘上相应的初等矩阵.

$\boldsymbol{A}$ 经一次初等行变换化得 $\boldsymbol{B}$, 所以, 存在相应的初等矩阵 $\boldsymbol{P}$, 满足 $\boldsymbol{PA}=\boldsymbol{B}$.

若 $\boldsymbol{A}$ 可逆, 而初等矩阵 $\boldsymbol{P}$ 也可逆, 所以, $\boldsymbol{B}=\boldsymbol{PA}$ 仍是可逆矩阵;

若 $\boldsymbol{B}$ 可逆, 等式 $\boldsymbol{PA}=\boldsymbol{B}$ 的两侧同时左乘 $\boldsymbol{P}^{-1}$, 得 $\boldsymbol{A}=\boldsymbol{P}^{-1}\boldsymbol{B}$, 为两个可逆矩阵之积, 仍可逆.

一般地, 若方阵 $\boldsymbol{A}$ 经若干次初等行变换化得方阵 $\boldsymbol{B}$, 则 $\boldsymbol{A}$ 可逆当且仅当 $\boldsymbol{B}$ 可逆. 初等行变换不改变矩阵的可逆性质.

5. 若 n 阶方阵 $\boldsymbol{A}$ 有一行元素全为 0, 则 $\boldsymbol{A}$ 不可逆

这是因为, 若 $\boldsymbol{A}$ 的第 k 行元素全为 0, 则对任意的 n 阶方阵 $\boldsymbol{B}$, 积矩阵 $\boldsymbol{AB}$ 的第 k 行元素等于 $\boldsymbol{A}$ 的第 k 行元素 (全是 0 元素) 与 $\boldsymbol{B}$ 的各列对应元素相乘并相加的和, 从而都是 0. 即, 积矩阵 $\boldsymbol{AB}$ 的第 k 行是零行, 不可能是单位矩阵.

所以, 满足 $\boldsymbol{AB}=\boldsymbol{BA}=\boldsymbol{I}$ 的矩阵 $\boldsymbol{B}$ 不存在, $\boldsymbol{A}$ 不可逆.

类似地, 方阵 $\boldsymbol{A}$ 有一列元素全为 0, $\boldsymbol{A}$ 也不可逆.

6. 标准阶梯形方阵可逆当且仅当它是单位矩阵

这是因为, 可逆的标准阶梯形方阵中不能有元素全为 0 的行, 所以, 它的每一行都有主元 1, 且 1 所在的列数随行数的增加严格递增, 同时 1 所在列的其他元素都是 0, 这样的标准阶梯形方阵只能是单位矩阵.

7. 方阵 $\boldsymbol{A}$ 可逆当且仅当 $\boldsymbol{A}$ 经初等行变换可以化为单位矩阵

这是因为, 若 $\boldsymbol{A}$ 可逆, 则 $\boldsymbol{A}$ 经过初等行变换之后仍可逆, $\boldsymbol{A}$ 的标准阶梯形矩阵仍是可逆矩阵, 而可逆的标准阶梯形矩阵只能是单位矩阵, 所以, $\boldsymbol{A}$ 经初等行变换可以化为单位矩阵;

若 $\boldsymbol{A}$ 经初等行变换可以化为单位矩阵, 而单位矩阵是可逆矩阵, 且初等行变换不改变矩阵的可逆性质, 所以, $\boldsymbol{A}$ 是可逆矩阵.

判断 n 阶方阵 $\boldsymbol{A}$ 是否可逆, 只要对 $\boldsymbol{A}$ 实施初等行变换, 化为标准阶梯形矩阵.

若 $\boldsymbol{A}$ 的标准阶梯形是单位矩阵, 则 $\boldsymbol{A}$ 可逆;

若 $\boldsymbol{A}$ 的标准阶梯形不是单位矩阵, 则标准阶梯形中出现了零行, $\boldsymbol{A}$ 不可逆.

如例 1.6, $\boldsymbol{A}=\begin{pmatrix}1&1&0\\0&1&1\\1&0&1\end{pmatrix}$, 经过初等行变换 $\boldsymbol{A}$ 化得单位矩阵, 所以 $\boldsymbol{A}$ 是可逆矩阵.

8. 若 $\boldsymbol{A}$ 是可逆矩阵, 则 $\boldsymbol{A}^{-1}$ 等于化 $\boldsymbol{A}$ 为单位矩阵的所有初等行变换对应的初等矩阵之积

这是因为, 若 $\boldsymbol{A}$ 可逆, 则经初等行变换, $\boldsymbol{A}$ 可以化得单位矩阵. 所以存在初等矩阵 $\boldsymbol{P}_1,\boldsymbol{P}_2,\cdots,\boldsymbol{P}_s$, 满足

$$\boldsymbol{P}_s\cdots\boldsymbol{P}_2\boldsymbol{P}_1\boldsymbol{A}=\boldsymbol{I},\ (\boldsymbol{P}_s\cdots\boldsymbol{P}_2\boldsymbol{P}_1)\boldsymbol{A}=\boldsymbol{I}.$$

记 $\boldsymbol{B}=\boldsymbol{P}_s\cdots\boldsymbol{P}_2\boldsymbol{P}_1$, 则 $\boldsymbol{BA}=\boldsymbol{I}$.

由于初等矩阵都是可逆矩阵, 且可逆矩阵之积仍是可逆矩阵, 所以 $\boldsymbol{B}$ 是可逆矩阵. 在 $\boldsymbol{BA}=\boldsymbol{I}$ 的两侧同时左乘 $\boldsymbol{B}^{-1}$, 得 $\boldsymbol{A}=\boldsymbol{B}^{-1}$, 两边再同时取逆, 得 $\boldsymbol{A}^{-1}=(\boldsymbol{B}^{-1})^{-1}=\boldsymbol{B}$, $\boldsymbol{A}^{-1}=\boldsymbol{P}_s\cdots\boldsymbol{P}_2\boldsymbol{P}_1$, 是化 $\boldsymbol{A}$ 为单位矩阵的所有初等行变换对应的初等矩阵之积.

9. 逆矩阵的初等变换求法

假设 $\boldsymbol{A}$ 是 n 阶可逆矩阵, $\boldsymbol{I}_n$ 是 n 阶单位矩阵, 把 $\boldsymbol{A}$ 写在左侧, $\boldsymbol{I}_n$ 写在右侧, 组成 $n\times 2n$ 阶矩阵, 构成分块矩阵 $(\boldsymbol{A}\quad \boldsymbol{I}_n)$, 对其进行初等行变换, 把 $(\boldsymbol{A}\quad \boldsymbol{I}_n)$ 中 $\boldsymbol{A}$ 相应的部分化为单位矩阵, 则化 $\boldsymbol{A}$ 为单位矩阵的初等行变换对应的初等矩阵之积, 被保留在分块矩阵 $(\boldsymbol{A}\quad \boldsymbol{I}_n)$ 中 $\boldsymbol{I}_n$ 相应的位置.

所以, 利用初等行变换, 把 $(\boldsymbol{A}\quad \boldsymbol{I}_n)$ 中 $\boldsymbol{A}$ 相应的部分化为单位矩阵时, $\boldsymbol{I}_n$ 相应的部分就化得 $\boldsymbol{A}^{-1}$.

例 1.7 设矩阵 $\boldsymbol{A}=\begin{pmatrix}1&1&0\\0&1&1\\1&0&1\end{pmatrix}$, 判断 $\boldsymbol{A}$ 是否可逆, 可逆时, 求出 $\boldsymbol{A}$ 的逆.

解 构造分块矩阵 $(\boldsymbol{A}\quad \boldsymbol{I}_n)$, 并实施初等行变换,

$$(\boldsymbol{A}\quad \boldsymbol{I}_n)=\begin{pmatrix}1&1&0&1&0&0\\0&1&1&0&1&0\\1&0&1&0&0&1\end{pmatrix}$$

$$\xrightarrow[\text{第 1 行的 }(-1)\text{ 倍加到第 3 行}]{}\begin{pmatrix}1&1&0&1&0&0\\0&1&1&0&1&0\\0&-1&1&-1&0&1\end{pmatrix}$$

$$\xrightarrow[\text{第 2 行加到第 3 行}]{}\begin{pmatrix}1&1&0&1&0&0\\0&1&1&0&1&0\\0&0&2&-1&1&1\end{pmatrix}$$

$$\xrightarrow[\text{第 3 行乘 }\left(\frac{1}{2}\right)]{}\begin{pmatrix}1&1&0&1&0&0\\0&1&1&0&1&0\\0&0&1&-\frac{1}{2}&\frac{1}{2}&\frac{1}{2}\end{pmatrix}$$

$$\xrightarrow[\text{第 3 行的 }(-1)\text{ 倍加到第 2 行}]{} \begin{pmatrix} 1 & 1 & 0 & 1 & 0 & 0 \\ 0 & 1 & 0 & \frac{1}{2} & \frac{1}{2} & -\frac{1}{2} \\ 0 & 0 & 1 & -\frac{1}{2} & \frac{1}{2} & \frac{1}{2} \end{pmatrix}$$

$$\xrightarrow[\text{第 2 行的 }(-1)\text{ 倍加到第 1 行}]{} \begin{pmatrix} 1 & 0 & 0 & \frac{1}{2} & -\frac{1}{2} & \frac{1}{2} \\ 0 & 1 & 0 & \frac{1}{2} & \frac{1}{2} & -\frac{1}{2} \\ 0 & 0 & 1 & -\frac{1}{2} & \frac{1}{2} & \frac{1}{2} \end{pmatrix},$$

所以, $\boldsymbol{A}$ 可逆, 且 $\boldsymbol{A}^{-1} = \begin{pmatrix} \frac{1}{2} & -\frac{1}{2} & \frac{1}{2} \\ \frac{1}{2} & \frac{1}{2} & -\frac{1}{2} \\ -\frac{1}{2} & \frac{1}{2} & \frac{1}{2} \end{pmatrix}$.

注　例 1.6 与例 1.7, 化 $\boldsymbol{A}$ 为单位矩阵的初等行变换过程是一样的, 但例 1.6 只是单纯地把 $\boldsymbol{A}$ 化为单位矩阵, 而例 1.7 中, 把 $\boldsymbol{A}$ 化为单位矩阵的同时, 也保留了所有初等行变换对应的初等矩阵的乘积, 从而求出了 $\boldsymbol{A}$ 的逆矩阵.

10. 利用 MATLAB, 求矩阵的逆, 解矩阵方程

MATLAB 中 “inv” 函数 (求矩阵的逆), 或者 rref 函数, 都可以求可逆矩阵的逆矩阵.

例 1.8　设矩阵 $\boldsymbol{A} = \begin{pmatrix} 1 & 1 & 1 & 1 \\ 1 & -1 & 1 & 1 \\ 1 & 1 & -1 & 1 \\ 1 & 1 & 1 & -1 \end{pmatrix}$, 求 $\boldsymbol{A}^{-1}$.

解　在 MATLAB 命令窗口中输入以下内容 (包括括号、空格、逗号、分号等符号):

```
format rat
A=[1 1 1 1;1 -1 1 1;1 1 -1 1;1 1 1 -1];
inv(A)
```

完成输入, 点击 “回车” 键, 命令窗口中出现如图 1.16 的内容.

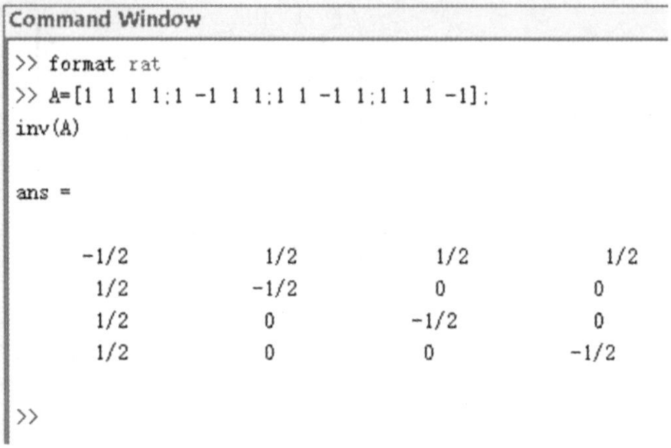
Command Window
>> format rat
>> A=[1 1 1 1;1 -1 1 1;1 1 -1 1;1 1 1 -1];
inv(A)
ans =
-1/2 1/2 1/2 1/2
1/2 -1/2 0 0
1/2 0 -1/2 0
1/2 0 0 -1/2
>>

图 1.16

命令窗口中输出的运算结果 (“ans=”), 是 $\boldsymbol{A}$ 的逆矩阵

$$\boldsymbol{A}^{-1}=\begin{pmatrix} -\frac{1}{2} & \frac{1}{2} & \frac{1}{2} & \frac{1}{2} \\ \frac{1}{2} & -\frac{1}{2} & 0 & 0 \\ \frac{1}{2} & 0 & -\frac{1}{2} & 0 \\ \frac{1}{2} & 0 & 0 & -\frac{1}{2} \end{pmatrix}.$$

在 MATLAB 命令窗口中输入以下内容 (包括括号、空格、逗号、分号等符号):

format rat

X = [1 1 1 1 1 0 0 0;1 −1 1 1 0 1 0 0;1 1 −1 1 0 0 1 0;1 1 1 −1 0 0 0 1];

rref(X)

完成输入, 点击“回车”键, 命令窗口中出现如图 1.17 的内容.

命令窗口中输出的运算结果 (“ans=”), 是 $\boldsymbol{X}$ 经初等行变换化得的标准阶梯形, 1 至 4 列为分块矩阵 $\boldsymbol{X}=\begin{pmatrix}\boldsymbol{A} & \boldsymbol{I}\end{pmatrix}$ 中 $\boldsymbol{A}$ 相应的部分经初等行变换化得的单位矩阵, 而 5 至 8 列即为 $\boldsymbol{I}$ 相应的部分化得的 $\boldsymbol{A}^{-1}$. 所以,

$$\boldsymbol{A}^{-1}=\begin{pmatrix} -\frac{1}{2} & \frac{1}{2} & \frac{1}{2} & \frac{1}{2} \\ \frac{1}{2} & -\frac{1}{2} & 0 & 0 \\ \frac{1}{2} & 0 & -\frac{1}{2} & 0 \\ \frac{1}{2} & 0 & 0 & -\frac{1}{2} \end{pmatrix}.$$

注　MATLAB 的命令窗口输入命令“format rat”, 是“以分数形式输出数值”.

```
Command Window
>> format rat
>> X=[1 1 1 1 1 0 0 0;1 -1 1 1 0 1 0 0;1 1 -1 1 0 0 1 0;1 1 1 -1 0 0 0 1];
>> rref(X)

ans =

  Columns 1 through 7

       1            0            0            0          -1/2          1/2          1/2
       0            1            0            0           1/2         -1/2          0
       0            0            1            0           1/2          0           -1/2
       0            0            0            1           1/2          0            0

  Column 8

       1/2
       0
       0
      -1/2

>>
```

图 1.17

设 $\boldsymbol{A} \in \mathbf{R}^{n\times n}$, $\boldsymbol{B} \in \mathbf{R}^{n\times m}$, 若 $\boldsymbol{A}$ 是可逆矩阵, 则存在唯一的 $\boldsymbol{X} \in \mathbf{R}^{n\times m}$, 满足 $\boldsymbol{AX} = \boldsymbol{B}$, 且 $\boldsymbol{X} = \boldsymbol{A}^{-1}\boldsymbol{B}$.

对分块矩阵 $(\boldsymbol{A}\quad \boldsymbol{B})$ 作初等行变换, 则 $(\boldsymbol{A}\quad \boldsymbol{B})$ 中 $\boldsymbol{A}$ 相应的部分可以化为单位矩阵 (因为 $\boldsymbol{A}$ 是可逆矩阵), 且对子块 $\boldsymbol{B}$ 也进行了同样的初等行变换, 从而把 $\boldsymbol{B}$ 相应的部分化为 $\boldsymbol{A}^{-1}\boldsymbol{B}$.

例 1.9　设矩阵 $\boldsymbol{A} = \begin{pmatrix} 1 & 1 & 0 \\ 0 & 1 & 1 \\ 1 & 0 & 1 \end{pmatrix}$, $\boldsymbol{B} = \begin{pmatrix} 1 & -1 \\ 0 & 1 \\ -1 & 0 \end{pmatrix}$, 求满足 $\boldsymbol{AX} = \boldsymbol{B}$ 的矩阵 $\boldsymbol{X}$.

解　构造分块矩阵 $(\boldsymbol{A}\quad \boldsymbol{B}) = \begin{pmatrix} 1 & 1 & 0 & 1 & -1 \\ 0 & 1 & 1 & 0 & 1 \\ 1 & 0 & 1 & -1 & 0 \end{pmatrix}$, 对 $(\boldsymbol{A}\quad \boldsymbol{B})$ 实施初等行变换, $\boldsymbol{A}$ 相应的子块被化为单位矩阵 (因为 $\boldsymbol{A}$ 是可逆矩阵) 时, $\boldsymbol{B}$ 相应的子块被化为 $\boldsymbol{A}^{-1}\boldsymbol{B}$.

在 MATLAB 的命令窗口中输入以下内容 (包括括号、空格、逗号、分号等符号):

format rat

A = [1 1 0 1 −1;0 1 1 0 1;1 0 1 −1 0];rref(A)

完成输入, 点击"回车"键, 命令窗口出现图 1.18 的内容.

```
Command Window
>> format rat
   A=[1 1 0 1 -1;0 1 1 0 1;1 0 1 -1 0];rref(A)

ans =

       1            0            0            0           -1
       0            1            0            1            0
       0            0            1           -1            1

>>
```

图 1.18

命令窗口输出的运算结果 ("ans="), 是分块矩阵 $(\boldsymbol{A}\quad\boldsymbol{B})$ 经初等行变换化得的标准阶梯形.

$$(\boldsymbol{A}\quad\boldsymbol{B})\xrightarrow[\text{初等行变换}]{}\begin{pmatrix}1&0&0&0&-1\\0&1&0&1&0\\0&0&1&-1&1\end{pmatrix}.$$

$\boldsymbol{A}$ 相应的部分被化为了单位矩阵, 所以, $\boldsymbol{A}$ 是可逆矩阵, 且 $\boldsymbol{B}$ 相应的部分化为 $\boldsymbol{A}^{-1}\boldsymbol{B}$.

所以,

$$\boldsymbol{X}=\boldsymbol{A}^{-1}\boldsymbol{B}=\begin{pmatrix}0&-1\\1&0\\-1&1\end{pmatrix}.$$

练 习 1.4

练习1.4解答

1. 验证下列矩阵都是可逆矩阵, 且它的逆矩阵就是所给定的矩阵.

(1) $\boldsymbol{P}_1=\begin{pmatrix}1&-1&0\\0&1&0\\0&0&1\end{pmatrix}$, $\boldsymbol{P}_1^{-1}=\begin{pmatrix}1&1&0\\0&1&0\\0&0&1\end{pmatrix}$;

(2) $\boldsymbol{P}_2=\begin{pmatrix}0&1&0\\1&0&0\\0&0&1\end{pmatrix}$, $\boldsymbol{P}_2^{-1}=\boldsymbol{P}_2$;

(3) $\boldsymbol{P}_3=\begin{pmatrix}2&0&0\\0&3&0\\0&0&4\end{pmatrix}$, $\boldsymbol{P}_3^{-1}=\begin{pmatrix}\frac{1}{2}&0&0\\0&\frac{1}{3}&0\\0&0&\frac{1}{4}\end{pmatrix}$;

(4) $\boldsymbol{P}_4=\begin{pmatrix}0&0&2\\0&3&0\\4&0&0\end{pmatrix}$, $\boldsymbol{P}_4^{-1}=\begin{pmatrix}0&0&\frac{1}{4}\\0&\frac{1}{3}&0\\\frac{1}{2}&0&0\end{pmatrix}$;

(5) 若 $a_1a_2a_3a_4\neq 0$, 则 $\boldsymbol{P}=\begin{pmatrix}a_1&0&0&0\\0&a_2&0&0\\0&0&a_3&0\\0&0&0&a_4\end{pmatrix}$ 可逆, 且

$$\boldsymbol{P}^{-1}=\begin{pmatrix}\frac{1}{a_1}&0&0&0\\0&\frac{1}{a_2}&0&0\\0&0&\frac{1}{a_3}&0\\0&0&0&\frac{1}{a_4}\end{pmatrix};$$

(6) 若 $a_1a_2a_3a_4\neq 0$, 则 $\boldsymbol{Q}=\begin{pmatrix}0&0&0&a_1\\0&0&a_2&0\\0&a_3&0&0\\a_4&0&0&0\end{pmatrix}$ 可逆, 且

$$\boldsymbol{Q}^{-1}=\begin{pmatrix}0&0&0&\frac{1}{a_4}\\0&0&\frac{1}{a_3}&0\\0&\frac{1}{a_2}&0&0\\\frac{1}{a_1}&0&0&0\end{pmatrix}.$$

2. 判断下列矩阵是否可逆, 可逆时, 求出它的逆 (用 MATLAB 中的 inv 函数, 验证你所求得的结果).

(1) $\begin{pmatrix}2&1\\3&4\end{pmatrix}$; (2) $\begin{pmatrix}2&2&3\\1&-1&0\\-1&2&1\end{pmatrix}$; (3) $\begin{pmatrix}1&0&0\\1&2&0\\1&2&3\end{pmatrix}$; (4) $\begin{pmatrix}1&2&3&4\\0&1&2&3\\0&0&1&2\\0&0&0&1\end{pmatrix}$;

(5) $\begin{pmatrix} 2 & 1 & 0 & 0 \\ 1 & 1 & 0 & 0 \\ 0 & 0 & 2 & 5 \\ 0 & 0 & 1 & 3 \end{pmatrix}$.

3. 设 $\boldsymbol{A}=\begin{pmatrix} a & c \\ 0 & b \end{pmatrix}$. 验证： $\boldsymbol{A}$ 可逆当且仅当 $ab\neq 0$, 且 $\boldsymbol{A}$ 可逆时,

$$\boldsymbol{A}^{-1}=\begin{pmatrix} \frac{1}{a} & -\frac{c}{ab} \\ 0 & \frac{1}{b} \end{pmatrix}.$$

4. 已知矩阵 $\boldsymbol{A}=\begin{pmatrix} 1 & 3 \\ 3 & 4 \end{pmatrix}$, $\boldsymbol{B}=\begin{pmatrix} 1 & -1 \\ 2 & 1 \end{pmatrix}$.

(1) 求 $\boldsymbol{A}^{-1}$, $\boldsymbol{B}^{-1}$, $(\boldsymbol{A}^{\mathrm{T}})^{-1}$, $(\boldsymbol{AB})^{-1}$, $\boldsymbol{B}^{-1}\boldsymbol{A}^{-1}$, $((\boldsymbol{AB})^{\mathrm{T}})^{-1}$;

(2) 验证 $\boldsymbol{A}+\boldsymbol{B}$ 不可逆.

5. 设 $\boldsymbol{A}$, $\boldsymbol{B}$ 是 n 阶方阵. 证明：

(1) 若 $\boldsymbol{A}$ 可逆, $\boldsymbol{B}$ 不可逆, 则 $\boldsymbol{AB}$, $\boldsymbol{BA}$ 都不可逆;

(2) 若 $\boldsymbol{A}$, $\boldsymbol{AB}$ 都是可逆矩阵, 则 $\boldsymbol{B}$ 也是可逆矩阵;

(3) 若 $\boldsymbol{A}$ 不可逆, 则 $\boldsymbol{A}$ 的标准阶梯形中, 必有元素全为 0 的行;

(4) $\boldsymbol{AB}$ 可逆当且仅当 $\boldsymbol{A}$, $\boldsymbol{B}$ 都可逆.

6. 已知矩阵 $\boldsymbol{A}$, $\boldsymbol{B}$, 求满足 $\boldsymbol{AX}=\boldsymbol{B}$ 的矩阵 $\boldsymbol{X}$(尝试用 MATLAB 验证所得结果).

(1) $\boldsymbol{A}=\begin{pmatrix} 4 & 1 \\ 6 & 1 \end{pmatrix}$, $\boldsymbol{B}=\begin{pmatrix} 1 & -1 & 0 \\ 0 & 2 & 1 \end{pmatrix}$;

(2) $\boldsymbol{A}=\begin{pmatrix} 1 & 1 & -1 \\ 0 & 2 & -5 \\ 1 & 0 & 1 \end{pmatrix}$, $\boldsymbol{B}=\begin{pmatrix} 1 \\ 2 \\ 3 \end{pmatrix}$;

(3) $\boldsymbol{A}=\begin{pmatrix} 1 & -2 & 0 \\ 4 & -2 & -1 \\ -3 & 1 & 2 \end{pmatrix}$, $\boldsymbol{B}=\begin{pmatrix} -1 & 4 \\ 2 & 5 \\ 1 & -3 \end{pmatrix}$.

习　题　1

习题1解答

1. (1) 设矩阵 $\boldsymbol{A}=\begin{pmatrix}1 & -1\\ -2 & a\end{pmatrix}$ 不可逆, 求 a 的值;

(2) a 为何值时, 矩阵 $\boldsymbol{A}=\begin{pmatrix}a & -1 & 1\\ 0 & 1 & 2\\ 1 & 0 & 3\end{pmatrix}$ 可逆? 在 $\boldsymbol{A}$ 可逆时, 求 $\boldsymbol{A}^{-1}$.

2. (1) 若 $\boldsymbol{A}$ 是 n 阶可逆矩阵, $\boldsymbol{B}\in\mathbf{R}^{m\times n}$, 则存在 $\boldsymbol{X}=\boldsymbol{B}\boldsymbol{A}^{-1}\in\mathbf{R}^{m\times n}$, 满足 $\boldsymbol{X}\boldsymbol{A}=\boldsymbol{B}$. 称 $\boldsymbol{X}=\boldsymbol{B}\boldsymbol{A}^{-1}$ 是矩阵方程 $\boldsymbol{X}\boldsymbol{A}=\boldsymbol{B}$ 的解.

设 $\boldsymbol{A}=\begin{pmatrix}3 & -1 & 2\\ 1 & 0 & -1\\ -2 & 1 & 4\end{pmatrix}$,$\boldsymbol{B}=\begin{pmatrix}3 & 0 & -2\\ -1 & 4 & 1\end{pmatrix}$,求满足 $\boldsymbol{X}\boldsymbol{A}=\boldsymbol{B}$ 的矩阵 $\boldsymbol{X}$.

(2) 若 $\boldsymbol{A}\in\mathbf{R}^{m\times m}$, $\boldsymbol{B}\in\mathbf{R}^{n\times n}$ 都是可逆矩阵, $\boldsymbol{C}\in\mathbf{R}^{m\times n}$, 则存在 $\boldsymbol{X}=\boldsymbol{A}^{-1}\boldsymbol{C}\boldsymbol{B}^{-1}\in\mathbf{R}^{m\times n}$, 满足 $\boldsymbol{A}\boldsymbol{X}\boldsymbol{B}=\boldsymbol{C}$. 称 $\boldsymbol{X}=\boldsymbol{A}^{-1}\boldsymbol{C}\boldsymbol{B}^{-1}\in\mathbf{R}^{m\times n}$ 是矩阵方程 $\boldsymbol{A}\boldsymbol{X}\boldsymbol{B}=\boldsymbol{C}$ 的解.

设 $\boldsymbol{A}=\begin{pmatrix}1 & 2\\ 2 & -1\end{pmatrix}$, $\boldsymbol{B}=\begin{pmatrix}0 & 0 & 2\\ 0 & 3 & 0\\ 5 & 0 & 0\end{pmatrix}$, $\boldsymbol{C}=\begin{pmatrix}0 & 1 & 2\\ 1 & 0 & 3\end{pmatrix}$, 求满足 $\boldsymbol{A}\boldsymbol{X}\boldsymbol{B}=\boldsymbol{C}$ 的矩阵 $\boldsymbol{X}$.

(3) 设 $\boldsymbol{A}=\begin{pmatrix}1 & 0 & -1\\ 1 & 3 & 0\\ 0 & 2 & 1\end{pmatrix}$, $\boldsymbol{I}$ 是 3 阶单位矩阵, 求满足 $\boldsymbol{A}\boldsymbol{X}+\boldsymbol{I}=\boldsymbol{A}^2+\boldsymbol{X}$ 的矩阵 $\boldsymbol{X}$;

(4) 设 $\boldsymbol{A}=\begin{pmatrix}3 & 0 & 1\\ 1 & 1 & 0\\ 0 & 1 & 4\end{pmatrix}$, 求满足 $\boldsymbol{A}\boldsymbol{X}=\boldsymbol{A}+2\boldsymbol{X}$ 的矩阵 $\boldsymbol{X}$;

(5) 设 $\boldsymbol{A}=\begin{pmatrix}1 & -2 & 0\\ 1 & 2 & 0\\ 0 & 0 & 2\end{pmatrix}$, $\boldsymbol{I}$ 是 3 阶单位矩阵, 求满足 $2\boldsymbol{X}^{-1}\boldsymbol{A}=\boldsymbol{A}-4\boldsymbol{I}$ 的可逆矩阵 $\boldsymbol{X}$.

3. 设 $a\neq 0$, $\boldsymbol{\alpha}=(a\quad 0\quad \cdots\quad 0\quad a)\in\mathbf{R}^{1\times n}$, $\boldsymbol{I}$ 是 n 阶单位矩阵.
若 $\boldsymbol{A}=\boldsymbol{I}-\boldsymbol{\alpha}^{\mathrm{T}}\boldsymbol{\alpha}$, $\boldsymbol{B}=\boldsymbol{I}+\dfrac{1}{a}\boldsymbol{\alpha}^{\mathrm{T}}\boldsymbol{\alpha}$, 且 $\boldsymbol{A}$ 的逆矩阵是 $\boldsymbol{B}$, 求 a 的值.

4. 设 $\boldsymbol{B}=\begin{pmatrix}2&0&2\\0&4&0\\2&0&2\end{pmatrix}$, $\boldsymbol{I}$ 是 3 阶单位矩阵, 若 $\boldsymbol{A}$ 满足 $\boldsymbol{AB}=2\boldsymbol{A}+\boldsymbol{B}$, 求 $(\boldsymbol{A}-\boldsymbol{I})^{-1}$.

5. 若 n 阶方阵 $\boldsymbol{A}$ 满足 $\boldsymbol{A}^k=\boldsymbol{0}$, k 是正整数, 则称 $\boldsymbol{A}$ 是幂零矩阵. 假设 $\boldsymbol{A}\in\mathbf{R}^{n\times n}$, $\boldsymbol{I}$ 是单位矩阵.

(1) 若 $\boldsymbol{A}^k=\boldsymbol{0}$, k 是正整数, 验证: $\boldsymbol{I}-\boldsymbol{A}$ 可逆, 且 $(\boldsymbol{I}-\boldsymbol{A})^{-1}=\boldsymbol{I}+\boldsymbol{A}+\boldsymbol{A}^2+\cdots+\boldsymbol{A}^{k-1}$;

(2) 若 $\boldsymbol{A}^3=\boldsymbol{0}$, 验证 $(\boldsymbol{I}+\boldsymbol{A})$, $(\boldsymbol{I}-\boldsymbol{A})$ 都可逆, 并求 $(\boldsymbol{I}+\boldsymbol{A})^{-1}$, $(\boldsymbol{I}-\boldsymbol{A})^{-1}$;

(3) 若 $\boldsymbol{A}$ 满足 $\boldsymbol{A}^2+\boldsymbol{A}-4\boldsymbol{I}=\boldsymbol{0}$, 求 $(\boldsymbol{A}-\boldsymbol{I})^{-1}$.

6. 设 $\boldsymbol{A},\boldsymbol{B}\in\mathbf{R}^{n\times n}$ 都是可逆矩阵.

(1) 证明: $(\boldsymbol{A}+\boldsymbol{B})$ 可逆当且仅当 $(\boldsymbol{A}^{-1}+\boldsymbol{B}^{-1})$ 可逆.

(2) 在 $(\boldsymbol{A}^{-1}+\boldsymbol{B}^{-1})$ 可逆时, 求 $(\boldsymbol{A}+\boldsymbol{B})^{-1}$.

7. 讨论矩阵 $\boldsymbol{A}=\begin{pmatrix}a_1&a_2\\b_1&b_2\end{pmatrix}$ 可逆的充要条件.

8. 证明: $\boldsymbol{A}$ 可逆当且仅当 $\boldsymbol{A}$ 可以表示成初等矩阵的乘积. 即 $\boldsymbol{A}$ 可逆当且仅当存在初等矩阵 $\boldsymbol{P}_1,\boldsymbol{P}_2,\cdots,\boldsymbol{P}_s$, 满足 $\boldsymbol{A}=\boldsymbol{P}_1\boldsymbol{P}_2\cdots\boldsymbol{P}_s$.

第 2 章　线性方程组

2.1　一般线性方程组

引例 2.1　(电路网络问题) 当电流经过电阻时, 会产生“电压降”, 且服从欧姆定律： $U=IR$, 其中, U 为电阻两端的“电压降”, I 为流经电阻的电流强度, R 为电阻值, 单位分别为伏特、安培和欧姆.

在电路网络中, 任何一个闭合回路的电压均服从基尔霍夫电压定律：沿某个方向环绕回路一周的所有电压降 U 的代数和等于沿同一方向环绕该回路的电源电压的代数和.

图 2.1 是带有四个网孔的电路网络.

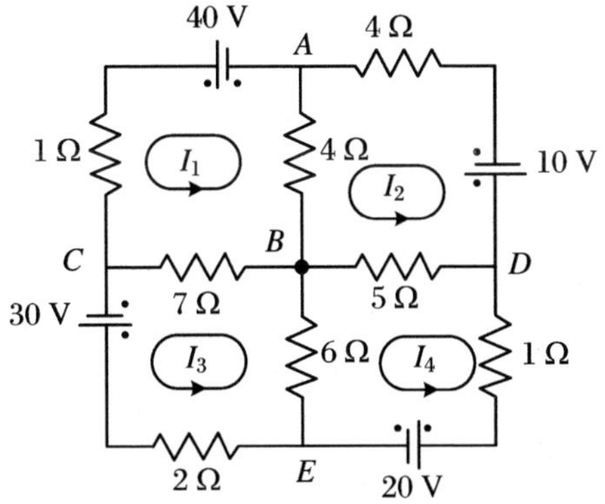

图 2.1

由基尔霍夫电压定律, 得到图 2.1 中网孔电流所满足的关系式.

在网孔 1 中, 电流 I_1 流经三个电阻, 其电压降为： $I_1+7I_1+4I_1=12I_1$.

网孔 2 中的电流 I_2 也流经网孔 1 的一部分, 即从 A 到 B 的分支, 对应的电压降为 $4I_2$; 同样, 网孔 3 中的电流 I_3 也流经网孔 1 的一部分, 即从 B 到 C 的分支, 对应的电压降为 $7I_3$. 然而, 网孔 1 中的电流在 AB 段的方向与网孔 2 中选定的方向相反, 网孔 1 中的电流在 BC 段的方向与网孔 3 中选定的方向相反, 因此网孔 1 所有电压降的代数和为 $12I_1-4I_2-7I_3$.

由于网孔 1 中电源电压为 40 V, 由基尔霍夫定律得:
网孔 1 的电流满足的关系式是

$$12I_1-4I_2-7I_3=40; \tag{①}$$

同理, 网孔 2 的电流满足的关系式是

$$-4I_1+13I_2-5I_4=-10; \tag{②}$$

网孔 3 的电流满足的关系式是

$$-7I_1+15I_3-6I_4=30; \tag{③}$$

网孔 4 的电流满足的关系式是

$$-5I_2-6I_3+12I_4=20. \tag{④}$$

于是, 网孔电流所满足的关系式是

$$\text{(I)}\begin{cases}12I_1-4I_2-7I_3=40 & ①\\ -4I_1+13I_2-5I_4=-10 & ②\\ -7I_1+15I_3-6I_4=30 & ③\\ -5I_2-6I_3+12I_4=20 & ④\end{cases}.$$

含有未知量的等式①, ②, ③, ④, 称为关于未知量 I_1,I_2,I_3,I_4 的线性方程, 而由①, ②, ③, ④联立构成的 (I), 称为关于未知量 I_1,I_2,I_3,I_4 的线性方程组.

对于线性方程组 (I), 引入矩阵

$$\boldsymbol{A}=\begin{pmatrix}12&-4&-7&0\\-4&13&0&-5\\-7&0&15&-6\\0&-5&-6&12\end{pmatrix},\ \boldsymbol{X}=\begin{pmatrix}I_1\\I_2\\I_3\\I_4\end{pmatrix},\ \boldsymbol{\beta}=\begin{pmatrix}40\\-10\\30\\20\end{pmatrix}.$$

由矩阵的乘法,

$$\boldsymbol{AX}=\begin{pmatrix}12&-4&-7&0\\-4&13&0&-5\\-7&0&15&-6\\0&-5&-6&12\end{pmatrix}\begin{pmatrix}I_1\\I_2\\I_3\\I_4\end{pmatrix}=\begin{pmatrix}12I_1-4I_2-7I_3\\-4I_1+13I_2-5I_4\\-7I_1+15I_3-6I_4\\-5I_2-6I_3+12I_4\end{pmatrix},$$

再由矩阵的相等,

$$\boldsymbol{AX}=\boldsymbol{\beta}\Leftrightarrow\begin{pmatrix}12I_1-4I_2-7I_3\\-4I_1+13I_2-5I_4\\-7I_1+15I_3-6I_4\\-5I_2-6I_3+12I_4\end{pmatrix}=\begin{pmatrix}40\\-10\\30\\20\end{pmatrix}$$

$$\Leftrightarrow\begin{cases}12I_1-4I_2-7I_3=40\\-4I_1+13I_2-5I_4=-10\\-7I_1+15I_3-6I_4=30\\-5I_2-6I_3+12I_4=20\end{cases},$$

其中, $\boldsymbol{A}$ 是由方程组 (I) 中未知量的系数按照其原来的相对位置确定的矩阵, 称为 (I) 的系数矩阵; $\boldsymbol{\beta}$ 是方程组 (I) 的常数项所确定的, 称为 (I) 的常数列.

引例 2.2　(建筑材料问题) 混凝土由砂、石、水泥和水四种原料按一定比例配制而成, 不同的成分比例影响混凝土的特性. 水与水泥的比例影响混凝土的最终强度, 砂与石的比例影响混凝土的易加工性, 砂与水泥的比例影响混凝土的耐久性等. 所以不同用途的混凝土需要不同的原料配比.

假定某混凝土生产企业的设备只能生产储存超强型、通用型、长寿型等三种类型的混凝土. 它们的配方如下：超强型 A 含砂、石、水泥、水的比例分别是 20, 10, 20, 10; 通用型 B 含砂、石、水泥、水的比例分别是 25, 5, 18, 10; 长寿型 C 含砂、石、水泥、水的比例分别是 15, 15, 12, 10.

企业希望, 客户订购的混凝土都能由 A, B, C 这三种类型再按一定比例混合而成.

假如某客户需要的混凝土含砂、石、水泥、水的比例分别是 21, 9, 16, 10, 问 A, B, C 三种类型的混凝土各占多少比例? 如果客户需要这种混凝土 25 万吨, 则三种混凝土各需要多少万吨?

用 4×1 矩阵表示混凝土含砂、石、水泥、水的比例. 即

$$\boldsymbol{A}=\begin{pmatrix}20\\10\\20\\10\end{pmatrix}$$ 表示超强型混凝土 A 的成分; $$\boldsymbol{B}=\begin{pmatrix}25\\5\\18\\10\end{pmatrix}$$ 表示通用型混凝土 B 的成分; $$\boldsymbol{C}=\begin{pmatrix}15\\15\\12\\10\end{pmatrix}$$ 表示长寿型混凝土 C 的成分; $$\boldsymbol{\beta}=\begin{pmatrix}21\\9\\16\\10\end{pmatrix}$$ 表示客户需求的混凝土的成分.

假设合成客户需求的混凝土 β, 需要 A, B, C 型的占比分别为 x_1, x_2, x_3, 则 $x_1\boldsymbol{A}+x_2\boldsymbol{B}+x_3\boldsymbol{C}=\boldsymbol{\beta}$, 即

$$x_1\begin{pmatrix}20\\10\\20\\10\end{pmatrix}+x_2\begin{pmatrix}25\\5\\18\\10\end{pmatrix}+x_3\begin{pmatrix}15\\15\\12\\10\end{pmatrix}=\begin{pmatrix}21\\9\\16\\10\end{pmatrix}.$$

依据矩阵的加法、数与矩阵的乘积、矩阵的相等, 混凝土 A, B, C 型的占比满足关系式

$$(\text{II})\begin{cases}20x_1+25x_2+15x_3=21\\10x_1+5x_2+15x_3=9\\20x_1+18x_2+12x_3=16\\10x_1+10x_2+10x_3=10\end{cases},$$

这是关于未知量 x_1,x_2,x_3 的线性方程组.

利用 MATLAB, 求得满足方程组 (Ⅱ) 的未知量 x_1,x_2,x_3 的值为 $\begin{cases} x_1=\dfrac{2}{25} \\ x_2=\dfrac{14}{25} \\ x_3=\dfrac{9}{25} \end{cases}$, 即配制满足客户需要的混凝土 β, 需要 A,B,C 型混凝土的比例是 $2:14:9$.

所以, 配制客户需要的 β 混凝土 25 万吨, 则需要 A 混凝土 2 万吨, B 混凝土 14 万吨, C 混凝土 9 万吨.

方程组 (Ⅱ) 的系数矩阵 $\boldsymbol{A}$、常数列 $\boldsymbol{\beta}$ 以及未知量 $\boldsymbol{X}$ 分别是

$$\boldsymbol{A}=\begin{pmatrix} 20 & 25 & 15 \\ 10 & 5 & 15 \\ 20 & 18 & 12 \\ 10 & 10 & 10 \end{pmatrix}, \boldsymbol{\beta}=\begin{pmatrix} 21 \\ 9 \\ 16 \\ 10 \end{pmatrix}, \boldsymbol{X}=\begin{pmatrix} x_1 \\ x_2 \\ x_3 \end{pmatrix}.$$

利用矩阵的乘法和相等, 方程组 (Ⅱ) 表示成 $\boldsymbol{AX}=\boldsymbol{\beta}$.

定义 2.1 设 $a_1,a_2,\cdots,a_n,b\in\mathbf{R}$ 是 $n+1$ 个已知数, $x_1,x_2,\cdots,x_n$ 是 n 个未知量, 称含有未知量 $x_1,x_2,\cdots,x_n$ 的等式 $a_1x_1+a_2x_2+\cdots+a_nx_n=b$, 为 n 元线性方程.

满足 $a_1c_1+a_2c_2+\cdots+a_nc_n=b$ 的未知量取值 $\begin{cases} x_1=c_1 \\ x_2=c_2 \\ \cdots \\ x_n=c_n \end{cases}$, 称为方程 $a_1x_1+a_2x_2+\cdots+a_nx_n=b$ 的一个解;

由 m 个关于未知量 $x_1,x_2,\cdots,x_n$ 的 n 元线性方程 $a_{i1}x_1+a_{i2}x_2+\cdots+a_{in}x_n=b_i\ (i=1,2,\cdots,m)$ 组成的方程组

$$(\text{Ⅲ})\begin{cases} a_{11}x_1+a_{12}x_2+\cdots+a_{1n}x_n=b_1 \\ a_{21}x_1+a_{22}x_2+\cdots+a_{2n}x_n=b_2 \\ \qquad\cdots\cdots \\ a_{m1}x_1+a_{m2}x_2+\cdots+a_{mn}x_n=b_m \end{cases}$$

称为 n 元线性方程组.

$a_{ij}(i=1,2,\cdots,m;j=1,2,\cdots,n)$ 是方程组中第 i 个方程中未知量 x_j 的系数.

按方程组中的相对位置, 方程组 (Ⅲ) 中未知量系数, 确定一个 $m\times n$ 矩阵

$$\boldsymbol{A}=\begin{pmatrix} a_{11} & a_{12} & \cdots & a_{1n} \\ a_{21} & a_{22} & \cdots & a_{2n} \\ \vdots & \vdots & & \vdots \\ a_{m1} & a_{m2} & \cdots & a_{mn} \end{pmatrix},$$

称为 (Ⅲ) 的系数矩阵;

按照方程组中的相对位置, 方程组 (Ⅲ) 的常数项, 确定的 $m\times 1$ 矩阵 $\boldsymbol{\beta}=\begin{pmatrix} b_1 \\ b_2 \\ \vdots \\ b_m \end{pmatrix}$, 称为方程组 (Ⅲ) 的常数列;

特别地, 若方程组 (Ⅲ) 的常数项全为 0, 即 $\boldsymbol{\beta}=\begin{pmatrix} 0 \\ 0 \\ \vdots \\ 0 \end{pmatrix}$, 方程组为

$$
(\text{Ⅳ})\begin{cases} a_{11}x_1+a_{12}x_2+\cdots+a_{1n}x_n=0 \\ a_{21}x_1+a_{22}x_2+\cdots+a_{2n}x_n=0 \\ \cdots\cdots \\ a_{m1}x_1+a_{m2}x_2+\cdots+a_{mn}x_n=0 \end{cases},
$$

称方程组 (Ⅳ) 是关于未知量 $x_1,x_2,\cdots,x_n$ 的 n 元齐次线性方程组;

方程组 (Ⅲ) 的系数矩阵 $\boldsymbol{A}$ 与常数列 $\boldsymbol{\beta}$ 构成分块矩阵

$$
\overline{\boldsymbol{A}}=(\boldsymbol{A}\quad \boldsymbol{\beta})=\begin{pmatrix} a_{11} & a_{12} & \cdots & a_{1n} & b_1 \\ a_{21} & a_{22} & \cdots & a_{2n} & b_2 \\ \vdots & \vdots & & \vdots & \vdots \\ a_{m1} & a_{m2} & \cdots & a_{mn} & b_m \end{pmatrix},
$$

称为方程组 (Ⅲ) 的增广矩阵;

若未知量 $x_1,x_2,\cdots,x_n$ 的取值 $\begin{cases} x_1=c_1 \\ x_2=c_2 \\ \cdots \\ x_n=c_n \end{cases}$, 满足 (Ⅲ) 中的每一个方程, 也就是 $a_{i1}c_1+a_{i2}c_2+\cdots+a_{in}c_n=b_i\ (i=1,2,\cdots,m)$, 则称 $\begin{cases} x_1=c_1 \\ x_2=c_2 \\ \cdots \\ x_n=c_n \end{cases}$ 是线性方程组 (Ⅲ) 的一个解.

注　① 方程组 (Ⅲ) 的增广矩阵 $\overline{\boldsymbol{A}}$ 由方程组 (Ⅲ) 唯一确定, 同时, 若给定的矩阵 $\boldsymbol{B}$, 以 $\boldsymbol{B}$ 为增广矩阵, 也唯一地确定一个线性方程组.

例如, 设 $\boldsymbol{B}=\begin{pmatrix}1 & 2 & -3 & 4 & -2\\ 0 & -1 & -2 & -5 & 0\\ 1 & 0 & -4 & 2 & 7\end{pmatrix}$, 以 $\boldsymbol{B}$ 为增广矩阵的线性方程组是

$$\begin{cases}x_1+2x_2-3x_3+4x_4=-2\\ -x_2-2x_3-5x_4=0\\ x_1-4x_3+2x_4=7\end{cases};$$

②若 $\begin{cases}x_1=c_1\\ x_2=c_2\\ \quad\cdots\\ x_n=c_n\end{cases}$ 是线性方程组的一个解, 则称 $n\times 1$ 矩阵 $\begin{pmatrix}c_1\\ c_2\\ \vdots\\ c_n\end{pmatrix}$ 为方程组的一个解向量.

方程组的全体解向量组成的集合, 称为方程组的解向量集, 或者解集.

③齐次线性方程组 (Ⅳ) 与线性方程组 (Ⅲ) 有相同的系数矩阵, 即齐次线性方程组 (Ⅳ) 是由线性方程组 (Ⅲ) 的常数项用 "0" 替换得到的. 称齐次线性方程组 (Ⅳ) 是方程组 (Ⅲ) 的导出齐次线性方程组.

④ $\begin{cases}x_1=0\\ x_2=0\\ \quad\cdots\\ x_n=0\end{cases}$ 是齐次线性方程组 (Ⅳ) 的一个解, 即 $\begin{pmatrix}x_1\\ x_2\\ \vdots\\ x_n\end{pmatrix}=\begin{pmatrix}0\\ 0\\ \vdots\\ 0\end{pmatrix}$ 是 (Ⅳ) 的解向量, 称为齐次线性方程组的零解, 也称平凡解.

若 $c_1,c_2,\cdots,c_n$ 不全为 0, 且 $\begin{cases}x_1=c_1\\ x_2=c_2\\ \quad\cdots\\ x_n=c_n\end{cases}$ 是齐次线性方程组 (Ⅳ) 的一个解, 则称为 (Ⅳ) 的非零解, 也称非平凡的解.

练习2.1解答

练 习 2.1

1. 已知金属片边界附近的温度, 确定其稳态温度的分布, 是热传导研究中的一个重要问题. 图 2.2 所示的金属薄片表示一根空心金属截面, 且忽略与盘片垂直方向上的热量传递. 将薄片划分为一些正方形网格, 位于四条边界上的点称为边界点, 而其他的点叫作内点.

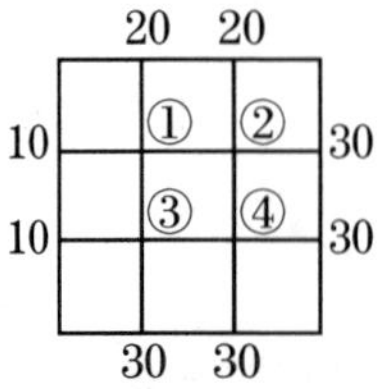

图 2.2

测量表明, 当加热或者冷却时, 任一内点的温度约等于它相邻的四个网格点（内点或边界点）温度值的算术平均值.

把四个内点编号为①至④（图 2.2），对应的温度分别为 t_1,t_2,t_3,t_4. 根据任一内点的温度约等于相邻的四个网络点（内点或边界点）温度值的算术平均值, 写出内点温度分布满足的方程式, 并给出方程式的矩阵运算表示.

2. 某地有煤矿、发电厂和地方铁路等三个重要企业. 如果开采 1 万元的煤, 煤矿必须支付 0.25 万元的运输费、0.25 万元的电力费用; 生产 1 万元的电力, 发电厂需要支付 0.65 万元的煤作燃料, 自己亦须支付 0.05 万元的电费来驱动辅助设备以及支付 0.05 万元的运输费; 铁路获得 1 万元的运输费, 需要支付 0.55 万元的煤作燃料, 0.1 万元的电费驱动它的辅助设备.

2017 年, 煤矿从外地接到 50 000 万元煤炭的订货, 发电厂从外地接到 25 000 万元电力订货, 外地对地方铁路没有要求. 问这三个企业在 2017 年内生产总产值多少时才能满足它们本身的要求和外界的要求？写出相应的方程式, 并用矩阵运算表示.

3. 一幢大型公寓可以有三种方案安排各层建筑结构. 现在要实现整个公寓各种居室结构总数如表 2.1 所示, 问各种方案的楼层选多少能满足要求？写出问题相应的线性方程组, 并给出方程组的矩阵运算表示.

表 2.1

居室结构	方案甲	方案乙	方案丙	公寓合计
一室一厅	8	8	9	116
二室一厅	7	4	3	61
三室一厅	3	5	6	68

4. 诺贝尔经济学奖获得者华西里 · 里昂惕夫（Wassily Leontief）的投入产出模型的基本思想是：假设一个经济系统分为很多行业（如制造业、通信业、娱乐业和服务业等），把一个部门产出的总货币价值称为该产出的价格（price）. 若知道每个部门一年的总产出, 并准确了解其产出如何在经济的其他部门之间分配或“交易”. 华西里 · 里昂惕夫证明了如下结论：存在赋给各部门总产出的平衡价格, 使得每个部门的投入与产出都相等.

假设一个经济系统有三个行业：五金化工、能源、机械, 每个行业的产出在各个行业中的分配如表 2.2 所示, 每一列中的元素表示占该行业总产出的比例. 以第二列

表 2.2

产出分配			购买者
五金化工	能源	机械	
0.2	0.8	0.4	五金化工
0.3	0.1	0.4	能源
0.5	0.1	0.2	机械

为例, 能源行业的总产出的分配如下： 80% 分配到五金化工行业, 10% 分配到机械行业, 10% 供给到自身行业使用.

把五金化工、能源、机械行业每年总产出的价格分别用 p_1, p_2, p_3 表示. 表中的列表示每个行业的产出分配到何处, 行表示每个行业所需的投入.

依据华西里 · 里昂惕夫的模型, 写出每个行业产出的价格应满足的线性方程式组, 并用矩阵运算表示.

5. 某工厂有三个车间, 各车间相互提供产品（或劳务）, 2017 年各车间出厂产量以及对其他车间的消耗如表 2.3 所示. 表中第一列消耗系数 0.1, 0.2, 0.5 表示第一车间生产 1 万元的产品需分别消耗第一, 二, 三车间 0.1 万元, 0.2 万元, 0.5 万元的产品; 第二列, 第三列类同. 写出 x_1,x_2,x_3 满足的线性方程组, 并用矩阵运算表示.

表 2.3

消耗系数 \ 车间 车间	一	二	三	出厂产量(万元)	总产量(万元)
一	0.1	0.2	0.45	22	x_1
二	0.2	0.2	0.3	0	x_2
三	0.5	0	0.12	55.6	x_3

6. 正整数的等幂和数列的通项公式是它的项数 n 的多项式函数. 如

$$S_n^1 = 1+2+\cdots+n = \frac{n(n+1)}{2};$$

$$S_n^2 = 1^2+2^2+\cdots+n^2 = \frac{n(n+1)(2n+1)}{6}.$$

一般地, $S_n^k = 1^k+2^k+\cdots+n^k$ 是关于 n 的 $k+1$ 次多项式函数 $f(n) = a_1n + a_2n^2+\cdots+a_kn^k+a_{k+1}n^{k+1}$, 且满足 $f(n)-f(n-1) = n^k$. $a_i(i=1,2,\cdots,k,k+1)$ 是待定系数.

把 $f(n)$ 的表达式代入 $f(n)-f(n-1)=n^k$, 可得关于待定系数的线性方程组. 以 S_n^4 为例, 列出相应的线性方程组, 并给出矩阵运算表示.

7. 设 $\begin{pmatrix} x_1 \\ x_2 \\ x_3 \end{pmatrix} = \begin{pmatrix} 1 \\ 2 \\ 3 \end{pmatrix}$ 是方程 $ax_1+bx_2+cx_3=2$ 的一个解, 也是 $cx_1+bx_2+ax_3=6$ 的一个解, 求 $a+b+c$ 的值.

2.2　线性方程组的高斯消元法

线性方程组是否有解的判定, 有解时如何求出解以及解的表示, 是线性代数的基本内容.

"加减消元法"是求解线性方程组的基本方法. "加减消元法"解线性方程组就是对线性方程组进行以下几种变形:

(1) 交换两个方程的位置;

(2) 将某一个方程的两边同乘一个非零数;

(3) 将某一个方程的倍数加到另一个方程上去.

称上述三种线性方程组的变形为线性方程组的初等变换.

"加减消元法"解线性方程组, 实质上只对方程组中未知量的系数进行运算.

例 2.1　利用加减消元法解线性方程组 $\begin{cases} x_1+x_2+x_3+x_4=10 \\ 2x_1+x_2-x_3+x_4=5 \\ x_1-x_2+3x_3-x_4=4 \\ x_1+x_2+x_3-x_4=2 \end{cases}$.

解

$$\xrightarrow[\substack{\text{第 1 个方程的 } (-1) \text{ 倍加到第 3 个方程} \\ \text{第 1 个方程的 } (-1) \text{ 倍加到第 4 个方程}}]{\text{第 1 个方程的 } (-2) \text{ 倍加到第 2 个方程}} \begin{cases} x_1+x_2+x_3+x_4=10 \\ -x_2-3x_3-x_4=-15 \\ -2x_2+2x_3-2x_4=-6 \\ -2x_4=-8 \end{cases}$$

$$\xrightarrow[\text{第 2 个方程的 } (-2) \text{ 倍加到第 3 个方程}]{} \begin{cases} x_1+x_2+x_3+x_4=10 \\ -x_2-3x_3-x_4=-15 \\ 8x_3=24 \\ -2x_4=-8 \end{cases}$$

$$\xrightarrow[\text{第 4 个方程乘 } \left(-\frac{1}{2}\right)]{\text{第 3 个方程乘 } \left(\frac{1}{8}\right)} \begin{cases} x_1+x_2+x_3+x_4=10 \\ -x_2-3x_3-x_4=-15 \\ x_3=3 \\ x_4=4 \end{cases}$$

$$\xrightarrow[\text{第 4 个方程的 } (-1) \text{ 倍加到第 1 个方程}]{\text{第 4 个方程加到第 2 个方程}} \begin{cases} x_1+x_2+x_3=6 \\ -x_2-3x_3=-11 \\ x_3=3 \\ x_4=4 \end{cases}$$

$$\xrightarrow[\text{第 3 个方程的 }(-1)\text{ 倍加到第 1 个方程}]{\text{第 3 个方程的 3 倍加到第 2 个方程}}\begin{cases}x_1+x_2=3\\-x_2=-2\\x_3=3\\x_4=4\end{cases}$$

$$\xrightarrow[\text{第 2 个方程乘 }(-1)\text{ 倍}]{\text{第 2 个方程加到第 1 个方程}}\begin{cases}x_1=1\\x_2=2\\x_3=3\\x_4=4\end{cases}.$$

所以, 求得线性方程组的唯一解是 $\begin{cases}x_1=1\\x_2=2\\x_3=3\\x_4=4\end{cases}$.

线性方程组和它的增广矩阵相互唯一地确定, “加减消元法”解线性方程组的过程也可以由它的增广矩阵的初等行变换来表述. 见表 2.4.

表 2.4

加减消元法解线性方程组	增广矩阵的初等行变换
$\begin{cases}x_1+x_2+x_3+x_4=10\\2x_1+x_2-x_3+x_4=5\\x_1-x_2+3x_3-x_4=4\\x_1+x_2+x_3-x_4=2\end{cases}$	$\overline{\boldsymbol{A}}=\begin{pmatrix}1&1&1&1&10\\2&1&-1&1&5\\1&-1&3&-1&4\\1&1&1&-1&2\end{pmatrix}$
$\begin{cases}x_1+x_2+x_3+x_4=10\\-x_2-3x_3-x_4=-15\\-2x_2+2x_3-2x_4=-6\\-2x_4=-8\end{cases}$	$\xrightarrow[\text{第 1 行的 }(-1)\text{ 倍加到第 4 行}]{\substack{\text{第 1 行的 }(-2)\text{ 倍加到第 2 行}\\\text{第 1 行的 }(-1)\text{ 倍加到第 3 行}}}\begin{pmatrix}1&1&1&1&10\\0&-1&-3&-1&-15\\0&-2&2&-2&-6\\0&0&0&-2&-8\end{pmatrix}$
$\begin{cases}x_1+x_2+x_3+x_4=10\\-x_2-3x_3-x_4=-15\\8x_3=24\\-2x_4=-8\end{cases}$	$\xrightarrow[\text{第 2 行的 }(-2)\text{ 倍加到第 3 行}]{}\begin{pmatrix}1&1&1&1&10\\0&-1&-3&-1&-15\\0&0&8&0&24\\0&0&0&-2&-8\end{pmatrix}$
$\begin{cases}x_1+x_2+x_3+x_4=10\\-x_2-3x_3-x_4=-15\\x_3=3\\x_4=4\end{cases}$	$\xrightarrow[\text{第 4 行乘 }\left(-\frac{1}{2}\right)]{\text{第 3 行乘 }\left(\frac{1}{8}\right)}\begin{pmatrix}1&1&1&1&10\\0&-1&-3&-1&-15\\0&0&1&0&3\\0&0&0&1&4\end{pmatrix}$
$\begin{cases}x_1+x_2+x_3=6\\-x_2-3x_3=-11\\x_3=3\\x_4=4\end{cases}$	$\xrightarrow[\text{第 4 行的 }(-1)\text{ 倍加到第 1 行}]{\text{第 4 行加到第 2 行}}\begin{pmatrix}1&1&1&0&6\\0&-1&-3&0&-11\\0&0&1&0&3\\0&0&0&1&4\end{pmatrix}$
$\begin{cases}x_1+x_2=3\\-x_2=-2\\x_3=3\\x_4=4\end{cases}$	$\xrightarrow[\text{第 3 行的 }(-1)\text{ 倍加到第 1 行}]{\text{第 3 行的 3 倍加到第 2 行}}\begin{pmatrix}1&1&0&0&3\\0&-1&0&0&-2\\0&0&1&0&3\\0&0&0&1&4\end{pmatrix}$
$\begin{cases}x_1=1\\x_2=2\\x_3=3\\x_4=4\end{cases}$	$\xrightarrow[\text{第 2 行乘 }(-1)]{\text{第 2 行加到第 1 行}}\begin{pmatrix}1&0&0&0&1\\0&1&0&0&2\\0&0&1&0&3\\0&0&0&1&4\end{pmatrix}$

这个例子说明, 增广矩阵的初等行变换能实现“加减消元法”解线性方程组的过

程. 即

(1) 交换增广矩阵的两行, 就相当于交换方程组中相应的两个方程的位置;

(2) 增广矩阵的某一行的倍数加到另一行, 就相当于把方程组中相应的某一个方程的倍数加到另一个方程;

(3) 增广矩阵的某一行乘非零数 c, 就相当于把方程组中相应的某一个方程乘非零数 c.

所以, 方程组的增广矩阵 $\overline{\boldsymbol{A}}$ 经初等行变换化为矩阵 $\overline{\boldsymbol{B}}$, 则以 $\overline{\boldsymbol{B}}$ 为增广矩阵的方程组与原方程组有相同的解.

解线性方程组的过程, 就是把方程组的增广矩阵经行初等变换化为标准阶梯形的过程.

例 2.2　解线性方程组 $\begin{cases} x_1-x_2+x_3=1 \\ x_1-x_2-x_3=3 \\ 2x_1-2x_2-x_3=3 \end{cases}$.

解　方程组的增广矩阵 $\overline{\boldsymbol{A}}=\begin{pmatrix} 1 & -1 & 1 & 1 \\ 1 & -1 & -1 & 3 \\ 2 & -2 & -1 & 3 \end{pmatrix}$, 对 $\overline{\boldsymbol{A}}$ 实施初等行变换, 化 $\overline{\boldsymbol{A}}$ 为标准阶梯形矩阵.

为更好地体会"加减消元法"与"增广矩阵的初等行变换"之间的关系, 表 2.5 对比给出两个解题过程.

表 2.5

增广矩阵的初等行变换	方程组的加减消元法
$\overline{\boldsymbol{A}}=\begin{pmatrix} 1 & -1 & 1 & 1 \\ 1 & -1 & -1 & 3 \\ 2 & -2 & -1 & 3 \end{pmatrix}$	$\begin{cases} x_1-x_2+x_3=1 \\ x_1-x_2-x_3=3 \\ 2x_1-2x_2-x_3=3 \end{cases}$
$\xrightarrow[\text{第 1 行的 } (-2) \text{ 倍加到第 3 行}]{\text{第 1 行的 } (-1) \text{ 倍加到第 2 行}}\begin{pmatrix} 1 & -1 & 1 & 1 \\ 0 & 0 & -2 & 2 \\ 0 & 0 & -3 & 1 \end{pmatrix}$	$\xrightarrow[\text{第 1 个方程的 } (-2) \text{ 倍加到第 3 个方程}]{\text{第 1 个方程的 } (-1) \text{ 倍加到第 2 个方程}}\begin{cases} x_1-x_2+x_3=1 \\ -2x_3=2 \\ -3x_3=1 \end{cases}$
$\xrightarrow[\text{第 2 行乘 } \left(-\frac{1}{2}\right)]{}\begin{pmatrix} 1 & -1 & 1 & 1 \\ 0 & 0 & 1 & -1 \\ 0 & 0 & -3 & 1 \end{pmatrix}$	$\xrightarrow[\text{第 2 个方程乘 } \left(-\frac{1}{2}\right)]{}\begin{cases} x_1-x_2+x_3=1 \\ x_3=-1 \\ -3x_3=1 \end{cases}$
$\xrightarrow[\text{第 2 行的 3 倍加到第 3 行}]{\text{第 2 行的 } (-1) \text{ 倍加到第 1 行}}\begin{pmatrix} 1 & -1 & 0 & 2 \\ 0 & 0 & 1 & -1 \\ 0 & 0 & 0 & -2 \end{pmatrix}$	$\xrightarrow[\text{第 2 个方程的 3 倍加到第 3 个方程}]{\text{第 2 个方程的 } (-1) \text{ 倍加到第 1 个方程}}\begin{cases} x_1-x_2=2 \\ x_3=-1 \\ 0=-2 \end{cases}$
$\xrightarrow[\text{第 3 行乘 } \left(-\frac{1}{2}\right)]{}\begin{pmatrix} 1 & -1 & 0 & 2 \\ 0 & 0 & 1 & -1 \\ 0 & 0 & 0 & 1 \end{pmatrix}$	$\xrightarrow[\text{第 3 个方程乘 } \left(-\frac{1}{2}\right)]{}\begin{cases} x_1-x_2=2 \\ x_3=-1 \\ 0=1 \end{cases}$

增广矩阵 $\overline{\boldsymbol{A}}$ 经过初等行变换化得阶梯形 (记为 $\overline{\boldsymbol{B}}$), $\overline{\boldsymbol{B}}=\begin{pmatrix}1&-1&0&2\\0&0&1&-1\\0&0&0&1\end{pmatrix}$, 以 $\overline{\boldsymbol{B}}$ 为增广矩阵的线性方程组 $\begin{cases}x_1-x_2=2\\x_3=-1\\0=1\end{cases}$ 与原方程组同解.

但无论未知量 x_1,x_2,x_3 如何取值, 都不能满足方程组中的第 3 个方程 $0=1$. 也就是说, 原方程组是一个矛盾方程组. 方程组的解集为空集, 方程组无解.

例 2.3 解线性方程组 $\begin{cases}x_1-x_2+x_3=1\\x_1-x_2-x_3=3\\2x_1-2x_2-x_3=5\end{cases}$.

解 方程组的增广矩阵 $\overline{\boldsymbol{A}}=\begin{pmatrix}1&-1&1&1\\1&-1&-1&3\\2&-2&-1&5\end{pmatrix}$, 因为“加减消元法”解线性方程组, 是经初等行变换把方程组的增广矩阵 $\overline{\boldsymbol{A}}$ 化为标准阶梯形, 所以, 可以利用 MATLAB 中的 rref 函数求解线性方程组.

在 MATLAB 命令窗口中输入以下内容 (包括括号、空格、逗号、分号等符号):

format rat

A1 = [1 −1 1 1;1 −1 −1 3;2 −2 −1 5]; rref(A1)

完成输入, 点击“回车”键, 命令窗口中出现如图 2.3 的内容.

```
Command Window
>> format rat
A1=[1 -1 1 1;1 -1 -1 3;2 -2 -1 5];rref(A1)

ans =

       1            -1             0             2
       0             0             1            -1
       0             0             0             0

>>
```

图 2.3

命令窗口中输出的运算结果 (“ans=”), 是 $\overline{\boldsymbol{A}}$ 经初等行变换化得的标准阶梯形

$$\overline{\boldsymbol{A}}\to\begin{pmatrix}1&-1&0&2\\0&0&1&-1\\0&0&0&0\end{pmatrix},$$

方程组同解于 $\begin{cases} x_1 - x_2 = 2 \\ x_3 = -1 \end{cases}$，即 $\begin{cases} x_1 = 2 + x_2 \\ x_3 = -1 \end{cases}$，未知量 x_2 可以任意取值.

当 x_2 取数值 k 时, x_1 就被唯一地确定为 $x_1 = k + 2$.

所以, 当取 $x_2 = k$ (k 是任意数) 时, 都得到方程组的一个解 $\begin{pmatrix} x_1 \\ x_2 \\ x_3 \end{pmatrix} = \begin{pmatrix} k+2 \\ k \\ -1 \end{pmatrix}$,

由于 k 是任意的, 所以方程组有无穷多解, 解集为

$$\left\{ \begin{pmatrix} x_1 \\ x_2 \\ x_3 \end{pmatrix} = \begin{pmatrix} k+2 \\ k \\ -1 \end{pmatrix} \middle| k\text{是任意数} \right\}.$$

注　表达式 $\begin{cases} x_1 = 2 + x_2 \\ x_3 = -1 \end{cases}$ 也是方程组解的一种表达形式, 称为方程组的一般解, 也称为通解; 可以任意取值的未知量 x_2 称为自由未知量.

方程组的一般解 (或者通解) 就是用自由未知量表示出其他的未知量.

“加减消元法”或者“增广矩阵的初等行变换法”所列举的三个例子, 给出了一般线性方程组解的三种情形.

例 2.1 中, 方程组的增广矩阵经过初等行变换化为标准形阶梯形矩阵后, 非零行的个数等于未知量个数, 且常数列没有出现主元, 方程组有唯一解;

例 2.2 中, 方程组的增广矩阵经过初等行变换化成阶梯形矩阵后, 常数列 (增广矩阵的最后一列) 出现了主元, 即阶梯形矩阵对应的方程组出现了“$0 = d(d \neq 0\ )$”这样的矛盾方程, 方程组的解集为空集, 也说方程组无解;

例 2.3 中, 方程组的增广矩阵经过初等行变换化成标准阶梯形矩阵后, 常数列没有出现主元, 且非零行数为 2, 小于未知量个数 3. 方程组有无穷多解.

练　习　2.2

练习2.2解答

1. 写出下列方程组的系数矩阵、增广矩阵以及矩阵的运算表示, 并利用增广矩阵的初等行变换化得的阶梯形, 判断线性方程组解的情形 (利用 MATLAB 中的 rref 函数, 验证化得的标准阶梯形).

(1) $\begin{cases} 2x_1 - x_2 + 3x_3 = 3 \\ 3x_1 + x_2 - 5x_3 = 0 \\ 4x_1 - x_2 + x_3 = 3 \\ x_1 + 3x_2 - 13x_3 = -6 \end{cases}$;

$$(2)\begin{cases} x_1+x_2+x_3+x_4+x_5=2 \\ 2x_1+3x_2+x_3+x_4-3x_5=0 \\ x_1+2x_3+2x_4+6x_5=6 \\ 4x_1+5x_2+3x_3+3x_4-x_5=4 \end{cases};$$

$$(3)\begin{cases} 2x_1-3x_2+x_3+5x_4=6 \\ -3x_1+x_2+2x_3-4x_4=5 \\ -x_1-2x_2+3x_3+x_4=-2 \end{cases};$$

$$(4)\begin{cases} 2x_1-3x_2+x_3+5x_4=6 \\ -3x_1+x_2+2x_3-4x_4=5 \\ -x_1-2x_2+3x_3+x_4=11 \end{cases};$$

$$(5)\begin{cases} x_1-5x_2-2x_3=4 \\ 2x_1-3x_2+x_3=7 \\ -x_1+12x_2+7x_3=-5 \\ x_1+16x_2+13x_3=-1 \end{cases};$$

$$(6)\begin{cases} x_1-5x_2-2x_3=4 \\ 2x_1-3x_2+x_3=7 \\ -x_1+12x_2+7x_3=-5 \\ x_1+16x_2+13x_3=1 \end{cases}.$$

2. 某投资者把 1 000 万元投给 3 个企业 A, B, C, 所得的利润分别是 12%, 15%, 20%. 他的预期获利是 200 万元.

(1) 若投给 B 的资金是投给 A 的资金的 2 倍, 那么投给 A, B, C 的资金分别是多少?

(2) 若投给 C 的资金等于投给 A 与 B 的总和, 他的预期能否实现?

2.3 线性方程组解的情形及其判别准则

m 个方程构成的 n 元线性方程组 $\begin{cases} a_{11}x_1+a_{12}x_2+\cdots+a_{1n}x_n=b_1 \\ a_{21}x_1+a_{22}x_2+\cdots+a_{2n}x_n=b_2 \\ \cdots\cdots \\ a_{m1}x_1+a_{m2}x_2+\cdots+a_{mn}x_n=b_m \end{cases}$ 的系数矩阵 $\boldsymbol{A}$、常数列 $\boldsymbol{\beta}$、增广矩阵 $\overline{\boldsymbol{A}}$ 分别是

$$A=\begin{pmatrix}a_{11}&a_{12}&\cdots&a_{1n}\\a_{21}&a_{22}&\cdots&a_{2n}\\\vdots&\vdots&&\vdots\\a_{m1}&a_{m2}&\cdots&a_{mn}\end{pmatrix},\ \beta=\begin{pmatrix}b_1\\b_2\\\vdots\\b_m\end{pmatrix},\quad \overline{A}=\begin{pmatrix}a_{11}&a_{12}&\cdots&a_{1n}&b_1\\a_{21}&a_{22}&\cdots&a_{2n}&b_2\\\vdots&\vdots&&\vdots&\vdots\\a_{m1}&a_{m2}&\cdots&a_{mn}&b_m\end{pmatrix}.$$

加减消元法解线性方程组 $AX=\beta$, 就是对增广矩阵 $\overline{A}$ 实施初等行变换, 化为标准阶梯形 $\overline{B}$, 以 $\overline{B}$ 为增广矩阵的线性方程组与 $AX=\beta$ 同解.

由矩阵 $\overline{B}$, 可以判定线性方程组 $AX=\beta$ 解的情形.

定理 2.1　设 m 个方程 n 个未知量的线性方程组 $AX=\beta$ 的增广矩阵为 $\overline{A}$, 经过初等行变换化得阶梯形 (标准阶梯形) 矩阵 $\overline{B}$.

线性方程组 $AX=\beta$ 的解有三种情形：无解, 有唯一解, 有无穷多解.

若 $\overline{B}$ 的最后一列 (常数列) 出现了主元, 线性方程组中出现了矛盾的等式“$0=d(d\neq0)$”, 则线性方程组无解;

若 $\overline{B}$ 的最后一列 (常数列) 没有主元, 则线性方程组有解; 有解时,

若 $\overline{B}$ 的非零行个数等于未知量个数 n, 则方程组有唯一解;

若 $\overline{B}$ 的非零行个数小于未知量个数 n, 则方程组有无穷多解.

例 2.4　a 为何值时, 线性方程组 $\begin{cases}x_1+x_2-x_3+x_4=1\\x_2+2x_3-x_4=a\\x_1+2x_2+x_3=3\\2x_1+3x_2+x_3+2x_4=4\end{cases}$ 有解? 有解时, 求它的通解.

解　线性方程组的增广矩阵 $\overline{A}=\begin{pmatrix}1&1&-1&1&1\\0&1&2&-1&a\\1&2&1&0&3\\2&3&1&2&4\end{pmatrix}$,

$$\overline{A}\xrightarrow[\text{第 1 行的 }(-2)\text{ 倍加到第 4 行}]{\text{第 1 行的 }(-1)\text{ 倍加到第 3 行}}\begin{pmatrix}1&1&-1&1&1\\0&1&2&-1&a\\0&1&2&-1&2\\0&1&3&0&2\end{pmatrix}$$

$$\xrightarrow[\text{第 2 行的 }(-1)\text{ 倍加到第 4 行}]{\text{第 2 行的 }(-1)\text{ 倍加到第 3 行}}\begin{pmatrix}1&1&-1&1&1\\0&1&2&-1&a\\0&0&0&0&2-a\\0&0&1&1&2-a\end{pmatrix}$$

$$\xrightarrow[\text{交换第 3 行、第 4 行}]{}\begin{pmatrix}1&1&-1&1&1\\0&1&2&-1&a\\0&0&1&1&2-a\\0&0&0&0&2-a\end{pmatrix}\xlongequal{\text{记作}}\overline{B}.$$

阶梯形矩阵 $\overline{\boldsymbol{B}}$(不是标准阶梯形) 是 $\overline{\boldsymbol{A}}$ 经初等行变换得到的, 以 $\overline{\boldsymbol{B}}$ 为增广矩阵的方程组与原方程组同解.

在 $2-a\neq 0$ 时, $\overline{\boldsymbol{B}}$ 的最后一列出现了主元, 以 $\overline{\boldsymbol{B}}$ 为增广矩阵的方程组出现了矛盾等式 "$0=2-a\neq 0$", 方程组无解. 所以, $a\neq 2$ 时, 方程组无解.

在 $a=2$ 时, $\overline{\boldsymbol{B}}$ 的最后一列没有主元, 方程组有解. 再对 $\overline{\boldsymbol{B}}$ 实施进一步的初等行变换, 化为标准阶梯形.

在 $a=2$ 时, 利用 MATLAB 中的 rref 函数, 求出方程组增广矩阵 $\overline{\boldsymbol{A}}$ 的标准阶梯形.

在 MATLAB 命令窗口中输入以下内容 (包括括号、空格、逗号、分号等符号):

```
format rat
A1 = [1 1  -1 1 1;0 1 2  -1 2;1 2 1 0 3;2 3 1 2 4];
rref( A1)
```

完成输入, 点击 "回车" 键, 命令窗口中出现如图 2.4 的内容.

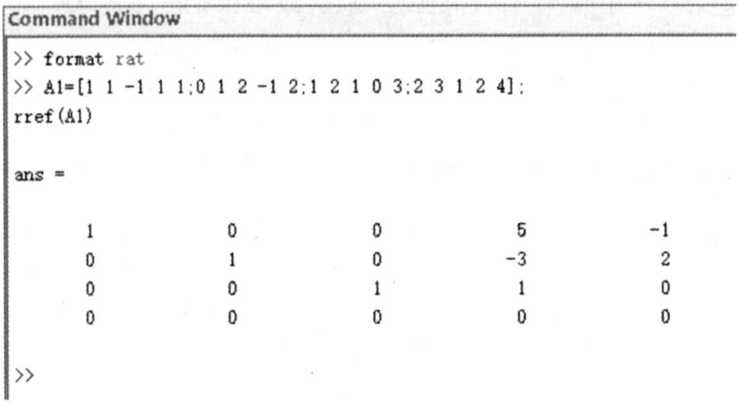

```
Command Window
>> format rat
>> A1=[1 1 -1 1 1;0 1 2 -1 2;1 2 1 0 3;2 3 1 2 4];
rref(A1)

ans =

       1              0              0              5             -1
       0              1              0             -3              2
       0              0              1              1              0
       0              0              0              0              0

>>
```

图 2.4

命令窗口中输出的运算结果 ("ans="), 是 $a=2$ 时方程组的增广矩阵经初等行变换化得的标准阶梯形

$$\boldsymbol{A}1\to\begin{pmatrix}1&0&0&5&-1\\0&1&0&-3&2\\0&0&1&1&0\\0&0&0&0&0\end{pmatrix},$$

方程组同解于 $\begin{cases}x_1+5x_4=-1\\x_2-3x_4=2\\x_3+x_4=0\end{cases}$, 方程组的通解是 $\begin{cases}x_1=-1-5x_4\\x_2=2+3x_4\\x_3=-x_4\end{cases}$, x_4 是自由未知量.

所以, 当 $a\neq 2$ 时, 方程组无解;

当 $a=2$ 时, 方程组有无穷多解, 通解为 $\begin{cases} x_1=-1-5x_4 \\ x_2=2+3x_4 \\ x_3=-x_4 \end{cases}$, x_4 是自由未知量.

齐次线性方程组的增广矩阵的常数列全为零, 而初等行变换不改变元素全为 0 的列, 所以, 齐次线性方程组的增广矩阵经初等行变换化为标准阶梯形后, 常数列不会出现主元, 齐次线性方程组不存在无解的情形.

所以, 讨论齐次线性方程组解的情形时, 只对齐次线性方程组的系数矩阵进行初等行变换, 并只讨论齐次线性方程组是否有非零解.

m 个方程构成的 n 元齐次线性方程组

$$\begin{cases} a_{11}x_1+a_{12}x_2+\cdots+a_{1n}x_n=0 \\ a_{21}x_1+a_{22}x_2+\cdots+a_{2n}x_n=0 \\ \qquad\cdots\cdots \\ a_{m1}x_1+a_{m2}x_2+\cdots+a_{mn}x_n=0 \end{cases}$$

的系数矩阵 $\boldsymbol{A}$、常数列 $\mathbf{0}$、未知量列 $\boldsymbol{X}$ 分别是

$$\boldsymbol{A}=\begin{pmatrix} a_{11} & a_{12} & \cdots & a_{1n} \\ a_{21} & a_{22} & \cdots & a_{2n} \\ \vdots & \vdots & & \vdots \\ a_{m1} & a_{m2} & \cdots & a_{mn} \end{pmatrix},\ \mathbf{0}=\begin{pmatrix} 0 \\ 0 \\ \vdots \\ 0 \end{pmatrix},\ \boldsymbol{X}=\begin{pmatrix} x_1 \\ x_2 \\ \vdots \\ x_n \end{pmatrix}.$$

加减消元法解齐次线性方程组 $\boldsymbol{AX}=\mathbf{0}$, 只对系数矩阵 $\boldsymbol{A}$ 实施初等行变换, 化为标准阶梯形 $\boldsymbol{B}$, 以 $\boldsymbol{B}$ 为系数矩阵的齐次线性方程组与 $\boldsymbol{AX}=\mathbf{0}$ 同解.

由矩阵 $\boldsymbol{B}$, 可以判定齐次线性方程组 $\boldsymbol{AX}=\mathbf{0}$ 解的情形.

定理 2.2　m 个方程 n 个未知量的齐次线性方程组只有零解, 当且仅当它的系数矩阵经初等行变换化为阶梯形 (标准阶梯形) 后, 非零行的个数等于未知量的个数 n;

m 个方程 n 个未知量的齐次线性方程组有非零解, 当且仅当它的系数矩阵经初等行变换化为阶梯形 (标准阶梯形) 后, 非零行的个数小于未知量的个数 n.

特别, 若齐次线性方程组的方程个数小于未知量个数, 也就是系数矩阵 $\boldsymbol{A}$ 的行数 (方程个数) 小于列数 (未知量个数), 则系数矩阵 $\boldsymbol{A}$ 经初等行变换化得的标准阶梯形后, 非零行的个数一定小于未知量个数 (列数), 所以,

推论 2.1　m 个方程 n 个未知量的齐次线性方程组, 若 $m<n$, 则它一定有非零解.

例 2.5　a 为何值时, 齐次线性方程组 $\begin{cases} x_1+x_2+x_3=0 \\ x_1+2x_2-ax_3=0 \\ 2x_1-x_2+3x_3=0 \end{cases}$ 只有零解? 有非零解? 有非零解时, 求出它的通解.

解 齐次线性方程组的系数矩阵 $\boldsymbol{A}=\begin{pmatrix}1&1&1\\1&2&-a\\2&-1&3\end{pmatrix}$,

$$\boldsymbol{A}\xrightarrow[\text{第 1 行的 }(-2)\text{ 倍加到第 3 行}]{\text{第 1 行的 }(-1)\text{ 倍加到第 2 行}}\begin{pmatrix}1&1&1\\0&1&-a-1\\0&-3&1\end{pmatrix}$$

$$\xrightarrow[\text{第 2 行的 3 倍加到第 3 行}]{}\begin{pmatrix}1&1&1\\0&1&-a-1\\0&0&-3a-2\end{pmatrix}\xlongequal{\text{记作}}\boldsymbol{B},$$

$\boldsymbol{B}$ 是齐次线性方程组的系数矩阵 $\boldsymbol{A}$ 经初等行变换化得的阶梯形 (不是标准阶梯形), 以 $\boldsymbol{B}$ 为系数矩阵的齐次线性方程组与原齐次线性方程组同解.

当 $-3a-2\neq0$ 时, $\boldsymbol{B}$ 有 3 个非零行, 其标准阶梯形的非零行也是 3 个(为什么?), 与未知量的个数相同, 方程组只有零解.

当 $-3a-2=0$ 时, $\boldsymbol{B}$ 只有 2 行非零, 小于未知量个数, 方程组有非零解;

当 $a=-\dfrac{2}{3}$ 时, 经初等行变换, 再把 $\boldsymbol{B}$ 进一步化为标准阶梯形,

$$\boldsymbol{B}\xrightarrow[\text{第 2 行的 }(-1)\text{ 倍加到第 1 行}]{}\begin{pmatrix}1&0&\dfrac{4}{3}\\0&1&-\dfrac{1}{3}\\0&0&0\end{pmatrix}.$$

方程组同解于 $\begin{cases}x_1+\dfrac{4}{3}x_3=0\\x_2-\dfrac{1}{3}x_3=0\end{cases}$, 方程组的通解为 $\begin{cases}x_1=-\dfrac{4}{3}x_3\\x_2=\dfrac{1}{3}x_3\end{cases}$, x_3 是自由未知量.

所以, 当 $a\neq-\dfrac{2}{3}$ 时, 方程组只有零解;

当 $a=-\dfrac{2}{3}$ 时,方程组有非零解,通解为 $\begin{cases}x_1=-\dfrac{4}{3}x_3\\x_2=\dfrac{1}{3}x_3\end{cases}$, x_3 是自由未知量.

"加减消元法" 解线性方程组, 就是利用初等行变换化方程组的增广矩阵为阶梯形 (或标准阶梯形). 由化得的阶梯形 (或标准阶梯形) 判定线性方程组解的情形, 并以标准阶梯形为增广矩阵的线性方程组, 求得线性方程组的通解.

解线性方程组的一般步骤:

(1) 写出增广矩阵. 写出线性方程组的增广矩阵 $\overline{\boldsymbol{A}}$;

(2) 化阶梯形. 对增广矩阵 $\overline{\boldsymbol{A}}$ 实施初等行变换, 化为阶梯形矩阵 $\overline{\boldsymbol{B}}$;

(3) 判定. 若 $\overline{\boldsymbol{B}}$ 中常数列 (最后一列) 出现了主元, 则方程组无解; 若 $\overline{\boldsymbol{B}}$ 中常数列 (最后一列) 不出现主元, 则方程组有解;

在有解时, 若 $\overline{\boldsymbol{B}}$ 的非零行个数等于未知量个数, 则方程组有唯一解; 若 $\overline{\boldsymbol{B}}$ 的非零行个数小于未知量个数, 则方程组有无穷多解;

(4) 求出解. 有解时, 经初等行变换进一步把 $\overline{\boldsymbol{B}}$ 化为标准阶梯形 $\overline{\boldsymbol{C}}$.

方程组有唯一解时, 把以 $\overline{\boldsymbol{C}}$ 为增广矩阵的方程写出来, 得方程组的唯一解;

方程组有无穷多解时, 则方程组的自由未知量个数等于"方程组的未知量数 $-\overline{\boldsymbol{C}}$ 的非零行个数".

写出以 $\overline{\boldsymbol{C}}$ 为增广矩阵的线性方程组, 把 $\overline{\boldsymbol{C}}$ 中的主元 1 相对应的未知量保留在等式的左侧, 其余的未知量 (自由未知量) 移项到右侧, 得到方程组的通解.

注　因为解线性方程组就是把它的增广矩阵经初等行变换化为阶梯形 (标准阶梯形), 所以, 能利用 MATLAB 中的 rref 函数实现.

例 2.6　解线性方程组 $\begin{cases} x_1+x_2+x_3+x_4+x_5=2 \\ 2x_1+3x_2+x_3+x_4-3x_5=0 \\ x_1+2x_3+2x_4+6x_5=6 \\ 4x_1+5x_2+3x_3+3x_4-x_5=4 \end{cases}$.

解　方程组的增广矩阵 $\overline{\boldsymbol{A}}=\begin{pmatrix} 1 & 1 & 1 & 1 & 1 & 2 \\ 2 & 3 & 1 & 1 & -3 & 0 \\ 1 & 0 & 2 & 2 & 6 & 6 \\ 4 & 5 & 3 & 3 & -1 & 4 \end{pmatrix}$.

利用 MATLAB 中 rref 函数, 求得 $\overline{\boldsymbol{A}}$ 经初等行变换化得的标准阶梯形矩阵.

在 MATLAB 命令窗口中输入以下内容 (包括括号、空格、逗号、分号等符号):

```
format rat
A1=[1 1 1 1 1 2;2 3 1 1 −3 0;1 0 2 2 6 6;4 5 3 3 −1 4];
rref(A1)
```

完成输入, 点击"回车"键, 命令窗口中出现如图 2.5 的内容.

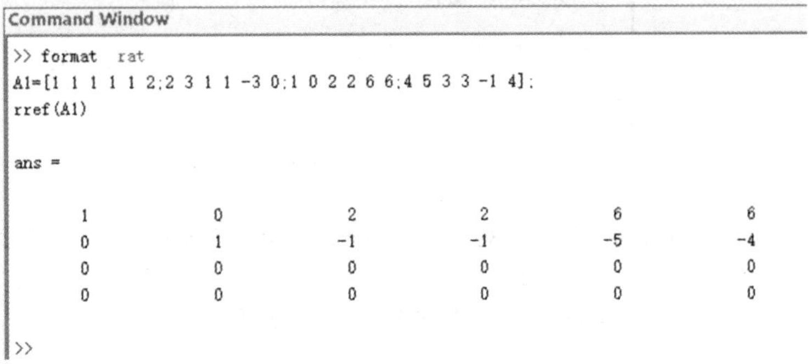
Command Window
>> format rat
A1=[1 1 1 1 1 2;2 3 1 1 -3 0;1 0 2 2 6 6;4 5 3 3 -1 4];
rref(A1)
ans =
1 0 2 2 6 6
0 1 -1 -1 -5 -4
0 0 0 0 0 0
0 0 0 0 0 0
>>

图 2.5

命令窗口中输出的运算结果 (“ans=”), 是 $\overline{\boldsymbol{A}}$ 经初等行变换化得的标准阶梯形

$$\overline{\boldsymbol{A}} \to \begin{pmatrix} 1 & 0 & 2 & 2 & 6 & 6 \\ 0 & 1 & -1 & -1 & -5 & -4 \\ 0 & 0 & 0 & 0 & 0 & 0 \\ 0 & 0 & 0 & 0 & 0 & 0 \end{pmatrix},$$

方程组同解于

$$\begin{cases} x_1 + 2x_3 + 2x_4 + 6x_5 = 6 \\ x_2 - x_3 - x_4 - 5x_5 = -4 \end{cases},$$

方程组的通解为

$$\begin{cases} x_1 = 6 - 2x_3 - 2x_4 - 6x_5 \\ x_2 = -4 + x_3 + x_4 + 5x_5 \end{cases},$$

其中, x_3, x_4, x_5 是自由未知量.

练　习　2.3

练习2.3解答

1.(1) 若线性方程组 $\begin{cases} x_1 - x_2 = a_1 \\ x_2 - x_3 = 2 \\ x_3 - x_4 = 3 \\ x_1 - x_4 = a_2 \end{cases}$ 有解, 求 a_1, a_2 满足的条件;

(2) 若线性方程组 $\begin{cases} x_1 + x_2 = 2 \\ x_2 + x_3 = a_1 \\ x_3 + x_4 = 3 \\ x_1 + x_4 = a_2 \end{cases}$ 有解, 求 a_1, a_2 满足的条件;

(3) 设线性方程组 $\begin{cases} x_1 + x_2 = -a_1 \\ x_2 + x_3 = a_2 \\ x_3 + x_4 = -a_3 \\ x_1 + x_4 = a_4 \end{cases}$ 有解, 求 a_1, a_2, a_3, a_4 满足的条件, 并求出它的通解.

2. (1) 判断线性方程组 $\begin{cases} x + y = 1 \\ x - 3y = -1 \\ 10x - 4y = 3 \end{cases}$ 是否有解? 有解时, 求出它的解;

(2) 改变 (1) 中方程组的某一个方程的未知量系数, 使得得到的新的方程组无解.

3. 求方程组 $\begin{cases} x_1 + x_2 = 0 \\ x_2 - x_4 = 0 \end{cases}$ 与 $\begin{cases} x_1 - x_2 + x_3 = 0 \\ x_2 - x_3 + x_4 = 0 \end{cases}$ 的公共解 (尝试使用 MATLAB

中的 rref 函数).

4. (1) 若方程组 $\begin{pmatrix}1&2&1\\2&3&a+2\\1&a&-2\end{pmatrix}\begin{pmatrix}x_1\\x_2\\x_3\end{pmatrix}=\begin{pmatrix}1\\3\\0\end{pmatrix}$ 无解, 求 a 的值;

(2) 若 $\begin{cases}x_1+x_2+x_3=a\\ax_1+x_2+x_3=1\\x_1+x_2+ax_3=1\end{cases}$ 有解, 求 a 的值, 并求出它的解;

(3) 若齐次线性方程组 $\begin{cases}ax+y-z=0\\x+ay-z=0\\2x-y+z=0\end{cases}$ 只有零解, 求 a 的值;

(4) 若齐次线性方程组 $\begin{cases}ax+y-z=0\\x+ay-z=0\\2x-y+z=0\end{cases}$ 有非零解, 求 a 的值, 并求出它的通解;

(5) 若线性方程组 $\begin{cases}x_1+2x_2-2x_3+2x_4=2\\x_2-x_3-x_4=1\\x_1+x_2-x_3+3x_4=a\\x_1-x_2+x_3+5x_4=b\end{cases}$ 有解, 求 a,b 的值, 并求出它的通解.

5. λ 为何值时, 下列线性方程组无解? 有唯一解? 有无穷多解? 有无穷多解时, 求出它的通解.

(1) $\begin{cases}\lambda x_1+x_2+x_3=1\\x_1+\lambda x_2+x_3=\lambda\\x_1+x_2+\lambda x_3=\lambda^2\end{cases}$;

(2) $\begin{cases}\lambda x_1+x_2+x_3+x_4=4\\x_1-2x_2+x_3-3x_4=-3\\2x_1-x_2+2x_3-2x_4=\lambda\end{cases}$.

6. 设线性方程组 $\begin{cases}x_1+x_2+x_3=0\\x_1+2x_2+ax_3=0\\x_1+4x_2+a^2x_3=0\end{cases}$ 与 $x_1+2x_2+x_3=a-1$ 有公共解, 求 a 的值和所有的公共解.

习 题 2

习题2解答

1. 设 $\boldsymbol{A}=\begin{pmatrix}a_{11}&a_{12}&a_{13}\\a_{21}&a_{22}&a_{23}\\a_{31}&a_{32}&a_{33}\end{pmatrix},\boldsymbol{\beta}=\begin{pmatrix}3\\-4\\2\end{pmatrix},\boldsymbol{X}=\begin{pmatrix}x_1\\x_2\\x_3\end{pmatrix}$. 若 $\boldsymbol{X}_1=\begin{pmatrix}1\\2\\3\end{pmatrix}$, $\boldsymbol{X}_2=\begin{pmatrix}5\\4\\3\end{pmatrix}$ 是线性方程组 $\boldsymbol{AX}=\boldsymbol{\beta}$ 的两个解.

求 (1) $\boldsymbol{A}\begin{pmatrix}1\\1\\1\end{pmatrix}$; (2) $\boldsymbol{X}_1^{\mathrm{T}}\boldsymbol{AX}_1$; (3) 矩阵 $\boldsymbol{A}$ 的所有元素之和.

2. 设 $\boldsymbol{A}\in\mathbf{R}^{3\times4},\boldsymbol{\beta}\in\mathbf{R}^{3\times1},\boldsymbol{P}(1(-2),2),\boldsymbol{P}(1,3)$ 是相应的 3 阶初等矩阵.

若 $\boldsymbol{P}(1(-2),2)\boldsymbol{P}(1,3)\boldsymbol{A}=\boldsymbol{B},\boldsymbol{P}(1(-2),2)\boldsymbol{P}(1,3)\boldsymbol{\beta}=\boldsymbol{\gamma}$, 证明：线性方程组 $\boldsymbol{AX}=\boldsymbol{\beta}$ 与 $\boldsymbol{BX}=\boldsymbol{\gamma}$ 同解.

3. 设矩阵 $\boldsymbol{A}=\begin{pmatrix}1&-1&1\\1&1&2\\2&1&0\end{pmatrix}$. 若 $\boldsymbol{X}=\boldsymbol{X}_0$ 是线性方程组 $\boldsymbol{BX}=\begin{pmatrix}1\\2\\3\end{pmatrix}$ 与 $(\boldsymbol{AB})\boldsymbol{X}=\begin{pmatrix}b_1\\b_2\\b_3\end{pmatrix}$ 的公共解, 求 $b_1+b_2+b_3$.

4. 设非齐次线性方程组 $\boldsymbol{AX}=\boldsymbol{\beta}$ 与齐次线性方程组 $\boldsymbol{AX}=\boldsymbol{0}$ 有相同的系数矩阵. 尝试讨论 $\boldsymbol{AX}=\boldsymbol{\beta}$ 是否有解、或有无穷多解与 $\boldsymbol{AX}=\boldsymbol{0}$ 是否有非零解之间的关系.

5.a,b 取什么值时, 线性方程组

$$\begin{cases}ax_1+x_2+x_3=4\\x_1+bx_2+x_3=3\\x_1+2bx_2+x_3=4\end{cases}$$

无解？有唯一解？有无穷多解？有无穷多解时, 求出它的通解.

6. 设矩阵 $\boldsymbol{A}=\begin{pmatrix}1&-1&-1\\-1&1&1\\0&-4&-2\end{pmatrix},\boldsymbol{X}_1=\begin{pmatrix}1\\-1\\2\end{pmatrix}$.

(1) 求满足 $\boldsymbol{AX}_2=\boldsymbol{X}_1,\boldsymbol{A}^2\boldsymbol{X}_3=\boldsymbol{X}_1$ 的所有的 $\boldsymbol{X}_2,\boldsymbol{X}_3\in\mathbf{R}^{3\times1}$;

(2) 验证：对满足 (1) 的所有的 $\boldsymbol{X}_2,\boldsymbol{X}_3\in\mathbf{R}^{3\times1}$, 齐次线性方程组 $y_1\boldsymbol{X}_1+y_2\boldsymbol{X}_2+$

$y_3\boldsymbol{X}_3=\boldsymbol{0}$ 只有零解.

7. 设矩阵

$$\boldsymbol{A}=\begin{pmatrix}1 & 2 & 1\\ 1 & a+2 & a+1\\ -1 & a-2 & 2a-3\end{pmatrix},$$

齐次线性方程组 $\boldsymbol{AX}=\boldsymbol{0}$ 有非零解.

求 (1)a 的值; (2)$\boldsymbol{AX}=\boldsymbol{0}$ 的通解.

8. a 取何值时, 齐次线性方程组

$$\begin{cases}(1+a)x_1+x_2+\cdots+x_n=0\\ 2x_1+(2+a)x_2+\cdots+2x_n=0\\ \qquad\cdots\cdots\\ nx_1+nx_2+\cdots+(n+a)x_n=0\end{cases}$$

有非零解, 求它的通解.

9. 已知平面上三条不同直线的方程分别是

l_1: $ax+2by+3c=0$; l_2: $bx+2cy+3a=0$; l_3: $cx+2ay+3b=0$,

证明：这三条直线交于一点的充要条件是 $a+b+c=0$.

10. 设矩阵 $\boldsymbol{A}=\begin{pmatrix}\lambda & 1 & 1\\ 0 & \lambda-1 & 0\\ 1 & 1 & \lambda\end{pmatrix}$, $\boldsymbol{\beta}=\begin{pmatrix}a\\ 1\\ 1\end{pmatrix}$. 若线性方程组 $\boldsymbol{AX}=\boldsymbol{\beta}$ 存在两个不同的解.

求 (1) λ, a; (2) 线成性方程组 $\boldsymbol{AX}=\boldsymbol{\beta}$ 的通解.

11. 设矩阵 $\boldsymbol{A}=\begin{pmatrix}1 & a & 0 & 0\\ 0 & 1 & a & 0\\ 0 & 0 & 1 & a\\ a & 0 & 0 & 1\end{pmatrix}$, $\boldsymbol{\beta}=\begin{pmatrix}1\\ -1\\ 0\\ 0\end{pmatrix}$, 若线性方程组 $\boldsymbol{AX}=\boldsymbol{\beta}$ 有无穷多解.

求 (1) a; (2) 线性方程组 $\boldsymbol{AX}=\boldsymbol{\beta}$ 的通解.

12. 设矩阵 $\boldsymbol{A}=\begin{pmatrix}1 & 1 & 1\\ 1 & 2 & a\\ 1 & 4 & a^2\end{pmatrix}$, $\boldsymbol{\beta}=\begin{pmatrix}1\\ b\\ b^2\end{pmatrix}$, 讨论线性方程组 $\boldsymbol{AX}=\boldsymbol{\beta}$ 有无穷多解的充要条件.

第 3 章　n 维向量空间

3.1　线性方程组的向量组合表示

n 元线性方程组 $\begin{cases} a_{11}x_1+a_{12}x_2+\cdots+a_{1n}x_n=b_1 \\ a_{21}x_1+a_{22}x_2+\cdots+a_{2n}x_n=b_2 \\ \cdots\cdots \\ a_{m1}x_1+a_{m2}x_2+\cdots+a_{mn}x_n=b_m \end{cases}$ 是否有解；有多少解 (唯一解、无穷多解)；有无穷多解时, 求得的通解等, 都是由未知量的系数 $a_{ij}(i=1,2,\cdots,m;j=1,2,\cdots,n)$ 和常数项 $b_i(i=1,2,\cdots,m)$ 确定的.

初等行变换化增广矩阵 $\overline{\boldsymbol{A}}$ 为标准阶梯形的“加减消元法”解线性方程组, 就是利用方程组的未知量系数和常数项的运算, 求解线性方程组.

方程组的增广矩阵 $\overline{\boldsymbol{A}}=\begin{pmatrix} a_{11} & a_{12} & \cdots & a_{1n} & b_1 \\ a_{21} & a_{22} & \cdots & a_{2n} & b_2 \\ \vdots & \vdots & & \vdots & \vdots \\ a_{m1} & a_{m2} & \cdots & a_{mn} & b_m \end{pmatrix}$, 把 $\overline{\boldsymbol{A}}$ 进行列分块, 分为 $n+1$ 列, 也就是把 $\overline{\boldsymbol{A}}$ 划分为 $n+1$ 个 $m\times 1$ 阶矩阵, 分别记作:

$$\boldsymbol{\alpha}_1=\begin{pmatrix} a_{11} \\ a_{21} \\ \vdots \\ a_{m1} \end{pmatrix},\ \boldsymbol{\alpha}_2=\begin{pmatrix} a_{12} \\ a_{22} \\ \vdots \\ a_{m2} \end{pmatrix},\cdots,\ \boldsymbol{\alpha}_n=\begin{pmatrix} a_{1n} \\ a_{2n} \\ \vdots \\ a_{mn} \end{pmatrix},\ \boldsymbol{\beta}=\begin{pmatrix} b_1 \\ b_2 \\ \vdots \\ b_m \end{pmatrix},$$

$x_1,x_2,\cdots,x_n$ 是未知数, 按照数与矩阵的乘法运算以及矩阵的加法运算, 则

$$x_1\boldsymbol{\alpha}_1+x_2\boldsymbol{\alpha}_2+\cdots+x_n\boldsymbol{\alpha}_n=x_1\begin{pmatrix} a_{11} \\ a_{21} \\ \vdots \\ a_{m1} \end{pmatrix}+x_2\begin{pmatrix} a_{12} \\ a_{22} \\ \vdots \\ a_{m2} \end{pmatrix}+\cdots+x_n\begin{pmatrix} a_{1n} \\ a_{2n} \\ \vdots \\ a_{mn} \end{pmatrix}$$

$$= \begin{pmatrix} a_{11}x_1 \\ a_{21}x_1 \\ \vdots \\ a_{m1}x_1 \end{pmatrix} + \begin{pmatrix} a_{12}x_2 \\ a_{22}x_2 \\ \vdots \\ a_{m2}x_2 \end{pmatrix} + \cdots + \begin{pmatrix} a_{1n}x_n \\ a_{2n}x_n \\ \vdots \\ a_{mn}x_n \end{pmatrix}$$

$$= \begin{pmatrix} a_{11}x_1 + a_{12}x_2 + \cdots + a_{1n}x_n \\ a_{21}x_1 + a_{22}x_2 + \cdots + a_{2n}x_n \\ \cdots\cdots \\ a_{m1}x_1 + a_{m2}x_2 + \cdots + a_{mn}x_n \end{pmatrix},$$

再由矩阵的相等,

$$x_1\boldsymbol{\alpha}_1 + x_2\boldsymbol{\alpha}_2 + \cdots + x_n\boldsymbol{\alpha}_n = \boldsymbol{\beta} \quad \Leftrightarrow \begin{pmatrix} a_{11}x_1 + a_{12}x_2 + \cdots + a_{1n}x_n \\ a_{21}x_1 + a_{22}x_2 + \cdots + a_{2n}x_n \\ \cdots\cdots \\ a_{m1}x_1 + a_{m2}x_2 + \cdots + a_{mn}x_n \end{pmatrix} = \begin{pmatrix} b_1 \\ b_2 \\ \vdots \\ b_m \end{pmatrix}$$

$$\Leftrightarrow \begin{cases} a_{11}x_1 + a_{12}x_2 + \cdots + a_{1n}x_n = b_1 \\ a_{21}x_1 + a_{22}x_2 + \cdots + a_{2n}x_n = b_2 \\ \cdots\cdots \\ a_{m1}x_1 + a_{m2}x_2 + \cdots + a_{mn}x_n = b_m \end{cases},$$

$\overline{\boldsymbol{A}}$ 被列分块为 $\overline{\boldsymbol{A}} = (\boldsymbol{\alpha}_1 \quad \boldsymbol{\alpha}_2 \quad \cdots \quad \boldsymbol{\alpha}_n \quad \boldsymbol{\beta})$, 则以 $\overline{\boldsymbol{A}}$ 为增广矩阵的线性方程组可以表示成: $x_1\boldsymbol{\alpha}_1 + x_2\boldsymbol{\alpha}_2 + \cdots + x_n\boldsymbol{\alpha}_n = \boldsymbol{\beta}$, 称为方程组的向量组合表示.

定义 3.1　由实数集 $\mathbf{R}$ 中的 n 个数 $a_1, a_2, \cdots, a_n$ 构成的有序数组 $\begin{pmatrix} a_1 \\ a_2 \\ \vdots \\ a_n \end{pmatrix}$(也是 $\mathbf{R}$ 上的一个 $n \times 1$ 阶矩阵), 称为 $\mathbf{R}$ 上的一个 n 维向量. 通常用希腊字母 $\boldsymbol{\alpha}, \boldsymbol{\beta}, \boldsymbol{\gamma}, \cdots$ 表示;

数 a_k $(k = 1, 2, \cdots, n)$ 称为向量 $\begin{pmatrix} a_1 \\ a_2 \\ \vdots \\ a_n \end{pmatrix}$ 的第 k 个分量.

实数集 $\mathbf{R}$ 上 n 维向量的全体构成的集合记作 $\mathbf{R}^n$, 即

$$\mathbf{R}^n = \left\{ \begin{pmatrix} a_1 \\ a_2 \\ \vdots \\ a_n \end{pmatrix} \middle| \text{任意的} a_k \in \mathbf{R} (k = 1, 2, \cdots, n) \right\}.$$

实数集 $\mathbf{R}$ 上的 n 维向量, 形式上就是 $\mathbf{R}$ 上的一个 $n\times 1$ 阶矩阵.

类似于矩阵的关系和运算, 也有 $\mathbf{R}^n$ 中的向量相等、加法、数与向量的乘积等.

1. 向量的相等

设 $\boldsymbol{\alpha}=\begin{pmatrix}a_1\\a_2\\\vdots\\a_n\end{pmatrix}$, $\boldsymbol{\beta}=\begin{pmatrix}b_1\\b_2\\\vdots\\b_n\end{pmatrix}\in\mathbf{R}^n$, 若对任意的 $1\leqslant k\leqslant n$, 都有 $a_k=b_k$, 则称向量 $\boldsymbol{\alpha}$ 与向量 $\boldsymbol{\beta}$ 相等, 记作 $\boldsymbol{\alpha}=\boldsymbol{\beta}$.

$\mathbf{R}^n$ 中的两个向量相等, 当且仅当它们对应位置的分量相同.

2. 向量的加法

设 $\boldsymbol{\alpha}=\begin{pmatrix}a_1\\a_2\\\vdots\\a_n\end{pmatrix}$, $\boldsymbol{\beta}=\begin{pmatrix}b_1\\b_2\\\vdots\\b_n\end{pmatrix}\in\mathbf{R}^n$, 称向量 $\begin{pmatrix}a_1+b_1\\a_2+b_2\\\vdots\\a_n+b_n\end{pmatrix}$ 为 $\boldsymbol{\alpha}$ 与 $\boldsymbol{\beta}$ 的和, 记作 $\boldsymbol{\alpha}+\boldsymbol{\beta}$, 即

$$\boldsymbol{\alpha}+\boldsymbol{\beta}=\begin{pmatrix}a_1\\a_2\\\vdots\\a_n\end{pmatrix}+\begin{pmatrix}b_1\\b_2\\\vdots\\b_n\end{pmatrix}=\begin{pmatrix}a_1+b_1\\a_2+b_2\\\vdots\\a_n+b_n\end{pmatrix}.$$

两个 n 维向量的和仍是一个 n 维向量, 并把对应位置的分量相加. 向量的加法也是两个 $n\times 1$ 阶矩阵的求和.

(1) 向量加法满足交换律.

即对任意的 $\boldsymbol{\alpha},\boldsymbol{\beta}\in\mathbf{R}^n$, 都满足 $\boldsymbol{\alpha}+\boldsymbol{\beta}=\boldsymbol{\beta}+\boldsymbol{\alpha}$.

(2) 向量加法满足结合律.

即对任意的 $\boldsymbol{\alpha},\boldsymbol{\beta},\boldsymbol{\gamma}\in\mathbf{R}^n$, 都满足 $(\boldsymbol{\alpha}+\boldsymbol{\beta})+\boldsymbol{\gamma}=\boldsymbol{\alpha}+(\boldsymbol{\beta}+\boldsymbol{\gamma})$.

(3) 向量加法存在 $\mathbf{0}$ 向量.

$\mathbf{R}^n$ 中分量全为 0 的向量, 称为 n 维零向量, 记作 $\mathbf{0}$, 也就是 $\mathbf{0}=\begin{pmatrix}0\\0\\\vdots\\0\end{pmatrix}$.

两个 $\mathbf{0}$ 向量相等当且仅当它们有相同的维数.

任意的 $\boldsymbol{\alpha}\in\mathbf{R}^n$, 都满足 $\boldsymbol{\alpha}+\mathbf{0}=\boldsymbol{\alpha}$.

(4) 向量的加法存在负向量.

即对任意的 $\boldsymbol{\alpha}=\begin{pmatrix}a_1\\a_2\\\vdots\\a_n\end{pmatrix}\in\mathbf{R}^n$, 存在 $\boldsymbol{\beta}=\begin{pmatrix}-a_1\\-a_2\\\vdots\\-a_n\end{pmatrix}\in\mathbf{R}^n$, 满足

$$\boldsymbol{\alpha}+\boldsymbol{\beta}=\begin{pmatrix}a_1+(-a_1)\\a_2+(-a_2)\\\vdots\\a_n+(-a_n)\end{pmatrix}=\begin{pmatrix}0\\0\\\vdots\\0\end{pmatrix}=\mathbf{0},$$

称 $\boldsymbol{\beta}$ 为 $\boldsymbol{\alpha}$ 的负向量, 记作 $\boldsymbol{\beta}=-\boldsymbol{\alpha}$.

3. 向量的减法

设 $\boldsymbol{\alpha}=\begin{pmatrix}a_1\\a_2\\\vdots\\a_n\end{pmatrix}$, $\boldsymbol{\beta}=\begin{pmatrix}b_1\\b_2\\\vdots\\b_n\end{pmatrix}\in\mathbf{R}^n$, 称向量 $\begin{pmatrix}a_1-b_1\\a_2-b_2\\\vdots\\a_n-b_n\end{pmatrix}$ 为 $\boldsymbol{\alpha}$ 与 $\boldsymbol{\beta}$ 的差, 记作 $\boldsymbol{\alpha}-\boldsymbol{\beta}$,

即

$$\boldsymbol{\alpha}-\boldsymbol{\beta}=\begin{pmatrix}a_1\\a_2\\\vdots\\a_n\end{pmatrix}-\begin{pmatrix}b_1\\b_2\\\vdots\\b_n\end{pmatrix}=\begin{pmatrix}a_1-b_1\\a_2-b_2\\\vdots\\a_n-b_n\end{pmatrix}.$$

两个 n 维向量的差仍是一个 n 维向量, 并把对应位置的分量相减.

向量 $\boldsymbol{\alpha},\boldsymbol{\beta}\in\mathbf{R}^n$ 的差, 也是 $\boldsymbol{\alpha}$ 与 $(-\boldsymbol{\beta})$ 的和, 即 $\boldsymbol{\alpha}-\boldsymbol{\beta}=\boldsymbol{\alpha}+(-\boldsymbol{\beta})$.

4. 数与向量的积

设 $\boldsymbol{\alpha}=\begin{pmatrix}a_1\\a_2\\\vdots\\a_n\end{pmatrix}\in\mathbf{R}^n,k\in\mathbf{R}$, 称向量 $\begin{pmatrix}ka_1\\ka_2\\\vdots\\ka_n\end{pmatrix}$ 为数 k 与向量 $\boldsymbol{\alpha}$ 的乘积, 记作 $k\boldsymbol{\alpha}$.

数 k 与向量 $\boldsymbol{\alpha}$ 的乘积, 就是把向量 $\boldsymbol{\alpha}$ 的每一个分量都乘数 k.

(5) 数与向量的乘积满足数积结合律.

即对任意的 $k,l\in\mathbf{R},\boldsymbol{\alpha}\in\mathbf{R}^n$, 都满足 $(kl)\boldsymbol{\alpha}=k(l\boldsymbol{\alpha})$.

(6) 数与向量的乘积对数的加法满足分配律.

即对任意的 $k,l\in\mathbf{R},\boldsymbol{\alpha}\in\mathbf{R}^n$, 都满足 $(k+l)\boldsymbol{\alpha}=k\boldsymbol{\alpha}+l\boldsymbol{\alpha}$.

(7) 数与向量的乘积对向量的加法满足分配律.

即对任意的 $k\in\mathbf{R},\boldsymbol{\alpha},\boldsymbol{\beta}\in\mathbf{R}^n$, 都满足 $k(\boldsymbol{\alpha}+\boldsymbol{\beta})=k\boldsymbol{\alpha}+k\boldsymbol{\beta}$.

(8) 任意的 $\boldsymbol{\alpha}\in\mathbf{R}^n,k\in\mathbf{R}$, 则 $k\boldsymbol{\alpha}=\mathbf{0}$ 当且仅当 $k=0$ 或者 $\boldsymbol{\alpha}=\mathbf{0}$.

(9) 任意的 $\boldsymbol{\alpha}\in\mathbf{R}^n$, 都满足 $-\boldsymbol{\alpha}=(-1)\boldsymbol{\alpha}$.

5. 向量的线性组合与线性表出

设 $\boldsymbol{\alpha}_1,\boldsymbol{\alpha}_2,\cdots,\boldsymbol{\alpha}_m\in\mathbf{R}^n$, $k_1,k_2,\cdots,k_m\in\mathbf{R}$, 称 $k_1\boldsymbol{\alpha}_1+k_2\boldsymbol{\alpha}_2+\cdots+k_m\boldsymbol{\alpha}_m\in\mathbf{R}^n$ 为向量组 $\boldsymbol{\alpha}_1,\boldsymbol{\alpha}_2,\cdots,\boldsymbol{\alpha}_m$ 的一个线性组合, $k_1,k_2,\cdots,k_m$ 称为线性组合的组合系数.

设 $\boldsymbol{\alpha}_1,\boldsymbol{\alpha}_2,\cdots,\boldsymbol{\alpha}_m,\boldsymbol{\beta}\in\mathbf{R}^n$, 若存在 $k_1,k_2,\cdots,k_m\in\mathbf{R}$, 满足 $k_1\boldsymbol{\alpha}_1+k_2\boldsymbol{\alpha}_2+\cdots+k_m\boldsymbol{\alpha}_m=\boldsymbol{\beta}$, 则称向量 $\boldsymbol{\beta}$ 可以由向量组 $\boldsymbol{\alpha}_1,\boldsymbol{\alpha}_2,\cdots,\boldsymbol{\alpha}_m$ 线性表出. 也说向量 $\boldsymbol{\beta}$ 是向量组 $\boldsymbol{\alpha}_1,\boldsymbol{\alpha}_2,\cdots,\boldsymbol{\alpha}_m$ 的一个线性组合.

设

$$\boldsymbol{\alpha}_1=\begin{pmatrix}a_{11}\\a_{21}\\\vdots\\a_{m1}\end{pmatrix},\ \boldsymbol{\alpha}_2=\begin{pmatrix}a_{12}\\a_{22}\\\vdots\\a_{m2}\end{pmatrix},\cdots,\ \boldsymbol{\alpha}_n=\begin{pmatrix}a_{1n}\\a_{2n}\\\vdots\\a_{mn}\end{pmatrix},\ \boldsymbol{\beta}=\begin{pmatrix}b_1\\b_2\\\vdots\\b_m\end{pmatrix}$$

是 $n+1$ 个 m 维向量, 由向量组的线性组合运算, 线性方程组

$$(\text{I})\begin{cases}a_{11}x_1+a_{12}x_2+\cdots+a_{1n}x_n=b_1\\a_{21}x_1+a_{22}x_2+\cdots+a_{2n}x_n=b_2\\\qquad\cdots\cdots\\a_{m1}x_1+a_{m2}x_2+\cdots+a_{mn}x_n=b_m\end{cases},$$

被简洁地表示为: (II) $x_1\boldsymbol{\alpha}_1+x_2\boldsymbol{\alpha}_2+\cdots+x_n\boldsymbol{\alpha}_n=\boldsymbol{\beta}$.

所以, 求线性方程组 (I) 的解与求组合系数使得向量组合 (II) 成立是等价的. 也就是说, 求解线性方程组问题与判断某一个向量 (方程组的常数列向量) 能否由已知的向量组 (未知量的系数向量组, 也是方程组系数矩阵列分块后所得的向量组) 线性表出是一回事.

例如, 若记 4 维列向量

$$\boldsymbol{\alpha}_1=\begin{pmatrix}1\\3\\0\\5\end{pmatrix},\ \boldsymbol{\alpha}_2=\begin{pmatrix}-2\\0\\7\\3\end{pmatrix},\ \boldsymbol{\alpha}_3=\begin{pmatrix}4\\1\\-2\\-6\end{pmatrix},\ \boldsymbol{\beta}=\begin{pmatrix}-8\\3\\-1\\25\end{pmatrix},$$

则求解线性方程组

$$\begin{cases} x_1 - 2x_2 + 4x_3 = -8 \\ 3x_1 + x_3 = 3 \\ 7x_2 - 2x_3 = -1 \\ 5x_1 + 3x_2 - 6x_3 = 25 \end{cases}$$

的问题, 就被转化为求系数 x_1,x_2,x_3, 满足组合 (或线性表出)$x_1\boldsymbol{\alpha}_1 + x_2\boldsymbol{\alpha}_2 + x_3\boldsymbol{\alpha}_3 = \boldsymbol{\beta}$ 的问题.

所以, 求解向量组的线性组合或线性表出问题, 与求解线性方程组问题是一致的.

例 3.1　设向量

$$\boldsymbol{\alpha}_1 = \begin{pmatrix} 1 \\ 2 \\ -3 \end{pmatrix},\ \boldsymbol{\alpha}_2 = \begin{pmatrix} 5 \\ -5 \\ 12 \end{pmatrix},\ \boldsymbol{\alpha}_3 = \begin{pmatrix} 1 \\ -3 \\ 6 \end{pmatrix},\ \boldsymbol{\beta} = \begin{pmatrix} 2 \\ -1 \\ 3 \end{pmatrix} \in \mathbf{R}^3,$$

判断 $\boldsymbol{\beta}$ 是否可以由 $\boldsymbol{\alpha}_1,\boldsymbol{\alpha}_2,\boldsymbol{\alpha}_3$ 线性表出, 若能表出, 求出一种表示方法.

解　假设存在系数 x_1,x_2,x_3, 满足 $x_1\boldsymbol{\alpha}_1 + x_2\boldsymbol{\alpha}_2 + x_3\boldsymbol{\alpha}_3 = \boldsymbol{\beta}$, 则相应线性方程组的增广矩阵是以 $\boldsymbol{\alpha}_1,\boldsymbol{\alpha}_2,\boldsymbol{\alpha}_3,\boldsymbol{\beta}$ 为列的矩阵

$$\overline{\boldsymbol{A}} = \begin{pmatrix} 1 & 5 & 1 & 2 \\ 2 & -5 & -3 & -1 \\ -3 & 12 & 6 & 3 \end{pmatrix}.$$

$\boldsymbol{\beta}$ 可以由 $\boldsymbol{\alpha}_1,\boldsymbol{\alpha}_2,\boldsymbol{\alpha}_3$ 线性表出当且仅当以 $\overline{\boldsymbol{A}}$ 为增广矩阵的线性方程组有解.

经初等行变换, 把矩阵 $\overline{\boldsymbol{A}}$ 化为标准阶梯形, 得

$$\overline{\boldsymbol{A}} \to \begin{pmatrix} 1 & 0 & -2/3 & 1/3 \\ 0 & 1 & 1/3 & 1/3 \\ 0 & 0 & 0 & 0 \end{pmatrix},$$

标准阶梯形矩阵的最后一列没有出现主元, 所以, 以 $\overline{\boldsymbol{A}}$ 为增广矩阵的线性方程组有解. 也就是, 存在系数 x_1,x_2,x_3, 满足 $x_1\boldsymbol{\alpha}_1 + x_2\boldsymbol{\alpha}_2 + x_3\boldsymbol{\alpha}_3 = \boldsymbol{\beta}$. 以 $\overline{\boldsymbol{A}}$ 为增广矩阵的线性方程组同解于 $\begin{cases} x_1 - \dfrac{2}{3}x_3 = \dfrac{1}{3} \\ x_2 + \dfrac{1}{3}x_3 = \dfrac{1}{3} \end{cases}$, 通解为 $\begin{cases} x_1 = \dfrac{1}{3} + \dfrac{2}{3}x_3 \\ x_2 = \dfrac{1}{3} - \dfrac{1}{3}x_3 \end{cases}$, x_3 是自由未知量. 取自由未知量的一个值 $x_3 = 1$, 得方程组的一个解 $\begin{cases} x_1 = 1 \\ x_2 = 0 \\ x_3 = 1 \end{cases}$, 所以, $\boldsymbol{\alpha}_1 + 0\boldsymbol{\alpha}_2 + \boldsymbol{\alpha}_3 = \boldsymbol{\beta}$, $\boldsymbol{\beta} = \boldsymbol{\alpha}_1 + \boldsymbol{\alpha}_3$.

注　矩阵 $\overline{\boldsymbol{A}}$ 的标准阶梯形是利用 MATLAB 中的 rref 函数求得的.

在 MATLAB 命令窗口中输入以下内容 (包括括号、空格、逗号、分号等符号):

format rat

A1 = [1 5 1 2;2 −5 −3 −1;−3 12 6 3]; rref(A1)

完成输入, 点击“回车”键, 命令窗口中出现如图 3.1 的内容.

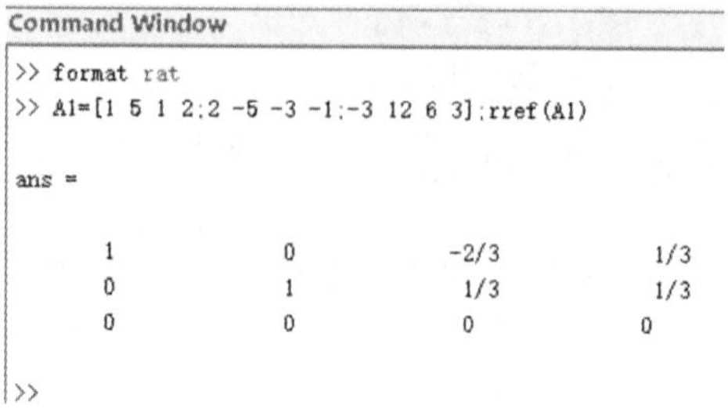
Command Window
>> format rat
>> A1=[1 5 1 2;2 -5 -3 -1;-3 12 6 3];rref(A1)
ans =
1 0 -2/3 1/3
0 1 1/3 1/3
0 0 0 0
>>

图 3.1

命令窗口中输出的运算结果 (“ans=”), 即是线性方程组的增广矩阵 $\overline{\boldsymbol{A}}$ 经初等行变换化得的标准阶梯形.

6. 向量的内积

设 $\boldsymbol{\alpha}=\begin{pmatrix}a_1\\a_2\\\vdots\\a_n\end{pmatrix}$, $\boldsymbol{\beta}=\begin{pmatrix}b_1\\b_2\\\vdots\\b_n\end{pmatrix}\in\mathbf{R}^n$, 称 $a_1b_1+a_2b_2+\cdots+a_nb_n$ 为向量 $\boldsymbol{\alpha}$ 与向量 $\boldsymbol{\beta}$ 的内积, 记作 $(\boldsymbol{\alpha},\boldsymbol{\beta})$.

实数集 $\mathbf{R}$ 上的两个 n 维向量的内积是一个实数, 等于它们对应分量乘积的和.

(10) 向量的内积满足对称性 (也称满足交换律).

即对任意的 $\boldsymbol{\alpha},\boldsymbol{\beta}\in\mathbf{R}^n$, 都满足 $(\boldsymbol{\alpha},\boldsymbol{\beta})=(\boldsymbol{\beta},\boldsymbol{\alpha})$.

(11) 线性性质.

即对任意的 $\boldsymbol{\alpha},\boldsymbol{\beta},\boldsymbol{\gamma}\in\mathbf{R}^n$, $k\in\mathbf{R}$, 都满足 $(\boldsymbol{\alpha}+\boldsymbol{\beta},\boldsymbol{\gamma})=(\boldsymbol{\alpha},\boldsymbol{\gamma})+(\boldsymbol{\beta},\boldsymbol{\gamma})$, $(k\boldsymbol{\alpha},\boldsymbol{\beta})=k(\boldsymbol{\alpha},\boldsymbol{\beta})$.

向量内积的线性性质, 可以统一地表述成:

任意的 $\boldsymbol{\alpha},\boldsymbol{\beta},\boldsymbol{\gamma}\in\mathbf{R}^n, k,l\in\mathbf{R}$, 都有 $(k\boldsymbol{\alpha}+l\boldsymbol{\beta},\boldsymbol{\gamma})=k(\boldsymbol{\alpha},\boldsymbol{\gamma})+l(\boldsymbol{\beta},\boldsymbol{\gamma})$.

(12) 正定性质.

即对任意的 $\boldsymbol{\alpha}\in\mathbf{R}^n$, 都满足 $(\boldsymbol{\alpha},\boldsymbol{\alpha})\geqslant 0$, 当且仅当 $\boldsymbol{\alpha}=\mathbf{0}$ 时, $(\boldsymbol{\alpha},\boldsymbol{\alpha})=0$ 成立.

向量内积的正定性是说, 任意非零向量自身与自身的内积都大于零, 且只有零向量自身与自身的内积等于零.

利用向量内积的正定性, 定义向量的长度.

设 $\boldsymbol{\alpha}\in\mathbf{R}^n$, 称 $\sqrt{(\boldsymbol{\alpha},\boldsymbol{\alpha})}$ 为向量 $\boldsymbol{\alpha}$ 的长度, 记作 $|\boldsymbol{\alpha}|=\sqrt{(\boldsymbol{\alpha},\boldsymbol{\alpha})}$.

(13) 设 $\boldsymbol{\alpha}\in\mathbf{R}^n, k\in\mathbf{R}$, 则 $|k\boldsymbol{\alpha}|=|k||\boldsymbol{\alpha}|$.

即数 k 与向量 $\boldsymbol{\alpha}$ 乘积的长度等于数 k 的绝对值与 $\boldsymbol{\alpha}$ 长度的乘积.

(14) 设 $\boldsymbol{\alpha}\in\mathbf{R}^n$, 则 $|\boldsymbol{\alpha}|=0$ 当且仅当 $\boldsymbol{\alpha}=\mathbf{0}$; 若 $\boldsymbol{\alpha}\neq\mathbf{0}$, 则 $\left|\dfrac{1}{|\boldsymbol{\alpha}|}\boldsymbol{\alpha}\right|=1$.

长度为 1 的向量, 称为单位向量. 非零向量 $\boldsymbol{\alpha}$ 乘以它长度的倒数得到单位向量 $\dfrac{1}{|\boldsymbol{\alpha}|}\boldsymbol{\alpha}$, 称为非零向量的单位化.

向量的线性组合、向量的内积、向量的长度等, 都能利用 MATLAB 进行计算.

例 3.2　设向量

$$\boldsymbol{\alpha}_1=\begin{pmatrix}2\\5\\-1\\0\end{pmatrix},\ \boldsymbol{\alpha}_2=\begin{pmatrix}9\\0\\5\\-7\end{pmatrix},\ \boldsymbol{\alpha}_3=\begin{pmatrix}1\\4\\1\\2\end{pmatrix},\ \boldsymbol{\alpha}_4=\begin{pmatrix}1\\-1\\-1\\1\end{pmatrix},$$

求 $2\boldsymbol{\alpha}_1-3\boldsymbol{\alpha}_2+5\boldsymbol{\alpha}_3+\boldsymbol{\alpha}_4$; $3(\boldsymbol{\alpha}_1-\boldsymbol{\alpha}_2)-4(\boldsymbol{\alpha}_3-\boldsymbol{\alpha}_4)$; $(\boldsymbol{\alpha}_1,\boldsymbol{\alpha}_2)$; $(\boldsymbol{\alpha}_2,\boldsymbol{\alpha}_3)$; $|\boldsymbol{\alpha}_3|$; $|\boldsymbol{\alpha}_4|$.

解　在 MATLAB 命令窗口中输入以下内容 (包括括号、空格、逗号、分号等符号):

a1=[2;5;-1;0]; a2=[9;0;5;-7]; a3=[1;4;1;2]; a4=[1;-1;-1;1];
b1=2*a1-3*a2+5*a3+a4, b2=3*(a1-a2)-4*(a3-a4), dot(a1, a2),
dot(a2, a3), norm(a3), norm(a4),

完成输入, 点击 “回车” 键, 命令窗口中出现如图 3.2 的内容.

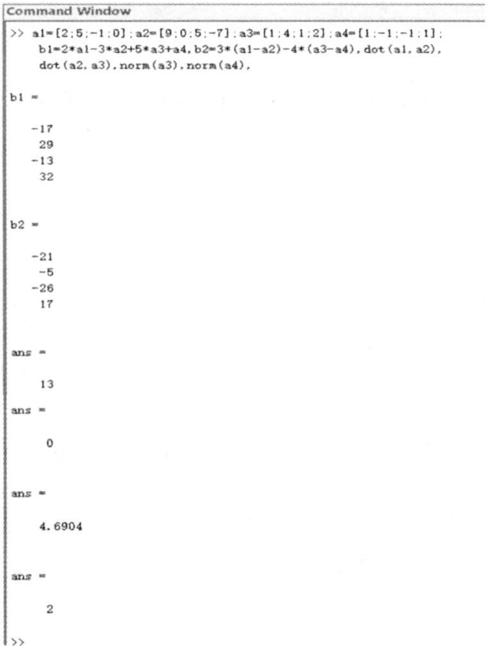

```
Command Window
>> a1=[2;5;-1;0];a2=[9;0;5;-7];a3=[1;4;1;2];a4=[1;-1;-1;1];
   b1=2*a1-3*a2+5*a3+a4,b2=3*(a1-a2)-4*(a3-a4),dot(a1,a2),
   dot(a2,a3),norm(a3),norm(a4),

b1 =

   -17
    29
   -13
    32


b2 =

   -21
    -5
   -26
    17


ans =

    13

ans =

     0


ans =

    4.6904


ans =

     2

>>
```

图 3.2

命令窗口中输出的运算结果分别是

$$\boldsymbol{b}_1 = 2\boldsymbol{\alpha}_1 - 3\boldsymbol{\alpha}_2 + 5\boldsymbol{\alpha}_3 + \boldsymbol{\alpha}_4 = \begin{pmatrix} -17 \\ 29 \\ -13 \\ 32 \end{pmatrix}; \boldsymbol{b}_2 = 3(\boldsymbol{\alpha}_1 - \boldsymbol{\alpha}_2) - 4(\boldsymbol{\alpha}_3 - \boldsymbol{\alpha}_4) = \begin{pmatrix} -21 \\ -5 \\ -26 \\ 17 \end{pmatrix};$$

$(\boldsymbol{\alpha}_1,\boldsymbol{\alpha}_2) = 13; (\boldsymbol{\alpha}_2,\boldsymbol{\alpha}_3) = 0; |\boldsymbol{\alpha}_3| = 4.6904; |\boldsymbol{\alpha}_4| = 2.$

注 ① 在 MATLAB 中, 求向量内积的函数是“dot”; 求向量长度的函数是“norm”.

“dot(a_1, a_2)”就是求向量 $\boldsymbol{\alpha}_1,\boldsymbol{\alpha}_2$ 的内积; “norm(a_3)”就是求向量 $\boldsymbol{\alpha}_3$ 的长度;

② MATLAB 的运算结果输出形式一般是“数值”. 求 $|\boldsymbol{\alpha}_3|$ 的结果是小数形式, 若需要以符号 (比如“$\sqrt{\quad}$”) 的形式输出, 还要利用“sym”, 声明为“符号变量”.

在命令窗口中, 用“sqrt(sym(dot(a_3, a_3)))”替换原来输入的“norm(a_3)”, 用“sqrt(sym(dot(a_4, a_4)))”替换原来输入的“norm(a_4)”, 命令窗口中输入的内容更改为图 3.3 的内容.

```
Command Window
>> a1=[2;5;-1;0];a2=[9;0;5;-7];a3=[1;4;1;2];a4=[1;-1;-1;1];
   b1=2*a1-3*a2+5*a3+a4,b2=3*(a1-a2)-4*(a3-a4),dot(a1,a2),
   dot(a2,a3),sqrt(sym(dot(a3,a3))),sqrt(sym(dot(a4,a4))),
```

图 3.3

点击“回车”键, 命令窗口输出的运算结果相应的部分改变为图 3.4 的内容.

```
ans =

22^(1/2)


ans =

2
```

图 3.4

运算结果 ans=22^(1/2) 是“22 的二分之一次幂”, 也就是 $\sqrt{22}$, 是 $\boldsymbol{\alpha}_3$ 的长度的方根表示. $\sqrt{22}$ 的近似值为 4.6904.

③ “sqrt”是 MATLAB 中的“开方”函数. “sqrt(sym(dot(a_3, a_3)))”就是“以符号形式输出向量 $\boldsymbol{\alpha}_3$ 与 $\boldsymbol{\alpha}_3$ 内积的平方根”, 结果为“ans= 22^(1/2)” $= \sqrt{22}$.

练　习　3.1

练习3.1解答

1. 用向量组合形式, 给出下列线性方程组的表示.

(1) $\begin{cases} 2x_1-x_2+3x_3=3 \\ 3x_1+x_2-5x_3=0 \\ 4x_1-x_2+x_3=3 \\ x_1+3x_2-13x_3=-6 \end{cases}$;

(2) $\begin{cases} x_1+x_2+x_3+x_4+x_5=2 \\ 2x_1+3x_2+x_3+x_4-3x_5=0 \\ x_1+2x_3+2x_4+6x_5=6 \\ 4x_1+5x_2+3x_3+3x_4-x_5=4 \end{cases}$;

(3) $\begin{cases} 2x_1-3x_2+x_3+5x_4=6 \\ -3x_1+x_2+2x_3-4x_4=5 \\ -x_1-2x_2+3x_3+x_4=-2 \end{cases}$;

(4) $\begin{cases} 2x_1-3x_2+x_3+5x_4=6 \\ -3x_1+x_2+2x_3-4x_4=5 \\ -x_1-2x_2+3x_3+x_4=11 \end{cases}$;

(5) $\begin{cases} x_1+x_2=a_1 \\ x_2+x_3=a_2 \\ x_3+x_4=a_3 \\ x_1+x_4=a_4 \end{cases}$;

(6) $\begin{pmatrix} 1 & 2 & 1 \\ 2 & 3 & a+2 \\ 1 & a & -2 \end{pmatrix}\begin{pmatrix} x_1 \\ x_2 \\ x_3 \end{pmatrix}=\begin{pmatrix} 1 \\ 3 \\ 0 \end{pmatrix}$.

2. 设向量 $\boldsymbol{\alpha}_1=\begin{pmatrix} 1 \\ 1 \\ 2 \end{pmatrix},\boldsymbol{\alpha}_2=\begin{pmatrix} 1 \\ t \\ 1 \end{pmatrix},\boldsymbol{\alpha}_3=\begin{pmatrix} 0 \\ -2 \\ t \end{pmatrix},\boldsymbol{\beta}_1=\begin{pmatrix} 0 \\ 0 \\ 0 \end{pmatrix},\boldsymbol{\beta}_2=\begin{pmatrix} 1 \\ 2 \\ 3 \end{pmatrix}$.

(1) 若存在不全为 0 的系数 x_1,x_2,x_3, 满足 $x_1\boldsymbol{\alpha}_1+x_2\boldsymbol{\alpha}_2+x_3\boldsymbol{\alpha}_3=\boldsymbol{\beta}_1$, 求 t 的值;

(2) 若存在唯一的系数 x_1,x_2,x_3, 满足 $x_1\boldsymbol{\alpha}_1+x_2\boldsymbol{\alpha}_2+x_3\boldsymbol{\alpha}_3=\boldsymbol{\beta}_2$, 求 t 的值.

3. (1) 设向量 $\boldsymbol{\alpha}_1=\begin{pmatrix} 1 \\ 1 \\ 0 \end{pmatrix},\boldsymbol{\alpha}_2=\begin{pmatrix} 0 \\ 1 \\ 1 \end{pmatrix},\boldsymbol{\alpha}_3=\begin{pmatrix} 3 \\ 4 \\ 0 \end{pmatrix}$, 求 $2\boldsymbol{\alpha}_1-3\boldsymbol{\alpha}_2$； $3\boldsymbol{\alpha}_1+2\boldsymbol{\alpha}_2-\boldsymbol{\alpha}_3$；

(2) 设向量 $\boldsymbol{\alpha}=\begin{pmatrix}1\\3\\5\end{pmatrix},\boldsymbol{\beta}=\begin{pmatrix}-1\\4\\3\end{pmatrix}$. 若 $\boldsymbol{\alpha}+\boldsymbol{\gamma}=\boldsymbol{\beta}$, 求 $\boldsymbol{\gamma}$; 若 $3\boldsymbol{\alpha}-2\boldsymbol{\eta}=-\boldsymbol{\beta}$, 求 $\boldsymbol{\eta}$;

(3) 设向量 $\boldsymbol{\alpha}_1=\begin{pmatrix}2\\5\\1\end{pmatrix}, \boldsymbol{\alpha}_2=\begin{pmatrix}10\\1\\5\end{pmatrix}, \boldsymbol{\alpha}_3=\begin{pmatrix}4\\1\\-1\end{pmatrix}$, 若 $3(\boldsymbol{\alpha}_1-\boldsymbol{\beta})+2(\boldsymbol{\alpha}_2+\boldsymbol{\beta})=5(\boldsymbol{\alpha}_3+\boldsymbol{\beta})$, 求 $\boldsymbol{\beta}$;

(4) 设向量 $\boldsymbol{\alpha}_1=\begin{pmatrix}1\\-1\\0\end{pmatrix},\boldsymbol{\alpha}_2=\begin{pmatrix}-1\\2\\3\end{pmatrix},\boldsymbol{\alpha}_3=\begin{pmatrix}1\\1\\-1\end{pmatrix}$, 若 $2(\boldsymbol{\alpha}_1-\boldsymbol{\beta})+3(\boldsymbol{\alpha}_2+\boldsymbol{\beta})=4\boldsymbol{\alpha}_3+2\boldsymbol{\beta}$, 求 $\boldsymbol{\beta}$.

(5) 设向量 $\boldsymbol{\alpha},\boldsymbol{\beta},\boldsymbol{\gamma}\in\mathbf{R}^3,\boldsymbol{\alpha}+\boldsymbol{\beta}=\boldsymbol{\beta}+\boldsymbol{\gamma}=\boldsymbol{\alpha}+\boldsymbol{\gamma}=\begin{pmatrix}2\\0\\-4\end{pmatrix}$, 求 $\boldsymbol{\alpha}+\boldsymbol{\beta}+\boldsymbol{\gamma}$.

4. 把向量 $\boldsymbol{\beta}$ 表成其余向量的线性组合 (尝试用 MATLAB 求解).

(1) $\boldsymbol{\beta}=\begin{pmatrix}3\\5\\-6\end{pmatrix},\boldsymbol{\alpha}_1=\begin{pmatrix}1\\0\\1\end{pmatrix},\boldsymbol{\alpha}_2=\begin{pmatrix}1\\1\\1\end{pmatrix},\boldsymbol{\alpha}_3=\begin{pmatrix}0\\-1\\-1\end{pmatrix}$;

(2) $\boldsymbol{\beta}=\begin{pmatrix}2\\-1\\5\\4\end{pmatrix},\boldsymbol{\gamma}_1=\begin{pmatrix}1\\0\\0\\0\end{pmatrix},\boldsymbol{\gamma}_2=\begin{pmatrix}1\\1\\0\\0\end{pmatrix},\boldsymbol{\gamma}_3=\begin{pmatrix}1\\1\\1\\0\end{pmatrix},\boldsymbol{\gamma}_4=\begin{pmatrix}1\\1\\1\\1\end{pmatrix}$;

(3) $\boldsymbol{\beta}=\begin{pmatrix}a_1\\a_2\\a_3\end{pmatrix},\boldsymbol{\varepsilon}_1=\begin{pmatrix}1\\0\\0\end{pmatrix},\boldsymbol{\varepsilon}_2=\begin{pmatrix}0\\1\\0\end{pmatrix},\boldsymbol{\varepsilon}_3=\begin{pmatrix}0\\0\\1\end{pmatrix}$.

5. 判断向量 $\boldsymbol{\beta}$ 能否由向量 $\boldsymbol{\alpha}_1,\boldsymbol{\alpha}_2,\boldsymbol{\alpha}_3$ 线性表出. 能表出时, 求得它的一种表示方式 (尝试用 MATLAB 求解).

(1) $\boldsymbol{\alpha}_1=\begin{pmatrix}-1\\3\\0\\5\end{pmatrix},\boldsymbol{\alpha}_2=\begin{pmatrix}2\\0\\7\\-3\end{pmatrix},\boldsymbol{\alpha}_3=\begin{pmatrix}-4\\1\\-2\\6\end{pmatrix},\boldsymbol{\beta}=\begin{pmatrix}8\\3\\-1\\-25\end{pmatrix}$;

(2) $\boldsymbol{\alpha}_1=\begin{pmatrix}-2\\7\\1\\3\end{pmatrix},\boldsymbol{\alpha}_2=\begin{pmatrix}3\\-5\\0\\-2\end{pmatrix},\boldsymbol{\alpha}_3=\begin{pmatrix}5\\-6\\7\\10\end{pmatrix},\boldsymbol{\beta}=\begin{pmatrix}-8\\-3\\-1\\-25\end{pmatrix}$;

(3) $\boldsymbol{\alpha}_1=\begin{pmatrix}3\\-5\\2\\-4\end{pmatrix},\boldsymbol{\alpha}_2=\begin{pmatrix}-1\\7\\-3\\6\end{pmatrix},\boldsymbol{\alpha}_3=\begin{pmatrix}3\\11\\-5\\10\end{pmatrix},\boldsymbol{\beta}=\begin{pmatrix}2\\-30\\13\\-26\end{pmatrix}$.

6. 设 $\boldsymbol{\alpha}_1=\begin{pmatrix}1\\2\\1\end{pmatrix},\boldsymbol{\alpha}_2=\begin{pmatrix}2\\3\\a\end{pmatrix},\boldsymbol{\alpha}_3=\begin{pmatrix}1\\a+2\\-2\end{pmatrix},\boldsymbol{\beta}=\begin{pmatrix}1\\3\\0\end{pmatrix}$.

(1) 若 $\boldsymbol{\beta}$ 不能被 $\boldsymbol{\alpha}_1,\boldsymbol{\alpha}_2,\boldsymbol{\alpha}_3$ 线性表出, 求 a 的值;

(2) 若 $\boldsymbol{\beta}$ 能被 $\boldsymbol{\alpha}_1,\boldsymbol{\alpha}_2,\boldsymbol{\alpha}_3$ 线性表出, 求 a 的值.

7. 设向量 $\boldsymbol{\alpha}_1=\begin{pmatrix}2\\1\\0\end{pmatrix},\boldsymbol{\alpha}_2=\begin{pmatrix}-3\\2\\1\end{pmatrix},\boldsymbol{\beta}=\begin{pmatrix}1\\a\\3\end{pmatrix}$. 若 $\boldsymbol{\beta}$ 能被 $\boldsymbol{\alpha}_1,\boldsymbol{\alpha}_2$ 线性表出, 求 a 的值.

8. 设向量 $\boldsymbol{\alpha}_1=\begin{pmatrix}1\\4\\0\\2\end{pmatrix},\boldsymbol{\alpha}_2=\begin{pmatrix}2\\7\\1\\3\end{pmatrix},\boldsymbol{\alpha}_3=\begin{pmatrix}0\\1\\-1\\a\end{pmatrix},\boldsymbol{\beta}=\begin{pmatrix}3\\10\\b\\4\end{pmatrix}$.

(1) 若 $\boldsymbol{\beta}$ 不能被 $\boldsymbol{\alpha}_1,\boldsymbol{\alpha}_2,\boldsymbol{\alpha}_3$ 线性表出, 求 a,b 的值;

(2) 若 $\boldsymbol{\beta}$ 能被 $\boldsymbol{\alpha}_1,\boldsymbol{\alpha}_2,\boldsymbol{\alpha}_3$ 线性表出, 求 a,b 的值, 并求得相应的表出系数和表达式.

9. 求下列向量的内积 $(\boldsymbol{\alpha},\ \boldsymbol{\beta})$.

(1) $\boldsymbol{\alpha}=\begin{pmatrix}-1\\0\\3\\-5\end{pmatrix},\ \boldsymbol{\beta}=\begin{pmatrix}4\\-2\\0\\1\end{pmatrix}$;　(2) $\boldsymbol{\alpha}=\begin{pmatrix}2\\-1\\2\\3\end{pmatrix},\ \boldsymbol{\beta}=\begin{pmatrix}2\\-2\\1\\5\end{pmatrix}$;

10. 设 $\boldsymbol{\alpha}_1=\begin{pmatrix}2\\-1\\2\\-2\end{pmatrix},\boldsymbol{\alpha}_2=\begin{pmatrix}-1\\1\\2\\-2\end{pmatrix}$. 求满足 $(\boldsymbol{\alpha}_1,\boldsymbol{\beta})=(\boldsymbol{\alpha}_2,\boldsymbol{\beta})=0$ 的所有向量 $\boldsymbol{\beta}$.

11. 求下列向量的长度, 并把它们单位化.

$$(1)\ \boldsymbol{\alpha}_1=\begin{pmatrix}3\\0\\-1\\4\end{pmatrix};\quad (2)\ \boldsymbol{\alpha}_2=\begin{pmatrix}5\\1\\-2\\0\end{pmatrix};\quad (3)\ \boldsymbol{\alpha}_2=\begin{pmatrix}1\\2\\1\\4\end{pmatrix}.$$

12. 设 $\boldsymbol{\alpha}_1,\boldsymbol{\alpha}_2,\boldsymbol{\alpha}_3\in\mathbf{R}^3$ 是三个非零向量, 满足 $(\boldsymbol{\alpha}_1,\boldsymbol{\alpha}_2)=(\boldsymbol{\alpha}_2,\boldsymbol{\alpha}_3)=(\boldsymbol{\alpha}_1,\boldsymbol{\alpha}_3)=0$. 验证：满足 $k_1\boldsymbol{\alpha}_1+k_2\boldsymbol{\alpha}_2+k_3\boldsymbol{\alpha}_3=0$ 的系数 k_1,k_2,k_3, 必有 $k_1=k_2=k_3=0$.

3.2 向量组的线性相关性及其判定

设 $\boldsymbol{\alpha}_1,\boldsymbol{\alpha}_2,\cdots,\boldsymbol{\alpha}_m,\boldsymbol{\beta}\in\mathbf{R}^n$. 向量 $\boldsymbol{\beta}$ 能否被向量组 $\boldsymbol{\alpha}_1,\boldsymbol{\alpha}_2,\cdots,\boldsymbol{\alpha}_m$ 线性表出, 与线性方程组 $x_1\boldsymbol{\alpha}_1+x_2\boldsymbol{\alpha}_2+\cdots+x_m\boldsymbol{\alpha}_m=\boldsymbol{\beta}$ 是否有解是“等价”的.

因为线性方程组存在无解、有唯一解、有无穷多解三种情形,

所以, 也存在 $\boldsymbol{\beta}$ 不能被 $\boldsymbol{\alpha}_1,\boldsymbol{\alpha}_2,\cdots,\boldsymbol{\alpha}_m$ 线性表出； $\boldsymbol{\beta}$ 能被 $\boldsymbol{\alpha}_1,\boldsymbol{\alpha}_2,\cdots,\boldsymbol{\alpha}_m$ 唯一地线性表出； $\boldsymbol{\beta}$ 能被 $\boldsymbol{\alpha}_1,\boldsymbol{\alpha}_2,\cdots,\boldsymbol{\alpha}_m$ 线性表出且系数不唯一.

系数 $k_1,k_2,\cdots,k_m$ 全取零时, 满足 $k_1\boldsymbol{\alpha}_1+k_2\boldsymbol{\alpha}_2+\cdots+k_m\boldsymbol{\alpha}_m=0\boldsymbol{\alpha}_1+0\boldsymbol{\alpha}_2+\cdots+0\boldsymbol{\alpha}_m=\mathbf{0}$.

$\mathbf{0}$ 向量可以被任意的向量组 $\boldsymbol{\alpha}_1,\boldsymbol{\alpha}_2,\cdots,\boldsymbol{\alpha}_m$ 线性表出, 但 $k_1\boldsymbol{\alpha}_1+k_2\boldsymbol{\alpha}_2+\cdots+k_m\boldsymbol{\alpha}_m=\mathbf{0}$ 时, 系数 $k_1,k_2,\cdots,k_m$ 是否都要取 0 呢?

定义 3.2 设 $\boldsymbol{\alpha}_1,\boldsymbol{\alpha}_2,\cdots,\boldsymbol{\alpha}_m\in\mathbf{R}^n$, 若存在不全为零的系数 $k_1,k_2,\cdots,k_m$, 满足 $k_1\boldsymbol{\alpha}_1+k_2\boldsymbol{\alpha}_2+\cdots+k_m\boldsymbol{\alpha}_m=0$, 则称向量组 $\boldsymbol{\alpha}_1,\boldsymbol{\alpha}_2,\cdots,\boldsymbol{\alpha}_m$ 线性相关；

若只有当系数 $k_1=k_2=\cdots=k_m=0$ 时, 才满足 $k_1\boldsymbol{\alpha}_1+k_2\boldsymbol{\alpha}_2+\cdots+k_m\boldsymbol{\alpha}_m=\mathbf{0}$, 也就是说, 由 $k_1\boldsymbol{\alpha}_1+k_2\boldsymbol{\alpha}_2+\cdots+k_m\boldsymbol{\alpha}_m=\mathbf{0}$, 可以得到系数 $k_1=k_2=\cdots=k_m=0$, 则称向量组 $\boldsymbol{\alpha}_1,\boldsymbol{\alpha}_2,\cdots,\boldsymbol{\alpha}_m$ 线性无关.

判断向量组 $\boldsymbol{\alpha}_1,\boldsymbol{\alpha}_2,\cdots,\boldsymbol{\alpha}_m\in\mathbf{R}^n$ 是线性相关还是线性无关 (也说线性相关性), 就是判断相应的齐次线性方程组 $x_1\boldsymbol{\alpha}_1+x_2\boldsymbol{\alpha}_2+\cdots+x_m\boldsymbol{\alpha}_m=\mathbf{0}$ 是否有非零解.

若方程组 $x_1\boldsymbol{\alpha}_1+x_2\boldsymbol{\alpha}_2+\cdots+x_m\boldsymbol{\alpha}_m=\mathbf{0}$ 有非零解, 则 $\boldsymbol{\alpha}_1,\boldsymbol{\alpha}_2,\cdots,\boldsymbol{\alpha}_m$ 线性相关；

若方程组 $x_1\boldsymbol{\alpha}_1+x_2\boldsymbol{\alpha}_2+\cdots+x_m\boldsymbol{\alpha}_m=\mathbf{0}$ 只有零解, 则 $\boldsymbol{\alpha}_1,\boldsymbol{\alpha}_2,\cdots,\boldsymbol{\alpha}_m$ 线性无关.

判断向量组 $\boldsymbol{\alpha}_1,\boldsymbol{\alpha}_2,\cdots,\boldsymbol{\alpha}_m\in\mathbf{R}^n$ 的线性相关性的一般步骤:

(1) 构造矩阵. 以 $\boldsymbol{\alpha}_1,\boldsymbol{\alpha}_2,\cdots,\boldsymbol{\alpha}_m$ 为列构造列分块矩阵 $\boldsymbol{A}=\begin{pmatrix}\boldsymbol{\alpha}_1 & \boldsymbol{\alpha}_2 & \cdots & \boldsymbol{\alpha}_m\end{pmatrix}$；

(2) 初等行变换化矩阵为阶梯形. 经初等行变换化 $\boldsymbol{A}$ 为阶梯形矩阵 $\boldsymbol{B}$, $\boldsymbol{A}\xrightarrow[\text{初等行变换}]{}\boldsymbol{B}$；

(3) 判断.

若 $\boldsymbol{B}$ 的非零行个数小于向量个数 m, 相应的齐次线性方程组有非零解, 向量组

$\boldsymbol{\alpha}_1,\boldsymbol{\alpha}_2,\cdots,\boldsymbol{\alpha}_m$ 线性相关;

若 $\boldsymbol{B}$ 的非零行个数等于向量个数 m, 相应的齐次线性方程组只有零解, 向量组 $\boldsymbol{\alpha}_1,\boldsymbol{\alpha}_2,\cdots,\boldsymbol{\alpha}_m$ 线性无关.

例 3.3　判断向量组

$$\boldsymbol{\alpha}_1=\begin{pmatrix}3\\4\\-2\\5\end{pmatrix},\boldsymbol{\alpha}_2=\begin{pmatrix}2\\-5\\0\\-3\end{pmatrix},\boldsymbol{\alpha}_3=\begin{pmatrix}5\\0\\-1\\2\end{pmatrix},\boldsymbol{\alpha}_4=\begin{pmatrix}3\\3\\-3\\5\end{pmatrix}$$

的线性相关性.

解　以 $\boldsymbol{\alpha}_1,\boldsymbol{\alpha}_2,\boldsymbol{\alpha}_3,\boldsymbol{\alpha}_4$ 为列构作列分块矩阵, $\boldsymbol{A}=\begin{pmatrix}3&2&5&3\\4&-5&0&3\\-2&0&-1&-3\\5&-3&2&5\end{pmatrix}$, 经初等行变换把 $\boldsymbol{A}$ 化为阶梯形,

$$\boldsymbol{A}\xrightarrow[\text{第 3 行加到第 1 行}]{}\begin{pmatrix}1&2&4&0\\4&-5&0&3\\-2&0&-1&-3\\5&-3&2&5\end{pmatrix}$$

$$\xrightarrow[\substack{\text{第 1 行的 } (-4) \text{ 倍加到第 2 行}\\ \text{第 1 行的 2 倍加到第 3 行}\\ \text{第 1 行的 } (-5) \text{ 倍加到第 4 行}}]{}\begin{pmatrix}1&2&4&0\\0&-13&-16&3\\0&4&7&-3\\0&-13&-18&5\end{pmatrix}$$

$$\xrightarrow[\text{第 3 行的 3 倍加到第 2 行}]{}\begin{pmatrix}1&2&4&0\\0&-1&5&-6\\0&4&7&-3\\0&-13&-18&5\end{pmatrix}$$

$$\xrightarrow[\substack{\text{第 2 行的 4 倍加到第 3 行}\\ \text{第 2 行的 } (-13) \text{ 倍加到第 4 行}}]{}\begin{pmatrix}1&2&4&0\\0&-1&5&-6\\0&0&27&-27\\0&0&-83&83\end{pmatrix}$$

$$\xrightarrow[\text{第 3 行的 } \frac{83}{27} \text{ 倍加到第 4 行}]{}\begin{pmatrix}1&2&4&0\\0&-1&5&-6\\0&0&27&-27\\0&0&0&0\end{pmatrix},$$

化得的阶梯形矩阵非零行的个数为 3, 小于向量个数, 向量组 $\boldsymbol{\alpha}_1,\boldsymbol{\alpha}_2,\boldsymbol{\alpha}_3,\boldsymbol{\alpha}_4$ 线性相关.

注　利用 MATLAB 中的 rref 函数, 求得 $\boldsymbol{A}$ 的标准阶梯形, 也可以判定向量组 $\boldsymbol{\alpha}_1,\boldsymbol{\alpha}_2,\boldsymbol{\alpha}_3,\boldsymbol{\alpha}_4$ 的线性相关性.

在 MATLAB 命令窗口中输入以下内容 (包括括号、空格、逗号、分号等符号):

format rat

A=[3 2 5 3;4 -5 0 3;-2 0 -1 -3;5 -3 2 5]; rref(A)

完成输入, 点击“回车”键, 命令窗口中出现如图 3.5 的内容.

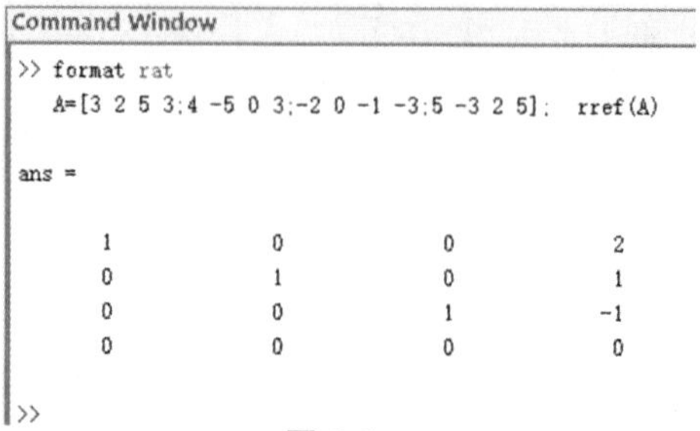
Command Window
>> format rat
A=[3 2 5 3;4 -5 0 3;-2 0 -1 -3;5 -3 2 5]; rref(A)
ans =
1 0 0 2
0 1 0 1
0 0 1 -1
0 0 0 0
>>

图 3.5

命令窗口中输出的运算结果 (“ans=”), 是 $\boldsymbol{A}$ 经初等行变换化得的标准阶梯形

$$\boldsymbol{A}\to\begin{pmatrix}1&0&0&2\\0&1&0&1\\0&0&1&-1\\0&0&0&0\end{pmatrix},$$

$\boldsymbol{A}$ 的标准阶梯形中非零行的个数为 3, 小于向量个数, 向量组 $\boldsymbol{\alpha}_1,\boldsymbol{\alpha}_2,\boldsymbol{\alpha}_3,\boldsymbol{\alpha}_4$ 线性相关.

例 3.4 设 $\boldsymbol{\alpha}_1,\boldsymbol{\alpha}_2,\boldsymbol{\alpha}_3\in\mathbf{R}^n,\boldsymbol{\beta}_1=\boldsymbol{\alpha}_1+\boldsymbol{\alpha}_2,\boldsymbol{\beta}_2=\boldsymbol{\alpha}_2+\boldsymbol{\alpha}_3,\boldsymbol{\beta}_3=\boldsymbol{\alpha}_1+\boldsymbol{\alpha}_3$. 若 $\boldsymbol{\alpha}_1-\boldsymbol{\alpha}_2+\boldsymbol{\alpha}_3=\mathbf{0}$, 验证: $\boldsymbol{\beta}_1,\boldsymbol{\beta}_2,\boldsymbol{\beta}_3$ 线性相关.

解 因为 $\boldsymbol{\beta}_1=\boldsymbol{\alpha}_1+\boldsymbol{\alpha}_2,\boldsymbol{\beta}_2=\boldsymbol{\alpha}_2+\boldsymbol{\alpha}_3,\boldsymbol{\beta}_3=\boldsymbol{\alpha}_1+\boldsymbol{\alpha}_3$, 所以,

$$\begin{aligned}k_1\boldsymbol{\beta}_1+k_2\boldsymbol{\beta}_2+k_3\boldsymbol{\beta}_3&=k_1(\boldsymbol{\alpha}_1+\boldsymbol{\alpha}_2)+k_2(\boldsymbol{\alpha}_2+\boldsymbol{\alpha}_3)+k_3(\boldsymbol{\alpha}_1+\boldsymbol{\alpha}_3)\\&=(k_1+k_3)\boldsymbol{\alpha}_1+(k_1+k_2)\boldsymbol{\alpha}_2+(k_2+k_3)\boldsymbol{\alpha}_3,\end{aligned}$$

又因为

$$\boldsymbol{\alpha}_1-\boldsymbol{\alpha}_2+\boldsymbol{\alpha}_3=\mathbf{0},$$

所以, 若 k_1,k_2,k_3 满足 $\begin{cases}k_1+k_3=1\\k_1+k_2=-1\\k_2+k_3=1\end{cases}$, 则必满足 $k_1\boldsymbol{\beta}_1+k_2\boldsymbol{\beta}_2+k_3\boldsymbol{\beta}_3=\mathbf{0}$. $\begin{cases}k_1=-\dfrac{1}{2}\\k_2=-\dfrac{1}{2}\\k_3=\dfrac{3}{2}\end{cases}$ 是满足方程组 $\begin{cases}k_1+k_3=1\\k_1+k_2=-1\\k_2+k_3=1\end{cases}$ 的唯一解. 所以, $-\dfrac{1}{2}\boldsymbol{\beta}_1-\dfrac{1}{2}\boldsymbol{\beta}_2+\dfrac{3}{2}\boldsymbol{\beta}_3=\boldsymbol{\alpha}_1-\boldsymbol{\alpha}_2+\boldsymbol{\alpha}_3=$

$\mathbf{0},\boldsymbol{\beta}_1,\boldsymbol{\beta}_2,\boldsymbol{\beta}_3$ 线性相关.

在 MATLAB 的命令窗口中, 输入以下内容 (包括括号、空格、逗号、分号等符号):

```
format rat
A=[1 0 1 1;1 1 0 -1;0 1 1 1]; rref(A)
```

完成输入, 点击"回车"键, 命令窗口中出现如图 3.6 的内容.

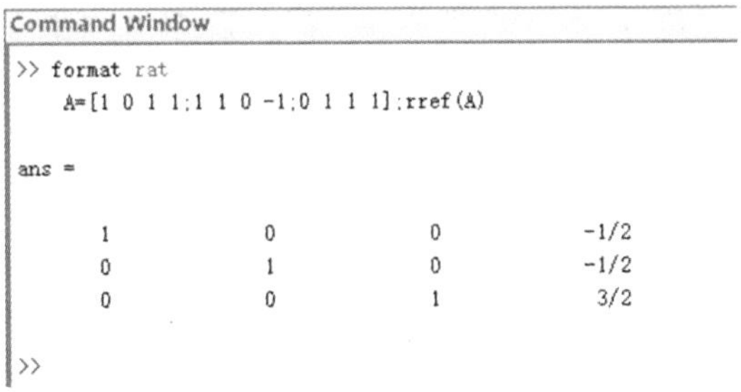
Command Window
>> format rat
A=[1 0 1 1;1 1 0 -1;0 1 1 1];rref(A)
ans =
1 0 0 -1/2
0 1 0 -1/2
0 0 1 3/2
>>

图 3.6

命令窗口中输出的运算结果 ("ans="), 是方程组 $\begin{cases} k_1+k_3=1 \\ k_1+k_2=-1 \\ k_2+k_3=1 \end{cases}$ 的增广矩阵经初等行变换化得到标准阶梯形

$$\begin{pmatrix} 1 & 0 & 0 & -\dfrac{1}{2} \\ 0 & 1 & 0 & -\dfrac{1}{2} \\ 0 & 0 & 1 & \dfrac{3}{2} \end{pmatrix},$$

所以, 方程组有唯一解

$$\begin{cases} k_1=-\dfrac{1}{2} \\ k_2=-\dfrac{1}{2} \\ k_3=\dfrac{3}{2} \end{cases}.$$

向量组的线性相关性满足:

(1) 单个向量 $\boldsymbol{\alpha}\in\mathbf{R}^n$ 线性相关, 当且仅当 $\boldsymbol{\alpha}=\mathbf{0}$;

单个向量 $\boldsymbol{\alpha}\in\mathbf{R}^n$ 线性无关, 当且仅当 $\boldsymbol{\alpha}\neq\mathbf{0}$.

(2) 设 $\boldsymbol{\alpha}=\begin{pmatrix} a_1 \\ a_2 \\ \vdots \\ a_n \end{pmatrix}$, $\boldsymbol{\beta}=\begin{pmatrix} b_1 \\ b_2 \\ \vdots \\ b_n \end{pmatrix}\in\mathbf{R}^n$, 则 $\boldsymbol{\alpha},\boldsymbol{\beta}$ 线性相关当且仅当 $\boldsymbol{\alpha}$ 与 $\boldsymbol{\beta}$ 的对应分

量成比例. 即 $\boldsymbol{\alpha},\boldsymbol{\beta}$ 线性相关当且仅当存在比例系数 r, 满足

$$\begin{cases} a_1 = rb_1 \\ a_2 = rb_2 \\ \quad\cdots \\ a_n = rb_n \end{cases} \quad \text{或者} \quad \begin{cases} b_1 = ra_1 \\ b_2 = ra_2 \\ \quad\cdots \\ b_n = ra_n \end{cases}.$$

因为齐次线性方程组的方程个数小于未知量个数时, 一定有非零解. 所以

(3) 设 m 个 n 维向量 $\boldsymbol{\alpha}_1,\boldsymbol{\alpha}_2,\cdots,\boldsymbol{\alpha}_m \in \mathbf{R}^n$, 若 $m > n$, 则 $\boldsymbol{\alpha}_1,\boldsymbol{\alpha}_2,\cdots,\boldsymbol{\alpha}_m$ 一定线性相关.

设 $\boldsymbol{\alpha}_1,\boldsymbol{\alpha}_2,\cdots,\boldsymbol{\alpha}_m \in \mathbf{R}^n$, $\boldsymbol{\alpha}_{i_1},\boldsymbol{\alpha}_{i_2},\cdots,\boldsymbol{\alpha}_{i_s}$ 是 $\boldsymbol{\alpha}_1,\boldsymbol{\alpha}_2,\cdots,\boldsymbol{\alpha}_m$ 中的 s 个向量, 称 $\boldsymbol{\alpha}_{i_1},\boldsymbol{\alpha}_{i_2},\cdots,\boldsymbol{\alpha}_{i_s}$ 是 $\boldsymbol{\alpha}_1,\boldsymbol{\alpha}_2,\cdots,\boldsymbol{\alpha}_m$ 的一个部分组.

n 维向量组的整体与部分之间的线性相关性关系满足:

(4) 部分相关, 整体一定相关；整体无关, 部分一定无关.

即假设 $\boldsymbol{\alpha}_{i_1},\boldsymbol{\alpha}_{i_2},\cdots,\boldsymbol{\alpha}_{i_s}$ 是向量组 $\boldsymbol{\alpha}_1,\boldsymbol{\alpha}_2,\cdots,\boldsymbol{\alpha}_m \in \mathbf{R}^n$ 的一个部分组,

若 $\boldsymbol{\alpha}_{i_1},\boldsymbol{\alpha}_{i_2},\cdots,\boldsymbol{\alpha}_{i_s}$ 线性相关 (部分相关), 则 $\boldsymbol{\alpha}_1,\boldsymbol{\alpha}_2,\cdots,\boldsymbol{\alpha}_m$ 一定线性相关 (整体一定相关)；

若 $\boldsymbol{\alpha}_1,\boldsymbol{\alpha}_2,\cdots,\boldsymbol{\alpha}_m$ 线性无关 (整体无关), 则 $\boldsymbol{\alpha}_{i_1},\boldsymbol{\alpha}_{i_2},\cdots,\boldsymbol{\alpha}_{i_s}$ 一定线性无关 (部分一定无关)；

注 向量组整体相关时, 部分可能相关, 也可能无关；部分无关时, 整体可能相关, 也可能无关.

例如, 3 个 2 维向量 $\boldsymbol{\alpha}_1 = \begin{pmatrix}1\\0\end{pmatrix},\boldsymbol{\alpha}_2 = \begin{pmatrix}0\\1\end{pmatrix},\boldsymbol{\alpha}_3 = \begin{pmatrix}1\\1\end{pmatrix}$ 一定线性相关 (整体相关), 但 $\boldsymbol{\alpha}_1 = \begin{pmatrix}1\\0\end{pmatrix},\boldsymbol{\alpha}_2 = \begin{pmatrix}0\\1\end{pmatrix}$ 线性无关 (部分无关).

记 $\boldsymbol{\varepsilon}_k(k=1,2,\cdots,n)$ 的第 k 个分量是 1, 其余分量均为 0 的 n 维向量. 即

$$\boldsymbol{\varepsilon}_1 = \begin{pmatrix}1\\0\\0\\ \vdots \\0\end{pmatrix},\ \boldsymbol{\varepsilon}_2 = \begin{pmatrix}0\\1\\0\\ \vdots \\0\end{pmatrix},\ \cdots,\boldsymbol{\varepsilon}_n = \begin{pmatrix}0\\0\\ \vdots \\0\\1\end{pmatrix},$$

称为 n 维标准单位向量组.

因为任意的 $a_1,a_2,\cdots,a_n \in \mathbf{R}$, 都满足

$$a_1\boldsymbol{\varepsilon}_1 + a_2\boldsymbol{\varepsilon}_2 + \cdots + a_n\boldsymbol{\varepsilon}_n = a_1\begin{pmatrix}1\\0\\ \vdots \\0\end{pmatrix} + a_2\begin{pmatrix}0\\1\\ \vdots \\0\end{pmatrix} + \cdots + a_n\begin{pmatrix}0\\ \vdots \\0\\1\end{pmatrix} = \begin{pmatrix}a_1\\a_2\\ \vdots \\a_n\end{pmatrix}.$$

所以, $a_1\boldsymbol{\varepsilon}_1+a_2\boldsymbol{\varepsilon}_2+\cdots+a_n\boldsymbol{\varepsilon}_n=\mathbf{0}\Leftrightarrow a_1=a_2=\cdots=a_n=0$, 即

(5) n 维标准单位向量组 $\boldsymbol{\varepsilon}_1,\boldsymbol{\varepsilon}_2,\cdots,\boldsymbol{\varepsilon}_n$ 线性无关, 且任意的 $\boldsymbol{\alpha}=\begin{pmatrix}a_1\\a_2\\\vdots\\a_n\end{pmatrix}\in\mathbf{R}^n$, 都满足

$$\boldsymbol{\alpha}=a_1\boldsymbol{\varepsilon}_1+a_2\boldsymbol{\varepsilon}_2+\cdots+a_n\boldsymbol{\varepsilon}_n.$$

假设 $\boldsymbol{\alpha}_1=\begin{pmatrix}a_1\\a_2\\a_3\end{pmatrix}$, $\boldsymbol{\alpha}_2=\begin{pmatrix}b_1\\b_2\\b_3\end{pmatrix}$, $\boldsymbol{\alpha}_3=\begin{pmatrix}c_1\\c_2\\c_3\end{pmatrix}\in\mathbf{R}^3$ 线性无关, 则

$$x_1\begin{pmatrix}a_1\\a_2\\a_3\end{pmatrix}+x_2\begin{pmatrix}b_1\\b_2\\b_3\end{pmatrix}+x_3\begin{pmatrix}c_1\\c_2\\c_3\end{pmatrix}=\mathbf{0}\text{ 只有零解}$$

$$\Leftrightarrow\begin{cases}a_1x_1+b_1x_2+c_1x_3=0\\a_2x_1+b_2x_2+c_2x_3=0\\a_3x_1+b_3x_2+c_3x_3=0\end{cases}\text{ 只有零解.}$$

所以, 齐次线性方程组 $\begin{cases}a_1x_1+b_1x_2+c_1x_3=0\\a_2x_1+b_2x_2+c_2x_3=0\\a_3x_1+b_3x_2+c_3x_3=0\\a_4x_1+b_4x_2+c_4x_3=0\end{cases}$ 也只有零解. 即

$$\widetilde{\boldsymbol{\alpha}_1}=\begin{pmatrix}a_1\\a_2\\a_3\\a_4\end{pmatrix},\ \widetilde{\boldsymbol{\alpha}_2}=\begin{pmatrix}b_1\\b_2\\b_3\\b_4\end{pmatrix},\ \widetilde{\boldsymbol{\alpha}_3}=\begin{pmatrix}c_1\\c_2\\c_3\\c_4\end{pmatrix}\in\mathbf{R}^4$$

也线性无关.

设 $\boldsymbol{\alpha}_1,\boldsymbol{\alpha}_2,\cdots,\boldsymbol{\alpha}_m\in\mathbf{R}^n$.

在 $\boldsymbol{\alpha}_1,\boldsymbol{\alpha}_2,\cdots,\boldsymbol{\alpha}_m$ 相同位置添加 s 个分量, 得 $m+s$ 维向量 $\widetilde{\boldsymbol{\alpha}_1},\widetilde{\boldsymbol{\alpha}_2},\cdots,\widetilde{\boldsymbol{\alpha}_m}$, 称 $\widetilde{\boldsymbol{\alpha}_1},\widetilde{\boldsymbol{\alpha}_2},\cdots,\widetilde{\boldsymbol{\alpha}_m}$ 为 $\boldsymbol{\alpha}_1,\boldsymbol{\alpha}_2,\cdots,\boldsymbol{\alpha}_m$ 的延伸向量组;

在 $\widetilde{\boldsymbol{\alpha}_1},\widetilde{\boldsymbol{\alpha}_2},\cdots,\widetilde{\boldsymbol{\alpha}_m}$ 的相同位置删去 s 个分量得 $\boldsymbol{\alpha}_1,\boldsymbol{\alpha}_2,\cdots,\boldsymbol{\alpha}_m$, 称 $\boldsymbol{\alpha}_1,\boldsymbol{\alpha}_2,\cdots,\boldsymbol{\alpha}_m$ 为 $\widetilde{\boldsymbol{\alpha}_1},\widetilde{\boldsymbol{\alpha}_2},\cdots,\widetilde{\boldsymbol{\alpha}_m}$ 的缩短组.

“延伸组”和“缩短组”满足:

(6) 缩短组线性无关, 延伸组一定线性无关; 延伸组线性相关, 缩短组一定线性相关.

例如, 任意的 $a_i,b_i,c_i\in\mathbf{R}(i=1,2)$, 则

向量组

$$\boldsymbol{\alpha}_1=\begin{pmatrix}1\\a_1\\0\\0\\a_2\end{pmatrix},\ \boldsymbol{\alpha}_2=\begin{pmatrix}0\\b_1\\1\\0\\b_2\end{pmatrix},\ \boldsymbol{\alpha}_3=\begin{pmatrix}0\\c_1\\0\\1\\c_2\end{pmatrix}$$

线性无关. 这是因为, $\boldsymbol{\alpha}_1,\boldsymbol{\alpha}_2,\boldsymbol{\alpha}_3\in\mathbf{R}^5$ 是 3 维标准单位向量组

$$\boldsymbol{\varepsilon}_1=\begin{pmatrix}1\\0\\0\end{pmatrix},\ \boldsymbol{\varepsilon}_2=\begin{pmatrix}0\\1\\0\end{pmatrix},\ \boldsymbol{\varepsilon}_3=\begin{pmatrix}0\\0\\1\end{pmatrix}$$

的延伸组.

$\boldsymbol{\alpha}_1,\boldsymbol{\alpha}_2,\boldsymbol{\alpha}_3\in\mathbf{R}^5$ 是 $\boldsymbol{\varepsilon}_1,\boldsymbol{\varepsilon}_2,\boldsymbol{\varepsilon}_3\in\mathbf{R}^3$ 在相同位置添加两个分量所得.

注　缩短组线性相关时, 延伸组可能线性相关, 也可能线性无关；延伸组线性无关时, 缩短组可能线性相关, 也可能线性无关；

例如, $\boldsymbol{\alpha}_1=\begin{pmatrix}0\\0\end{pmatrix}$, $\boldsymbol{\alpha}_2=\begin{pmatrix}0\\1\end{pmatrix}$ 是线性相关的 ($\boldsymbol{\alpha}_1=\mathbf{0}$ 线性相关, 从而 $\boldsymbol{\alpha}_1,\boldsymbol{\alpha}_2$ 相关), 但它的延伸组 $\widetilde{\boldsymbol{\alpha}_1}=\begin{pmatrix}1\\0\\0\end{pmatrix}$, $\widetilde{\boldsymbol{\alpha}_2}=\begin{pmatrix}0\\0\\1\end{pmatrix}$ 是线性无关的.

(7) 向量组 $\boldsymbol{\alpha}_1,\boldsymbol{\alpha}_2,\cdots,\boldsymbol{\alpha}_m\in\mathbf{R}^n$ 线性相关当且仅当存在某一个向量 $\boldsymbol{\alpha}_i$ $(1\leqslant i\leqslant m)$ 可以被其余的 $m-1$ 个向量 $\boldsymbol{\alpha}_1,\cdots,\boldsymbol{\alpha}_{i-1},\boldsymbol{\alpha}_{i+1},\cdots,\boldsymbol{\alpha}_m$ 线性表出.

向量组 $\boldsymbol{\alpha}_1,\boldsymbol{\alpha}_2,\cdots,\boldsymbol{\alpha}_m\in\mathbf{R}^n$ 线性无关当且仅当任意的向量 $\boldsymbol{\alpha}_i$ $(1\leqslant i\leqslant m)$, 均不能被其余的 $m-1$ 个向量 $\boldsymbol{\alpha}_1,\cdots,\boldsymbol{\alpha}_{i-1},\boldsymbol{\alpha}_{i+1},\cdots,\boldsymbol{\alpha}_m$ 线性表出.

这是因为：若 $\boldsymbol{\alpha}_1,\boldsymbol{\alpha}_2,\cdots,\boldsymbol{\alpha}_m\in\mathbf{R}^n$ 线性相关, 则存在不全为零的系数 $k_1,k_2,\cdots,k_m$, 满足 $k_1\boldsymbol{\alpha}_1+k_2\boldsymbol{\alpha}_2+\cdots+k_m\boldsymbol{\alpha}_m=\mathbf{0}$.

因为 $k_1,k_2,\cdots,k_m$ 不全为 0, 所以, 存在某一个 $k_{i_0}\neq 0$, 在 $k_1\boldsymbol{\alpha}_1+k_2\boldsymbol{\alpha}_2+\cdots+k_m\boldsymbol{\alpha}_m=\mathbf{0}$ 的两边加上 $(-k_{i_0})\boldsymbol{\alpha}_{i_0}$, 得到

$$k_1\boldsymbol{\alpha}_1+\cdots+k_{i_0-1}\boldsymbol{\alpha}_{i_0-1}+k_{i_0+1}\boldsymbol{\alpha}_{i_0+1}+\cdots+k_m\boldsymbol{\alpha}_m=(-k_{i_0})\boldsymbol{\alpha}_{i_0},$$

两边再乘 $\left(-\dfrac{1}{k_{i_0}}\right)$, 得

$$\boldsymbol{\alpha}_{i_0}=\left(-\frac{k_1}{k_{i_0}}\right)\boldsymbol{\alpha}_1+\cdots+\left(-\frac{k_{i_0-1}}{k_{i_0}}\right)\boldsymbol{\alpha}_{i_0-1}+\left(-\frac{k_{i_0+1}}{k_{i_0}}\right)\boldsymbol{\alpha}_{i_0+1}+\cdots+\left(-\frac{k_m}{k_{i_0}}\right)\boldsymbol{\alpha}_m,$$

$\boldsymbol{\alpha}_{i_0}$ 可以被其余的 ($\boldsymbol{\alpha}_{i_0}$ 以外的)$m-1$ 个向量线性表出.

若向量组 $\boldsymbol{\alpha}_1,\boldsymbol{\alpha}_2,\cdots,\boldsymbol{\alpha}_m\in\mathbf{R}^n$ 中的某一个向量可以被其余的向量线性表出, 则它一定线性相关.

注　若向量组 $\boldsymbol{\alpha}_1,\boldsymbol{\alpha}_2,\cdots,\boldsymbol{\alpha}_m\in\mathbf{R}^n$ 线性相关, 则满足 $k_1\boldsymbol{\alpha}_1+k_2\boldsymbol{\alpha}_2+\cdots+k_m\boldsymbol{\alpha}_m=\mathbf{0}$ 的非零系数 k_i 对应的向量 $\boldsymbol{\alpha}_i$ 能被其余 $m-1$ 个向量线性表出.

例 3.5　设向量

$$\boldsymbol{\alpha}_1=\begin{pmatrix}1\\-1\\2\end{pmatrix},\ \boldsymbol{\alpha}_2=\begin{pmatrix}2\\-1\\1\end{pmatrix},\ \boldsymbol{\alpha}_3=\begin{pmatrix}3\\-2\\3\end{pmatrix},\ \boldsymbol{\alpha}_4=\begin{pmatrix}-1\\0\\1\end{pmatrix}\in\mathbf{R}^3,$$

求可以由其余的向量线性表出的 $\boldsymbol{\alpha}_k(1\leqslant k\leqslant 4)$, 并求出相应的表出系数.

解　因为 $\boldsymbol{\alpha}_1,\boldsymbol{\alpha}_2,\boldsymbol{\alpha}_3,\boldsymbol{\alpha}_4$ 是 4 个 3 维向量, 一定线性相关, 所以, 存在不全为 0 的系数 x_1,x_2,x_3,x_4, 满足 $x_1\boldsymbol{\alpha}_1+x_2\boldsymbol{\alpha}_2+x_3\boldsymbol{\alpha}_3+x_4\boldsymbol{\alpha}_4=\mathbf{0}$, 不为 0 的系数 x_{k_0} 对应的向量 $\boldsymbol{\alpha}_{k_0}$, 可被其余的向量线性表出.

又因为线性方程组 $x_1\boldsymbol{\alpha}_1+x_2\boldsymbol{\alpha}_2+x_3\boldsymbol{\alpha}_3+x_4\boldsymbol{\alpha}_4=\mathbf{0}$ 的系数矩阵是以 $\boldsymbol{\alpha}_1,\boldsymbol{\alpha}_2,\boldsymbol{\alpha}_3,\boldsymbol{\alpha}_4$ 为列的列分块矩阵

$$\boldsymbol{A}=\begin{pmatrix}\boldsymbol{\alpha}_1 & \boldsymbol{\alpha}_2 & \boldsymbol{\alpha}_3 & \boldsymbol{\alpha}_4\end{pmatrix}=\begin{pmatrix}1 & 2 & 3 & -1\\-1 & -1 & -2 & 0\\2 & 1 & 3 & 1\end{pmatrix},$$

所以利用 MATLAB 中的 rref 函数, 把 $\boldsymbol{A}$ 化为标准阶梯形.

在 MATLAB 命令窗口中输入以下内容 (包括括号、空格、逗号、分号等符号):

```
format rat
A=[1 2 3 -1;-1 -1 -2 0;2 1 3 1]; rref(A)
```

完成输入, 点击“回车”键, 命令窗口中出现如图 3.7 的内容.

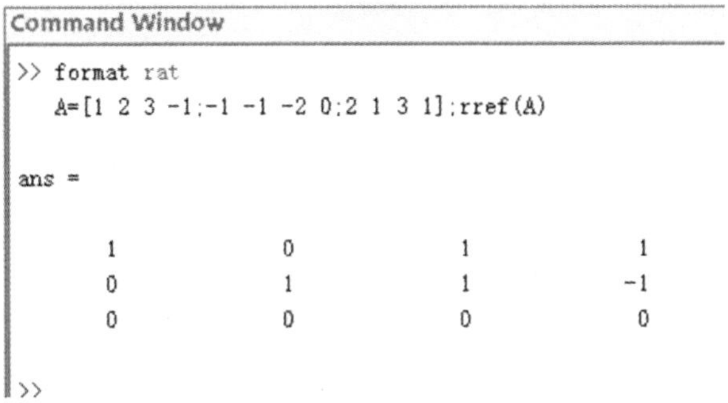
Command Window
>> format rat
A=[1 2 3 -1;-1 -1 -2 0;2 1 3 1];rref(A)
ans =
1 0 1 1
0 1 1 -1
0 0 0 0
>>

图 3.7

命令窗口中输出的运算结果 (“ans=”), 是 $\boldsymbol{A}$ 经初等行变换化得的标准阶梯形

$$\boldsymbol{A}\to\begin{pmatrix}1 & 0 & 1 & 1\\0 & 1 & 1 & -1\\0 & 0 & 0 & 0\end{pmatrix},$$

齐次线性方程组

$$x_1\boldsymbol{\alpha}_1+x_2\boldsymbol{\alpha}_2+x_3\boldsymbol{\alpha}_3+x_4\boldsymbol{\alpha}_4=\mathbf{0}$$

同解于 $\begin{cases} x_1+x_3+x_4=0 \\ x_2+x_3-x_4=0 \end{cases}$.

通解是 $\begin{cases} x_1=-x_3-x_4 \\ x_2=-x_3+x_4 \end{cases}$, x_3,x_4 为自由未知量.

取自由未知量的值, $\begin{cases} x_3=1 \\ x_4=1 \end{cases}$, 得非零解 $\begin{cases} x_1=-2 \\ x_2=0 \\ x_3=1 \\ x_4=1 \end{cases}$, 所以, $-2\boldsymbol{\alpha}_1+0\boldsymbol{\alpha}_2+\boldsymbol{\alpha}_3+\boldsymbol{\alpha}_4=\mathbf{0}$.

$\boldsymbol{\alpha}_3$ 可以由 $\boldsymbol{\alpha}_1,\boldsymbol{\alpha}_2,\boldsymbol{\alpha}_4$ 线性表出, 且 $\boldsymbol{\alpha}_3=2\boldsymbol{\alpha}_1+0\boldsymbol{\alpha}_2-\boldsymbol{\alpha}_4$;

$\boldsymbol{\alpha}_4$ 也可以由 $\boldsymbol{\alpha}_1,\boldsymbol{\alpha}_2,\boldsymbol{\alpha}_3$ 线性表出, 且 $\boldsymbol{\alpha}_4=2\boldsymbol{\alpha}_1+0\boldsymbol{\alpha}_2-\boldsymbol{\alpha}_3$.

(8) 设 $\boldsymbol{\alpha}_1,\boldsymbol{\alpha}_2,\cdots,\boldsymbol{\alpha}_m\in\mathbf{R}^n$ 线性无关, 任意的 $\boldsymbol{\beta}\in\mathbf{R}^n$, $\boldsymbol{\beta}$ 可以由 $\boldsymbol{\alpha}_1,\boldsymbol{\alpha}_2,\cdots,\boldsymbol{\alpha}_m$ 线性表出当且仅当向量组 $\boldsymbol{\alpha}_1,\boldsymbol{\alpha}_2,\cdots,\boldsymbol{\alpha}_m,\boldsymbol{\beta}$ 线性相关.

因为 $\boldsymbol{\alpha}_1,\boldsymbol{\alpha}_2,\cdots,\boldsymbol{\alpha}_m\in\mathbf{R}^n$ 线性无关, $\boldsymbol{\alpha}_1,\boldsymbol{\alpha}_2,\cdots,\boldsymbol{\alpha}_m,\boldsymbol{\beta}\in\mathbf{R}^n$ 线性相关, 则存在不全为 0 的系数 $k_1,k_2,\cdots,k_m,k$, 满足 $k_1\boldsymbol{\alpha}_1+k_2\boldsymbol{\alpha}_2+\cdots+k_m\boldsymbol{\alpha}_m+k\boldsymbol{\beta}=\mathbf{0}$, 若 $k=0$, 由 $k_1,k_2,\cdots,k_m,k$ 不全为 0, 得 $k_1,k_2,\cdots,k_m$ 不全为 0, 且 $k_1\boldsymbol{\alpha}_1+k_2\boldsymbol{\alpha}_2+\cdots+k_m\boldsymbol{\alpha}_m+k\boldsymbol{\beta}=k_1\boldsymbol{\alpha}_1+k_2\boldsymbol{\alpha}_2+\cdots+k_m\boldsymbol{\alpha}_m=\mathbf{0}$, 从而 $\boldsymbol{\alpha}_1,\boldsymbol{\alpha}_2,\cdots,\boldsymbol{\alpha}_m$ 线性相关, 这与已知矛盾.

所以, $k\neq0$, 从而

$$\boldsymbol{\beta}=\left(-\frac{k_1}{k}\right)\boldsymbol{\alpha}_1+\left(-\frac{k_2}{k}\right)\boldsymbol{\alpha}_2+\cdots+\left(-\frac{k_m}{k}\right)\boldsymbol{\alpha}_m,$$

$\boldsymbol{\beta}$ 可以由向量组 $\boldsymbol{\alpha}_1,\boldsymbol{\alpha}_2,\cdots,\boldsymbol{\alpha}_m$ 线性表出.

而 $\boldsymbol{\beta}$ 可以由向量组 $\boldsymbol{\alpha}_1,\boldsymbol{\alpha}_2,\cdots,\boldsymbol{\alpha}_m$ 线性表出时, 显然有 $\boldsymbol{\alpha}_1,\boldsymbol{\alpha}_2,\cdots,\boldsymbol{\alpha}_m,\boldsymbol{\beta}$ 线性相关.

假设向量 $\boldsymbol{\beta}$ 可以由 $\boldsymbol{\alpha}_1,\boldsymbol{\alpha}_2,\cdots,\boldsymbol{\alpha}_m$ 线性表出, 且存在系数 $k_1,k_2,\cdots,k_m$, 满足 $\boldsymbol{\beta}=k_1\boldsymbol{\alpha}_1+k_2\boldsymbol{\alpha}_2+\cdots+k_m\boldsymbol{\alpha}_m$; 还存在系数 $l_1,l_2,\cdots,l_m$, 满足 $\boldsymbol{\beta}=l_1\boldsymbol{\alpha}_1+l_2\boldsymbol{\alpha}_2+\cdots+l_m\boldsymbol{\alpha}_m$. 也就是 $k_1\boldsymbol{\alpha}_1+k_2\boldsymbol{\alpha}_2+\cdots+k_m\boldsymbol{\alpha}_m=l_1\boldsymbol{\alpha}_1+l_2\boldsymbol{\alpha}_2+\cdots+l_m\boldsymbol{\alpha}_m$, 得到 $(k_1-l_1)\boldsymbol{\alpha}_1+(k_2-l_2)\boldsymbol{\alpha}_2+\cdots+(k_m-l_m)\boldsymbol{\alpha}_m=\mathbf{0}$, 若 $\boldsymbol{\alpha}_1,\boldsymbol{\alpha}_2,\cdots,\boldsymbol{\alpha}_m$ 线性无关, 则 $k_1-l_1=k_2-l_2=\cdots=k_m-l_m=0$, 也就是 $\begin{cases} k_1=l_1 \\ k_2=l_2 \\ \cdots \\ k_m=l_m \end{cases}$. 所以, 若 $\boldsymbol{\alpha}_1,\boldsymbol{\alpha}_2,\cdots,\boldsymbol{\alpha}_m$ 线性无关, 且 $\boldsymbol{\beta}$ 可以由 $\boldsymbol{\alpha}_1,\boldsymbol{\alpha}_2,\cdots,\boldsymbol{\alpha}_m$ 线性表出, 则表出系数唯一. 故向量组的线性表出满足:

$\boldsymbol{\alpha}_1,\boldsymbol{\alpha}_2,\cdots,\boldsymbol{\alpha}_m$ 线性无关, $\boldsymbol{\alpha}_1,\boldsymbol{\alpha}_2,\cdots,\boldsymbol{\alpha}_m,\boldsymbol{\beta}$ 线性相关, 则 $\boldsymbol{\beta}$ 可以由 $\boldsymbol{\alpha}_1,\boldsymbol{\alpha}_2,\cdots,\boldsymbol{\alpha}_m$ 唯一地线性表出.

向量的线性表出与线性方程组之间还满足:

(9) 设 n 元线性方程组

$$\begin{cases} a_{11}x_1+a_{12}x_2+\cdots+a_{1n}x_n=b_1 \\ a_{21}x_1+a_{22}x_2+\cdots+a_{2n}x_n=b_2 \\ \qquad\cdots\cdots \\ a_{m1}x_1+a_{m2}x_2+\cdots+a_{mn}x_n=b_m \end{cases}.$$

记

$$\boldsymbol{\alpha}_1=\begin{pmatrix} a_{11} \\ a_{21} \\ \vdots \\ a_{m1} \end{pmatrix},\ \boldsymbol{\alpha}_2=\begin{pmatrix} a_{12} \\ a_{22} \\ \vdots \\ a_{m2} \end{pmatrix},\cdots,\ \boldsymbol{\alpha}_n=\begin{pmatrix} a_{1n} \\ a_{2n} \\ \vdots \\ a_{mn} \end{pmatrix},\ \boldsymbol{\beta}=\begin{pmatrix} b_1 \\ b_2 \\ \vdots \\ b_m \end{pmatrix},$$

则线性方程组有唯一解当且仅当 $\boldsymbol{\alpha}_1,\boldsymbol{\alpha}_2,\cdots,\boldsymbol{\alpha}_n$ 线性无关, 且 $\boldsymbol{\alpha}_1,\boldsymbol{\alpha}_2,\cdots,\boldsymbol{\alpha}_n,\boldsymbol{\beta}$ 线性相关.

(8) 和 (9) 用通俗的语言表述为:

向量组本身线性无关, 添加向量 $\boldsymbol{\beta}$ 后线性相关, 则 $\boldsymbol{\beta}$ 可以由原来的向量组唯一地线性表出.

本节最后, 给出向量组的线性表出概念.

定义 3.3 设 $\boldsymbol{\alpha}_1,\boldsymbol{\alpha}_2,\cdots,\boldsymbol{\alpha}_s$; $\boldsymbol{\beta}_1,\boldsymbol{\beta}_2,\cdots,\boldsymbol{\beta}_t\in\mathbf{R}^n$, 若 $\boldsymbol{\beta}_1,\boldsymbol{\beta}_2,\cdots,\boldsymbol{\beta}_t$ 中的每一个向量 $\boldsymbol{\beta}_k(1\leqslant k\leqslant t)$ 都可以由 $\boldsymbol{\alpha}_1,\boldsymbol{\alpha}_2,\cdots,\boldsymbol{\alpha}_s$ 线性表出, 则称向量组 $\boldsymbol{\beta}_1,\boldsymbol{\beta}_2,\cdots,\boldsymbol{\beta}_t$ 可以由 $\boldsymbol{\alpha}_1,\boldsymbol{\alpha}_2,\cdots,\boldsymbol{\alpha}_s$ 线性表出;

若向量组 $\boldsymbol{\alpha}_1,\boldsymbol{\alpha}_2,\cdots,\boldsymbol{\alpha}_s$ 可以由向量组 $\boldsymbol{\beta}_1,\boldsymbol{\beta}_2,\cdots,\boldsymbol{\beta}_t$ 线性表出, 且向量组 $\boldsymbol{\beta}_1,\boldsymbol{\beta}_2,\cdots,\boldsymbol{\beta}_t$ 也可以由向量组 $\boldsymbol{\alpha}_1,\boldsymbol{\alpha}_2,\cdots,\boldsymbol{\alpha}_s$ 线性表出, 则称向量组 $\boldsymbol{\alpha}_1,\boldsymbol{\alpha}_2,\cdots,\boldsymbol{\alpha}_s$ 与向量组 $\boldsymbol{\beta}_1,\boldsymbol{\beta}_2,\cdots,\boldsymbol{\beta}_t$ 等价.

注 (1) 向量组的部分组一定可以被整体线性表出.

若 $\boldsymbol{\alpha}_{i_1},\boldsymbol{\alpha}_{i_2},\cdots,\boldsymbol{\alpha}_{i_r}$ 是 $\boldsymbol{\alpha}_1,\boldsymbol{\alpha}_2,\cdots,\boldsymbol{\alpha}_s$ 的一个部分组, 则 $\boldsymbol{\alpha}_{i_1},\boldsymbol{\alpha}_{i_2},\cdots,\boldsymbol{\alpha}_{i_r}$ 可以被 $\boldsymbol{\alpha}_1,\boldsymbol{\alpha}_2,\cdots,\boldsymbol{\alpha}_s$ 线性表出.

(2) 向量组的线性表出具有传递性.

若 $\boldsymbol{\alpha}_1,\boldsymbol{\alpha}_2,\cdots,\boldsymbol{\alpha}_s$ 可以由 $\boldsymbol{\beta}_1,\boldsymbol{\beta}_2,\cdots,\boldsymbol{\beta}_t$ 线性表出, $\boldsymbol{\beta}_1,\boldsymbol{\beta}_2,\cdots,\boldsymbol{\beta}_t$ 可以由 $\boldsymbol{\gamma}_1,\boldsymbol{\gamma}_2,\cdots,\boldsymbol{\gamma}_l$ 线性表出, 则 $\boldsymbol{\alpha}_1,\boldsymbol{\alpha}_2,\cdots,\boldsymbol{\alpha}_s$ 可以由 $\boldsymbol{\gamma}_1,\boldsymbol{\gamma}_2,\cdots,\boldsymbol{\gamma}_l$ 线性表出.

(3) 向量组的等价具有对称性与传递性.

若向量组 $\boldsymbol{\alpha}_1,\boldsymbol{\alpha}_2,\cdots,\boldsymbol{\alpha}_s$ 与 $\boldsymbol{\beta}_1,\boldsymbol{\beta}_2,\cdots,\boldsymbol{\beta}_t$ 等价, 则 $\boldsymbol{\beta}_1,\boldsymbol{\beta}_2,\cdots,\boldsymbol{\beta}_t$ 也与 $\boldsymbol{\alpha}_1,\boldsymbol{\alpha}_2,\cdots,\boldsymbol{\alpha}_s$ 等价;

若向量组 $\boldsymbol{\alpha}_1,\boldsymbol{\alpha}_2,\cdots,\boldsymbol{\alpha}_s$ 与 $\boldsymbol{\beta}_1,\boldsymbol{\beta}_2,\cdots,\boldsymbol{\beta}_t$ 等价, $\boldsymbol{\beta}_1,\boldsymbol{\beta}_2,\cdots,\boldsymbol{\beta}_t$ 与 $\boldsymbol{\gamma}_1,\boldsymbol{\gamma}_2,\cdots,\boldsymbol{\gamma}_l$ 等价, 则 $\boldsymbol{\alpha}_1,\boldsymbol{\alpha}_2,\cdots,\boldsymbol{\alpha}_s$ 与 $\boldsymbol{\gamma}_1,\boldsymbol{\gamma}_2,\cdots,\boldsymbol{\gamma}_l$ 等价;

向量组的线性表出与向量组的线性相关性之间, 满足:

定理 3.1 若 $\boldsymbol{\alpha}_1,\boldsymbol{\alpha}_2,\cdots,\boldsymbol{\alpha}_s$ 可以由 $\boldsymbol{\beta}_1,\boldsymbol{\beta}_2,\cdots,\boldsymbol{\beta}_t$ 线性表出, 且 $s>t$, 则 $\boldsymbol{\alpha}_1,\boldsymbol{\alpha}_2,\cdots,\boldsymbol{\alpha}_s$ 线性相关.

也就是, 向量个数多的向量组被向量个数少的向量组线性表出, 则向量个数多的向量组一定线性相关.

比如, 3 个向量 $\boldsymbol{\alpha}_1,\boldsymbol{\alpha}_2,\boldsymbol{\alpha}_3$ 可以由 2 个向量 $\boldsymbol{\beta}_1,\boldsymbol{\beta}_2$ 线性表出, 则存在系数 a_1,a_2,b_1,b_2,c_1,c_2, 满足

$$\boldsymbol{\alpha}_1=a_1\boldsymbol{\beta}_1+a_2\boldsymbol{\beta}_2,\quad \boldsymbol{\alpha}_2=b_1\boldsymbol{\beta}_1+b_2\boldsymbol{\beta}_2,\quad \boldsymbol{\alpha}_3=c_1\boldsymbol{\beta}_1+c_2\boldsymbol{\beta}_2.$$

要验证 $\boldsymbol{\alpha}_1,\boldsymbol{\alpha}_2,\boldsymbol{\alpha}_3$ 线性相关, 只要能找到满足 $k_1\boldsymbol{\alpha}_1+k_2\boldsymbol{\alpha}_2+k_3\boldsymbol{\alpha}_3=0$ 的不全为 0 的系数 k_1,k_2,k_3.

而 $k_1\boldsymbol{\alpha}_1+k_2\boldsymbol{\alpha}_2+k_3\boldsymbol{\alpha}_3=k_1(a_1\boldsymbol{\beta}_1+a_2\boldsymbol{\beta}_2)+k_2(b_1\boldsymbol{\beta}_1+b_2\boldsymbol{\beta}_2)+k_3(c_1\boldsymbol{\beta}_1+c_2\boldsymbol{\beta}_2)=$ $(a_1k_1+b_1k_2+c_1k_3)\boldsymbol{\beta}_1+(a_2k_1+b_2k_2+c_2k_3)\boldsymbol{\beta}_2$, 所以, 满足 $\begin{cases}a_1k_1+b_1k_2+c_1k_3=0\\a_2k_1+b_2k_2+c_2k_3=0\end{cases}$ 的 k_1,k_2,k_3, 必须满足 $k_1\boldsymbol{\alpha}_1+k_2\boldsymbol{\alpha}_2+k_3\boldsymbol{\alpha}_3=0$, 而 $\begin{cases}a_1k_1+b_1k_2+c_1k_3=0\\a_2k_1+b_2k_2+c_2k_3=0\end{cases}$ 是含 3 个未知量, 2 个方程的齐次线性方程组, 必有非零解, 所以, 存在不全为 0 的系数 k_1,k_2,k_3, 满足 $k_1\boldsymbol{\alpha}_1+k_2\boldsymbol{\alpha}_2+k_3\boldsymbol{\alpha}_3=\mathbf{0}$,$\boldsymbol{\alpha}_1,\boldsymbol{\alpha}_2,\boldsymbol{\alpha}_3$ 线性相关.

推论 3.1 若线性无关的向量组 $\boldsymbol{\alpha}_1,\boldsymbol{\alpha}_2,\cdots,\boldsymbol{\alpha}_s$ 可以被 $\boldsymbol{\beta}_1,\boldsymbol{\beta}_2,\cdots,\boldsymbol{\beta}_t$ 线性表出, 则 $s\leqslant t$.

推论 3.2 设 $\boldsymbol{\alpha}_1,\boldsymbol{\alpha}_2,\cdots,\boldsymbol{\alpha}_s$ 线性无关, $\boldsymbol{\beta}_1,\boldsymbol{\beta}_2,\cdots,\boldsymbol{\beta}_t$ 也线性无关, 若 $\boldsymbol{\alpha}_1,\boldsymbol{\alpha}_2,\cdots,\boldsymbol{\alpha}_s$ 与 $\boldsymbol{\beta}_1,\boldsymbol{\beta}_2,\cdots,\boldsymbol{\beta}_t$ 等价, 则 $s=t$.

等价的线性无关的向量组含有的向量个数相同.

练　习　3.2

练习3.2解答

1. 举例说明, 下列结论是错误的:

(1) 若存在全为零的系数 $k_1,k_2,\cdots,k_s$, 满足 $k_1\boldsymbol{\alpha}_1+k_2\boldsymbol{\alpha}_2+\cdots+k_s\boldsymbol{\alpha}_s=\mathbf{0}$, 则 $\boldsymbol{\alpha}_1,\boldsymbol{\alpha}_2,\cdots,\boldsymbol{\alpha}_s$ 线性无关.

(2) 若存在不全为零的系数 $k_1,k_2,\cdots,k_s$, 满足 $k_1\boldsymbol{\alpha}_1+k_2\boldsymbol{\alpha}_2+\cdots+k_s\boldsymbol{\alpha}_s\neq\mathbf{0}$, 则 $\boldsymbol{\alpha}_1,\boldsymbol{\alpha}_2,\cdots,\boldsymbol{\alpha}_s$ 线性无关.

(3) 若存在不全为零的系数 $k_1,k_2,\cdots,k_s$, 满足 $k_1\boldsymbol{\alpha}_1+\cdots+k_s\boldsymbol{\alpha}_s+k_1\boldsymbol{\beta}_1+\cdots+k_s\boldsymbol{\beta}_s=\mathbf{0}$, 则 $\boldsymbol{\alpha}_1,\boldsymbol{\alpha}_2,\cdots,\boldsymbol{\alpha}_s$ 线性相关, $\boldsymbol{\beta}_1,\boldsymbol{\beta}_2,\cdots,\boldsymbol{\beta}_s$ 也线性相关.

(4) 若只有系数 $k_1,k_2,\cdots,k_s$ 全为零时, 才满足 $k_1\boldsymbol{\alpha}_1+\cdots+k_s\boldsymbol{\alpha}_s+k_1\boldsymbol{\beta}_1+\cdots+k_s\boldsymbol{\beta}_s=\mathbf{0}$, 则 $\boldsymbol{\alpha}_1,\boldsymbol{\alpha}_2,\cdots,\boldsymbol{\alpha}_s$ 线性无关, $\boldsymbol{\beta}_1,\boldsymbol{\beta}_2,\cdots,\boldsymbol{\beta}_s$ 也线性无关.

(5) 若 $\boldsymbol{\alpha}_1,\boldsymbol{\alpha}_2,\cdots,\boldsymbol{\alpha}_s$ 线性相关, $\boldsymbol{\beta}_1,\boldsymbol{\beta}_2,\cdots,\boldsymbol{\beta}_s$ 也线性相关, 则存在不全为零的系数 $k_1,k_2,\cdots,k_s$, 同时满足 $k_1\boldsymbol{\alpha}_1+k_2\boldsymbol{\alpha}_2+\cdots+k_s\boldsymbol{\alpha}_s=\mathbf{0},k_1\boldsymbol{\beta}_1+k_2\boldsymbol{\beta}_2+\cdots+k_s\boldsymbol{\beta}_s=\mathbf{0}$.

(6) 若 $\boldsymbol{\alpha}_1,\boldsymbol{\alpha}_2,\cdots,\boldsymbol{\alpha}_s$ 线性相关, 则 $\boldsymbol{\alpha}_1$ 可以被 $\boldsymbol{\alpha}_2,\boldsymbol{\alpha}_3,\cdots,\boldsymbol{\alpha}_s$ 线性表出.

(7) 若向量组的延伸组线性无关, 则它的缩短组也线性无关.

(8) 若向量组线性相关, 则它的任意部分组都线性相关.

2. 判断下列向量组的线性相关性, 并说明理由.

(1) $\boldsymbol{\alpha}_1=\begin{pmatrix}1\\1\\1\end{pmatrix},\boldsymbol{\alpha}_2=\begin{pmatrix}1\\2\\3\end{pmatrix},\boldsymbol{\alpha}_3=\begin{pmatrix}1\\3\\6\end{pmatrix}$;

(2) $\boldsymbol{\alpha}_1=\begin{pmatrix}1\\-1\\2\\4\end{pmatrix},\boldsymbol{\alpha}_2=\begin{pmatrix}0\\3\\1\\2\end{pmatrix},\boldsymbol{\alpha}_3=\begin{pmatrix}3\\0\\7\\14\end{pmatrix}$;

(3) $\boldsymbol{\alpha}_1=\begin{pmatrix}1\\0\\0\\1\end{pmatrix},\boldsymbol{\alpha}_2=\begin{pmatrix}0\\1\\0\\2\end{pmatrix},\boldsymbol{\alpha}_3=\begin{pmatrix}0\\0\\1\\3\end{pmatrix}$;

(4) $\mathbf{R}^3$ 中的任意四个向量 $\boldsymbol{\alpha}_1,\boldsymbol{\alpha}_2,\boldsymbol{\alpha}_3,\boldsymbol{\alpha}_4$.

3. 判断下列向量组的线性相关性 (尝试使用 MATLAB 解决问题).

若线性相关, 求出其中一个向量, 被其余的向量线性表出, 并给出其中一种表示.

(1) $\boldsymbol{\alpha}_1=\begin{pmatrix}3\\1\\2\\-4\end{pmatrix},\boldsymbol{\alpha}_2=\begin{pmatrix}1\\0\\5\\2\end{pmatrix},\boldsymbol{\alpha}_3=\begin{pmatrix}-1\\2\\0\\3\end{pmatrix}$;

(2) $\boldsymbol{\alpha}_1=\begin{pmatrix}-2\\1\\0\\3\end{pmatrix},\boldsymbol{\alpha}_2=\begin{pmatrix}1\\-3\\2\\4\end{pmatrix},\boldsymbol{\alpha}_3=\begin{pmatrix}3\\0\\2\\-1\end{pmatrix},\boldsymbol{\alpha}_4=\begin{pmatrix}2\\-2\\4\\6\end{pmatrix}$;

(3) $\boldsymbol{\alpha}_1=\begin{pmatrix}3\\-1\\2\end{pmatrix},\boldsymbol{\alpha}_2=\begin{pmatrix}1\\5\\-7\end{pmatrix},\boldsymbol{\alpha}_3=\begin{pmatrix}7\\-13\\20\end{pmatrix},\boldsymbol{\alpha}_4=\begin{pmatrix}-2\\6\\1\end{pmatrix}$.

4. (1) 若向量 $\boldsymbol{\alpha}_1=\begin{pmatrix}1\\1\\2\end{pmatrix},\boldsymbol{\alpha}_2=\begin{pmatrix}3\\a\\1\end{pmatrix},\boldsymbol{\alpha}_3=\begin{pmatrix}0\\1\\-a\end{pmatrix}$ 线性相关, 求 a 的值;

(2) 若向量 $\boldsymbol{\alpha}_1=\begin{pmatrix}1\\1\\2\end{pmatrix},\boldsymbol{\alpha}_2=\begin{pmatrix}3\\a\\1\end{pmatrix},\boldsymbol{\alpha}_3=\begin{pmatrix}0\\1\\-a\end{pmatrix}$ 线性无关, 求 a 的值;

(3) 若向量 $\boldsymbol{\alpha}_1=\begin{pmatrix}1\\a\\1\end{pmatrix},\boldsymbol{\alpha}_2=\begin{pmatrix}a\\1\\1\end{pmatrix},\boldsymbol{\alpha}_3=\begin{pmatrix}1\\1\\2\end{pmatrix}$ 中, 存在一个向量可以被其余两个向量线性表出, 求 a 的值;

(4) 若向量 $\boldsymbol{\alpha}_1=\begin{pmatrix}1\\a\\a\end{pmatrix},\boldsymbol{\alpha}_2=\begin{pmatrix}a\\1\\a\end{pmatrix},\boldsymbol{\alpha}_3=\begin{pmatrix}a\\a\\1\end{pmatrix}$ 中, 每一个向量都不能被其余两个线性表出, 求 a 的值;

(5) 设向量 $\boldsymbol{\alpha}_1=\begin{pmatrix}1\\a\\1\end{pmatrix},\boldsymbol{\alpha}_2=\begin{pmatrix}a\\1\\1\end{pmatrix},\boldsymbol{\alpha}_3=\begin{pmatrix}1\\1\\a\end{pmatrix}$, 若向量 $\boldsymbol{\beta}=\begin{pmatrix}1\\1\\1\end{pmatrix}$ 不能被 $\boldsymbol{\alpha}_1,\boldsymbol{\alpha}_2,\boldsymbol{\alpha}_3$ 线性表出, 求 a 的值.

5. 设向量 $\boldsymbol{\alpha}_1=\begin{pmatrix}6\\a+1\\3\end{pmatrix},\boldsymbol{\alpha}_2=\begin{pmatrix}a\\2\\-2\end{pmatrix},\boldsymbol{\alpha}_3=\begin{pmatrix}a\\1\\0\end{pmatrix},\boldsymbol{\alpha}_4=\begin{pmatrix}0\\1\\a\end{pmatrix}$.

(1) a 为何值时, $\boldsymbol{\alpha}_1,\boldsymbol{\alpha}_2$ 线性相关? 线性无关?

(2) a 为何值时, $\boldsymbol{\alpha}_1,\boldsymbol{\alpha}_2,\boldsymbol{\alpha}_3$ 线性相关? 线性无关?

(3) a 为何值时, $\boldsymbol{\alpha}_1,\boldsymbol{\alpha}_2,\boldsymbol{\alpha}_3,\boldsymbol{\alpha}_4$ 线性相关? 线性无关?

6. (1) 设 $\boldsymbol{\alpha}_1,\boldsymbol{\alpha}_2\in\mathbf{R}^n,\boldsymbol{\beta}_1=2\boldsymbol{\alpha}_1-\boldsymbol{\alpha}_2,\boldsymbol{\beta}_2=\boldsymbol{\alpha}_1+\boldsymbol{\alpha}_2,\boldsymbol{\beta}_3=-\boldsymbol{\alpha}_1+\boldsymbol{\alpha}_2$. 验证 $\boldsymbol{\beta}_1,\boldsymbol{\beta}_2,\boldsymbol{\beta}_3$ 线性相关.

(2) 设 $\boldsymbol{\alpha}_1,\boldsymbol{\alpha}_2,\boldsymbol{\alpha}_3\in\mathbf{R}^n$ 线性无关, $\boldsymbol{\beta}_1=\boldsymbol{\alpha}_1+\boldsymbol{\alpha}_2,\boldsymbol{\beta}_2=\boldsymbol{\alpha}_2+\boldsymbol{\alpha}_3,\boldsymbol{\beta}_3=\boldsymbol{\alpha}_1+\boldsymbol{\alpha}_3$. 验证 $\boldsymbol{\beta}_1,\boldsymbol{\beta}_2,\boldsymbol{\beta}_3$ 线性无关.

(3) 设 $\boldsymbol{\alpha}_1,\boldsymbol{\alpha}_2,\boldsymbol{\alpha}_3\in\mathbf{R}^3$ 线性无关, $\boldsymbol{\beta}_1=\boldsymbol{\alpha}_1-\boldsymbol{\alpha}_2,\boldsymbol{\beta}_2=\boldsymbol{\alpha}_2-\boldsymbol{\alpha}_3,\boldsymbol{\beta}_3=-\boldsymbol{\alpha}_1+\boldsymbol{\alpha}_3$. 验证 $\boldsymbol{\beta}_1,\boldsymbol{\beta}_2,\boldsymbol{\beta}_3$ 线性相关.

(4) 设 $\boldsymbol{\alpha}_1,\boldsymbol{\alpha}_2\in\mathbf{R}^n$ 线性相关, $\boldsymbol{\beta}_1=\boldsymbol{\alpha}_1+2\boldsymbol{\alpha}_2,\boldsymbol{\beta}_1=2\boldsymbol{\alpha}_1-\boldsymbol{\alpha}_2$. 验证 $\boldsymbol{\beta}_1,\boldsymbol{\beta}_2$ 线性相关.

7. 设 $\boldsymbol{\alpha}_1,\boldsymbol{\alpha}_2\in\mathbf{R}^n,\boldsymbol{\beta}_1=\boldsymbol{\alpha}_1-\boldsymbol{\alpha}_2,\boldsymbol{\beta}_2=\boldsymbol{\alpha}_1+k\boldsymbol{\alpha}_2$.

(1) 若 $\boldsymbol{\alpha}_1,\boldsymbol{\alpha}_2$ 线性相关, 讨论 $\boldsymbol{\beta}_1,\boldsymbol{\beta}_2$ 的线性相关性;

(2) 若 $\boldsymbol{\alpha}_1,\boldsymbol{\alpha}_2$ 线性无关, 讨论 $\boldsymbol{\beta}_1,\boldsymbol{\beta}_2$ 的线性相关性;

(3) k 为何值时, $\boldsymbol{\alpha}_1,\boldsymbol{\alpha}_2$ 与 $\boldsymbol{\beta}_1,\boldsymbol{\beta}_2$ 有相同的线性相关性 (同时线性相关也同时线性无关).

8. (1) 设 $\boldsymbol{\alpha}_1,\boldsymbol{\alpha}_2,\boldsymbol{\alpha}_3\in\mathbf{R}^n$, 若 $\boldsymbol{\alpha}_1\neq\mathbf{0},\boldsymbol{\alpha}_2$ 不能被 $\boldsymbol{\alpha}_1$ 表出, $\boldsymbol{\alpha}_3$ 不能被 $\boldsymbol{\alpha}_1,\boldsymbol{\alpha}_2$ 表出. 验证 $\boldsymbol{\alpha}_1,\boldsymbol{\alpha}_2,\boldsymbol{\alpha}_3$ 线性无关;

(2) 设 $\boldsymbol{\alpha}_1,\boldsymbol{\alpha}_2,\boldsymbol{\alpha}_3\in\mathbf{R}^n$ 线性相关, $\boldsymbol{\alpha}_1\neq\mathbf{0}$. 验证 $\boldsymbol{\alpha}_2$ 能被 $\boldsymbol{\alpha}_1$ 线性表出, 或者 $\boldsymbol{\alpha}_3$ 能被 $\boldsymbol{\alpha}_1,\boldsymbol{\alpha}_2$ 表出.

9. 设向量 $\boldsymbol{\alpha}_1=\begin{pmatrix}1\\a\\1\\1\end{pmatrix},\boldsymbol{\alpha}_2=\begin{pmatrix}1\\b\\1\\0\end{pmatrix},\boldsymbol{\alpha}_3=\begin{pmatrix}1\\c\\0\\0\end{pmatrix}$, a,b,c 是任意实数. 验证 $\boldsymbol{\alpha}_1,\boldsymbol{\alpha}_2,\boldsymbol{\alpha}_3$ 线性无关.

10. 设 $\boldsymbol{\alpha}_1,\boldsymbol{\alpha}_2,\boldsymbol{\alpha}_3,\boldsymbol{\beta}\in\mathbf{R}^4$.

(1) 若 $\boldsymbol{\alpha}_1,\boldsymbol{\alpha}_2,\boldsymbol{\alpha}_3,\boldsymbol{\beta}$ 线性无关, 验证 $\boldsymbol{\alpha}_1+\boldsymbol{\beta},\boldsymbol{\alpha}_2+\boldsymbol{\beta},\boldsymbol{\alpha}_3+\boldsymbol{\beta}$ 也线性无关.

(2) 若 $\boldsymbol{\alpha}_1+\boldsymbol{\beta},\boldsymbol{\alpha}_2+\boldsymbol{\beta},\boldsymbol{\alpha}_3+\boldsymbol{\beta}$ 线性相关, 验证 $\boldsymbol{\alpha}_1,\boldsymbol{\alpha}_2,\boldsymbol{\alpha}_3,\boldsymbol{\beta}$ 也线性相关.

(3) 举例说明, (1) 和 (2) 的逆命题都不真.

11. 设 $\boldsymbol{\alpha}_1,\boldsymbol{\alpha}_2,\boldsymbol{\alpha}_3\in\mathbf{R}^n,\boldsymbol{\beta}_1=2\boldsymbol{\alpha}_1+\boldsymbol{\alpha}_2-5\boldsymbol{\alpha}_3,\boldsymbol{\beta}_2=\boldsymbol{\alpha}_1+3\boldsymbol{\alpha}_2+\boldsymbol{\alpha}_3,\boldsymbol{\beta}_3=-\boldsymbol{\alpha}_1+4\boldsymbol{\alpha}_2-\boldsymbol{\alpha}_3,\boldsymbol{\gamma}_1=3\boldsymbol{\beta}_1-\boldsymbol{\beta}_2+\boldsymbol{\beta}_3,\boldsymbol{\gamma}_2=\boldsymbol{\beta}_1+2\boldsymbol{\beta}_2+4\boldsymbol{\beta}_3$.

求向量组 $\boldsymbol{\gamma}_1,\boldsymbol{\gamma}_2$ 被向量组 $\boldsymbol{\alpha}_1,\boldsymbol{\alpha}_2,\boldsymbol{\alpha}_3$ 的线性表出的表达式.

12. 设 $\boldsymbol{\alpha}_1,\boldsymbol{\alpha}_2,\boldsymbol{\alpha}_3\in\mathbf{R}^n,\boldsymbol{\beta}_1=\boldsymbol{\alpha}_1-\boldsymbol{\alpha}_2+\boldsymbol{\alpha}_3,\boldsymbol{\beta}_2=\boldsymbol{\alpha}_1+\boldsymbol{\alpha}_2-\boldsymbol{\alpha}_3,\boldsymbol{\beta}_3=-\boldsymbol{\alpha}_1+\boldsymbol{\alpha}_2+\boldsymbol{\alpha}_3$.

把 $\boldsymbol{\alpha}_1,\boldsymbol{\alpha}_2,\boldsymbol{\alpha}_3$ 的每一个向量表成 $\boldsymbol{\beta}_1,\boldsymbol{\beta}_2,\boldsymbol{\beta}_3$ 的组合.

3.3　向量组的秩

引例 3.1　设 4 个 3 维向量

$$\boldsymbol{\alpha}_1=\begin{pmatrix}1\\-1\\2\end{pmatrix},\ \boldsymbol{\alpha}_2=\begin{pmatrix}2\\-1\\1\end{pmatrix},\ \boldsymbol{\alpha}_3=\begin{pmatrix}3\\-2\\3\end{pmatrix},\ \boldsymbol{\alpha}_4=\begin{pmatrix}-1\\0\\1\end{pmatrix},$$

构成的向量组一定线性相关.

因为 $\boldsymbol{\alpha}_1\neq\mathbf{0}$, 所以, 单个向量 $\boldsymbol{\alpha}_1$ 是向量组 $\boldsymbol{\alpha}_1,\boldsymbol{\alpha}_2,\boldsymbol{\alpha}_3,\boldsymbol{\alpha}_4$ 的线性无关的部分组; 部分组 $\boldsymbol{\alpha}_1$ 添加向量 $\boldsymbol{\alpha}_2$, 构成部分组 $\boldsymbol{\alpha}_1,\boldsymbol{\alpha}_2$.

因为 $\boldsymbol{\alpha}_1,\boldsymbol{\alpha}_2$ 的分量不对应成比例, 所以, $\boldsymbol{\alpha}_1,\boldsymbol{\alpha}_2$ 是向量组 $\boldsymbol{\alpha}_1,\boldsymbol{\alpha}_2,\boldsymbol{\alpha}_3,\boldsymbol{\alpha}_4$ 的线性无关的部分组; 部分组 $\boldsymbol{\alpha}_1,\boldsymbol{\alpha}_2$ 中添加向量 $\boldsymbol{\alpha}_3$, 构成部分组 $\boldsymbol{\alpha}_1,\boldsymbol{\alpha}_2,\boldsymbol{\alpha}_3$.

以 $\boldsymbol{\alpha}_1,\boldsymbol{\alpha}_2,\boldsymbol{\alpha}_3$ 为列构作列分块矩阵 $\boldsymbol{A}=\begin{pmatrix}\boldsymbol{\alpha}_1 & \boldsymbol{\alpha}_2 & \boldsymbol{\alpha}_3\end{pmatrix}$, 并经初等行变换化 $\boldsymbol{A}$ 为阶梯形, 得到向量组 $\boldsymbol{\alpha}_1,\boldsymbol{\alpha}_2,\boldsymbol{\alpha}_3$ 线性相关;

部分组 $\boldsymbol{\alpha}_1,\boldsymbol{\alpha}_2$ 中添加向量 $\boldsymbol{\alpha}_4$, 构成部分组 $\boldsymbol{\alpha}_1,\boldsymbol{\alpha}_2,\boldsymbol{\alpha}_4$.

以 $\boldsymbol{\alpha}_1,\boldsymbol{\alpha}_2,\boldsymbol{\alpha}_4$ 为列构作列分块矩阵 $\boldsymbol{B}=\begin{pmatrix}\boldsymbol{\alpha}_1 & \boldsymbol{\alpha}_2 & \boldsymbol{\alpha}_4\end{pmatrix}$, 并经初等行变换化 $\boldsymbol{B}$ 为阶梯形, 得到向量组 $\boldsymbol{\alpha}_1,\boldsymbol{\alpha}_2,\boldsymbol{\alpha}_4$ 线性相关; 所以, 向量组 $\boldsymbol{\alpha}_1,\boldsymbol{\alpha}_2,\boldsymbol{\alpha}_3,\boldsymbol{\alpha}_4$ 的部分组 $\boldsymbol{\alpha}_1,\boldsymbol{\alpha}_2$ 满足以下性质:

(1) $\boldsymbol{\alpha}_1,\boldsymbol{\alpha}_2$ 线性无关;

(2) $\boldsymbol{\alpha}_1,\boldsymbol{\alpha}_2$ 中再添加向量组中的一个向量 $\boldsymbol{\alpha}_k(k=3,4)$, 都有 $\boldsymbol{\alpha}_1,\boldsymbol{\alpha}_2,\boldsymbol{\alpha}_k$ 线性相关.

$\boldsymbol{\alpha}_1,\boldsymbol{\alpha}_2$ 本身线性无关, 再添加向量组中的其他向量 $\boldsymbol{\alpha}_k(k=3,4)$, 就满足 $\boldsymbol{\alpha}_1,\boldsymbol{\alpha}_2,\boldsymbol{\alpha}_k$ 线性相关了.

或者说, 线性无关的部分组 $\boldsymbol{\alpha}_1,\boldsymbol{\alpha}_2$ 的向量个数不能再多了, 再多就线性相关了.

具有这种特性的部分组, 称为向量组的极大线性无关组.

定义 3.4 设 $\boldsymbol{\alpha}_{i_1},\boldsymbol{\alpha}_{i_2},\cdots,\boldsymbol{\alpha}_{i_r}$ 是向量组 $\boldsymbol{\alpha}_1,\boldsymbol{\alpha}_2,\cdots,\boldsymbol{\alpha}_m$ 的 r 个向量组成的部分组, 若满足:

(1) $\boldsymbol{\alpha}_{i_1},\boldsymbol{\alpha}_{i_2},\cdots,\boldsymbol{\alpha}_{i_r}$ 线性无关;

(2) 任意的向量 $\boldsymbol{\alpha}_k(1\leqslant k\leqslant m)$, 都满足 $\boldsymbol{\alpha}_{i_1},\boldsymbol{\alpha}_{i_2},\cdots,\boldsymbol{\alpha}_{i_r},\boldsymbol{\alpha}_k$ 线性相关; 则称 $\boldsymbol{\alpha}_{i_1},\boldsymbol{\alpha}_{i_2},\cdots,\boldsymbol{\alpha}_{i_r}$ 是向量组 $\boldsymbol{\alpha}_1,\boldsymbol{\alpha}_2,\cdots,\boldsymbol{\alpha}_m$ 的一个极大线性无关组.

向量组的极大线性无关组满足:

(1) 向量组的极大线性无关组不唯一.

例如, 2 维向量组 $\boldsymbol{\alpha}_1=\begin{pmatrix}1\\0\end{pmatrix}$, $\boldsymbol{\alpha}_2=\begin{pmatrix}0\\1\end{pmatrix}$, $\boldsymbol{\alpha}_3=\begin{pmatrix}-1\\1\end{pmatrix}$, $\boldsymbol{\alpha}_4=\begin{pmatrix}1\\-1\end{pmatrix}$.

$\boldsymbol{\alpha}_1,\boldsymbol{\alpha}_2$ 线性无关, 任意 $\boldsymbol{\alpha}_k(1\leqslant k\leqslant 4)$ 都满足 $\boldsymbol{\alpha}_1,\boldsymbol{\alpha}_2,\boldsymbol{\alpha}_k$ (3 个 2 维向量) 线性相关, $\boldsymbol{\alpha}_1,\boldsymbol{\alpha}_2$ 是它的一个极大线性无关组;

$\boldsymbol{\alpha}_2,\boldsymbol{\alpha}_3$ 线性无关, 任意 $\boldsymbol{\alpha}_k(1\leqslant k\leqslant 4)$ 都满足 $\boldsymbol{\alpha}_2,\boldsymbol{\alpha}_3,\boldsymbol{\alpha}_k$ (3 个 2 维向量) 线性相关, $\boldsymbol{\alpha}_2,\boldsymbol{\alpha}_3$ 是它的一个极大线性无关组;

$\boldsymbol{\alpha}_1,\boldsymbol{\alpha}_3$ 线性无关, 任意 $\boldsymbol{\alpha}_k(1\leqslant k\leqslant 4)$ 都满足 $\boldsymbol{\alpha}_1,\boldsymbol{\alpha}_3,\boldsymbol{\alpha}_k$ (3 个 2 维向量) 线性相关, $\boldsymbol{\alpha}_1,\boldsymbol{\alpha}_3$ 是它的一个极大线性无关组.

部分组 $\boldsymbol{\alpha}_3=\begin{pmatrix}-1\\1\end{pmatrix}$, $\boldsymbol{\alpha}_4=\begin{pmatrix}1\\-1\end{pmatrix}$ 是线性相关的 $\left(\text{因为 } \boldsymbol{\alpha}_3+\boldsymbol{\alpha}_4=\begin{pmatrix}0\\0\end{pmatrix}\right)$, 它不是向量组的极大线性无关组.

向量组的任一极大线性无关组都与原向量组自身等价.

(2) 设 $\boldsymbol{\alpha}_{i_1},\boldsymbol{\alpha}_{i_2},\cdots,\boldsymbol{\alpha}_{i_r}$ 是向量组 $\boldsymbol{\alpha}_1,\boldsymbol{\alpha}_2,\cdots,\boldsymbol{\alpha}_m$ 的一个极大线性无关组, 则 $\boldsymbol{\alpha}_{i_1},\boldsymbol{\alpha}_{i_2},\cdots,\boldsymbol{\alpha}_{i_r}$ 与 $\boldsymbol{\alpha}_1,\boldsymbol{\alpha}_2,\cdots,\boldsymbol{\alpha}_m$ 等价.

因为 $\boldsymbol{\alpha}_{i_1},\boldsymbol{\alpha}_{i_2},\cdots,\boldsymbol{\alpha}_{i_r}$ 是 $\boldsymbol{\alpha}_1,\boldsymbol{\alpha}_2,\cdots,\boldsymbol{\alpha}_m$ 的一个极大线性无关组. 则 $\boldsymbol{\alpha}_{i_1},\boldsymbol{\alpha}_{i_2},\cdots,\boldsymbol{\alpha}_{i_r}$ 是 $\boldsymbol{\alpha}_1,\boldsymbol{\alpha}_2,\cdots,\boldsymbol{\alpha}_m$ 的部分组, 所以, $\boldsymbol{\alpha}_{i_1},\boldsymbol{\alpha}_{i_2},\cdots,\boldsymbol{\alpha}_{i_r}$ 可以由 $\boldsymbol{\alpha}_1,\boldsymbol{\alpha}_2,\cdots,\boldsymbol{\alpha}_m$ 线性表出 (部分被整体表出);

又因为任意的 $\boldsymbol{\alpha}_k(1\leqslant k\leqslant m)$, 极大线性无关组 $\boldsymbol{\alpha}_{i_1},\boldsymbol{\alpha}_{i_2},\cdots,\boldsymbol{\alpha}_{i_r}$ 满足: $\boldsymbol{\alpha}_{i_1},\boldsymbol{\alpha}_{i_2},\cdots,\boldsymbol{\alpha}_{i_r}$ 线性无关, $\boldsymbol{\alpha}_{i_1},\boldsymbol{\alpha}_{i_2},\cdots,\boldsymbol{\alpha}_{i_r},\boldsymbol{\alpha}_k$ 线性相关, 所以, $\boldsymbol{\alpha}_k(1\leqslant k\leqslant m)$ 可以由 $\boldsymbol{\alpha}_{i_1},\boldsymbol{\alpha}_{i_2},\cdots,\boldsymbol{\alpha}_{i_r}$ 线性表出 (表出唯一). 则向量组 $\boldsymbol{\alpha}_1,\boldsymbol{\alpha}_2,\cdots,\boldsymbol{\alpha}_m$ 可以由 $\boldsymbol{\alpha}_{i_1},\boldsymbol{\alpha}_{i_2},\cdots,\boldsymbol{\alpha}_{i_r}$ 线性表出; 故 $\boldsymbol{\alpha}_{i_1},\boldsymbol{\alpha}_{i_2},\cdots,\boldsymbol{\alpha}_{i_r}$ 与 $\boldsymbol{\alpha}_1,\boldsymbol{\alpha}_2,\cdots,\boldsymbol{\alpha}_m$ 等价.

例如, $\boldsymbol{\alpha}_1=\begin{pmatrix}1\\1\\0\end{pmatrix}$, $\boldsymbol{\alpha}_2=\begin{pmatrix}1\\0\\-1\end{pmatrix}$, $\boldsymbol{\alpha}_3=\begin{pmatrix}2\\1\\-1\end{pmatrix}$, $\boldsymbol{\alpha}_4=\begin{pmatrix}0\\-1\\-1\end{pmatrix}$, $\boldsymbol{\alpha}_1,\boldsymbol{\alpha}_2$ 是它的一个极大线性无关组.

因为 $\boldsymbol{\alpha}_1=\boldsymbol{\alpha}_1+0\boldsymbol{\alpha}_2+0\boldsymbol{\alpha}_3+0\boldsymbol{\alpha}_4$, $\boldsymbol{\alpha}_2=0\boldsymbol{\alpha}_1+\boldsymbol{\alpha}_2+0\boldsymbol{\alpha}_3+0\boldsymbol{\alpha}_4$, 所以, $\boldsymbol{\alpha}_1,\boldsymbol{\alpha}_2$ 可以由 $\boldsymbol{\alpha}_1,\boldsymbol{\alpha}_2,\boldsymbol{\alpha}_3,\boldsymbol{\alpha}_4$ 线性表出;

又因为 $\boldsymbol{\alpha}_1=\boldsymbol{\alpha}_1+0\boldsymbol{\alpha}_2$, $\boldsymbol{\alpha}_2=0\boldsymbol{\alpha}_1+\boldsymbol{\alpha}_2$, $\boldsymbol{\alpha}_3=\boldsymbol{\alpha}_1+\boldsymbol{\alpha}_2$, $\boldsymbol{\alpha}_4=-\boldsymbol{\alpha}_1+\boldsymbol{\alpha}_2$, 所以, $\boldsymbol{\alpha}_1,\boldsymbol{\alpha}_2,\boldsymbol{\alpha}_3,\boldsymbol{\alpha}_4$ 可以由 $\boldsymbol{\alpha}_1,\boldsymbol{\alpha}_2$ 线性表出. 所以, $\boldsymbol{\alpha}_1,\boldsymbol{\alpha}_2$ 与 $\boldsymbol{\alpha}_1,\boldsymbol{\alpha}_2,\boldsymbol{\alpha}_3,\boldsymbol{\alpha}_4$ 等价.

因为向量组的等价具有对称性和传递性, 所以,

(3) 同一个向量组的两个极大线性无关组之间是等价的.

若 $\boldsymbol{\alpha}_{i_1},\boldsymbol{\alpha}_{i_2},\cdots,\boldsymbol{\alpha}_{i_s}$; $\boldsymbol{\alpha}_{j_1},\boldsymbol{\alpha}_{j_2},\cdots,\boldsymbol{\alpha}_{j_t}$ 都是 $\boldsymbol{\alpha}_1,\boldsymbol{\alpha}_2,\cdots,\boldsymbol{\alpha}_m$ 的极大线性无关组, 则 $\boldsymbol{\alpha}_{i_1},\boldsymbol{\alpha}_{i_2},\cdots,\boldsymbol{\alpha}_{i_s}$ 与 $\boldsymbol{\alpha}_{j_1},\boldsymbol{\alpha}_{j_2},\cdots,\boldsymbol{\alpha}_{j_t}$ 等价. 又因为等价的线性无关的向量组含有相同的向量个数, 所以

(4) 同一个向量组的两个极大线性无关组所含的向量个数相等.

若 $\boldsymbol{\alpha}_{i_1},\boldsymbol{\alpha}_{i_2},\cdots,\boldsymbol{\alpha}_{i_s}$; $\boldsymbol{\alpha}_{j_1},\boldsymbol{\alpha}_{j_2},\cdots,\boldsymbol{\alpha}_{j_t}$ 都是 $\boldsymbol{\alpha}_1,\boldsymbol{\alpha}_2,\cdots,\boldsymbol{\alpha}_m$ 的极大线性无关组, 则 $s=t$.

也就是说, 向量组的极大线性无关组所含有的向量个数被向量组唯一确定, 属于向量组自身的特征, 称为向量组的秩.

定义 3.5　向量组 $\boldsymbol{\alpha}_1,\boldsymbol{\alpha}_2,\cdots,\boldsymbol{\alpha}_m$ 的极大线性无关组所含的向量个数, 称为它的秩. 记作 $\mathrm{rank}(\boldsymbol{\alpha}_1,\boldsymbol{\alpha}_2,\cdots,\boldsymbol{\alpha}_m)$, 或者 $r(\boldsymbol{\alpha}_1,\boldsymbol{\alpha}_2,\cdots,\boldsymbol{\alpha}_m)$.

求得 $\boldsymbol{\alpha}_1,\boldsymbol{\alpha}_2,\cdots,\boldsymbol{\alpha}_m$ 的极大线性无关组, 也就求得了它的秩.

(5) 矩阵的初等行变换, 不改变它列向量的线性相关性.

假设 $\boldsymbol{\alpha}_1,\boldsymbol{\alpha}_2,\cdots,\boldsymbol{\alpha}_m\in\mathbf{R}^n$, 构作列分块矩阵 ($n$ 行 m 列) $\boldsymbol{A}=(\boldsymbol{\alpha}_1\quad\boldsymbol{\alpha}_2\quad\cdots\quad\boldsymbol{\alpha}_m)$, 经初等行变换化 $\boldsymbol{A}$ 为列分块矩阵 $\boldsymbol{B}=(\boldsymbol{\beta}_1\quad\boldsymbol{\beta}_2\quad\cdots\quad\boldsymbol{\beta}_m)$.

也就是, $(\boldsymbol{\alpha}_1\quad\boldsymbol{\alpha}_2\quad\cdots\quad\boldsymbol{\alpha}_m)\xrightarrow[\text{初等行变换}]{}(\boldsymbol{\beta}_1\quad\boldsymbol{\beta}_2\quad\cdots\quad\boldsymbol{\beta}_m)$.

若 $\boldsymbol{\alpha}_1,\boldsymbol{\alpha}_2,\cdots,\boldsymbol{\alpha}_m$ 的部分组 $\boldsymbol{\alpha}_{i_1},\boldsymbol{\alpha}_{i_2},\cdots,\boldsymbol{\alpha}_{i_l}$, 经初等行变换, 得到 $\boldsymbol{\beta}_1,\boldsymbol{\beta}_2,\cdots,\boldsymbol{\beta}_m$ 的相应部分组 $\boldsymbol{\beta}_{i_1},\boldsymbol{\beta}_{i_2},\cdots,\boldsymbol{\beta}_{i_l}$, 则 $\boldsymbol{\alpha}_{i_1},\boldsymbol{\alpha}_{i_2},\cdots,\boldsymbol{\alpha}_{i_l}$ 与 $\boldsymbol{\beta}_{i_1},\boldsymbol{\beta}_{i_2},\cdots,\boldsymbol{\beta}_{i_l}$ 有相同的线性相关性. 也就是,

$\boldsymbol{\beta}_{i_1},\boldsymbol{\beta}_{i_2},\cdots,\boldsymbol{\beta}_{i_l}$ 线性相关时, $\boldsymbol{\alpha}_{i_1},\boldsymbol{\alpha}_{i_2},\cdots,\boldsymbol{\alpha}_{i_l}$ 也线性相关;

$\boldsymbol{\beta}_{i_1},\boldsymbol{\beta}_{i_2},\cdots,\boldsymbol{\beta}_{i_l}$ 线性无关时, $\boldsymbol{\alpha}_{i_1},\boldsymbol{\alpha}_{i_2},\cdots,\boldsymbol{\alpha}_{i_l}$ 也线性无关.

例如, $\boldsymbol{\alpha}_1=\begin{pmatrix}1\\-1\\2\end{pmatrix}$, $\boldsymbol{\alpha}_2=\begin{pmatrix}-1\\1\\-2\end{pmatrix}$, $\boldsymbol{\alpha}_3=\begin{pmatrix}1\\1\\0\end{pmatrix}$, $\boldsymbol{\alpha}_4=\begin{pmatrix}0\\2\\-2\end{pmatrix}\in\mathbf{R}^3$.

以 $\boldsymbol{\alpha}_1,\boldsymbol{\alpha}_2,\boldsymbol{\alpha}_3,\boldsymbol{\alpha}_4$ 为列构作列分块矩阵

$$\boldsymbol{A}=\begin{pmatrix}1&-1&1&0\\-1&1&1&2\\2&-2&0&-2\end{pmatrix},$$

经初等行变换把 $\boldsymbol{A}$ 化为阶梯形 (利用 MATLAB 中的 rref 函数, 把 $\boldsymbol{A}$ 化为标准阶梯形)

$$\begin{pmatrix}1&-1&1&0\\-1&1&1&2\\2&-2&0&-2\end{pmatrix}\xrightarrow{\text{初等行变换}}\begin{pmatrix}1&-1&0&-1\\0&0&1&1\\0&0&0&0\end{pmatrix},$$

记

$$\boldsymbol{\beta}_1=\begin{pmatrix}1\\0\\0\end{pmatrix},\ \boldsymbol{\beta}_2=\begin{pmatrix}-1\\0\\0\end{pmatrix},\ \boldsymbol{\beta}_3=\begin{pmatrix}0\\1\\0\end{pmatrix},\ \boldsymbol{\beta}_4=\begin{pmatrix}-1\\1\\0\end{pmatrix},$$

则

$$\begin{pmatrix}1&-1&0&-1\\0&0&1&1\\0&0&0&0\end{pmatrix}=(\boldsymbol{\beta}_1\quad\boldsymbol{\beta}_2\quad\boldsymbol{\beta}_3\quad\boldsymbol{\beta}_4).$$

利用标准阶梯形, 容易得到:

$\boldsymbol{\beta}_1,\boldsymbol{\beta}_2$ 线性相关;

$\boldsymbol{\beta}_1,\boldsymbol{\beta}_3$ 线性无关; $\boldsymbol{\beta}_1,\boldsymbol{\beta}_4$ 线性无关; $\boldsymbol{\beta}_2,\boldsymbol{\beta}_3$ 线性无关; $\boldsymbol{\beta}_2,\boldsymbol{\beta}_4$ 线性无关; $\boldsymbol{\beta}_3,\boldsymbol{\beta}_4$ 线性无关.

$\boldsymbol{\beta}_1,\boldsymbol{\beta}_2,\boldsymbol{\beta}_3,\boldsymbol{\beta}_4$ 中任意 3 个向量构成的部分组都是线性相关的 (标准阶梯形只有 2 个主元).

所以, $\boldsymbol{\beta}_1,\boldsymbol{\beta}_2,\boldsymbol{\beta}_3$; $\boldsymbol{\beta}_1,\boldsymbol{\beta}_2,\boldsymbol{\beta}_4$; $\boldsymbol{\beta}_2,\boldsymbol{\beta}_3,\boldsymbol{\beta}_4$; $\boldsymbol{\beta}_1,\boldsymbol{\beta}_3,\boldsymbol{\beta}_4$ 都是线性相关的.

相应地, 能够得到:

$\boldsymbol{\alpha}_1,\boldsymbol{\alpha}_2$ 线性相关;

$\boldsymbol{\alpha}_1,\boldsymbol{\alpha}_3$; $\boldsymbol{\alpha}_1,\boldsymbol{\alpha}_4$; $\boldsymbol{\alpha}_2,\boldsymbol{\alpha}_3$; $\boldsymbol{\alpha}_2,\boldsymbol{\alpha}_4$; $\boldsymbol{\alpha}_3,\boldsymbol{\alpha}_4$ 都线性无关.

$\boldsymbol{\alpha}_1,\boldsymbol{\alpha}_2,\boldsymbol{\alpha}_3,\boldsymbol{\alpha}_4$ 中任意 3 个向量构成的部分组都线性相关.

所以, $\text{rank}(\boldsymbol{\alpha}_1,\boldsymbol{\alpha}_2,\boldsymbol{\alpha}_3,\boldsymbol{\alpha}_4)=2$,

$\boldsymbol{\alpha}_1,\boldsymbol{\alpha}_3$; $\boldsymbol{\alpha}_1,\boldsymbol{\alpha}_4$; $\boldsymbol{\alpha}_2,\boldsymbol{\alpha}_3$; $\boldsymbol{\alpha}_2,\boldsymbol{\alpha}_4$; $\boldsymbol{\alpha}_3,\boldsymbol{\alpha}_4$ 都是它的极大线性无关组.

(6) 以向量组 $\boldsymbol{\alpha}_1,\boldsymbol{\alpha}_2,\cdots,\boldsymbol{\alpha}_m\in\mathbf{R}^n$ 为列构作列分块矩阵 $\boldsymbol{A}=(\boldsymbol{\alpha}_1\ \boldsymbol{\alpha}_2\ \cdots\ \boldsymbol{\alpha}_m)$, 经初等行变换把 $\boldsymbol{A}$ 化为阶梯形矩阵 $\boldsymbol{B}$. 则

$\boldsymbol{B}$ 的非零行个数等于向量组 $\boldsymbol{\alpha}_1,\boldsymbol{\alpha}_2,\cdots,\boldsymbol{\alpha}_m$ 的秩;

$\boldsymbol{B}$ 的主元所在的列对应 $\boldsymbol{\alpha}_1,\boldsymbol{\alpha}_2,\cdots,\boldsymbol{\alpha}_m$ 的部分组, 就是它的极大线性无关组.

利用 MATLAB 中的 rref 函数, 求得矩阵 $\boldsymbol{A}$ 经初等行变换化得的标准阶梯形, 也就求得了 $\boldsymbol{A}$ 的列向量组的极大线性无关组和秩; 而秩也可以用 rank 函数直接求得.

例 3.6 设 4 维向量

$$\boldsymbol{\alpha}_1=\begin{pmatrix}1\\-1\\1\\-1\end{pmatrix},\ \boldsymbol{\alpha}_2=\begin{pmatrix}-1\\-1\\1\\1\end{pmatrix},\ \boldsymbol{\alpha}_3=\begin{pmatrix}0\\-1\\1\\0\end{pmatrix},\ \boldsymbol{\alpha}_4=\begin{pmatrix}2\\-1\\1\\-2\end{pmatrix},\ \boldsymbol{\alpha}_5=\begin{pmatrix}1\\1\\0\\0\end{pmatrix}\in\mathbf{R}^4,$$

求向量组 $\boldsymbol{\alpha}_1,\boldsymbol{\alpha}_2,\boldsymbol{\alpha}_3,\boldsymbol{\alpha}_4,\boldsymbol{\alpha}_5$ 的秩和极大线性无关组, 并把其余的向量由求得的极大线性无关组线性表出.

解　以 $\boldsymbol{\alpha}_1,\boldsymbol{\alpha}_2,\boldsymbol{\alpha}_3,\boldsymbol{\alpha}_4,\boldsymbol{\alpha}_5$ 为列构作 4×5 矩阵

$$\boldsymbol{A}=\begin{pmatrix}1&-1&0&2&1\\-1&-1&-1&-1&1\\1&1&1&1&0\\-1&1&0&-2&0\end{pmatrix},$$

在 MATLAB 命令窗口中输入以下内容 (包括括号、空格、逗号、分号等符号):

```
format rat
A=[1 -1 0 2 1;-1 -1 -1 -1 1;1 1 1 1 0;-1 1 0 -2 0]; rank(A),  rref(A),
```

完成输入, 点击“回车”键, 命令窗口中出现如图 3.8 的内容.

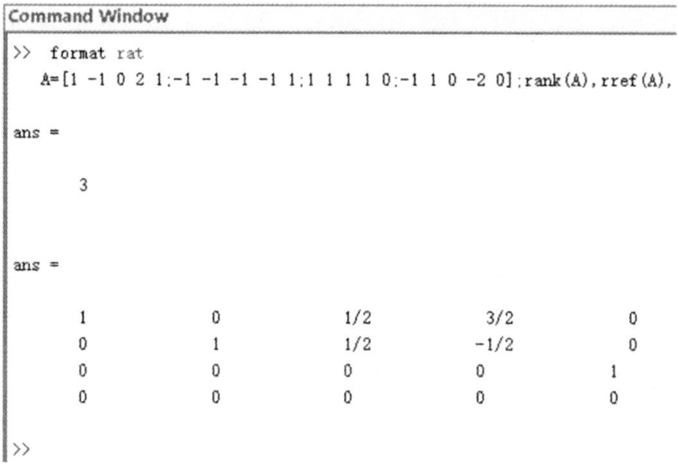
Command Window
>> format rat
A=[1 -1 0 2 1;-1 -1 -1 -1 1;1 1 1 1 0;-1 1 0 -2 0];rank(A),rref(A),
ans =
3
ans =
1 0 1/2 3/2 0
0 1 1/2 -1/2 0
0 0 0 0 1
0 0 0 0 0
>>

图 3.8

命令窗口中输出的运算结果 (“ans=”), 就是

(1) 向量组的秩等于 3(“ans=3”);

(2) $\boldsymbol{A}$ 经初等行变换所得的标准阶梯形

$$\boldsymbol{A}\to\begin{pmatrix}1&0&\frac{1}{2}&\frac{3}{2}&0\\0&1&\frac{1}{2}&-\frac{1}{2}&0\\0&0&0&0&1\\0&0&0&0&0\end{pmatrix}.$$

非零行个数为 3(这说明向量组的秩是 3), 主元分别在第 1 列、第 2 列、第 5 列, 相应的部分组 $\boldsymbol{\alpha}_1,\boldsymbol{\alpha}_2,\boldsymbol{\alpha}_5$, 就是它的极大线性无关组.

齐次线性方程组 $x_1\boldsymbol{\alpha}_1+x_2\boldsymbol{\alpha}_2+x_3\boldsymbol{\alpha}_3+x_4\boldsymbol{\alpha}_4+x_5\boldsymbol{\alpha}_5=\mathbf{0}$.

同解于 $\begin{cases}x_1+\dfrac{1}{2}x_3+\dfrac{3}{2}x_4=0\\ x_2+\dfrac{1}{2}x_3-\dfrac{1}{2}x_4=0\\ x_5=0\end{cases}$，通解为 $\begin{cases}x_1=-\dfrac{1}{2}x_3-\dfrac{3}{2}x_4\\ x_2=-\dfrac{1}{2}x_3+\dfrac{1}{2}x_4\\ x_5=0\end{cases}$，$x_3,x_4$ 为自由未知量.

取自由未知量的值 $\begin{cases}x_3=1\\ x_4=0\end{cases}$，得线性方程组的一个非零解 $\begin{cases}x_1=-\dfrac{1}{2}\\ x_2=-\dfrac{1}{2}\\ x_3=1\\ x_4=0\\ x_5=0\end{cases}$，所以，

$-\dfrac{1}{2}\boldsymbol{\alpha}_1-\dfrac{1}{2}\boldsymbol{\alpha}_2+\boldsymbol{\alpha}_3+0\boldsymbol{\alpha}_4+0\boldsymbol{\alpha}_5=\mathbf{0},\boldsymbol{\alpha}_3=\dfrac{1}{2}\boldsymbol{\alpha}_1+\dfrac{1}{2}\boldsymbol{\alpha}_2+0\boldsymbol{\alpha}_5$;

再取自由未知量的值 $\begin{cases}x_3=0\\ x_4=1\end{cases}$，得线性方程组的另一个非零解 $\begin{cases}x_1=-\dfrac{3}{2}\\ x_2=\dfrac{1}{2}\\ x_3=0\\ x_4=1\\ x_5=0\end{cases}$，所以，$-\dfrac{3}{2}\boldsymbol{\alpha}_1+\dfrac{1}{2}\boldsymbol{\alpha}_2+0\boldsymbol{\alpha}_3+\boldsymbol{\alpha}_4+0\boldsymbol{\alpha}_5=\mathbf{0}$, $\boldsymbol{\alpha}_4=\dfrac{3}{2}\boldsymbol{\alpha}_1-\dfrac{1}{2}\boldsymbol{\alpha}_2+0\boldsymbol{\alpha}_5$，则 $\boldsymbol{\alpha}_3,\boldsymbol{\alpha}_4$ 被极大线性无关组 $\boldsymbol{\alpha}_1,\boldsymbol{\alpha}_2,\boldsymbol{\alpha}_5$ 线性表出的结果为 (表出是唯一的)

$$\boldsymbol{\alpha}_3=\frac{1}{2}\boldsymbol{\alpha}_1+\frac{1}{2}\boldsymbol{\alpha}_2+0\boldsymbol{\alpha}_5,\ \boldsymbol{\alpha}_4=\frac{3}{2}\boldsymbol{\alpha}_1-\frac{1}{2}\boldsymbol{\alpha}_2+0\boldsymbol{\alpha}_5.$$

(7) 设 $\boldsymbol{\alpha}_1,\boldsymbol{\alpha}_2,\cdots,\boldsymbol{\alpha}_s$; $\boldsymbol{\beta}_1,\boldsymbol{\beta}_2,\cdots,\boldsymbol{\beta}_t\in\mathbf{R}^n$，若 $\boldsymbol{\alpha}_1,\boldsymbol{\alpha}_2,\cdots,\boldsymbol{\alpha}_s$ 可以由 $\boldsymbol{\beta}_1,\boldsymbol{\beta}_2,\cdots,\boldsymbol{\beta}_t$ 线性表出，则 $\boldsymbol{\alpha}_1,\boldsymbol{\alpha}_2,\cdots,\boldsymbol{\alpha}_s$ 的秩不超过 $\boldsymbol{\beta}_1,\boldsymbol{\beta}_2,\cdots,\boldsymbol{\beta}_t$ 的秩，$r(\boldsymbol{\alpha}_1,\boldsymbol{\alpha}_2,\cdots,\boldsymbol{\alpha}_s)\leqslant r(\boldsymbol{\beta}_1,\boldsymbol{\beta}_2,\cdots,\boldsymbol{\beta}_t)$.

这是因为：假设 $\boldsymbol{\alpha}_1,\boldsymbol{\alpha}_2,\cdots,\boldsymbol{\alpha}_s$ 可以由 $\boldsymbol{\beta}_1,\boldsymbol{\beta}_2,\cdots,\boldsymbol{\beta}_t$ 线性表出. $\boldsymbol{\alpha}_{i_1},\boldsymbol{\alpha}_{i_2},\cdots,\boldsymbol{\alpha}_{i_k}$ 是 $\boldsymbol{\alpha}_1$,
$\boldsymbol{\alpha}_2,\cdots,\boldsymbol{\alpha}_s$ 的极大线性无关组，$\boldsymbol{\beta}_{j_1},\boldsymbol{\beta}_{j_2},\cdots,\boldsymbol{\beta}_{j_l}$ 是 $\boldsymbol{\beta}_1,\boldsymbol{\beta}_2,\cdots,\boldsymbol{\beta}_t$ 的极大线性无关组，则 $\boldsymbol{\alpha}_{i_1},\boldsymbol{\alpha}_{i_2},\cdots,\boldsymbol{\alpha}_{i_k}$ 可以被 $\boldsymbol{\alpha}_1,\boldsymbol{\alpha}_2,\cdots,\boldsymbol{\alpha}_s$ 线性表出 (它们等价)，$\boldsymbol{\beta}_1,\boldsymbol{\beta}_2,\cdots,\boldsymbol{\beta}_t$ 也可以被 $\boldsymbol{\beta}_{j_1},\boldsymbol{\beta}_{j_2},\cdots,\boldsymbol{\beta}_{j_l}$ 线性表出 (它们也等价). 所以，$\boldsymbol{\alpha}_{i_1},\boldsymbol{\alpha}_{i_2},\cdots,\boldsymbol{\alpha}_{i_k}$ 可以被 $\boldsymbol{\beta}_{j_1},\boldsymbol{\beta}_{j_2},\cdots,\boldsymbol{\beta}_{j_l}$ 线性表出 (传递性). 又因为，$\boldsymbol{\alpha}_{i_1},\boldsymbol{\alpha}_{i_2},\cdots,\boldsymbol{\alpha}_{i_k}$ 线性无关，所以，$k\leqslant l$(推论 3.1)，$r(\boldsymbol{\alpha}_1,\boldsymbol{\alpha}_2,\cdots,\boldsymbol{\alpha}_s)\leqslant r(\boldsymbol{\beta}_1,\boldsymbol{\beta}_2,\cdots,\boldsymbol{\beta}_t)$. 利用 (7) 的结论，得到

(8) 等价向量组有相同的秩.

若 $\boldsymbol{\alpha}_1,\boldsymbol{\alpha}_2,\cdots,\boldsymbol{\alpha}_s$ 与 $\boldsymbol{\beta}_1,\boldsymbol{\beta}_2,\cdots,\boldsymbol{\beta}_t$ 等价, 则 $r(\boldsymbol{\alpha}_1,\boldsymbol{\alpha}_2,\cdots,\boldsymbol{\alpha}_s)=r(\boldsymbol{\beta}_1,\boldsymbol{\beta}_2,\cdots,\boldsymbol{\beta}_t)$.

(9) 秩为 r 的向量组中, 含有 r 个向量的线性无关的部分组都是它的极大线性无关组.

设 $\boldsymbol{\alpha}_1,\boldsymbol{\alpha}_2,\cdots,\boldsymbol{\alpha}_m$ 的秩为 r, $\boldsymbol{\alpha}_{i_1},\boldsymbol{\alpha}_{i_2},\cdots,\boldsymbol{\alpha}_{i_r}$ 是它的一个极大线性无关组, $\boldsymbol{\alpha}_{j_1}$, $\boldsymbol{\alpha}_{j_2},\cdots,\boldsymbol{\alpha}_{j_r}$ 是它含有 r 个向量的线性无关的部分组, $\boldsymbol{\alpha}_k$ 是 $\boldsymbol{\alpha}_1,\boldsymbol{\alpha}_2,\cdots,\boldsymbol{\alpha}_m$ 中任意一个向量. 则 $\boldsymbol{\alpha}_{j_1},\boldsymbol{\alpha}_{j_2},\cdots,\boldsymbol{\alpha}_{j_r},\boldsymbol{\alpha}_k$ 可以由 $\boldsymbol{\alpha}_1,\boldsymbol{\alpha}_2,\cdots,\boldsymbol{\alpha}_m$ 线性表出 (部分可以被整体表出), 又因为 $\boldsymbol{\alpha}_1,\boldsymbol{\alpha}_2,\cdots,\boldsymbol{\alpha}_m$ 可以被 $\boldsymbol{\alpha}_{i_1},\boldsymbol{\alpha}_{i_2},\cdots,\boldsymbol{\alpha}_{i_r}$ 线性表出 (它们等价), 所以, $\boldsymbol{\alpha}_{j_1},\boldsymbol{\alpha}_{j_2},\cdots,\boldsymbol{\alpha}_{j_r},\boldsymbol{\alpha}_k$ 可以被 $\boldsymbol{\alpha}_{i_1},\boldsymbol{\alpha}_{i_2},\cdots,\boldsymbol{\alpha}_{i_r}$ 线性表出 (传递性), 故 $\boldsymbol{\alpha}_{j_1},\boldsymbol{\alpha}_{j_2},\cdots,\boldsymbol{\alpha}_{j_r},\boldsymbol{\alpha}_k$ 线性相关 (定理 3.1), $\boldsymbol{\alpha}_{j_1},\boldsymbol{\alpha}_{j_2},\cdots,\boldsymbol{\alpha}_{j_r}$ 是 $\boldsymbol{\alpha}_1,\boldsymbol{\alpha}_2,\cdots,\boldsymbol{\alpha}_m$ 的一个极大线性无关组. 所以,

(10) 设 $\boldsymbol{\alpha}_1,\boldsymbol{\alpha}_2,\cdots,\boldsymbol{\alpha}_m,\boldsymbol{\beta}\in\mathbf{R}^n$, 则线性方程组 $x_1\boldsymbol{\alpha}_1+x_2\boldsymbol{\alpha}_2+\cdots+x_m\boldsymbol{\alpha}_m=\boldsymbol{\beta}$ 有解, 当且仅当 $\boldsymbol{\alpha}_1,\boldsymbol{\alpha}_2,\cdots,\boldsymbol{\alpha}_m$ 与 $\boldsymbol{\alpha}_1,\boldsymbol{\alpha}_2,\cdots,\boldsymbol{\alpha}_m,\boldsymbol{\beta}$ 有相同的秩.

这是因为: 若线性方程组 $x_1\boldsymbol{\alpha}_1+x_2\boldsymbol{\alpha}_2+\cdots+x_m\boldsymbol{\alpha}_m=\boldsymbol{\beta}$ 有解, 则 $\boldsymbol{\beta}$ 可以由 $\boldsymbol{\alpha}_1,\boldsymbol{\alpha}_2,\cdots,\boldsymbol{\alpha}_m$ 线性表出, 从而 $\boldsymbol{\alpha}_1,\boldsymbol{\alpha}_2,\cdots,\boldsymbol{\alpha}_m,\boldsymbol{\beta}$ 可以由 $\boldsymbol{\alpha}_1,\boldsymbol{\alpha}_2,\cdots,\boldsymbol{\alpha}_m$ 线性表出;

又因为 $\boldsymbol{\alpha}_1,\boldsymbol{\alpha}_2,\cdots,\boldsymbol{\alpha}_m$ 也可以由 $\boldsymbol{\alpha}_1,\boldsymbol{\alpha}_2,\cdots,\boldsymbol{\alpha}_m,\boldsymbol{\beta}$ 线性表出 (部分被整体表出), 所以, $\boldsymbol{\alpha}_1,\boldsymbol{\alpha}_2,\cdots,\boldsymbol{\alpha}_m,\boldsymbol{\beta}$ 与 $\boldsymbol{\alpha}_1,\boldsymbol{\alpha}_2,\cdots,\boldsymbol{\alpha}_m$ 等价, 它们有相同的秩.

若 $\boldsymbol{\alpha}_1,\boldsymbol{\alpha}_2,\cdots,\boldsymbol{\alpha}_m,\boldsymbol{\beta}$ 与 $\boldsymbol{\alpha}_1,\boldsymbol{\alpha}_2,\cdots,\boldsymbol{\alpha}_m$ 有相同的秩 r, 设 $\boldsymbol{\alpha}_{i_1},\boldsymbol{\alpha}_{i_2},\cdots,\boldsymbol{\alpha}_{i_r}$ 是 $\boldsymbol{\alpha}_1$, $\boldsymbol{\alpha}_2,\cdots,\boldsymbol{\alpha}_m$ 的极大线性无关组. 则 $\boldsymbol{\alpha}_{i_1},\boldsymbol{\alpha}_{i_2},\cdots,\boldsymbol{\alpha}_{i_r}$ 也是 $\boldsymbol{\alpha}_1,\boldsymbol{\alpha}_2,\cdots,\boldsymbol{\alpha}_m,\boldsymbol{\beta}$ 的含 r 个向量的线性无关的部分组.

所以, $\boldsymbol{\alpha}_{i_1},\boldsymbol{\alpha}_{i_2},\cdots,\boldsymbol{\alpha}_{i_r}$ 也是 $\boldsymbol{\alpha}_1,\boldsymbol{\alpha}_2,\cdots,\boldsymbol{\alpha}_m,\boldsymbol{\beta}$ 的极大线性无关组.

从而, $\boldsymbol{\alpha}_1,\boldsymbol{\alpha}_2,\cdots,\boldsymbol{\alpha}_m$ 与 $\boldsymbol{\alpha}_{i_1},\boldsymbol{\alpha}_{i_2},\cdots,\boldsymbol{\alpha}_{i_r}$ 等价, $\boldsymbol{\alpha}_{i_1},\boldsymbol{\alpha}_{i_2},\cdots,\boldsymbol{\alpha}_{i_r}$ 也与 $\boldsymbol{\alpha}_1$, $\boldsymbol{\alpha}_2,\cdots,\boldsymbol{\alpha}_m,\boldsymbol{\beta}$ 等价.

所以, $\boldsymbol{\alpha}_1,\boldsymbol{\alpha}_2,\cdots,\boldsymbol{\alpha}_m$ 与 $\boldsymbol{\alpha}_1,\boldsymbol{\alpha}_2,\cdots,\boldsymbol{\alpha}_m,\boldsymbol{\beta}$ 等价, $\boldsymbol{\beta}$ 可以由 $\boldsymbol{\alpha}_1,\boldsymbol{\alpha}_2,\cdots,\boldsymbol{\alpha}_m$ 线性表出, 线性方程组 $x_1\boldsymbol{\alpha}_1+x_2\boldsymbol{\alpha}_2+\cdots+x_m\boldsymbol{\alpha}_m=\boldsymbol{\beta}$ 有解.

线性方程组 $\begin{cases} a_{11}x_1+a_{12}x_2+\cdots+a_{1n}x_n=b_1 \\ a_{21}x_1+a_{22}x_2+\cdots+a_{2n}x_n=b_2 \\ \quad\cdots\cdots \\ a_{m1}x_1+a_{m2}x_2+\cdots+a_{mn}x_n=b_m \end{cases}$, 它的系数矩阵

$$\boldsymbol{A}=\begin{pmatrix} a_{11} & a_{12} & \cdots & a_{1n} \\ a_{21} & a_{22} & \cdots & a_{2n} \\ \vdots & \vdots & & \vdots \\ a_{m1} & a_{m2} & \cdots & a_{mn} \end{pmatrix};$$

增广矩阵

$$\overline{\boldsymbol{A}}=\begin{pmatrix} a_{11} & a_{12} & \cdots & a_{1n} & b_1 \\ a_{21} & a_{22} & \cdots & a_{2n} & b_2 \\ \vdots & \vdots & & \vdots & \vdots \\ a_{m1} & a_{m2} & \cdots & a_{mn} & b_m \end{pmatrix},$$

设 m 维向量

$$\boldsymbol{\alpha}_1=\begin{pmatrix}a_{11}\\a_{21}\\\vdots\\a_{m1}\end{pmatrix},\ \boldsymbol{\alpha}_2=\begin{pmatrix}a_{12}\\a_{22}\\\vdots\\a_{m2}\end{pmatrix},\ \cdots,\ \boldsymbol{\alpha}_n=\begin{pmatrix}a_{1n}\\a_{2n}\\\vdots\\a_{mn}\end{pmatrix},\ \boldsymbol{\beta}=\begin{pmatrix}b_1\\b_2\\\vdots\\b_m\end{pmatrix},$$

则 $\boldsymbol{A}=(\boldsymbol{\alpha}_1\quad\boldsymbol{\alpha}_2\quad\cdots\quad\boldsymbol{\alpha}_n)$,$\overline{\boldsymbol{A}}=(\boldsymbol{\alpha}_1\quad\boldsymbol{\alpha}_2\quad\cdots\quad\boldsymbol{\alpha}_n\quad\boldsymbol{\beta})$. 称 $\boldsymbol{\alpha}_1,\boldsymbol{\alpha}_2,\cdots,\boldsymbol{\alpha}_n$ 为矩阵 $\boldsymbol{A}$ 的列向量, $\boldsymbol{\alpha}_1,\boldsymbol{\alpha}_2,\cdots,\boldsymbol{\alpha}_n,\boldsymbol{\beta}$ 为 $\overline{\boldsymbol{A}}$ 的列向量.

定义 3.6 设 $\boldsymbol{A}=(a_{ij})_{m\times n}\in\mathbf{R}^{m\times n}$, 把 $\boldsymbol{A}$ 进行列分块, $\boldsymbol{A}=(\boldsymbol{\alpha}_1\quad\boldsymbol{\alpha}_2\quad\cdots\quad\boldsymbol{\alpha}_n)$, 称向量组 $\boldsymbol{\alpha}_1,\boldsymbol{\alpha}_2,\cdots,\boldsymbol{\alpha}_n$ 为 $\boldsymbol{A}$ 的列向量组.

矩阵 $\boldsymbol{A}$ 的列向量组的秩, 称为矩阵 $\boldsymbol{A}$ 的秩, 记为 $\operatorname{rank}(\boldsymbol{A})$, 或者 $r(\boldsymbol{A})$.

利用矩阵 $\boldsymbol{A}$ 在初等行变换下的阶梯形, 就可以求得矩阵的秩.

注 初等行变换把 $\boldsymbol{A}$ 化为阶梯形 (或标准阶梯形) 矩阵 $\boldsymbol{B}$, 则 $r(\boldsymbol{A})$ 等于 $\boldsymbol{B}$ 的非零行个数.

利用 MATLAB 中的 rank 函数或者 rref 函数, 都可以求得矩阵的秩.

利用矩阵的秩, 线性方程组是否有解以及解的情形判定可以表述为

(11) 设 $\boldsymbol{A}\in\mathbf{R}^{m\times n}$, 则线性方程组 $\boldsymbol{AX}=\boldsymbol{\beta}$ 有解当且仅当 $r(\boldsymbol{A})=r(\overline{\boldsymbol{A}})$.

若 $r(\boldsymbol{A})=r(\overline{\boldsymbol{A}})=n$, 则方程组有唯一解;

若 $r(\boldsymbol{A})=r(\overline{\boldsymbol{A}})<n$, 则方程组有无穷多解.

初等行变换把线性方程组的增广矩阵 $\overline{\boldsymbol{A}}$ 化为阶梯形 (或标准阶梯形), 也同时把系数矩阵 $\boldsymbol{A}$ 化为阶梯形 (或标准阶梯形). 所以, 把增广矩阵 $\overline{\boldsymbol{A}}$ 经初等行变换化得阶梯形 (或标准阶梯形), 即可求出 $\boldsymbol{A}$ 的秩和 $\overline{\boldsymbol{A}}$ 的秩. 初等行变换把 $\overline{\boldsymbol{A}}$ 化为阶梯形 (或标准阶梯形) 后:

若最后一列出现了主元, 则 $r(\overline{\boldsymbol{A}})=r(\boldsymbol{A})+1>r(\boldsymbol{A})$, 方程组无解;

若最后一列没有主元, 则 $r(\overline{\boldsymbol{A}})=r(\boldsymbol{A})$, 方程组有解.

有解时:

若 $\overline{\boldsymbol{A}}$ 的阶梯形 (或标准阶梯形) 非零行个数等于未知量个数, 则 $r(\overline{\boldsymbol{A}})=r(\boldsymbol{A})=n$, 方程组有唯一解;

若 $\overline{\boldsymbol{A}}$ 的阶梯形 (或标准阶梯形) 非零行个数小于未知量个数, 则 $r(\overline{\boldsymbol{A}})=r(\boldsymbol{A})<n$, 方程组有无穷多解.

命题 (11) 与定理 2.1 的结论完全一致.

例 3.7 设线性方程组

$$\begin{cases}(2-\lambda)x_1+2x_2-2x_3=1\\2x_1+(5-\lambda)x_2-4x_3=2\\-2x_1-4x_2+(5-\lambda)x_3=-\lambda-1\end{cases},$$

问 λ 为何值时, 线性方程组有唯一解、无解、无穷多解? 有无穷多解时, 求出通解.

解　线性方程组的增广矩阵

$$\overline{\boldsymbol{A}}=\begin{pmatrix}2-\lambda & 2 & -2 & 1\\ 2 & 5-\lambda & -4 & 2\\ -2 & -4 & 5-\lambda & -\lambda-1\end{pmatrix},$$

初等行变换化 $\overline{\boldsymbol{A}}$ 为阶梯形,

$$\overline{\boldsymbol{A}}\xrightarrow[\text{交换第 1 行、第 3 行}]{}\begin{pmatrix}-2 & -4 & 5-\lambda & -\lambda-1\\ 2 & 5-\lambda & -4 & 2\\ 2-\lambda & 2 & -2 & 1\end{pmatrix}$$

$$\xrightarrow[\text{第 1 行的}\left(\frac{2-\lambda}{2}\right)\text{倍加到第 3 行}]{\text{第 1 行加到第 2 行}}\begin{pmatrix}-2 & -4 & 5-\lambda & -\lambda-1\\ 0 & 1-\lambda & 1-\lambda & 1-\lambda\\ 0 & -2+2\lambda & 3-\frac{7}{2}\lambda+\frac{1}{2}\lambda^2 & -\frac{1}{2}\lambda+\frac{1}{2}\lambda^2\end{pmatrix}$$

$$\xrightarrow[\text{第 2 行的 2 倍加到第 3 行}]{}\begin{pmatrix}-2 & -4 & 5-\lambda & -\lambda-1\\ 0 & 1-\lambda & 1-\lambda & 1-\lambda\\ 0 & 0 & 5-\frac{11}{2}\lambda+\frac{1}{2}\lambda^2 & 2-\frac{5}{2}\lambda+\frac{1}{2}\lambda^2\end{pmatrix},$$

系数矩阵 $\boldsymbol{A}$ 经过相同的初等行变换, 化得$\boldsymbol{A}\to\begin{pmatrix}-2 & -4 & 5-\lambda\\ 0 & 1-\lambda & 1-\lambda\\ 0 & 0 & 5-\frac{11}{2}\lambda+\frac{1}{2}\lambda^2\end{pmatrix}$,

当 $1-\lambda\neq 0$ 且 $5-\dfrac{11}{2}\lambda+\dfrac{1}{2}\lambda^2\neq 0$ 时, 得 $\lambda\neq 1$ 且 $\lambda\neq 10$, $\boldsymbol{A}$ 的阶梯形与 $\overline{\boldsymbol{A}}$ 的阶梯形都有 3 行非零, 即 $r(\boldsymbol{A})=r(\overline{\boldsymbol{A}})=3=$ 未知量个数, 方程组有唯一解;

当 $\lambda=10$ 时, $\boldsymbol{A}$ 的阶梯形有两行非零, $r(\boldsymbol{A})=2$, $\overline{\boldsymbol{A}}$ 的阶梯形有 3 行非零, $r(\overline{\boldsymbol{A}})=3$, 方程组无解;

当 $\lambda=1$ 时, $\boldsymbol{A}$ 的阶梯形与 $\overline{\boldsymbol{A}}$ 的阶梯形都有 1 行非零, 即 $r(\boldsymbol{A})=r(\overline{\boldsymbol{A}})=1$ 小于未知量个数, 方程组有无穷多解. 这时, $\overline{\boldsymbol{A}}$ 的阶梯形

$$\overline{\boldsymbol{A}}\to\begin{pmatrix}-2 & -4 & 4 & -2\\ 0 & 0 & 0 & 0\\ 0 & 0 & 0 & 0\end{pmatrix}\xrightarrow[\text{第 1 行乘}\left(-\frac{1}{2}\right)]{}\begin{pmatrix}1 & 2 & -2 & 1\\ 0 & 0 & 0 & 0\\ 0 & 0 & 0 & 0\end{pmatrix},$$

方程同解于 $x_1+2x_2-2x_3=1$, 通解为 $x_1=1-2x_2+2x_3$, x_2,x_3 是自由未知量.

练　习　3.3

练习3.3解答

1. 求下列向量组的秩以及它的一个极大无关组 (尝试用 MATLAB 中的 rref 函数求解).

(1) $\boldsymbol{\alpha}_1=\begin{pmatrix}1\\1\\4\end{pmatrix},\boldsymbol{\alpha}_2=\begin{pmatrix}-2\\-2\\-8\end{pmatrix},\boldsymbol{\alpha}_3=\begin{pmatrix}-3\\2\\3\end{pmatrix},\boldsymbol{\alpha}_4=\begin{pmatrix}1\\-1\\-2\end{pmatrix}$;

(2) $\boldsymbol{\alpha}_1=\begin{pmatrix}-1\\5\\3\\-2\end{pmatrix},\boldsymbol{\alpha}_2=\begin{pmatrix}4\\1\\-2\\9\end{pmatrix},\boldsymbol{\alpha}_3=\begin{pmatrix}2\\0\\-1\\4\end{pmatrix},\boldsymbol{\alpha}_4=\begin{pmatrix}0\\3\\4\\-5\end{pmatrix}$;

(3) $\boldsymbol{\alpha}_1=\begin{pmatrix}1\\-1\\2\\3\end{pmatrix},\boldsymbol{\alpha}_2=\begin{pmatrix}3\\-7\\8\\9\end{pmatrix},\boldsymbol{\alpha}_3=\begin{pmatrix}-1\\-3\\0\\3\end{pmatrix},\boldsymbol{\alpha}_4=\begin{pmatrix}1\\-9\\6\\3\end{pmatrix}$;

(4) $\boldsymbol{\alpha}_1=\begin{pmatrix}1\\-2\\0\\3\end{pmatrix},\boldsymbol{\alpha}_2=\begin{pmatrix}2\\-5\\-3\\6\end{pmatrix},\boldsymbol{\alpha}_3=\begin{pmatrix}0\\1\\3\\0\end{pmatrix},\boldsymbol{\alpha}_4=\begin{pmatrix}2\\-1\\4\\-7\end{pmatrix},\boldsymbol{\alpha}_5=\begin{pmatrix}5\\-8\\1\\2\end{pmatrix}$.

2. 求下列向量组的秩和它的一个极大线性无关组, 并把其余的向量表成所求极大线性无关组的线性组合 (尝试用 MATLAB 中的 rref 函数求解).

(1) $\boldsymbol{\alpha}_1=\begin{pmatrix}1\\1\\3\\1\end{pmatrix},\boldsymbol{\alpha}_2=\begin{pmatrix}-1\\1\\-1\\3\end{pmatrix},\boldsymbol{\alpha}_3=\begin{pmatrix}5\\-2\\8\\-9\end{pmatrix},\boldsymbol{\alpha}_4=\begin{pmatrix}-1\\3\\1\\7\end{pmatrix}$;

(2) $\boldsymbol{\alpha}_1=\begin{pmatrix}1\\1\\2\\3\end{pmatrix},\boldsymbol{\alpha}_2=\begin{pmatrix}2\\-5\\-3\\6\end{pmatrix},\boldsymbol{\alpha}_3=\begin{pmatrix}1\\3\\3\\5\end{pmatrix},\boldsymbol{\alpha}_4=\begin{pmatrix}4\\-2\\5\\6\end{pmatrix},\boldsymbol{\alpha}_5=\begin{pmatrix}-3\\-1\\-5\\-7\end{pmatrix}$.

3. (1) 设 $\boldsymbol{\alpha}_1,\boldsymbol{\alpha}_2,\boldsymbol{\alpha}_3\in\mathbf{R}^4$ 线性相关, $\boldsymbol{\alpha}_1,\boldsymbol{\alpha}_2$ 线性无关. 求向量组 $\boldsymbol{\alpha}_1,2\boldsymbol{\alpha}_2,3\boldsymbol{\alpha}_3$ 的极大线性无关组和秩;

(2) 设 $\boldsymbol{\alpha}_1,\boldsymbol{\alpha}_2,\boldsymbol{\alpha}_3\in\mathbf{R}^4$ 线性无关, $\boldsymbol{\beta}_1=\boldsymbol{\alpha}_1-\boldsymbol{\alpha}_2,\boldsymbol{\beta}_2=\boldsymbol{\alpha}_2-\boldsymbol{\alpha}_3,\boldsymbol{\beta}_3=-\boldsymbol{\alpha}_1+\boldsymbol{\alpha}_3$. 求 $\boldsymbol{\beta}_1,\boldsymbol{\beta}_2,\boldsymbol{\beta}_3$ 的极大线性无关组和秩;

(3) 设向量组 $\boldsymbol{\alpha}_1,\boldsymbol{\alpha}_2,\boldsymbol{\alpha}_3\in\mathbf{R}^4$ 线性相关, $\boldsymbol{\alpha}_2,\boldsymbol{\alpha}_3,\boldsymbol{\alpha}_4\in\mathbf{R}^4$ 线性无关. 求 $\boldsymbol{\alpha}_1,\boldsymbol{\alpha}_2,\boldsymbol{\alpha}_3$ 的极大线性无关组和秩.

4. 设向量 $\boldsymbol{\alpha}_1,\boldsymbol{\alpha}_2,\boldsymbol{\alpha}_3\in\mathbf{R}^3$.

(1) 若任意的 $\boldsymbol{\alpha}\in\mathbf{R}^3,\boldsymbol{\alpha}$ 都可以被 $\boldsymbol{\alpha}_1,\boldsymbol{\alpha}_2,\boldsymbol{\alpha}_3$ 线性表出, 证明: $\boldsymbol{\alpha}_1,\boldsymbol{\alpha}_2,\boldsymbol{\alpha}_3$ 线性无关;

(2) 若 $\boldsymbol{\alpha}_1,\boldsymbol{\alpha}_2,\boldsymbol{\alpha}_3$ 线性无关, 证明: 任意的 $\boldsymbol{\alpha}\in\mathbf{R}^3,\boldsymbol{\alpha}$ 都可以被 $\boldsymbol{\alpha}_1,\boldsymbol{\alpha}_2,\boldsymbol{\alpha}_3$ 线性

表出.

5. (1) 设 $\boldsymbol{\alpha}_1,\boldsymbol{\alpha}_2,\boldsymbol{\alpha}_3,\boldsymbol{\alpha}_4$ 的秩为 2, $\boldsymbol{\alpha}_3,\boldsymbol{\alpha}_4$ 可以被 $\boldsymbol{\alpha}_1,\boldsymbol{\alpha}_2$ 线性表出. 验证: $\boldsymbol{\alpha}_1,\boldsymbol{\alpha}_2$ 是它的一个极大线性无关组;

(2) 把结论 (1) 进行一般化, 并尝试给出证明.

6. (1) 设 $\boldsymbol{\alpha}_1,\boldsymbol{\alpha}_2,\boldsymbol{\alpha}_3$ 的秩等于 $\boldsymbol{\beta}_1,\boldsymbol{\beta}_2,\boldsymbol{\beta}_3,\boldsymbol{\beta}_4$ 的秩等于 2, 若 $\boldsymbol{\alpha}_1,\boldsymbol{\alpha}_2,\boldsymbol{\alpha}_3$ 可以被 $\boldsymbol{\beta}_1,\boldsymbol{\beta}_2,\boldsymbol{\beta}_3,\boldsymbol{\beta}_4$ 线性表出, 验证: $\boldsymbol{\beta}_1,\boldsymbol{\beta}_2,\boldsymbol{\beta}_3,\boldsymbol{\beta}_4$ 也可以被 $\boldsymbol{\alpha}_1,\boldsymbol{\alpha}_2,\boldsymbol{\alpha}_3$ 线性表出;

(2) 设 $\boldsymbol{\alpha}_1,\boldsymbol{\alpha}_2,\boldsymbol{\alpha}_3$ 的秩等于 $\boldsymbol{\beta}_1,\boldsymbol{\beta}_2,\boldsymbol{\beta}_3,\boldsymbol{\beta}_4$ 的秩, 若 $\boldsymbol{\beta}_1,\boldsymbol{\beta}_2,\boldsymbol{\beta}_3,\boldsymbol{\beta}_4$ 可以被 $\boldsymbol{\alpha}_1,\boldsymbol{\alpha}_2,\boldsymbol{\alpha}_3$ 线性表出, 验证: $\boldsymbol{\alpha}_1,\boldsymbol{\alpha}_2,\boldsymbol{\alpha}_3$ 也可以被 $\boldsymbol{\beta}_1,\boldsymbol{\beta}_2,\boldsymbol{\beta}_3,\boldsymbol{\beta}_4$ 线性表出;

(3) 把结论 (1) 和 (2) 进行一般化, 并尝试给出证明.

7. 设 $\boldsymbol{\beta}_1,\boldsymbol{\beta}_2,\boldsymbol{\beta}_3,\boldsymbol{\beta}_4,\boldsymbol{\beta}_5\in\mathbf{R}^n,\boldsymbol{\beta}=\boldsymbol{\beta}_5-\boldsymbol{\beta}_4$.

若 $\boldsymbol{\beta}_1,\boldsymbol{\beta}_2,\boldsymbol{\beta}_3$ 的秩等于 $\boldsymbol{\beta}_1,\boldsymbol{\beta}_2,\boldsymbol{\beta}_3,\boldsymbol{\beta}_4$ 的秩等于 3, $\boldsymbol{\beta}_1,\boldsymbol{\beta}_2,\boldsymbol{\beta}_3,\boldsymbol{\beta}_5$ 的秩等于 4. 验证: $\boldsymbol{\beta}_1,\boldsymbol{\beta}_2,\boldsymbol{\beta}_3,\boldsymbol{\beta}$ 的秩等于 4.

8. 求下列矩阵的秩, 并求出它的列向量组的一个极大线性无关组 (尝试用 MATLAB 中的 rref 函数求解).

(1) $\begin{pmatrix} 3 & -2 & 0 & 1\\ -1 & -3 & 2 & 0\\ 2 & 0 & -4 & 5\\ 4 & 1 & -2 & 1\end{pmatrix}$;　(2) $\begin{pmatrix} 1 & 1 & 2 & 2 & 1\\ 0 & 2 & 1 & 5 & -1\\ 2 & 0 & 3 & -1 & 3\\ 1 & 1 & 2 & 4 & -1\end{pmatrix}$;

(3) $\begin{pmatrix} 2 & 4 & 1 & 0\\ 1 & 0 & 3 & 2\\ -1 & 5 & -3 & 1\\ 0 & 1 & 0 & 2\end{pmatrix}$.

9. (1) 若向量组 $\boldsymbol{\alpha}_1=\begin{pmatrix}1\\1\\a\end{pmatrix},\boldsymbol{\alpha}_2=\begin{pmatrix}1\\a\\1\end{pmatrix},\boldsymbol{\alpha}_3=\begin{pmatrix}a\\1\\1\end{pmatrix}$ 的秩等于 2, 求 a 的值;

(2) 设矩阵 $\boldsymbol{A}=\begin{pmatrix}1 & 1 & 1\\ 1 & 1 & 2\\ a & 2 & 3\end{pmatrix}$. 若 $\boldsymbol{A}$ 的秩 $r(\boldsymbol{A})=2$, 求 a 的值; 若 $\boldsymbol{A}$ 的秩 $r(\boldsymbol{A})=3$, 求 a 的值;

(3) 设 $\boldsymbol{A}=\begin{pmatrix}a+1 & 1 & 1 & 0\\ 1 & a+1 & 1 & 3\\ 1 & 1 & a+1 & a\end{pmatrix}$. 讨论 a 的取值与矩阵 $\boldsymbol{A}$ 的秩之间的关系.

10. λ 取何值时, 下列线性方程组无解? 有唯一解? 有无穷多解? 有无穷多解时, 求出通解.

(1) $\begin{cases} -2x_1+x_2+x_3=-2\\ x_1-2x_2+x_3=\lambda\\ x_1+x_2-2x_3=\lambda^2\end{cases}$;　(2) $\begin{cases} (\lambda+1)x_1+x_2+x_3=0\\ x_1+(\lambda+1)x_2+x_3=3\\ x_1+x_2+(\lambda+1)x_3=\lambda\end{cases}$.

3.4 线性方程组解的结构

线性方程组 $\begin{cases} a_{11}x_1+a_{12}x_2+\cdots+a_{1n}x_n=b_1 \\ a_{21}x_1+a_{22}x_2+\cdots+a_{2n}x_n=b_2 \\ \cdots\cdots \\ a_{m1}x_1+a_{m2}x_2+\cdots+a_{mn}x_n=b_m \end{cases}$ 的系数矩阵、未知量列、常数列分别是

$$\boldsymbol{A}=\begin{pmatrix} a_{11} & a_{12} & \cdots & a_{1n} \\ a_{21} & a_{22} & \cdots & a_{2n} \\ \vdots & \vdots & & \vdots \\ a_{m1} & a_{m2} & \cdots & a_{mn} \end{pmatrix},\ \boldsymbol{X}=\begin{pmatrix} x_1 \\ x_2 \\ \vdots \\ x_n \end{pmatrix},\ \boldsymbol{\beta}=\begin{pmatrix} b_1 \\ b_2 \\ \vdots \\ b_m \end{pmatrix},$$

方程组的矩阵运算表示是 $\boldsymbol{AX}=\boldsymbol{\beta}$, 增广矩阵是 $\overline{\boldsymbol{A}}=(\boldsymbol{A}\quad\boldsymbol{\beta})$.

齐次线性方程组 $\begin{cases} a_{11}x_1+a_{12}x_2+\cdots+a_{1n}x_n & =0 \\ a_{21}x_1+a_{22}x_2+\cdots+a_{2n}x_n & =0 \\ \cdots\cdots \\ a_{m1}x_1+a_{m2}x_2+\cdots+a_{mn}x_n & =0 \end{cases}$ 与方程组 $\boldsymbol{AX}=\boldsymbol{\beta}$ 有相同的系数矩阵 $\boldsymbol{A}$, 矩阵运算表示是 $\boldsymbol{AX}=\boldsymbol{0}$.

称与线性方程组 $\boldsymbol{AX}=\boldsymbol{\beta}$ 有相同系数矩阵的齐次线性方程组 $\boldsymbol{AX}=\boldsymbol{0}$ 为线性方程组 $\boldsymbol{AX}=\boldsymbol{\beta}$ 的导出齐次线性方程组.

例如, $\boldsymbol{A}=\begin{pmatrix} 1 & 1 & 1 & 1 & 1 \\ 2 & 3 & 1 & 1 & -3 \\ 1 & 0 & 2 & 2 & 6 \\ 4 & 5 & 3 & 3 & -1 \end{pmatrix}, \boldsymbol{X}=\begin{pmatrix} x_1 \\ x_2 \\ x_3 \\ x_4 \\ x_5 \end{pmatrix}, \boldsymbol{\beta}=\begin{pmatrix} 2 \\ 0 \\ 6 \\ 4 \end{pmatrix}$, 则 $\boldsymbol{AX}=\boldsymbol{\beta}$ 相应的线性方程组是

$$\begin{cases} x_1+x_2+x_3+x_4+x_5=2 \\ 2x_1+3x_2+x_3+x_4-3x_5=0 \\ x_1+2x_3+2x_4+6x_5=6 \\ 4x_1+5x_2+3x_3+3x_4-x_5=4 \end{cases},$$

它的导出齐次线性方程组 $\boldsymbol{AX}=\boldsymbol{0}$ 是

$$\begin{cases} x_1+x_2+x_3+x_4+x_5=0 \\ 2x_1+3x_2+x_3+x_4-3x_5=0 \\ x_1+2x_3+2x_4+6x_5=0 \\ 4x_1+5x_2+3x_3+3x_4-x_5=0 \end{cases}.$$

方程组 $\boldsymbol{AX}=\boldsymbol{\beta}$ 的增广矩阵经初等行变换化得标准阶梯形 (利用 MATLAB 中的 rref 函数)

$$\overline{\boldsymbol{A}}\to\begin{pmatrix}1&0&2&2&6&6\\0&1&-1&-1&-5&-4\\0&0&0&0&0&0\\0&0&0&0&0&0\end{pmatrix},$$

它的导出齐次线性方程组 $\boldsymbol{AX}=\boldsymbol{0}$ 的系数矩阵也相应地化得标准阶梯形

$$\boldsymbol{A}\to\begin{pmatrix}1&0&2&2&6\\0&1&-1&-1&-5\\0&0&0&0&0\\0&0&0&0&0\end{pmatrix}.$$

线性方程组 $\boldsymbol{AX}=\boldsymbol{\beta}$ 同解于 $\begin{cases}x_1+2x_3+2x_4+6x_5=6\\x_2-x_3-x_4-5x_5=-4\end{cases}$, 通解为 $\begin{cases}x_1=6-2x_3-2x_4-6x_5\\x_2=-4+x_3+x_4+5x_5\end{cases}$, x_3,x_4,x_5 是自由未知量;

任取自由未知量的值 $\begin{cases}x_3=c_1\\x_4=c_2\\x_5=c_3\end{cases}$ $\left(\text{即}\begin{pmatrix}x_3\\x_4\\x_5\end{pmatrix}=\begin{pmatrix}c_1\\c_2\\c_3\end{pmatrix}\right)$, 得线性方程组 $\boldsymbol{AX}=\boldsymbol{\beta}$ 的一个解向量 $\begin{pmatrix}x_1\\x_2\\x_3\\x_4\\x_5\end{pmatrix}=\begin{pmatrix}6-2c_1-2c_2-6c_3\\-4+c_1+c_2+5c_3\\c_1\\c_2\\c_3\end{pmatrix}$, 特别地, 取 $\begin{pmatrix}x_3\\x_4\\x_5\end{pmatrix}=\begin{pmatrix}0\\0\\0\end{pmatrix}$, 得 $\boldsymbol{AX}=\boldsymbol{\beta}$ 的一个解向量

$$\begin{pmatrix}x_1\\x_2\\x_3\\x_4\\x_5\end{pmatrix}=\begin{pmatrix}6\\-4\\0\\0\\0\end{pmatrix}.$$

因为线性方程组的解向量被自由未知量唯一确定, 所以, 自由未知量取值相同的解向量也相等. 即

若 $\boldsymbol{AX}=\boldsymbol{\beta}$ 的两个解向量

$$\boldsymbol{X}_1=\begin{pmatrix}k_1\\k_2\\k_3\\k_4\\k_5\end{pmatrix},\ \boldsymbol{X}_2=\begin{pmatrix}l_1\\l_2\\l_3\\l_4\\l_5\end{pmatrix},$$

它们相应的自由未知量取值相同, 也就是 $\begin{cases} k_3 = l_3 \\ k_4 = l_4 \\ k_5 = l_5 \end{cases}$, 则

$$\boldsymbol{X}_1 = \begin{pmatrix} k_1 \\ k_2 \\ k_3 \\ k_4 \\ k_5 \end{pmatrix} = \begin{pmatrix} l_1 \\ l_2 \\ l_3 \\ l_4 \\ l_5 \end{pmatrix} = \boldsymbol{X}_2.$$

导出齐次线性方程组 $\boldsymbol{AX} = \boldsymbol{0}$ 同解于 $\begin{cases} x_1 + 2x_3 + 2x_4 + 6x_5 = 0 \\ x_2 - x_3 - x_4 - 5x_5 = 0 \end{cases}$, 通解为 $\begin{cases} x_1 = -2x_3 - 2x_4 - 6x_5 \\ x_2 = x_3 + x_4 + 5x_5 \end{cases}$, x_3, x_4, x_5 是自由未知量.

在 $\boldsymbol{AX} = \boldsymbol{0}$ 的通解中, 自由未知量分别取值

$$\begin{cases} x_3 = 1 \\ x_4 = 0 \\ x_5 = 0 \end{cases}, \begin{cases} x_3 = 0 \\ x_4 = 1 \\ x_5 = 0 \end{cases}, \begin{cases} x_3 = 0 \\ x_4 = 0 \\ x_5 = 1 \end{cases},$$

得到 $\boldsymbol{AX} = \boldsymbol{0}$ 的 3 个不同的解向量

$$\boldsymbol{\eta}_1 = \begin{pmatrix} -2 \\ 1 \\ 1 \\ 0 \\ 0 \end{pmatrix}, \boldsymbol{\eta}_2 = \begin{pmatrix} -2 \\ 1 \\ 0 \\ 1 \\ 0 \end{pmatrix}, \boldsymbol{\eta}_3 = \begin{pmatrix} -6 \\ 5 \\ 0 \\ 0 \\ 1 \end{pmatrix}.$$

因为解向量 $\boldsymbol{\eta}_1, \boldsymbol{\eta}_2, \boldsymbol{\eta}_3$ 是线性无关的向量组 $\begin{pmatrix} 1 \\ 0 \\ 0 \end{pmatrix}, \begin{pmatrix} 0 \\ 1 \\ 0 \end{pmatrix}, \begin{pmatrix} 0 \\ 0 \\ 1 \end{pmatrix}$ 的延伸组, 所以, $\boldsymbol{\eta}_1, \boldsymbol{\eta}_2, \boldsymbol{\eta}_3$ 线性无关;

若 $\boldsymbol{\eta} = \begin{pmatrix} l_1 \\ l_2 \\ l_3 \\ l_4 \\ l_5 \end{pmatrix}$ 是 $\boldsymbol{AX} = \boldsymbol{0}$ 的一个解向量, 则 $\begin{cases} x_1 = l_1 \\ x_2 = l_2 \\ x_3 = l_3 \\ x_4 = l_4 \\ x_5 = l_5 \end{cases}$ 满足 $\begin{cases} x_1 = -2x_3 - 2x_4 - 6x_5 \\ x_2 = x_3 + x_4 + 5x_5 \end{cases}$.

所以,

$$\begin{cases} l_1 = -2l_3 - 2l_4 - 6l_5 \\ l_2 = l_3 + l_4 + 5l_5 \end{cases}, \quad \begin{cases} x_1 = -2l_3 - 2l_4 - 6l_5 \\ x_2 = l_3 + l_4 + 5l_5 \\ x_3 = l_3 \\ x_4 = l_4 \\ x_5 = l_5 \end{cases}, \quad \boldsymbol{\eta} = \begin{pmatrix} -2l_3 - 2l_4 - 6l_5 \\ l_3 + l_4 + 5l_5 \\ l_3 \\ l_4 \\ l_5 \end{pmatrix}.$$

故

$$l_3\boldsymbol{\eta}_1 + l_4\boldsymbol{\eta}_2 + l_5\boldsymbol{\eta}_3 = l_3\begin{pmatrix} -2 \\ 1 \\ 1 \\ 0 \\ 0 \end{pmatrix} + l_4\begin{pmatrix} -2 \\ 1 \\ 0 \\ 1 \\ 0 \end{pmatrix} + l_5\begin{pmatrix} -6 \\ 5 \\ 0 \\ 0 \\ 1 \end{pmatrix} = \begin{pmatrix} -2l_3 - 2l_4 - 6l_5 \\ l_3 + l_4 + 5l_5 \\ l_3 \\ l_4 \\ l_5 \end{pmatrix} = \boldsymbol{\eta}.$$

所以, 导出齐次线性方程组 $\boldsymbol{AX} = \boldsymbol{0}$ 的解向量满足

① $\boldsymbol{AX} = \boldsymbol{0}$ 有 3 个线性无关的解向量 $\boldsymbol{\eta}_1, \boldsymbol{\eta}_2, \boldsymbol{\eta}_3$;

② $\boldsymbol{AX} = \boldsymbol{0}$ 的任意一个解向量 $\boldsymbol{\eta}$ 都可以由 $\boldsymbol{\eta}_1, \boldsymbol{\eta}_2, \boldsymbol{\eta}_3$ 线性表出.

满足性质①和②的解向量组 $\boldsymbol{\eta}_1, \boldsymbol{\eta}_2, \boldsymbol{\eta}_3$, 称为齐次线性方程组 $\boldsymbol{AX} = \boldsymbol{0}$ 的基础解系.

一般地, 假设 $\boldsymbol{\eta}_1, \boldsymbol{\eta}_2$ 是 $\boldsymbol{AX} = \boldsymbol{0}$ 的两个解向量, 则 $\boldsymbol{A}\boldsymbol{\eta}_1 = \boldsymbol{0}, \boldsymbol{A}\boldsymbol{\eta}_2 = \boldsymbol{0}, \boldsymbol{A}(\boldsymbol{\eta}_1 + \boldsymbol{\eta}_2) = \boldsymbol{A}\boldsymbol{\eta}_1 + \boldsymbol{A}\boldsymbol{\eta}_2 = \boldsymbol{0} + \boldsymbol{0} = \boldsymbol{0}$, 所以, $\boldsymbol{\eta}_1 + \boldsymbol{\eta}_2$ 仍是 $\boldsymbol{AX} = \boldsymbol{0}$ 的解向量.

(1) 齐次线性方程组的两个解向量之和仍是解向量

假设 $\boldsymbol{\eta}$ 是 $\boldsymbol{AX} = \boldsymbol{0}$ 的解向量, k 是任意一个数, 则

$\boldsymbol{A}\boldsymbol{\eta} = \boldsymbol{0}, \boldsymbol{A}(k\boldsymbol{\eta}) = k(\boldsymbol{A}\boldsymbol{\eta}) = k\boldsymbol{0} = \boldsymbol{0}$, 所以, $k\boldsymbol{\eta}$ 仍是 $\boldsymbol{AX} = \boldsymbol{0}$ 的解向量.

(2) 齐次线性方程组的一个解向量与任意一个数的乘积仍是解向量

若记 Ω 是齐次线性方程组 $\boldsymbol{AX} = \boldsymbol{0}$ 的所有解向量构成的集合 (也称为 $\boldsymbol{AX} = \boldsymbol{0}$ 的解集), 则由 (1) 和 (2) 得, 任意的 $\boldsymbol{\alpha}, \boldsymbol{\beta} \in \Omega, k \in \mathbf{R}$, 都满足 $\boldsymbol{\alpha} + \boldsymbol{\beta}, k\boldsymbol{\alpha} \in \Omega$.

$\boldsymbol{AX} = \boldsymbol{0}$ 的解集 Ω 满足的这种性质, 称 Ω 对向量的加法和数与向量的乘法封闭.

定义 3.7　设 $\boldsymbol{\eta}_1, \boldsymbol{\eta}_2, \cdots, \boldsymbol{\eta}_r$ 是齐次线性方程组 $\boldsymbol{AX} = \boldsymbol{0}$ 的 r 个解向量, 若满足:

(1) $\boldsymbol{\eta}_1, \boldsymbol{\eta}_2, \cdots, \boldsymbol{\eta}_r$ 线性无关;

(2) $\boldsymbol{AX} = \boldsymbol{0}$ 的任意一个解向量 $\boldsymbol{\eta}$ 都可以由 $\boldsymbol{\eta}_1, \boldsymbol{\eta}_2, \cdots, \boldsymbol{\eta}_r$ 线性表出.

则称 $\boldsymbol{\eta}_1, \boldsymbol{\eta}_2, \cdots, \boldsymbol{\eta}_r$ 是齐次线性方程组 $\boldsymbol{AX} = \boldsymbol{0}$ 的基础解系.

定理 3.2　设 n 元齐次线性方程组 $\boldsymbol{AX} = \boldsymbol{0}$ 的系数矩阵的秩 $r(\boldsymbol{A}) = r < n$, 则 $\boldsymbol{AX} = \boldsymbol{0}$ 的基础解系含 $n - r$ 个解向量.

若记 $\boldsymbol{\eta}_1, \boldsymbol{\eta}_2, \cdots, \boldsymbol{\eta}_{n-r}$ 为 $\boldsymbol{AX} = \boldsymbol{0}$ 的基础解系, 则 $\boldsymbol{AX} = \boldsymbol{0}$ 的解集

$\Omega = \{\boldsymbol{\eta} | \boldsymbol{\eta} = k_1\boldsymbol{\eta}_1 + k_2\boldsymbol{\eta}_2 + \cdots + k_{n-r}\boldsymbol{\eta}_{n-r}, \text{任意的} k_1, k_2, \cdots, k_{n-r} \in \mathbf{R}\}$.

因为系数矩阵的秩等于 $r(\boldsymbol{A})$ 的 n 元线性方程组 $\boldsymbol{AX} = \boldsymbol{0}$ 的 $n - r(\boldsymbol{A})$ 个线性无关的解, 构成它的基础解系. 所以, 按照下列步骤求得 $\boldsymbol{AX} = \boldsymbol{0}$ 的基础解系和解集:

(1) 初等行变换化系数矩阵 $\boldsymbol{A}$ 得标准阶梯形 $\boldsymbol{B}$;

(2) 由 $\boldsymbol{B}$, 确定 $n-r(\boldsymbol{A})$ 个自由未知量 $x_{i_1},x_{i_2},\cdots,x_{i_{n-r(\boldsymbol{A})}}$, 求得 $\boldsymbol{AX}=\boldsymbol{0}$ 的通解;

(3) 自由未知量 $\begin{pmatrix} x_{i_1} \\ x_{i_2} \\ \vdots \\ x_{i_{n-r(\boldsymbol{A})}} \end{pmatrix}$ 分别取值 $\begin{pmatrix} 1 \\ 0 \\ \vdots \\ 0 \end{pmatrix}, \begin{pmatrix} 0 \\ 1 \\ \vdots \\ 0 \end{pmatrix}, \cdots, \begin{pmatrix} 0 \\ \vdots \\ 0 \\ 1 \end{pmatrix}$, 得 $\boldsymbol{AX}=\boldsymbol{0}$ 的 $n-r(\boldsymbol{A})$ 个线性无关的解向量 $\boldsymbol{\eta}_1,\boldsymbol{\eta}_2,\cdots,\boldsymbol{\eta}_{n-r(\boldsymbol{A})}$, 得到 $\boldsymbol{AX}=\boldsymbol{0}$ 的基础解系 $\boldsymbol{\eta}_1,\boldsymbol{\eta}_2,\cdots,\boldsymbol{\eta}_{n-r(\boldsymbol{A})}$;

(4) 齐次线性方程组 $\boldsymbol{AX}=\boldsymbol{0}$ 的解集

$\Omega=\{\boldsymbol{\eta}|\boldsymbol{\eta}=k_1\boldsymbol{\eta}_1+k_2\boldsymbol{\eta}_2+\cdots+k_{n-r(\boldsymbol{A})}\boldsymbol{\eta}_{n-r(\boldsymbol{A})},\text{任意的}k_1,k_2,\cdots,k_{n-r(\boldsymbol{A})}\in\mathbf{R}\}$.

例 3.8 求齐次线性方程组

$$\begin{cases} x_1+x_2+x_3+4x_4-3x_5=0 \\ x_1-x_2+3x_3-2x_4-x_5=0 \\ 2x_1+x_2+3x_3+5x_4-5x_5=0 \\ 3x_1+x_2+5x_3+6x_4-7x_5=0 \end{cases}$$

的基础解系, 并用基础解系表出它的解集.

解 齐次线性方程组的系数矩阵

$$\boldsymbol{A}=\begin{pmatrix} 1 & 1 & 1 & 4 & -3 \\ 1 & -1 & 3 & -2 & -1 \\ 2 & 1 & 3 & 5 & -5 \\ 3 & 1 & 5 & 6 & -7 \end{pmatrix},$$

利用 MATLAB 中的 rref 函数, 求得 $\boldsymbol{A}$ 经过初等行变换化得的标准阶梯形.

在 MATLAB 命令窗口中输入以下内容 (包括括号、空格、逗号、分号等符号):

```
format rat
A=[1 1 1 4 -3;1 -1 3 -2 -1;2 1 3 5 -5;3 1 5 6 -7];  rref (A),
```

完成输入, 点击“回车”键, 命令窗口中出现如图 3.9 的内容.

命令窗口中输出的结果 (“ans=”), 是系数矩阵 $\boldsymbol{A}$ 的标准阶梯形

$$\boldsymbol{A}\to\begin{pmatrix} 1 & 0 & 2 & 1 & -2 \\ 0 & 1 & -1 & 3 & -1 \\ 0 & 0 & 0 & 0 & 0 \\ 0 & 0 & 0 & 0 & 0 \end{pmatrix},$$

所以, 齐次线性方程组同解于 $\begin{cases} x_1+2x_3+x_4-2x_5=0 \\ x_2-x_3+3x_4-x_5=0 \end{cases}$, 通解为 $\begin{cases} x_1=-2x_3-x_4+2x_5 \\ x_2=x_3-3x_4+x_5 \end{cases}$, x_3,x_4,x_5 为自由未知量.

```
Command Window
>> format rat
>> A=[1 1 1 4 -3;1 -1 3 -2 -1;2 1 3 5 -5;3 1 5 6 -7];rref(A),

ans =

       1           0           2           1          -2
       0           1          -1           3          -1
       0           0           0           0           0
       0           0           0           0           0

>>
```

图 3.9

自由未知量 $\begin{pmatrix}x_3\\x_4\\x_5\end{pmatrix}$ 分别取值 $\begin{pmatrix}1\\0\\0\end{pmatrix}$, $\begin{pmatrix}0\\1\\0\end{pmatrix}$, $\begin{pmatrix}0\\0\\1\end{pmatrix}$, 得齐次线性方程组的 3 个解向量 $\boldsymbol{\eta}_1=\begin{pmatrix}-2\\1\\1\\0\\0\end{pmatrix}$, $\boldsymbol{\eta}_2=\begin{pmatrix}-1\\-3\\0\\1\\0\end{pmatrix}$, $\boldsymbol{\eta}_3=\begin{pmatrix}2\\1\\0\\0\\1\end{pmatrix}$, 所以, 齐次线性方程组的基础解系为 $\boldsymbol{\eta}_1,\boldsymbol{\eta}_2,\boldsymbol{\eta}_3$, 它的解集

$$\begin{aligned}\Omega&=\{\boldsymbol{\eta}|\boldsymbol{\eta}=l_1\boldsymbol{\eta}_1+l_2\boldsymbol{\eta}_2+l_3\boldsymbol{\eta}_3,l_1,l_2,l_3\text{ 是任意数}\}\\&=\left\{\begin{pmatrix}-2l_1-l_2+2l_3\\l_1-3l_2+l_3\\l_1\\l_2\\l_3\end{pmatrix}\middle|\text{ 任意的 }l_1,l_2,l_3\in\mathbf{R}\right\}.\end{aligned}$$

注　① $\boldsymbol{AX}=\mathbf{0}$ 的通解的向量形式

$$\begin{pmatrix}x_1\\x_2\\x_3\\x_4\\x_5\end{pmatrix}=\begin{pmatrix}-2x_3-x_4+2x_5\\x_3-3x_4+x_5\\x_3\\x_4\\x_5\end{pmatrix},$$

x_3,x_4,x_5 是自由未知量, 与基础解系的线性组合表示是完全一致的.

② 利用 MATLAB 中的 null 函数, 能直接求得以矩阵 $\boldsymbol{A}$ 为系数矩阵的齐次线性方程组的基础解系.

在 MATLAB 命令窗口中输入以下内容 (包括括号、空格、逗号、分号等符号):

format rat
A=[1 1 1 4 -3;1 -1 3 -2 -1;2 1 3 5 -5;3 1 5 6 -7]; null (A, 'r'),
完成输入, 点击“回车”键, 命令窗口中出现如图 3.10 的内容.

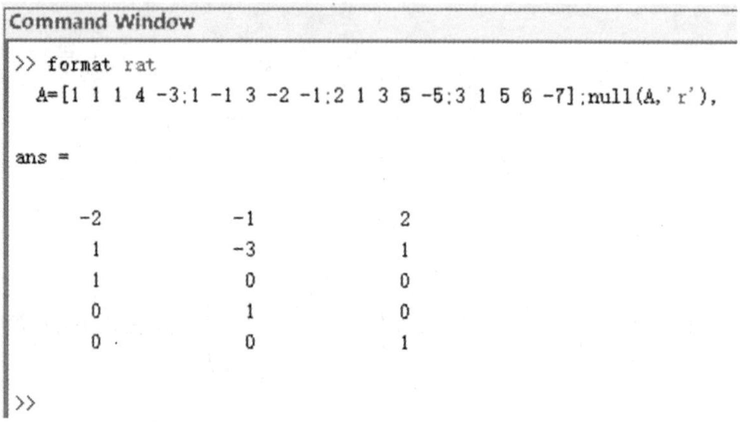
Command Window
>> format rat
A=[1 1 1 4 -3;1 -1 3 -2 -1;2 1 3 5 -5;3 1 5 6 -7];null(A,'r'),
ans =
-2 -1 2
1 -3 1
1 0 0
0 1 0
0 0 1
>>

图 3.10

命令窗口中输出的运算结果(“ans=”), 是 $\boldsymbol{AX}=\mathbf{0}$ 的基础解系

$$\begin{pmatrix}-2\\1\\1\\0\\0\end{pmatrix},\quad\begin{pmatrix}-1\\-3\\0\\1\\0\end{pmatrix},\quad\begin{pmatrix}2\\1\\0\\0\\1\end{pmatrix}.$$

③ 利用 MATLAB 中的函数 null($\boldsymbol{A}$), 求得的是 $\boldsymbol{AX}=\mathbf{0}$ 的标准正交 (什么是标准正交, 将在第 5 章中说明) 的基础解系, 利用 null($\boldsymbol{A}$,$'r'$), 求得的是有理数形式的基础解系. 这里添加“$'r'$”的含义就是以有理数形式输出结果.

假设 n 元非齐次线性方程组 $\boldsymbol{AX}=\boldsymbol{\beta}$ 满足 $r(\boldsymbol{A})=r(\overline{\boldsymbol{A}})<n$, 则 $\boldsymbol{AX}=\boldsymbol{\beta}$ 有无穷多解, 导出齐次线性方程组 $\boldsymbol{AX}=\mathbf{0}$ 有非零解.

若 $\boldsymbol{\eta}_1,\boldsymbol{\eta}_2$ 是 $\boldsymbol{AX}=\boldsymbol{\beta}$ 的两个解向量, 则

$$\boldsymbol{A\eta}_1=\boldsymbol{\beta},\ \boldsymbol{A\eta}_2=\boldsymbol{\beta},\ \boldsymbol{A}(\boldsymbol{\eta}_1-\boldsymbol{\eta}_2)=\boldsymbol{A\eta}_1-\boldsymbol{A\eta}_2=\boldsymbol{\beta}-\boldsymbol{\beta}=\mathbf{0},$$

所以, $\boldsymbol{\eta}_1-\boldsymbol{\eta}_2$ 是 $\boldsymbol{AX}=\mathbf{0}$ 的解.

(3) 线性方程组 $\boldsymbol{AX}=\boldsymbol{\beta}$ 的任意两个解的差都是导出齐次线性方程组 $\boldsymbol{AX}=\mathbf{0}$ 的解.

若 $\boldsymbol{\eta},\boldsymbol{\eta}_0$ 是 $\boldsymbol{AX}=\boldsymbol{\beta}$ 的两个解, 则 $\boldsymbol{\eta}-\boldsymbol{\eta}_0$ 是导出齐次线性方程组 $\boldsymbol{AX}=\mathbf{0}$ 的解. $\boldsymbol{\eta}-\boldsymbol{\eta}_0$ 可以由 $\boldsymbol{AX}=\mathbf{0}$ 的基础解系 $\boldsymbol{\eta}_1,\boldsymbol{\eta}_2,\cdots,\boldsymbol{\eta}_r$ 线性表出. 存在系数 $k_1,k_2,\cdots,k_r$, 满足

$$\boldsymbol{\eta}-\boldsymbol{\eta}_0=k_1\boldsymbol{\eta}_1+k_2\boldsymbol{\eta}_2+\cdots+k_r\boldsymbol{\eta}_r,\ \boldsymbol{\eta}=\boldsymbol{\eta}_0+k_1\boldsymbol{\eta}_1+k_2\boldsymbol{\eta}_2+\cdots+k_r\boldsymbol{\eta}_r.$$

(4) 若线性方程组 $\boldsymbol{AX}=\boldsymbol{\beta}$ 有无穷多解, $\boldsymbol{\eta}_0$ 是 $\boldsymbol{AX}=\boldsymbol{\beta}$ 的一个确定解, $\boldsymbol{\eta}$ 是 $\boldsymbol{AX}=\boldsymbol{\beta}$ 的任意一个解, 则 $\boldsymbol{\eta}$ 可以表示为 $\boldsymbol{\eta}_0$ 与导出齐次线性方程组 $\boldsymbol{AX}=\boldsymbol{0}$ 的基础解系的线性组合的和.

定理 3.3　设 n 元线性方程组 $\boldsymbol{AX}=\boldsymbol{\beta}$ 满足 $r(\boldsymbol{A})=r(\overline{\boldsymbol{A}})=r<n$, 有无穷多解.

$\boldsymbol{\eta}_0$ 是 $\boldsymbol{AX}=\boldsymbol{\beta}$ 的一个解, $\boldsymbol{\eta}_1,\boldsymbol{\eta}_2,\cdots,\boldsymbol{\eta}_{n-r}$ 是导出齐次线性方程组 $\boldsymbol{AX}=\boldsymbol{0}$ 的基础解系, $\Omega=\{\boldsymbol{\eta}|\boldsymbol{\eta}=\boldsymbol{\eta}_0+l_1\boldsymbol{\eta}_1+l_2\boldsymbol{\eta}_2+\cdots+l_{n-r}\boldsymbol{\eta}_{n-r}(l_1,l_2,\cdots,l_{n-r}\text{为任意数})\}$.

通过下面的步骤, 能求得线性方程组 $\boldsymbol{AX}=\boldsymbol{\beta}$ 的解向量集.

(1) 经初等行变换, 把 $\boldsymbol{AX}=\boldsymbol{\beta}$ 的增广矩阵 $\overline{\boldsymbol{A}}=(\boldsymbol{A}\quad\boldsymbol{\beta})$ 化为标准阶梯形 $\overline{\boldsymbol{B}}$.

利用 $\overline{\boldsymbol{B}}$, 判断 $\boldsymbol{AX}=\boldsymbol{\beta}$ 解的情形 (有解? 无解? 有无穷多解?).

(2) 若 $\boldsymbol{AX}=\boldsymbol{\beta}$ 有无穷多解, 利用 $\overline{\boldsymbol{B}}$ 求得 $\boldsymbol{AX}=\boldsymbol{\beta}$ 的通解.

自由未知量全取 0, 得到 $\boldsymbol{AX}=\boldsymbol{\beta}$ 的一个解 $\boldsymbol{\eta}_0$.

(3) 利用 $\overline{\boldsymbol{B}}$ 求得导出齐次线性方程组 $\boldsymbol{AX}=\boldsymbol{0}$ 的通解 (把 $\overline{\boldsymbol{B}}$ 的最后一列删除, 得到系数矩阵 $\boldsymbol{A}$ 的标准阶梯形). 求得 $\boldsymbol{AX}=\boldsymbol{0}$ 的基础解系 $\boldsymbol{\eta}_1,\boldsymbol{\eta}_2,\cdots,\boldsymbol{\eta}_{n-r(\boldsymbol{A})}$.

(4) $\boldsymbol{AX}=\boldsymbol{\beta}$ 的解向量集

$$\Omega=\{\boldsymbol{\eta}|\boldsymbol{\eta}=\boldsymbol{\eta}_0+k_1\boldsymbol{\eta}_1+k_2\boldsymbol{\eta}_2+\cdots+k_{n-r(\boldsymbol{A})}\boldsymbol{\eta}_{n-r(\boldsymbol{A})}(k_1,k_2,\cdots,k_{n-r(\boldsymbol{A})}\text{为任意数})\}.$$

例 3.9　求线性方程组

$$\begin{cases} x_1-5x_2+2x_3-3x_4=11\\ -3x_1+x_2-4x_3+2x_4=-5\\ x_1+9x_2+4x_4=-17\\ 5x_1+3x_2+6x_3-x_4=-1 \end{cases}$$

的解集.

解　线性方程组的增广矩阵

$$\overline{\boldsymbol{A}}=\begin{pmatrix} 1 & -5 & 2 & -3 & 11\\ -3 & 1 & -4 & 2 & -5\\ 1 & 9 & 0 & 4 & -17\\ 5 & 3 & 6 & -1 & -1 \end{pmatrix},$$

经初等行变换, 把 $\overline{\boldsymbol{A}}$ 化为标准阶梯形

$$\overline{\boldsymbol{A}}\to\begin{pmatrix} 1 & 0 & \dfrac{9}{7} & -\dfrac{1}{2} & 1\\ 0 & 1 & -\dfrac{1}{7} & \dfrac{1}{2} & -2\\ 0 & 0 & 0 & 0 & 0\\ 0 & 0 & 0 & 0 & 0 \end{pmatrix},$$

方程组同解于 $\begin{cases} x_1+\dfrac{9}{7}x_3-\dfrac{1}{2}x_4=1\\ x_2-\dfrac{1}{7}x_3+\dfrac{1}{2}x_4=-2 \end{cases}$, 通解为 $\begin{cases} x_1=1-\dfrac{9}{7}x_3+\dfrac{1}{2}x_4\\ x_2=-2+\dfrac{1}{7}x_3-\dfrac{1}{2}x_4 \end{cases}$, x_3,x_4 是

自由未知量.

自由未知量取值 $\begin{pmatrix} x_3 \\ x_4 \end{pmatrix} = \begin{pmatrix} 0 \\ 0 \end{pmatrix}$, 得线性方程组的一个解向量 $\boldsymbol{\eta}_0 = \begin{pmatrix} 1 \\ -2 \\ 0 \\ 0 \end{pmatrix}$;

导出齐次线性方程组同解于 $\begin{cases} x_1 + \dfrac{9}{7}x_3 - \dfrac{1}{2}x_4 = 0 \\ x_2 - \dfrac{1}{7}x_3 + \dfrac{1}{2}x_4 = 0 \end{cases}$, 通解为 $\begin{cases} x_1 = -\dfrac{9}{7}x_3 + \dfrac{1}{2}x_4 \\ x_2 = \dfrac{1}{7}x_3 - \dfrac{1}{2}x_4 \end{cases}$, x_3, x_4 是自由未知量.

自由未知量 $\begin{pmatrix} x_3 \\ x_4 \end{pmatrix}$ 分别取值 $\begin{pmatrix} 1 \\ 0 \end{pmatrix}$, $\begin{pmatrix} 0 \\ 1 \end{pmatrix}$, 得导出齐次线性方程组的基础解系 $\boldsymbol{\eta}_1 = \begin{pmatrix} -\dfrac{9}{7} \\ \dfrac{1}{7} \\ 1 \\ 0 \end{pmatrix}, \boldsymbol{\eta}_2 = \begin{pmatrix} \dfrac{1}{2} \\ -\dfrac{1}{2} \\ 0 \\ 1 \end{pmatrix}$, 所以, 方程组的解集为

$$\begin{aligned} \Omega &= \{\boldsymbol{\eta} | \boldsymbol{\eta} = \boldsymbol{\eta}_0 + k_1\boldsymbol{\eta}_1 + k_2\boldsymbol{\eta}_2 (k_1, k_2 \text{是任意数})\} \\ &= \left\{ \begin{pmatrix} 1 - \dfrac{9}{7}k_1 + \dfrac{1}{2}k_2 \\ -2 + \dfrac{1}{7}k_1 - \dfrac{1}{2}k_2 \\ k_1 \\ k_2 \end{pmatrix} \middle| k_1, k_2 \text{是任意数} \right\}. \end{aligned}$$

注 ① 若线性方程组 $\boldsymbol{AX} = \boldsymbol{\beta}$ 有解, 则 $\overline{\boldsymbol{A}} = (\boldsymbol{A} \quad \boldsymbol{\beta})$ 的标准阶梯形的最后一列, 是 $\boldsymbol{AX} = \boldsymbol{\beta}$ 在自由未知量全取 0 时的一个解;

② 利用 MATLAB 的 rref 函数, 求得 $\boldsymbol{AX} = \boldsymbol{\beta}$ 的一个解; 利用 null 函数, 求导出齐次线性方程组 $\boldsymbol{AX} = \boldsymbol{0}$ 的基础解系.

例如, 在 MATLAB 的命令窗口中输入以下内容 (包括括号、空格、逗号、分号等符号):

```
format rat
A=[1  -5 2  -3;-3  1 -4  2;1 9 0 4;5;3;6;-1]; b=[11;-5;-17;-1]; B=rref([ A b]);
B(:, 5), null(A, 'r'),
```

完成输入, 点击“回车”键, 命令窗口中出现如图 3.11 的内容.

命令窗口中输出的运算结果 (“ans=”), 分别是 (例 3.9 的):

```
Command Window
>> format rat
   A=[1 -5 2 -3;-3 1 -4 2;1 9 0 4 ;5 3 6 -1];b=[11;-5;-17;-1];
   B=rref([A b]);
   B(:,5),null(A,'r'),

ans =

       1
      -2
       0
       0


ans =

      -9/7             1/2
       1/7            -1/2
       1               0
       0               1

>>
```

图 3.11

线性方程组 $\boldsymbol{AX}=\boldsymbol{\beta}$ 的一个解 $\boldsymbol{\eta}_0=\begin{pmatrix}1\\-2\\0\\0\end{pmatrix}$;

导出齐次线性方程组 $\boldsymbol{AX}=\boldsymbol{0}$ 的基础解系 $\boldsymbol{\eta}_1=\begin{pmatrix}-\frac{9}{7}\\\frac{1}{7}\\1\\0\end{pmatrix}$, $\boldsymbol{\eta}_2=\begin{pmatrix}\frac{1}{2}\\-\frac{1}{2}\\0\\1\end{pmatrix}$.

注 "$\boldsymbol{B}(:,5)$" 的含义是输出矩阵 $\boldsymbol{B}(\overline{\boldsymbol{A}}=(\boldsymbol{A}\ \ \boldsymbol{\beta})$ 经初等行变换化得的标准阶梯形) 的第 5 列, 也是标准阶梯形的最后一列, 是 $\boldsymbol{AX}=\boldsymbol{\beta}$ 在自由未知量全取 0 时的一个解.

练　习　3.4

练习3.4解答

1. 求下列齐次线性方程组的基础解系 (尝试用 MATLAB 的 rref 函数或 null(A, 'r') 函数求解验证), 并由基础解系表出它的解集.

(1) $\begin{cases} x_1 - x_2 + 5x_3 - x_4 = 0 \\ x_1 + x_2 - 2x_3 + 3x_4 = 0 \\ 3x_1 - x_2 + 8x_3 + x_4 = 0 \\ x_1 + 3x_2 - 9x_3 + 7x_4 = 0 \end{cases}$；

(2) $\begin{cases} x_1 - 3x_2 + x_3 - 2x_4 - x_5 = 0 \\ -3x_1 + 9x_2 - 3x_3 + 6x_4 + 3x_5 = 0 \\ 2x_1 - 6x_2 + 2x_3 - 4x_4 - 2x_5 = 0 \\ 5x_1 - 15x_2 + 5x_3 - 10x_4 - 5x_5 = 0 \end{cases}$；

(3) $\begin{cases} x_1 - 3x_2 + x_3 - 2x_4 = 0 \\ -5x_1 + x_2 - 2x_3 + 3x_4 = 0 \\ -x_1 - 11x_2 + 2x_3 - 5x_4 = 0 \\ 3x_1 + 5x_2 + x_4 = 0 \end{cases}$；

(4) $\begin{cases} 2x_1 - 5x_2 + x_3 - 3x_4 = 0 \\ -3x_1 + 4x_2 - 2x_3 + x_4 = 0 \\ x_1 + 2x_2 - x_3 + 3x_4 = 0 \\ -2x_1 + 15x_2 - 6x_3 + 13x_4 = 0 \end{cases}$；

(5) $\begin{cases} 3x_1 - x_2 + 2x_3 + x_4 = 0 \\ x_1 + 3x_2 - x_3 + 2x_4 = 0 \\ -2x_1 + 5x_2 + x_3 - x_4 = 0 \\ 3x_1 + 10x_2 + x_3 + 4x_4 = 0 \\ -2x_1 + 15x_2 - 4x_3 + 4x_4 = 0 \end{cases}$；

(6) $\begin{cases} x_1 + x_2 + x_3 + 4x_4 - 3x_5 = 0 \\ x_1 - x_2 + 3x_3 - 2x_4 - x_5 = 0 \\ x_1 + x_2 + 3x_3 + 5x_4 - 5x_5 = 0 \\ 3x_1 + x_2 + 5x_3 + 6x_4 - 7x_5 = 0 \end{cases}$.

2. 求下列非齐次线性方程组的解集 (尝试用 MATLAB 的 rref 函数求解验证).

(1) $\begin{cases} x_1 + x_2 = 5 \\ 2x_1 + x_2 + x_3 + 2x_4 = 1 \\ 5x_1 + 3x_2 + 2x_3 + 2x_4 = 3 \end{cases}$；

(2) $\begin{cases} x_1 - 5x_2 + 2x_3 - 3x_4 = 11 \\ 5x_1 + 3x_2 + 6x_3 - x_4 = -1 \\ 2x_1 + 4x_2 + 2x_3 + x_4 = -6 \end{cases}$；

(3) $\begin{cases} x_1 - 5x_2 + 2x_3 - 3x_4 = 11 \\ -3x_1 + x_2 - 4x_3 + 2x_4 = -5 \\ -x_1 - 9x_2 - 4x_4 = 17 \\ 5x_1 + 3x_2 + 6x_3 - x_4 = -1 \end{cases}$；

(4) $x_1-4x_2+2x_3-3x_4+6x_5=4$.

3. 设 $\boldsymbol{A}=\begin{pmatrix}1&1&a\\0&a-1&0\\a&1&1\end{pmatrix},\boldsymbol{\beta}=\begin{pmatrix}1\\1\\b\end{pmatrix}$.

(1) 若 $\boldsymbol{AX}=\boldsymbol{0}$ 的基础解系含有 1 个解向量, 求 a 的值;

(2) 若 $\boldsymbol{AX}=\boldsymbol{0}$ 的基础解系含有 2 个解向量, 求 a 的值;

(3) 若 $\boldsymbol{AX}=\boldsymbol{\beta}$ 有两个不同的解向量, 求 a,b 的值.

4. 设 $\boldsymbol{\eta}_0$ 是非齐次线性方程组 $x_1\boldsymbol{\alpha}_1+x_2\boldsymbol{\alpha}_2+\cdots+x_n\boldsymbol{\alpha}_n=\boldsymbol{\beta}$ 的解向量, $\boldsymbol{\eta}_1,\boldsymbol{\eta}_2,\cdots,\boldsymbol{\eta}_t$ 是它的导出齐次线性方程组的基础解系. 证明:

(1) $\boldsymbol{\eta}_0,\boldsymbol{\eta}_1,\boldsymbol{\eta}_2,\cdots,\boldsymbol{\eta}_t$ 线性无关;

(2) $\boldsymbol{\eta}_0+\boldsymbol{\eta}_1,\boldsymbol{\eta}_0+\boldsymbol{\eta}_2,\cdots,\boldsymbol{\eta}_0+\boldsymbol{\eta}_t$ 线性无关.

5. 设 $\boldsymbol{A}$ 是秩为 2 的 2×3 矩阵, 若非齐次线性方程组 $\boldsymbol{AX}=\boldsymbol{\beta}$ 的解向量 $\boldsymbol{\alpha}_1,\boldsymbol{\alpha}_2$ 满足 $\boldsymbol{\alpha}_1=\begin{pmatrix}1\\2\\1\end{pmatrix},\boldsymbol{\alpha}_1+\boldsymbol{\alpha}_2=\begin{pmatrix}1\\-1\\1\end{pmatrix}$. 求 $\boldsymbol{AX}=\boldsymbol{0}$ 的基础解系和解集.

6. 设 $\boldsymbol{\alpha}_1,\boldsymbol{\alpha}_2,\boldsymbol{\alpha}_3,\boldsymbol{\alpha}_4\in\mathbf{R}^4$. 若 $\boldsymbol{\alpha}_2,\boldsymbol{\alpha}_3,\boldsymbol{\alpha}_4$ 线性无关, $\boldsymbol{\alpha}_1=2\boldsymbol{\alpha}_2-\boldsymbol{\alpha}_3$, 且 $\boldsymbol{\beta}=\boldsymbol{\alpha}_1+\boldsymbol{\alpha}_2+\boldsymbol{\alpha}_3+\boldsymbol{\alpha}_4$.

求线性方程组 $x_1\boldsymbol{\alpha}_1+x_2\boldsymbol{\alpha}_2+x_3\boldsymbol{\alpha}_3+x_4\boldsymbol{\alpha}_4=\boldsymbol{\beta}$ 的解集.

7. 设 $\begin{cases}x_1+x_2+x_3+x_4=-1\\4x_1+3x_2+5x_3-x_4=-1\\ax_1+x_2+3x_3-bx_4=1\end{cases}$ 有三个线性无关的解向量.

(1) 证明线性方程组的系数矩阵的秩等于 2;

(2) 求 a,b 的值和方程组的解集.

8. 设 $\boldsymbol{A}\in\mathbf{R}^{3\times4}$, $\boldsymbol{B}\in\mathbf{R}^{4\times5}$. 把 $\boldsymbol{B}$ 列分块为 $\boldsymbol{B}=(\boldsymbol{\beta}_1\quad\boldsymbol{\beta}_2\quad\boldsymbol{\beta}_3\quad\boldsymbol{\beta}_4\quad\boldsymbol{\beta}_5)$, 则积矩阵 $\boldsymbol{AB}$ 的第 k 列是 $\boldsymbol{A\beta}_k(k=1,2,3,4,5)$, $\boldsymbol{AB}$ 相应的列分块是 $\boldsymbol{AB}=(\boldsymbol{A\beta}_1\quad\boldsymbol{A\beta}_2\quad\boldsymbol{A\beta}_3\quad\boldsymbol{A\beta}_4\quad\boldsymbol{A\beta}_5)$.

若 $\boldsymbol{AB}=\boldsymbol{0}$, 证明: $r(\boldsymbol{A})+r(\boldsymbol{B})\leqslant4$, 其中 $r(\boldsymbol{A}),r(\boldsymbol{B})$ 分别是矩阵 $\boldsymbol{A},\boldsymbol{B}$ 的秩.

9. 设 3 阶方阵 $\boldsymbol{A}$ 的第一行元素不全为 0, $\boldsymbol{B}=\begin{pmatrix}1&-1&0\\1&1&2\\-1&2&1\end{pmatrix}$. 若 $\boldsymbol{AB}=\boldsymbol{0}$, 求齐次线性方程组 $\boldsymbol{AX}=\boldsymbol{0}$ 的基础解系和解集.

10. 设 $\boldsymbol{A}=\begin{pmatrix}1&2&1\\1&a+2&a+1\\-1&a-2&2a-3\end{pmatrix}$, 存在 3 阶非零矩阵 $\boldsymbol{B}$, 满足 $\boldsymbol{AB}=\boldsymbol{0}$.

求 (1) a 的值; (2) 方程 $\boldsymbol{AX}=\boldsymbol{0}$ 的解集.

习题3解答

习 题 3

1. 设向量 $\boldsymbol{\alpha}_1=\begin{pmatrix}0\\0\\c_1\end{pmatrix},\boldsymbol{\alpha}_2=\begin{pmatrix}0\\1\\c_2\end{pmatrix},\boldsymbol{\alpha}_3=\begin{pmatrix}-1\\1\\c_3\end{pmatrix},\boldsymbol{\alpha}_4=\begin{pmatrix}1\\-1\\c_4\end{pmatrix}$, c_1,c_2,c_3,c_4 是任意数.

求其中一定线性相关的 3 个向量组成的向量组, 并说明理由.

2. 若向量 $\boldsymbol{\alpha}_1=\begin{pmatrix}1\\0\\1\end{pmatrix},\boldsymbol{\alpha}_2=\begin{pmatrix}0\\1\\1\end{pmatrix},\boldsymbol{\alpha}_3=\begin{pmatrix}1\\3\\5\end{pmatrix}$ 不能被向量 $\boldsymbol{\beta}_1=\begin{pmatrix}1\\a\\1\end{pmatrix},\boldsymbol{\beta}_2=\begin{pmatrix}1\\2\\3\end{pmatrix}$, $\boldsymbol{\beta}_3=\begin{pmatrix}1\\3\\5\end{pmatrix}$ 线性表出.

(1) 求 a 的值; (2) 把 $\boldsymbol{\beta}_1,\boldsymbol{\beta}_2,\boldsymbol{\beta}_3$ 由 $\boldsymbol{\alpha}_1,\boldsymbol{\alpha}_2,\boldsymbol{\alpha}_3$ 线性表出.

3. 设向量 $\boldsymbol{\alpha}_1=\begin{pmatrix}1\\1\\a\end{pmatrix},\boldsymbol{\alpha}_2=\begin{pmatrix}1\\a\\1\end{pmatrix},\boldsymbol{\alpha}_3=\begin{pmatrix}a\\1\\1\end{pmatrix};\boldsymbol{\beta}_1=\begin{pmatrix}1\\1\\a\end{pmatrix},\boldsymbol{\beta}_2=\begin{pmatrix}-2\\a\\4\end{pmatrix},\boldsymbol{\beta}_3=\begin{pmatrix}-2\\a\\a\end{pmatrix}$.

若 $\boldsymbol{\alpha}_1,\boldsymbol{\alpha}_2,\boldsymbol{\alpha}_3$ 能被 $\boldsymbol{\beta}_1,\boldsymbol{\beta}_2,\boldsymbol{\beta}_3$ 线性表出, 但 $\boldsymbol{\beta}_1,\boldsymbol{\beta}_2,\boldsymbol{\beta}_3$ 不能被 $\boldsymbol{\alpha}_1,\boldsymbol{\alpha}_2,\boldsymbol{\alpha}_3$ 线性表出. 求 a 的值.

4. 设向量 $\boldsymbol{\alpha}_1=\begin{pmatrix}1\\0\\2\end{pmatrix},\boldsymbol{\alpha}_2=\begin{pmatrix}1\\1\\3\end{pmatrix},\boldsymbol{\alpha}_3=\begin{pmatrix}1\\-1\\a+2\end{pmatrix}$;

$$\boldsymbol{\beta}_1=\begin{pmatrix}1\\2\\a+3\end{pmatrix},\boldsymbol{\beta}_2=\begin{pmatrix}2\\1\\a+6\end{pmatrix},\boldsymbol{\beta}_3=\begin{pmatrix}2\\1\\a+4\end{pmatrix}.$$

(1) 若 $\boldsymbol{\alpha}_1,\boldsymbol{\alpha}_2,\boldsymbol{\alpha}_3$ 与 $\boldsymbol{\beta}_1,\boldsymbol{\beta}_2,\boldsymbol{\beta}_3$ 等价, 求 a 的值;

(2) 若 $\boldsymbol{\alpha}_1,\boldsymbol{\alpha}_2,\boldsymbol{\alpha}_3$ 与 $\boldsymbol{\beta}_1,\boldsymbol{\beta}_2,\boldsymbol{\beta}_3$ 不等价, 求 a 的值.

5. 设 $\boldsymbol{\alpha},\boldsymbol{\beta}\in\mathbf{R}^3,\boldsymbol{A}=\boldsymbol{\alpha}\boldsymbol{\alpha}^{\mathrm{T}}+\boldsymbol{\beta}\boldsymbol{\beta}^{\mathrm{T}},\boldsymbol{\alpha}^{\mathrm{T}},\boldsymbol{\beta}^{\mathrm{T}}$ 分别是 $\boldsymbol{\alpha},\boldsymbol{\beta}$ 的转置.

证明: (1)$\boldsymbol{A}$ 的秩 $r(\boldsymbol{A})\leqslant 2$; (2) 若 $\boldsymbol{\alpha},\boldsymbol{\beta}$ 线性相关, 则 $r(\boldsymbol{A})<2$.

6. 设 $\boldsymbol{\alpha}_1,\boldsymbol{\alpha}_2,\boldsymbol{\alpha}_3$ 是 $\boldsymbol{AX}=\mathbf{0}$ 的基础解系, $\boldsymbol{\beta}_1=k\boldsymbol{\alpha}_1+l\boldsymbol{\alpha}_2,\boldsymbol{\beta}_2=k\boldsymbol{\alpha}_2+l\boldsymbol{\alpha}_3,\boldsymbol{\beta}_3=k\boldsymbol{\alpha}_3+l\boldsymbol{\alpha}_1$.

若 $\boldsymbol{\beta}_1,\boldsymbol{\beta}_2,\boldsymbol{\beta}_3$ 也是 $\boldsymbol{AX}=\mathbf{0}$ 的基础解系, 求 k,l 满足的条件.

7. 设 $\boldsymbol{A}=\begin{pmatrix}2a&1&0&0\\a^2&2a&1&0\\0&a^2&2a&1\\0&0&a^2&2a\end{pmatrix},\boldsymbol{X}=\begin{pmatrix}x_1\\x_2\\x_3\\x_4\end{pmatrix},\boldsymbol{\beta}=\begin{pmatrix}1\\0\\0\\0\end{pmatrix}$.

(1) a 取何值时, 方程组 $\boldsymbol{AX}=\boldsymbol{\beta}$ 有唯一解? 求出它的唯一解;

(2) a 取何值时, 方程组 $\boldsymbol{AX}=\boldsymbol{\beta}$ 有无穷多解? 求出它的解集.

8. 设 $\boldsymbol{A}=\begin{pmatrix}1&-2&3&-4\\0&1&-1&1\\1&2&0&-3\end{pmatrix},\boldsymbol{I}$ 是 3 阶单位矩阵. 求

(1) 方程组 $\boldsymbol{AX}=\boldsymbol{0}$ 的基础解系;

(2) 满足 $\boldsymbol{AB}=\boldsymbol{I}$ 的所有矩阵 $\boldsymbol{B}$.

9. 设 $\mathbf{R}^3$ 的向量组 $\boldsymbol{\alpha}_1,\boldsymbol{\alpha}_2,\boldsymbol{\alpha}_3$ 线性无关, $\boldsymbol{\beta}_1=2\boldsymbol{\alpha}_1+2k\boldsymbol{\alpha}_3,\boldsymbol{\beta}_2=2\boldsymbol{\alpha}_2,\boldsymbol{\beta}_3=\boldsymbol{\alpha}_1+(k+1)\boldsymbol{\alpha}_3$.

(1) 证明: 对任意的数 $k,\boldsymbol{\beta}_1,\boldsymbol{\beta}_2,\boldsymbol{\beta}_3$ 都线性无关;

(2) 若存在非零向量 $\boldsymbol{\xi}$ 以及系数 x_1,x_2,x_3, 满足 $\boldsymbol{\xi}=x_1\boldsymbol{\alpha}_1+x_2\boldsymbol{\alpha}_2+x_3\boldsymbol{\alpha}_3=x_1\boldsymbol{\beta}_1+x_2\boldsymbol{\beta}_2+x_3\boldsymbol{\beta}_3$, 求 k 的值以及所有的 $\boldsymbol{\xi}$.

10. 设 $\boldsymbol{A}=\begin{pmatrix}1&1&1-a\\1&0&a\\a+1&1&a+1\end{pmatrix},\boldsymbol{\beta}=\begin{pmatrix}0\\1\\2a-2\end{pmatrix}$, 若方程组 $\boldsymbol{AX}=\boldsymbol{\beta}$ 无解, 求

(1) a 的值;　(2) 方程组 $\boldsymbol{A}^{\mathrm{T}}\boldsymbol{AX}=\boldsymbol{A}^{\mathrm{T}}\boldsymbol{\beta}$ 的解集.

11. 设 $\boldsymbol{A}=\begin{pmatrix}1&-1&-1\\2&a&1\\-1&1&a\end{pmatrix},\boldsymbol{B}=\begin{pmatrix}2&2\\1&a\\-a-1&-2\end{pmatrix}$. a 为何值时, 方程 $\boldsymbol{AX}=\boldsymbol{B}$ 无解、有唯一解、有无穷多解? 有解时, 求矩阵方程 $\boldsymbol{AX}=\boldsymbol{B}$ 的解.

12. 某营养专家要用三种食物合成一份营养餐, 提供一定量的维生素 C、钙和镁. 三类食物可提供的营养以及合成营养餐需要的营养总量如表 3.1 所示 (单位: 毫克).

表 3.1

营养成分	单位食谱所含的营养			需要的营养总量
	食物 1	食物 2	食物 3	
维生素 C	10	20	20	100
钙	50	40	10	300
镁	30	10	40	200

利用线性方程组, 求解三种食物的需求量 (尝试利用 MATLAB 求解).

13. 假设流入城市交通网络的机动车流量 (单位时间内车辆通过量) 等于全部流出

网络的流量, 全部流入一个节点的流量等于全部流出这个节点的流量.

图 3.12 是某市部分单行道某时点的机动车流量.

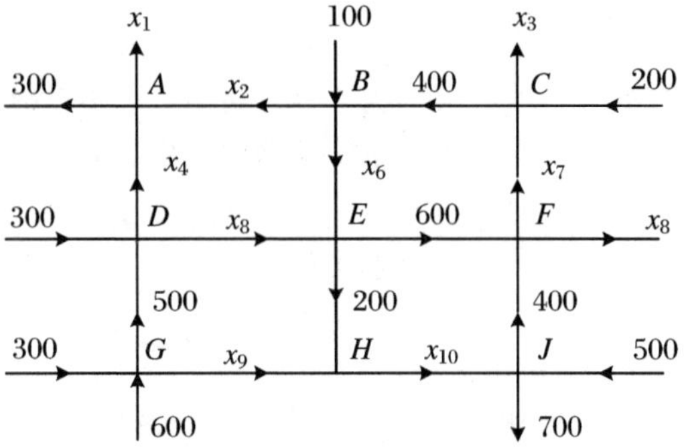

图 3.12

利用线性方程组, 求得所有未知的机动车流量.

14. 某调料公司用 7 种成分制造 6 种调味品, 表 3.2 给出了每包调味品所含成分 (单位: 盎司).

表 3.2

调味品 成分	A	B	C	D	E	F
红辣椒	3	1.5	4.5	7.5	9	4.5
黄姜	2	4	0	8	1	6
胡椒	1	2	0	4	2	3
欧莳萝	1	2	0	4	1	3
大蒜粉	0.5	1	0	2	2	1.5
盐	0.5	1	0	2	2	1.5
丁香油	0.25	0.5	0	2	1	0.75

(1) 某顾客为了避免购买全部 6 种调味品, 只购买其中一部分并用它们配制出其余几种调味品. 顾客必须购买最少几种调味品, 才可以配制出所有其他的调味品? 写出所需最少的调味品的集合.

(2) (1) 中得到的最少调味品集合是否唯一?

(3) 用 (1) 的最少调味品集合, 按照成分配制一种新的调味品, 写出需要的各类调味品包数.

新的调味品成分为: 红辣椒: 18; 黄姜: 18; 胡椒: 9; 欧莳萝: 9; 大蒜粉: 2.8; 盐: 4.5; 丁香油: 3.25.

第4章　行　列　式

4.1　n 阶方阵的行列式

设 $\boldsymbol{A}=\left(a_{ij}\right)_{m\times n}\in\mathbf{R}^{m\times n}$ 是 $m\times n$ 阶矩阵, 则经初等行变换:

① 交换矩阵 $\boldsymbol{A}$ 的某两行;

② 将 $\boldsymbol{A}$ 的某一行的倍数加到另一行;

③ 将 $\boldsymbol{A}$ 的某一行乘以一个非零数;

可以把 $\boldsymbol{A}$ 化为标准阶梯形.

特别, 若 $\boldsymbol{A}$ 是一个方阵, 则 $\boldsymbol{A}$ 的标准阶梯形是一个上三角矩阵.

利用数学归纳法能够证明, 任何方阵 $\boldsymbol{A}$ 只经过“将 $\boldsymbol{A}$ 的某一行的倍数加到另一行”这一种初等行变换, 就可以化为上三角矩阵.

定义 4.1　设 $\boldsymbol{A}=\left(a_{ij}\right)_{n\times n}\in\mathbf{R}^{n\times n}$ 是一个 n 阶方阵, 矩阵 $\boldsymbol{A}$ 经“某一行的倍数加到另一行”这一种初等行变换化得上三角矩阵 $\boldsymbol{B}=\left(b_{ij}\right)_{n\times n}$,

$$\boldsymbol{A}\xrightarrow[\text{某一行的倍数加到另一行}]{}\begin{pmatrix}b_{11}&b_{12}&\cdots&b_{1n-1}&b_{1n}\\0&b_{22}&\cdots&b_{2n-1}&b_{2n}\\\vdots&\vdots&&\vdots&\vdots\\0&0&\cdots&b_{n-1n-1}&b_{n-1n}\\0&0&\cdots&0&b_{nn}\end{pmatrix}=\boldsymbol{B},$$

$\boldsymbol{B}$ 的对角元素 $b_{11},b_{22},\cdots,b_{nn}$ 的乘积称为矩阵 $\boldsymbol{A}$ 的行列式, 记作 $|\boldsymbol{A}|$ 或者 $\det\boldsymbol{A}$. $|\boldsymbol{A}|=b_{11}b_{22}\cdots b_{nn}=\prod\limits_{k=1}^{n}b_{kk}$, 或 $\det\boldsymbol{A}=b_{11}b_{22}\cdots b_{nn}=\prod\limits_{k=1}^{n}b_{kk}$.

注　① 方阵 $\boldsymbol{A}$ 的行列式是一个数.

经“把 $\boldsymbol{A}$ 的某一行的倍数加到另一行”, 化 $\boldsymbol{A}$ 得阶梯形 (也是上三角形) 矩阵后, 它的对角元之积, 等于矩阵 $\boldsymbol{A}$ 的行列式的值;

② 经初等行变换“把 $\boldsymbol{A}$ 的某一行的倍数加到另一行”, 化 $\boldsymbol{A}$ 为阶梯形 (上三角形) 的过程不唯一, 最终化得的阶梯形 (上三角形) 也不唯一, 但最终阶梯形 (上三角形) 的对角元素的乘积是被 $\boldsymbol{A}$ 唯一确定的.

把 $\boldsymbol{A}$ 的某一行的倍数加到另一行, 得矩阵 $\boldsymbol{B}$, 则 $|\boldsymbol{A}|=|\boldsymbol{B}|$.

例 4.1 计算下列 3 阶行列式.

$$(1)\ |\boldsymbol{A}|=\begin{vmatrix}1&2&1\\2&1&1\\1&1&2\end{vmatrix};\quad (2)\ |\boldsymbol{B}|=\begin{vmatrix}2&-1&-1\\-1&-1&2\\-1&2&-1\end{vmatrix}.$$

解 (1)
$$|\boldsymbol{A}|\xlongequal[\text{第 1 行的 }(-1)\text{ 倍加到第 3 行}]{\text{第 1 行的 }(-2)\text{ 倍加到第 2 行}}\begin{vmatrix}1&2&1\\0&-3&-1\\0&-1&1\end{vmatrix}$$
$$\xlongequal{\text{第 2 行的 }\left(-\frac{1}{3}\right)\text{ 倍加到第 3 行}}\begin{vmatrix}1&2&1\\0&-3&-1\\0&0&\frac{4}{3}\end{vmatrix}$$
$$\xlongequal{\text{行列式的定义}}1\times(-3)\times\frac{4}{3}=-4;$$

(2)
$$|\boldsymbol{B}|\xlongequal[\text{第 1 行的 }\frac{1}{2}\text{ 倍加到第 3 行}]{\text{第 1 行的 }\frac{1}{2}\text{ 倍加到第 2 行}}\begin{vmatrix}2&-1&-1\\0&-\frac{3}{2}&\frac{3}{2}\\0&\frac{3}{2}&-\frac{3}{2}\end{vmatrix}$$
$$\xlongequal{\text{第 2 行加到第 3 行}}\begin{vmatrix}2&-1&-1\\0&-\frac{3}{2}&\frac{3}{2}\\0&0&0\end{vmatrix}$$
$$\xlongequal{\text{行列式的定义}}2\times\left(-\frac{3}{2}\right)\times0=0.$$

经“某一行的倍数加到另一行”化矩阵 $\boldsymbol{A}$ 为阶梯形的过程不唯一, 最后的阶梯形也不唯一, 但所得行列式的值唯一. 比如

$$|\boldsymbol{A}|\xlongequal{\text{第 3 行加到第 1 行}}\begin{vmatrix}2&3&3\\2&1&1\\1&1&2\end{vmatrix}$$
$$\xlongequal[\text{第 1 行的 }\left(-\frac{1}{2}\right)\text{ 倍加到第 3 行}]{\text{第 1 行的 }(-1)\text{ 倍加到第 2 行}}\begin{vmatrix}2&3&3\\0&-2&-2\\0&-\frac{1}{2}&\frac{1}{2}\end{vmatrix}$$
$$\xlongequal{\text{第 2 行的 }\left(-\frac{1}{4}\right)\text{ 倍加到第 3 行}}\begin{vmatrix}2&3&3\\0&-2&-2\\0&0&1\end{vmatrix}=2\times(-2)\times1=-4.$$

1. 一些特殊方阵的行列式

(1) 对角矩阵的行列式等于对角元素的乘积.

$$\begin{vmatrix} d_1 & 0 & \cdots & 0 \\ 0 & d_2 & \cdots & 0 \\ \vdots & \vdots & & \vdots \\ 0 & 0 & \cdots & d_n \end{vmatrix} = d_1 d_2 \cdots d_n.$$

特别地, 初等矩阵 $\boldsymbol{P}(i(c))$ 的行列式为 $|\boldsymbol{P}(i(c))| = c$; 单位矩阵 $\boldsymbol{I}_n$ 的行列式 $|\boldsymbol{I}_n| = 1$;

(2) 经第 i 行的 $(-k)$ 倍加到第 j 行, 初等矩阵 $\boldsymbol{P}(i(k),j)$ 化为单位矩阵, 所以, 初等矩阵 $\boldsymbol{P}(i(k),j)$ 的行列式 $|\boldsymbol{P}(i(k),j)| = 1$;

(3) 把初等矩阵 $\boldsymbol{P}(i,j)$ 的第 i 行加到第 j 行, 再把第 j 行的 (-1) 倍加到第 i 行, 最后把第 i 行加到第 j 行, 经三次把某一行的倍数加到另一行, 初等矩阵 $\boldsymbol{P}(i,j)$ 化为初等矩阵 $\boldsymbol{P}(i(-1))$, 所以, 初等矩阵 $\boldsymbol{P}(i,j)$ 的行列式 $|\boldsymbol{P}(i,j)| = |\boldsymbol{P}(i(-1))| = -1$;

2. 行列式的初等变换性质

n 阶行列式 $|\boldsymbol{A}|$ 的矩阵 $\boldsymbol{A}$ 进行的初等行变换, 称为行列式 $|\boldsymbol{A}|$ 的初等行变换.

n 阶方阵 $\boldsymbol{A}$ 的行列式 $|\boldsymbol{A}|$ 在初等行变换下, 满足:

(4) 交换行列式的两行, 行列式变号.

即交换 $\boldsymbol{A}$ 的第 i 行与第 j 行得矩阵 $\boldsymbol{B}$, 则 $|\boldsymbol{A}| = -|\boldsymbol{B}|$;

(5) 行列式的某一行乘非零数 c, 等于行列式的值乘非零数 c.

即把 $\boldsymbol{A}$ 的第 i 行乘非零数 c 得矩阵 $\boldsymbol{B}$, 则 $|\boldsymbol{B}| = c|\boldsymbol{A}|$;

这个性质也可以解释为：行列式的某一行的公因数可以提到行列式的符号外.

(6) 行列式的某一行的倍数加到另一行, 行列式的值不变.

即把 $\boldsymbol{A}$ 的第 i 行的 k 倍加到第 $j(i \neq j)$ 行得矩阵 $\boldsymbol{B}$, 则 $|\boldsymbol{A}| = |\boldsymbol{B}|$.

因为对矩阵 $\boldsymbol{A}$ 实施的初等行变换, 就相当于在 $\boldsymbol{A}$ 的左侧乘上相应的初等矩阵, 所以,

$|\boldsymbol{P}(i,j)\boldsymbol{A}| = -|\boldsymbol{A}| = |\boldsymbol{P}(i,j)||\boldsymbol{A}|$; $|\boldsymbol{P}(i(c))\boldsymbol{A}| = c|\boldsymbol{A}| = |\boldsymbol{P}(i(c))||\boldsymbol{A}|$;

$|\boldsymbol{P}(i(k),j)\boldsymbol{A}| = |\boldsymbol{A}| = |\boldsymbol{P}(i(k),j)||\boldsymbol{A}|$.

即初等矩阵与矩阵 $\boldsymbol{A}$ 乘积的行列式等于它们行列式的乘积.

3. 值为 0 的行列式

若行列式的某一行的元素全为零, 则经“某一行的倍数加到另一行”化为阶梯形后, 最后一行一定是零行. 所以

(7) 行列式的某一行元素全为 0, 则行列式的值为 0.

若行列式有两行相同 (比如第 i 行与第 j 行相同), 把其中一行 (第 i 行) 的 (-1) 倍加到另一行 (第 j 行), 化得一行 (第 j 行) 元素全为零. 所以

(8) 行列式有两行相同, 行列式的值为 0.

若行列式的两行对应成比例 (比如第 i 行与第 j 行对应成比例, 且第 j 行是第 i 行的 r 倍), 把其中一行 (第 i 行) 的负比例系数倍 ($(-r)$ 倍) 加到另一行 (第 j 行), 化得一行 (第 j 行) 元素全为零. 所以

(9) 行列式的两行对应成比例, 行列式的值为 0.

若 n 阶行列式的矩阵 $\boldsymbol{A}$ 的秩小于 n, 则 $\boldsymbol{A}$ 经初等行变换化得的阶梯形中非零行的个数小于 n. 而行列式的初等变换不改变行列式的非零属性, 方阵 $\boldsymbol{A}$ 经初等行变换化得矩阵 $\boldsymbol{B}$, 则 $|\boldsymbol{A}|=0 \Leftrightarrow |\boldsymbol{B}|=0$, 所以

(10) n 阶方阵 $\boldsymbol{A}$ 的秩小于 n, 即 $r(\boldsymbol{A})<n$, 则 $|\boldsymbol{A}|=0$;

n 阶方阵 $\boldsymbol{A}$ 的秩等于 n, 即 $r(\boldsymbol{A})=n$, 则 $|\boldsymbol{A}|\neq 0$.

若 n 阶方阵 $\boldsymbol{A}$ 的秩 $r(\boldsymbol{A})=n$, 则称 $\boldsymbol{A}$ 为满秩矩阵.

(11) n 阶方阵 $\boldsymbol{A}$ 为满秩矩阵当且仅当 $|\boldsymbol{A}|\neq 0$.

n 元齐次线性方程组 $\boldsymbol{AX}=\boldsymbol{0}$ 有非零解当且仅当系数矩阵的秩 $r(\boldsymbol{A})<n$.

(12) 以方阵 $\boldsymbol{A}$ 为系数矩阵的齐次线性方程组 $\boldsymbol{AX}=\boldsymbol{0}$ 有非零解当且仅当 $|\boldsymbol{A}|=0$.

4. 矩阵运算的行列式

(13) 同阶方阵乘积的行列式等于它们行列式的乘积.

若 $\boldsymbol{A},\boldsymbol{B}$ 是两个同阶方阵, 则 $|\boldsymbol{AB}|=|\boldsymbol{A}||\boldsymbol{B}|$.

若 $\boldsymbol{A}$ 是 n 阶可逆矩阵, 则 $\boldsymbol{A}^{-1}\boldsymbol{A}=\boldsymbol{I}_n, |\boldsymbol{A}^{-1}||\boldsymbol{A}|=|\boldsymbol{A}^{-1}\boldsymbol{A}|=|\boldsymbol{I}_n|=1$.

(14) 可逆矩阵 $\boldsymbol{A}$ 的行列式不等于零, 且 $\boldsymbol{A}^{-1}$ 的行列式等于 $|\boldsymbol{A}|^{-1}$.

设 $k\in\mathbf{R}, \boldsymbol{A}\in\mathbf{R}^{n\times n}$, 则 $k\boldsymbol{A}=(k\boldsymbol{I}_n)\boldsymbol{A}, |k\boldsymbol{A}|=|(k\boldsymbol{I}_n)||\boldsymbol{A}|=k^n|\boldsymbol{A}|$.

(15) 数 k 与 n 阶方阵 $\boldsymbol{A}$ 乘积 $(k\boldsymbol{A})$ 的行列式等于 k 的 n 次幂与 $\boldsymbol{A}$ 的行列式的乘积.

$\boldsymbol{A}$ 的转置是把 $\boldsymbol{A}$ 的行与列互换, 方阵 $\boldsymbol{A}$ 转置的行列式 $|\boldsymbol{A}^{\mathrm{T}}|$ 与 $\boldsymbol{A}$ 的行列式 $|\boldsymbol{A}|$ 相等, 即

(16) 转置不改变行列式的值.

也就是, 若 $\boldsymbol{A}^{\mathrm{T}}$ 是方阵 $\boldsymbol{A}$ 的转置矩阵, 则 $|\boldsymbol{A}^{\mathrm{T}}|=|\boldsymbol{A}|$.

因为交换矩阵 $\boldsymbol{A}^{\mathrm{T}}$ 的第 i 行和第 j 行, 就是交换 $\boldsymbol{A}$ 的第 i 列和第 j 列; 把 $\boldsymbol{A}^{\mathrm{T}}$ 的第 i 行的 k 倍加到第 j 行, 就是把 $\boldsymbol{A}$ 的第 i 列的 k 倍加到第 j 列; 把 $\boldsymbol{A}^{\mathrm{T}}$ 的第 i 行乘非零数 c, 就是把 $\boldsymbol{A}$ 的第 i 列乘非零数 c. 所以,

(17) 交换行列式的两列, 行列式变号; 把行列式的某一列的倍数加到另一列, 行列式的值不变; 把行列式的某一列乘非零数 c, 则行列式的值乘 c.

称① 交换行列式的某两列; ② 把行列式的某一列乘非零数; ③ 把行列式的某一列的倍数加到另一列; 为行列式的初等列变换.

注　① 行列式的计算中, 既可以使用初等行变换, 也可以使用初等列变换.
② 两个方阵和的行列式与行列式的和没有必然关系. 例如,

$$|\boldsymbol{A}| = \begin{vmatrix} 1 & 2 \\ 0 & 2 \end{vmatrix} = 2, |\boldsymbol{B}| = \begin{vmatrix} 2 & 2 \\ 0 & 4 \end{vmatrix} = 8, |\boldsymbol{A}+\boldsymbol{B}| = \begin{vmatrix} 3 & 4 \\ 0 & 6 \end{vmatrix} = 18;$$

$$|\boldsymbol{A}_1| = \begin{vmatrix} 1 & 2 \\ 0 & 2 \end{vmatrix} = 2, |\boldsymbol{B}_1| = \begin{vmatrix} 4 & 2 \\ 0 & 2 \end{vmatrix} = 8, |\boldsymbol{A}_1+\boldsymbol{B}_1| = \begin{vmatrix} 5 & 4 \\ 0 & 4 \end{vmatrix} = 20.$$

5. 行列式计算的例子

例 4.2　验证二阶行列式 $\begin{vmatrix} a & b \\ c & d \end{vmatrix} = ad-bc$, 并计算 $\begin{vmatrix} 3 & 5 \\ 4 & -7 \end{vmatrix}$.

解　若 $a \neq 0$, $\begin{vmatrix} a & b \\ c & d \end{vmatrix} \xlongequal{\text{第 1 行的 } \left(-\frac{c}{a}\right) \text{ 倍加到第 2 行}} \begin{vmatrix} a & b \\ 0 & d-\dfrac{bc}{a} \end{vmatrix} = ad-bc;$

若 $a = 0$, $\begin{vmatrix} 0 & b \\ c & d \end{vmatrix} \xlongequal[\text{行列式变号}]{\text{交换第 1 行第 2 行}} -\begin{vmatrix} c & d \\ 0 & b \end{vmatrix} = -bc = ad-bc.$

$$\begin{vmatrix} 3 & 5 \\ 4 & -7 \end{vmatrix} = 3\times(-7) - 4\times 5 = -41.$$

例 4.3　计算 5 阶行列式 $\begin{vmatrix} 1 & 2 & 3 & 4 & 5 \\ 2 & 3 & 4 & 5 & 1 \\ 3 & 4 & 5 & 1 & 2 \\ 4 & 5 & 1 & 2 & 3 \\ 5 & 1 & 2 & 3 & 4 \end{vmatrix}$.

解　$\begin{vmatrix} 1 & 2 & 3 & 4 & 5 \\ 2 & 3 & 4 & 5 & 1 \\ 3 & 4 & 5 & 1 & 2 \\ 4 & 5 & 1 & 2 & 3 \\ 5 & 1 & 2 & 3 & 4 \end{vmatrix}$

$$\xlongequal{\text{第 1 行的 } (-k) \text{ 倍加到第 } k \text{ 行}, k=2,3,4,5} \begin{vmatrix} 1 & 2 & 3 & 4 & 5 \\ 0 & -1 & -2 & -3 & -9 \\ 0 & -2 & -4 & -11 & -13 \\ 0 & -3 & -11 & -14 & -17 \\ 0 & -9 & -13 & -17 & -21 \end{vmatrix}$$

$$\xlongequal[\text{第 2 行的 }(-9)\text{ 倍加到第 5 行}]{\text{第 2 行的 }(-2)\text{ 倍加到第 3 行, 第 2 行的 }(-3)\text{ 倍加到第 4 行}} \begin{vmatrix} 1 & 2 & 3 & 4 & 5 \\ 0 & -1 & -2 & -3 & -9 \\ 0 & 0 & 0 & -5 & 5 \\ 0 & 0 & -5 & -5 & 10 \\ 0 & 0 & 5 & 10 & 60 \end{vmatrix}$$

$$\xlongequal{\text{交换第 3 行与第 4 行}} - \begin{vmatrix} 1 & 2 & 3 & 4 & 5 \\ 0 & -1 & -2 & -3 & -9 \\ 0 & 0 & -5 & -5 & 10 \\ 0 & 0 & 0 & -5 & 5 \\ 0 & 0 & 5 & 10 & 60 \end{vmatrix}$$

$$\xlongequal{\text{第 3 行加到第 5 行}} - \begin{vmatrix} 1 & 2 & 3 & 4 & 5 \\ 0 & -1 & -2 & -3 & -9 \\ 0 & 0 & -5 & -5 & 10 \\ 0 & 0 & 0 & -5 & 5 \\ 0 & 0 & 0 & 5 & 70 \end{vmatrix}$$

$$\xlongequal{\text{第 4 行加到第 5 行}} - \begin{vmatrix} 1 & 2 & 3 & 4 & 5 \\ 0 & -1 & -2 & -3 & -9 \\ 0 & 0 & -5 & -5 & 10 \\ 0 & 0 & 0 & -5 & 5 \\ 0 & 0 & 0 & 0 & 75 \end{vmatrix}$$

$$= -1\times(-1)\times(-5)\times(-5)\times 75$$
$$= 1875.$$

注　① 根据行列式的特征, 综合使用行列式的初等行变换与初等列变换, 可以使计算过程略显简洁.

$$\begin{vmatrix} 1 & 2 & 3 & 4 & 5 \\ 2 & 3 & 4 & 5 & 1 \\ 3 & 4 & 5 & 1 & 2 \\ 4 & 5 & 1 & 2 & 3 \\ 5 & 1 & 2 & 3 & 4 \end{vmatrix} \xlongequal[\text{行列式的值不变}]{\text{各列都加到第一列}} \begin{vmatrix} 15 & 2 & 3 & 4 & 5 \\ 15 & 3 & 4 & 5 & 1 \\ 15 & 4 & 5 & 1 & 2 \\ 15 & 5 & 1 & 2 & 3 \\ 15 & 1 & 2 & 3 & 4 \end{vmatrix}$$

$$\xlongequal[\text{行列式的值不变}]{\text{第 1 行的 }(-1)\text{ 倍加到以下各行}} \begin{vmatrix} 15 & 2 & 3 & 4 & 5 \\ 0 & 1 & 1 & 1 & -4 \\ 0 & 2 & 2 & -3 & -3 \\ 0 & 3 & -2 & -2 & -2 \\ 0 & -1 & -1 & -1 & -1 \end{vmatrix}$$

$$\xlongequal[\text{第 2 行加到第 5 行}]{\text{第 2 行的 }(-2)\text{ 倍加到第 3 行, 第 2 行的 }(-3)\text{ 倍加到第 4 行}}\begin{vmatrix} 15 & 2 & 3 & 4 & 5 \\ 0 & 1 & 1 & 1 & -4 \\ 0 & 0 & 0 & -5 & 5 \\ 0 & 0 & -5 & -5 & 10 \\ 0 & 0 & 0 & 0 & -5 \end{vmatrix}$$

$$\xlongequal{\text{交换第 3 行与第 4 行}}-\begin{vmatrix} 15 & 2 & 3 & 4 & 5 \\ 0 & 1 & 1 & 1 & -4 \\ 0 & 0 & -5 & -5 & 10 \\ 0 & 0 & 0 & -5 & 5 \\ 0 & 0 & 0 & 0 & -5 \end{vmatrix}$$

$$= -15\times 1\times(-5)\times(-5)\times(-5)$$

$$= 1\,875.$$

② 利用 MATLAB 中的 det 函数, 能直接求得方阵 $\boldsymbol{A}$ 的行列式的值.

在 MATLAB 的命令窗口中输入以下内容 (包括括号、空格、逗号、分号等符号):

```
A=[1 2 3 4 5;2 3 4 5 1;3 4 5 1 2;4 5 1 2 3;5 1 2 3 4];
det(A)
```

完成输入, 点击"回车"键, 命令窗口中出现如图 4.1 的内容.

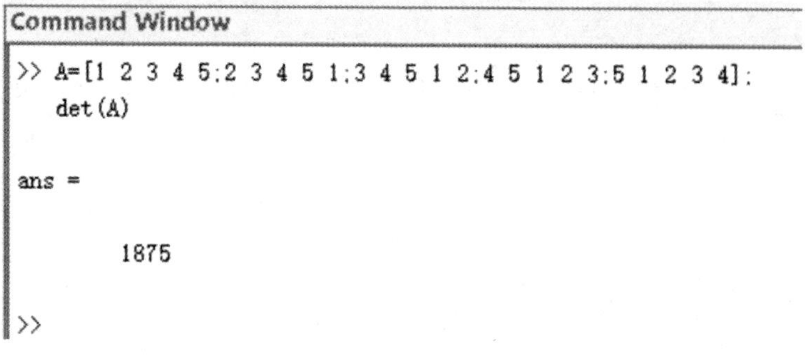
Command Window
>> A=[1 2 3 4 5;2 3 4 5 1;3 4 5 1 2;4 5 1 2 3;5 1 2 3 4];
det(A)
ans =
1875
>>

图 4.1

命令窗口中输出的运算结果 ("ans="), 即为 $|\boldsymbol{A}| = 1875$.

例 4.4 计算下列 n 阶行列式:

(1) $|\boldsymbol{A}_1| = \begin{vmatrix} a_{11} & 0 & \cdots & 0 & 0 \\ a_{21} & a_{22} & \cdots & 0 & 0 \\ \vdots & \vdots & & \vdots & \vdots \\ a_{n-11} & a_{n-12} & \cdots & a_{n-1n-1} & 0 \\ a_{n1} & a_{n2} & \cdots & a_{nn-1} & a_{nn} \end{vmatrix}$;

$$(2)\ |\boldsymbol{A}_2| = \begin{vmatrix} 0 & 0 & \cdots & 0 & a_{1n} \\ 0 & 0 & \cdots & a_{2n-1} & a_{2n} \\ \vdots & \vdots & & \vdots & \vdots \\ 0 & a_{n-12} & \cdots & a_{n-1n-1} & a_{n-1n} \\ a_{n1} & a_{n2} & \cdots & a_{nn-1} & a_{nn} \end{vmatrix}.$$

解 (1) $\boldsymbol{A}_1$ 是下三角矩阵, 利用转置,

$$|\boldsymbol{A}_1| = |\boldsymbol{A}_1^{\mathrm{T}}| = \begin{vmatrix} a_{11} & a_{21} & \cdots & a_{n-11} & a_{n1} \\ 0 & a_{22} & \cdots & a_{n-12} & a_{n2} \\ \vdots & \vdots & & \vdots & \vdots \\ 0 & 0 & \cdots & a_{n-1n-1} & a_{nn-1} \\ 0 & 0 & \cdots & 0 & a_{nn} \end{vmatrix} = \prod_{k=1}^{n} a_{kk}.$$

(2)

$$|\boldsymbol{A}_2| \xlongequal[\text{交换 } n-1 \text{ 次, 符号改变 } n-1 \text{ 次}]{\text{第 1 行依次与第 2, 第 3, } \cdots \text{, 第 } n \text{ 行交换}} (-1)^{n-1} \begin{vmatrix} 0 & 0 & \cdots & a_{2n-1} & a_{2n} \\ \vdots & \vdots & & \vdots & \vdots \\ 0 & a_{n-12} & \cdots & a_{n-1n-1} & a_{n-1n} \\ a_{n1} & a_{n2} & \cdots & a_{nn-1} & a_{nn} \\ 0 & 0 & \cdots & 0 & a_{1n} \end{vmatrix}$$

$$\xlongequal[\text{交换 } n-2 \text{ 次, 符号改变 } n-2 \text{ 次}]{\text{第 1 行依次与第 2, 第 3, } \cdots \text{, 第 } n-1 \text{ 行交换}} (-1)^{n-1}(-1)^{n-2} \begin{vmatrix} 0 & 0 & \cdots & a_{3n-1} & a_{3n} \\ \vdots & \vdots & & \vdots & \vdots \\ a_{n1} & a_{n2} & \cdots & a_{nn-1} & a_{nn} \\ 0 & 0 & \cdots & a_{2n-1} & a_{2n} \\ 0 & 0 & \cdots & 0 & a_{1n} \end{vmatrix}$$

$$\xlongequal[\text{实施 } (n-1)+(n-2)+\cdots+2+1 \text{ 次相邻两行交换}]{\text{第1行依次与第2, 第3, } \cdots \text{, 第 } n-2 \text{ 行交换, } \cdots} (-1)^{\frac{n(n-1)}{2}} \begin{vmatrix} a_{n1} & a_{n2} & \cdots & a_{nn-1} & a_{nn} \\ 0 & a_{n-12} & \cdots & a_{n-1n-1} & a_{n-1n} \\ \vdots & \vdots & & \vdots & \vdots \\ 0 & 0 & \cdots & a_{2n-1} & a_{2n} \\ 0 & 0 & \cdots & 0 & a_{1n} \end{vmatrix}$$

$$= (-1)^{\frac{n(n-1)}{2}} a_{1n}a_{2n-1}\cdots a_{n-12}a_{n1}.$$

特别地, n 阶行列式

$$\begin{vmatrix} 0 & 0 & \cdots & 0 & 1 \\ 0 & 0 & \cdots & 1 & 0 \\ \vdots & \vdots & & \vdots & \vdots \\ 0 & 1 & \cdots & 0 & 0 \\ 1 & 0 & \cdots & 0 & 0 \end{vmatrix} = (-1)^{\frac{n(n-1)}{2}};$$

$$\begin{vmatrix} 0 & 0 & \cdots & 0 & d_1 \\ 0 & 0 & \cdots & d_2 & 0 \\ \vdots & \vdots & & \vdots & \vdots \\ 0 & d_{n-1} & \cdots & 0 & 0 \\ d_n & 0 & \cdots & 0 & 0 \end{vmatrix} = (-1)^{\frac{n(n-1)}{2}} d_1 d_2 \cdots d_{n-1} d_n.$$

例 4.5　计算下列行列式:

(1)n 阶行列式 $|\boldsymbol{A}| = \begin{vmatrix} x & a & \cdots & a \\ a & x & \cdots & a \\ \vdots & \vdots & & \vdots \\ a & a & \cdots & x \end{vmatrix}$; (2) $|\boldsymbol{B}| = \begin{vmatrix} 3 & 1 & -1 & 2 \\ -5 & 1 & 3 & -4 \\ 2 & 0 & 1 & -1 \\ 1 & -5 & 3 & -3 \end{vmatrix}$.

解　(1)$|\boldsymbol{A}| \xlongequal[\text{行列式的值不变}]{\text{各列都加到第 1 列}} \begin{vmatrix} x+(n-1)a & a & \cdots & a \\ x+(n-1)a & x & \cdots & a \\ \vdots & \vdots & & \vdots \\ x+(n-1)a & a & \cdots & x \end{vmatrix}$

$$\xlongequal[\text{行列式的值不变}]{\text{第 1 行的 }(-1)\text{ 倍加到以下各行}} \begin{vmatrix} x+(n-1)a & a & \cdots & a \\ 0 & x-a & \cdots & 0 \\ \vdots & \vdots & & \vdots \\ 0 & 0 & \cdots & x-a \end{vmatrix}$$

$= [x+(n-1)a](x-a)^{n-1}$.

(2) $|\boldsymbol{B}| \xlongequal[\text{行列式变号}]{\text{交换第 1 行与第 4 行}} -\begin{vmatrix} 1 & -5 & 3 & -3 \\ -5 & 1 & 3 & -4 \\ 2 & 0 & 1 & -1 \\ 3 & 1 & -1 & 2 \end{vmatrix}$

$$\xlongequal[\text{第 1 行的 }(-3)\text{ 倍加到第 4 行}]{\text{第 1 行的 5 倍加到第 2 行, 第 1 行的 }(-2)\text{ 倍加到第 3 行}} -\begin{vmatrix} 1 & -5 & 3 & -3 \\ 0 & -24 & 18 & -19 \\ 0 & 10 & -5 & 5 \\ 0 & 16 & -10 & 11 \end{vmatrix}$$

$$\xlongequal{\text{交换第 2 行与第 3 行}} \begin{vmatrix} 1 & -5 & 3 & -3 \\ 0 & 10 & -5 & 5 \\ 0 & -24 & 18 & -19 \\ 0 & 16 & -10 & 11 \end{vmatrix}$$

$$\xlongequal{\text{第 2 行的公因数 5 提到行列式外}} 5\begin{vmatrix} 1 & -5 & 3 & -3 \\ 0 & 2 & -1 & 1 \\ 0 & -24 & 18 & -19 \\ 0 & 16 & -10 & 11 \end{vmatrix}$$

$$\xlongequal[\text{第 2 行的 } (-8) \text{ 倍加到第 4 行}]{\text{第 2 行的 12 倍加到第 3 行}} 5\begin{vmatrix} 1 & -5 & 3 & -3 \\ 0 & 2 & -1 & 1 \\ 0 & 0 & 6 & -7 \\ 0 & 0 & -2 & 3 \end{vmatrix}$$

$$\xlongequal{\text{交换第 3 行与第 4 行}} -5\begin{vmatrix} 1 & -5 & 3 & -3 \\ 0 & 2 & -1 & 1 \\ 0 & 0 & -2 & 3 \\ 0 & 0 & 6 & -7 \end{vmatrix}$$

$$\xlongequal{\text{第 3 行的 3 倍加到第 4 行}} -5\begin{vmatrix} 1 & -5 & 3 & -3 \\ 0 & 2 & -1 & 1 \\ 0 & 0 & -2 & 3 \\ 0 & 0 & 0 & 2 \end{vmatrix}$$

$$= -5 \times 1 \times 2 \times (-2) \times 2 = 40.$$

在 MATLAB 的命令窗口中输入以下内容 (包括括号、空格、逗号、分号等符号):

```
B=[3 1 -1 2;-5 1 3 -4;2 0 1 -1;1 -5 3 -3];
det(B).
```

完成输入, 点击“回车”键, 命令窗口中出现如图 4.2 的内容.

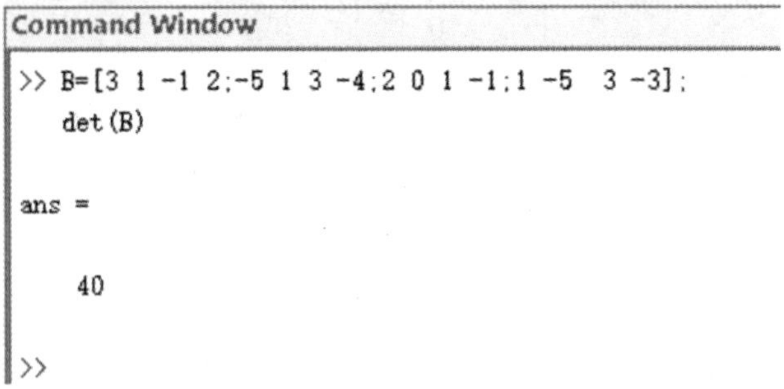
Command Window
>> B=[3 1 -1 2;-5 1 3 -4;2 0 1 -1;1 -5 3 -3];
det(B)
ans =
40
>>

图 4.2

命令窗口中输出的运算结果 (“ans=”), 即为 $|\boldsymbol{B}| = 40$.

练　习　4.1

练习4.1解答

1. 利用二阶行列式的展开计算公式“$\begin{vmatrix} a & b \\ c & d \end{vmatrix} = ad - bc$”, 求下列二阶行列式的值.

(1) $\begin{vmatrix} 2 & 1 \\ -1 & 2 \end{vmatrix}$; (2) $\begin{vmatrix} a & b \\ a^2 & b^2 \end{vmatrix}$;

(3) $\begin{vmatrix} x-1 & 1 \\ x^2 & x^2+x+1 \end{vmatrix}$; (4) $\begin{vmatrix} \dfrac{1-t^2}{1+t^2} & \dfrac{2t}{1+t^2} \\ -\dfrac{2t}{1+t^2} & \dfrac{1-t^2}{1+t^2} \end{vmatrix}$.

2. 计算下列行列式 (尝试利用 MATLAB 的 det 函数验证求得的值).

(1) $\begin{vmatrix} 3 & 1 & -1 & 2 \\ -5 & 1 & 3 & -4 \\ 2 & 0 & 1 & -1 \\ 1 & -5 & 3 & -3 \end{vmatrix}$; (2) $\begin{vmatrix} 2 & 1 & 1 & 1 \\ 1 & 2 & 1 & 1 \\ 1 & 1 & 2 & 1 \\ 1 & 1 & 1 & 2 \end{vmatrix}$; (3) $\begin{vmatrix} 1 & 1 & 1 & 1 \\ -1 & 1 & 1 & 1 \\ -1 & -1 & 1 & 1 \\ -1 & -1 & -1 & 1 \end{vmatrix}$;

(4) $\begin{vmatrix} 1 & 2 & 3 & 4 \\ 2 & 3 & 4 & 1 \\ 3 & 4 & 1 & 2 \\ 4 & 1 & 2 & 3 \end{vmatrix}$; (5) $\begin{vmatrix} 1 & -1 & 2 & 3 \\ 2 & 3 & 4 & 5 \\ 2 & 3 & 6 & 8 \\ 1 & 4 & 2 & 2 \end{vmatrix}$; (6) $\begin{vmatrix} 4 & 3 & 2 & 1 \\ 3 & 3 & 2 & 1 \\ 2 & 2 & 2 & 1 \\ 1 & 1 & 1 & 1 \end{vmatrix}$;

(7) $\begin{vmatrix} 3 & 2 & 0 & 0 \\ 1 & 3 & 2 & 0 \\ 0 & 1 & 3 & 2 \\ 0 & 0 & 1 & 3 \end{vmatrix}$; (8) $\begin{vmatrix} 1 & -5 & 1 & 3 \\ 1 & 3 & 3 & 3 \\ 1 & 1 & 2 & 3 \\ 2 & 3 & 3 & 4 \end{vmatrix}$; (9) $\begin{vmatrix} 1 & 0 & 2 & 3 \\ -1 & 1 & 2 & 0 \\ 1 & 1 & 1 & 1 \\ -1 & 2 & 5 & 4 \end{vmatrix}$.

3. 计算下列行列式 (尝试利用 MATLAB 的 det 函数验证求得的值).

(1) $\begin{vmatrix} 0 & 0 & 0 & 1 \\ 1 & 0 & 0 & 0 \\ 0 & 0 & 1 & 0 \\ 0 & 1 & 0 & 0 \end{vmatrix}$; (2) $\begin{vmatrix} 0 & 0 & 0 & -1 \\ 0 & 2 & 0 & 0 \\ 0 & 0 & 4 & 0 \\ 3 & 0 & 0 & 0 \end{vmatrix}$; (3) $\begin{vmatrix} 0 & 1 & 0 & -1 \\ 0 & 0 & 0 & 1 \\ 1 & 0 & 0 & 0 \\ 0 & 0 & 1 & 0 \end{vmatrix}$;

(4) $\begin{vmatrix} 0 & 2 & 0 & 1 \\ 0 & 0 & 0 & -1 \\ 5 & 0 & 4 & 0 \\ 3 & 0 & 0 & 0 \end{vmatrix}$.

4. 用行列式的性质证明:

(1) $\begin{vmatrix} a_1+kb_1 & a_2+kb_2 & a_3+kb_3 \\ b_1+c_1 & b_2+c_2 & b_3+c_3 \\ c_1 & c_2 & c_3 \end{vmatrix} = \begin{vmatrix} a_1 & a_2 & a_3 \\ b_1 & b_2 & b_3 \\ c_1 & c_2 & c_3 \end{vmatrix}$;

(2) $\begin{vmatrix} b_1+c_1 & b_2+c_2 & b_3+c_3 \\ c_1+a_1 & c_2+a_2 & c_3+a_3 \\ a_1+b_1 & a_2+b_2 & a_3+b_3 \end{vmatrix} = 2\begin{vmatrix} a_1 & a_2 & a_3 \\ b_1 & b_2 & b_3 \\ c_1 & c_2 & c_3 \end{vmatrix}$;

(3) $\begin{vmatrix} a_1 & a_2 & a_3 \\ b_1 & b_2 & b_3 \\ a_1+b_1 & a_2+b_2 & a_3+b_3 \end{vmatrix}=0$; (4) $\begin{vmatrix} a_1 & 0 & 0 \\ b_1 & 0 & 0 \\ c_1 & c_2 & c_3 \end{vmatrix}=0$.

5. 计算下列 n 阶行列式:

(1) $\begin{vmatrix} 0 & 1 & 0 & \cdots & 0 \\ 0 & 0 & 2 & \cdots & 0 \\ \vdots & \vdots & \vdots & & \vdots \\ 0 & 0 & 0 & \cdots & n-1 \\ n & 0 & 0 & \cdots & 0 \end{vmatrix}$; (2) $\begin{vmatrix} 0 & 0 & 1 & 0 & \cdots & 0 \\ 0 & 0 & 0 & 2 & \cdots & 0 \\ \vdots & \vdots & \vdots & \vdots & & \vdots \\ 0 & 0 & 0 & 0 & \cdots & n-2 \\ 0 & n-1 & 0 & 0 & \cdots & 0 \\ n & 0 & 0 & 0 & \cdots & 0 \end{vmatrix}$;

(3) $\begin{vmatrix} x & 1 & 2 & \cdots & n-2 & n-1 \\ 1 & x & 2 & \cdots & n-2 & n-1 \\ 1 & 2 & x & \cdots & n-2 & n-1 \\ \vdots & \vdots & \vdots & & \vdots & \vdots \\ 1 & 2 & 3 & \cdots & x & n-1 \\ 1 & 2 & 3 & \cdots & n-1 & x \end{vmatrix}$; (4) $\begin{vmatrix} 0 & 2 & 3 & \cdots & n-1 & n \\ -1 & 0 & 3 & \cdots & n-1 & n \\ -1 & -2 & 0 & \cdots & n-1 & n \\ \vdots & \vdots & \vdots & & \vdots & \vdots \\ -1 & -2 & -3 & \cdots & 0 & n \\ -1 & -2 & -3 & \cdots & -(n-1) & 0 \end{vmatrix}$;

(5) $\begin{vmatrix} a_1 & 1 & 1 & \cdots & 1 & 1 \\ 1 & a_2 & 0 & \cdots & 0 & 0 \\ 1 & 0 & a_3 & \cdots & 0 & 0 \\ \vdots & \vdots & \vdots & & \vdots & \vdots \\ 1 & 0 & 0 & \cdots & 0 & 0 \\ 1 & 0 & 0 & \cdots & 0 & a_n \end{vmatrix}, a_k \neq 0(k=1,2,\cdots,n)$;

(6) $\begin{vmatrix} 1+a_1 & 1 & \cdots & 1 \\ 1 & 1+a_2 & \cdots & 1 \\ \vdots & \vdots & & \vdots \\ 1 & 1 & \cdots & 1+a_n \end{vmatrix}, a_k \neq 0(k=1,2,\cdots,n)$;

(7) $\begin{vmatrix} -a_1 & a_1 & 0 & \cdots & 0 & 0 \\ 0 & -a_2 & a_2 & \cdots & 0 & 0 \\ \vdots & \vdots & \vdots & & \vdots & \vdots \\ 0 & 0 & 0 & \cdots & -a_{n-1} & a_{n-1} \\ 1 & 1 & 1 & \cdots & 1 & 1 \end{vmatrix}$;

(8) $\begin{vmatrix} x & -1 & 0 & \cdots & 0 & 0 \\ 0 & x & -1 & \cdots & 0 & 0 \\ \vdots & \vdots & \vdots & & \vdots & \vdots \\ 0 & 0 & 0 & \cdots & x & -1 \\ a_0 & a_1 & a_2 & \cdots & a_{n-2} & a_{n-1} \end{vmatrix}$.

4.2　行列式的展开定理

首先给出“余子式”和“代数余子式”的概念.

定义 4.2　设 $\boldsymbol{A}=(a_{ij})_{n\times n}\in\mathbf{R}^{n\times n}$, a_{kl} 是方阵 $\boldsymbol{A}$ 的第 k 行第 l 列的元素, 把元素 a_{kl} 所在的第 k 行和第 l 列删除, 余下的 $(n-1)^2$ 元素按原来的相对位置, 确定一个 $n-1$ 阶行列式, 记为 M_{kl}, 即

$$M_{kl}=\begin{vmatrix} a_{11} & \cdots & a_{1l-1} & a_{1l+1} & \cdots & a_{1n} \\ \vdots & \cdots & \vdots & \vdots & \cdots & \vdots \\ a_{k-11} & \cdots & a_{k-1l-1} & a_{k-1l+1} & \cdots & a_{k-1n} \\ a_{k+11} & \cdots & a_{k+1l-1} & a_{k+1l+1} & \cdots & a_{k+1n} \\ \vdots & \cdots & \vdots & \vdots & \cdots & \vdots \\ a_{n1} & \cdots & a_{nl-1} & a_{nl+1} & \cdots & a_{nn} \end{vmatrix},$$

称 M_{kl} 为元素 a_{kl} 的余子式.

记 $A_{kl}=(-1)^{k+l}M_{kl}$, 称 A_{kl} 为元素 a_{kl} 的代数余子式.

例 4.6　设 3 阶行列式 $|\boldsymbol{A}|=\begin{vmatrix} 1 & -1 & 3 \\ 2 & 1 & 4 \\ -1 & 5 & 2 \end{vmatrix}$, 求它所有元素的余子式和代数余子式.

解　由余子式和代数余子式的定义,

$$M_{11}=\begin{vmatrix} 1 & 4 \\ 5 & 2 \end{vmatrix}=-18,\ M_{12}=\begin{vmatrix} 2 & 4 \\ -1 & 2 \end{vmatrix}=8,\ M_{13}=\begin{vmatrix} 2 & 1 \\ -1 & 5 \end{vmatrix}=11,$$

$$M_{21}=\begin{vmatrix} -1 & 3 \\ 5 & 2 \end{vmatrix}=-17,\ M_{22}=\begin{vmatrix} 1 & 3 \\ -1 & 2 \end{vmatrix}=5,\ M_{23}=\begin{vmatrix} 1 & -1 \\ -1 & 5 \end{vmatrix}=4,$$

$$M_{31}=\begin{vmatrix} -1 & 3 \\ 1 & 4 \end{vmatrix}=-7,\ M_{32}=\begin{vmatrix} 1 & 3 \\ 2 & 4 \end{vmatrix}=-2,\ M_{33}=\begin{vmatrix} 1 & -1 \\ 2 & 1 \end{vmatrix}=3;$$

$$A_{11}=(-1)^2\begin{vmatrix}1&4\\5&2\end{vmatrix}=-18;\ A_{12}=(-1)^3\begin{vmatrix}2&4\\-1&2\end{vmatrix}=-8;$$

$$A_{13}=(-1)^4\begin{vmatrix}2&1\\-1&5\end{vmatrix}=11;\ A_{21}=(-1)^3\begin{vmatrix}-1&3\\5&2\end{vmatrix}=17;$$

$$A_{22}=(-1)^4\begin{vmatrix}1&3\\-1&2\end{vmatrix}=5;\ A_{23}=(-1)^5\begin{vmatrix}1&-1\\-1&5\end{vmatrix}=-4;$$

$$A_{31}=(-1)^4\begin{vmatrix}-1&3\\1&4\end{vmatrix}=-7;\ A_{32}=(-1)^5\begin{vmatrix}1&3\\2&4\end{vmatrix}=2;$$

$$A_{33}=(-1)^6\begin{vmatrix}1&-1\\2&1\end{vmatrix}=3.$$

定理 4.1 (行列式的展开定理) 设 $|\boldsymbol{A}|=\begin{vmatrix}a_{11}&a_{12}&\cdots&a_{1n}\\a_{21}&a_{22}&\cdots&a_{2n}\\\vdots&\vdots&&\vdots\\a_{n1}&a_{n2}&\cdots&a_{nn}\end{vmatrix}$, A_{ij} 是元素 a_{ij} 的代数余子式, $k(1\leqslant k\leqslant n)$ 是任意整数, 则$|\boldsymbol{A}|$ 按第 k 行展开为

$$\begin{vmatrix}a_{11}&a_{12}&\cdots&a_{1n}\\a_{21}&a_{22}&\cdots&a_{2n}\\\vdots&\vdots&&\vdots\\a_{n1}&a_{n2}&\cdots&a_{nn}\end{vmatrix}=a_{k1}A_{k1}+a_{k2}A_{k2}+\cdots+a_{kn}A_{kn}.$$

当 $k\neq l$ 时, $a_{k1}A_{l1}+a_{k2}A_{l2}+\cdots+a_{kn}A_{ln}=0$;
$|\boldsymbol{A}|$ 按第 k 列展开为

$$\begin{vmatrix}a_{11}&a_{12}&\cdots&a_{1n}\\a_{21}&a_{22}&\cdots&a_{2n}\\\vdots&\vdots&&\vdots\\a_{n1}&a_{n2}&\cdots&a_{nn}\end{vmatrix}=a_{1k}A_{1k}+a_{2k}A_{2k}+\cdots+a_{nk}A_{nk}.$$

当 $k\neq l$ 时, $a_{1k}A_{1l}+a_{2k}A_{2l}+\cdots+a_{nk}A_{nl}=0$.
行列式的展开定理也可以表述为下列形式
设 $|\boldsymbol{A}|=\det\left(a_{ij}\right)_{n\times n}$, A_{kl} 是元素 a_{kl} 的代数余子式, $1\leqslant k,l\leqslant n$ 是任意整数. 则

$$a_{k1}A_{l1}+a_{k2}A_{l2}+\cdots+a_{kn}A_{ln}=\begin{cases}|\boldsymbol{A}| & k=l\\0 & k\neq l\end{cases};$$

$$a_{1k}\boldsymbol{A}_{1l}+a_{2k}\boldsymbol{A}_{2l}+\cdots+a_{nk}\boldsymbol{A}_{nl}=\begin{cases}|\boldsymbol{A}| & k=l\\ 0 & k\neq l\end{cases}.$$

例如, 利用 MATLAB 中的 det 函数, 求得例 4.6 中 3 阶行列式 $|\boldsymbol{A}|=23$. 而直接验算得

$$\begin{aligned}
&a_{11}A_{11}+a_{12}A_{12}+a_{13}A_{13}=1\times(-18)+(-1)\times(-8)+3\times 11=23,\\
&a_{21}A_{11}+a_{22}A_{12}+a_{23}A_{13}=2\times(-18)+1\times(-8)+4\times 11=0,\\
&a_{31}A_{11}+a_{32}A_{12}+a_{33}A_{13}=(-1)\times(-18)+5\times(-8)+2\times 11=0.\\
&a_{11}A_{21}+a_{12}A_{22}+a_{13}A_{23}=1\times 17+(-1)\times 5+3\times(-4)=0,\\
&a_{21}A_{21}+a_{22}A_{22}+a_{23}A_{23}=2\times 17+1\times 5+4\times(-4)=23,\\
&a_{31}A_{21}+a_{32}A_{22}+a_{33}A_{23}=(-1)\times 17+5\times 5+2\times(-4)=0.\\
&a_{11}A_{31}+a_{12}A_{32}+a_{13}A_{33}=1\times(-7)+(-1)\times 2+3\times 3=0,\\
&a_{21}A_{31}+a_{22}A_{32}+a_{23}A_{33}=2\times(-7)+1\times 2+4\times 3=0,\\
&a_{31}A_{31}+a_{32}A_{32}+a_{33}A_{33}=(-1)\times(-7)+5\times 2+2\times 3=23.
\end{aligned}$$

所以, 例 4.6 中 3 阶行列式满足 $a_{k1}A_{l1}+a_{k2}A_{l2}+a_{k3}A_{l3}=\begin{cases}23 & k=l\\ 0 & k\neq l\end{cases}$;

直接验算也能得到 $a_{1k}A_{1l}+a_{2k}A_{2l}+a_{3k}A_{3l}=\begin{cases}23 & k=l\\ 0 & k\neq l\end{cases}$.

由矩阵的乘法和行列式的展开定理, 得到下面的关系式:

$$\begin{pmatrix}a_{11} & a_{12} & a_{13}\\ a_{21} & a_{22} & a_{23}\\ a_{31} & a_{32} & a_{33}\end{pmatrix}\begin{pmatrix}A_{11} & A_{21} & A_{31}\\ A_{12} & A_{22} & A_{32}\\ A_{13} & A_{23} & A_{33}\end{pmatrix}=\begin{pmatrix}|\boldsymbol{A}| & 0 & 0\\ 0 & |\boldsymbol{A}| & 0\\ 0 & 0 & |\boldsymbol{A}|\end{pmatrix};$$

直接验算也能得到

$$\begin{pmatrix}A_{11} & A_{21} & A_{31}\\ A_{12} & A_{22} & A_{32}\\ A_{13} & A_{23} & A_{33}\end{pmatrix}\begin{pmatrix}a_{11} & a_{12} & a_{13}\\ a_{21} & a_{22} & a_{23}\\ a_{31} & a_{32} & a_{33}\end{pmatrix}=\begin{pmatrix}|\boldsymbol{A}| & 0 & 0\\ 0 & |\boldsymbol{A}| & 0\\ 0 & 0 & |\boldsymbol{A}|\end{pmatrix}.$$

称矩阵 $\begin{pmatrix}A_{11} & A_{21} & A_{31}\\ A_{12} & A_{22} & A_{32}\\ A_{13} & A_{23} & A_{33}\end{pmatrix}$ 为 $\boldsymbol{A}$ 的伴随矩阵.

定义 4.3　设 $\boldsymbol{A}=\left(a_{ij}\right)_{n\times n}\in\mathbf{R}^{n\times n}$, A_{kl} 是 $|\boldsymbol{A}|$ 的元素 a_{kl} 的代数余子式.

称 n 阶方阵 $\begin{pmatrix}A_{11} & A_{21} & \cdots & A_{n1}\\ A_{12} & A_{22} & \cdots & A_{n2}\\ \vdots & \vdots & & \vdots\\ A_{1n} & A_{2n} & \cdots & A_{nn}\end{pmatrix}$ 为 $\boldsymbol{A}$ 的伴随矩阵, 记作 $\boldsymbol{A}^*$.

由行列式的展开定理, 方阵 $\boldsymbol{A}$ 和它的伴随矩阵 $\boldsymbol{A}^*$ 满足:

定理 4.2 设 $\boldsymbol{A}=\left(a_{ij}\right)_{n\times n}\in\mathbf{R}^{n\times n}$, $\boldsymbol{A}^*$ 是 $\boldsymbol{A}$ 的伴随矩阵, $|\boldsymbol{A}|$ 是 $\boldsymbol{A}$ 的行列式, 则 $\boldsymbol{A}$ 与 $\boldsymbol{A}^*$ 满足 $\boldsymbol{A}\boldsymbol{A}^*=\boldsymbol{A}^*\boldsymbol{A}=|\boldsymbol{A}|\boldsymbol{I}_n$.

任意方阵 $\boldsymbol{A}$ 与其伴随矩阵 $\boldsymbol{A}^*$ 可交换, 且积矩阵 $\boldsymbol{A}\boldsymbol{A}^*=\boldsymbol{A}^*\boldsymbol{A}$ 是以 $|\boldsymbol{A}|$ 为对角元的数量阵.

例如, 例 4.6 中矩阵 $\boldsymbol{A}=\begin{pmatrix}1&-1&3\\2&1&4\\-1&5&2\end{pmatrix}$ 的伴随矩阵 $\boldsymbol{A}^*=\begin{pmatrix}-18&17&-7\\-8&5&2\\11&-4&3\end{pmatrix}$.

在 MATLAB 的命令窗口中输入以下内容 (包括括号、空格、逗号、分号等符号):

A=[1 -1 3;2 1 4;-1 5 2]; B=[-18 17 -7;-8 5 2;11 -4 3];

det(A), det(B), A∗ B, B∗ A,

完成输入, 点击“回车”键, 命令窗口中出现如图 4.3 的内容.

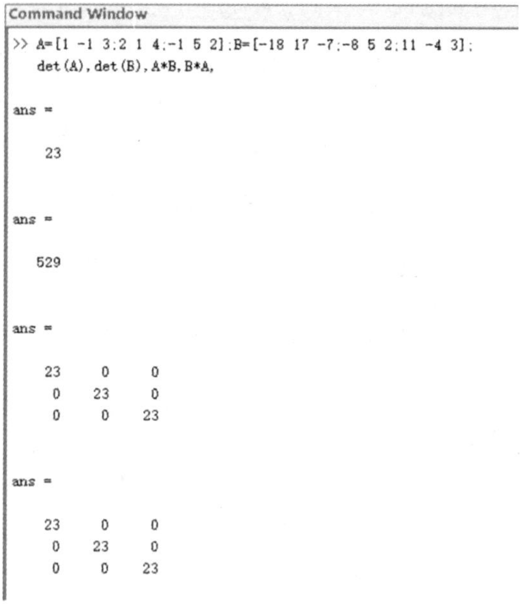
Command Window
>> A=[1 -1 3;2 1 4;-1 5 2];B=[-18 17 -7;-8 5 2;11 -4 3];
det(A),det(B),A*B,B*A,
ans =
23
ans =
529
ans =
23 0 0
0 23 0
0 0 23
ans =
23 0 0
0 23 0
0 0 23

图 4.3

命令窗口中输出的运算结果分别是

$$\det(\boldsymbol{A})=23,\ \det(\boldsymbol{A}^*)=529,\ \boldsymbol{A}\boldsymbol{A}^*=\begin{pmatrix}23&0&0\\0&23&0\\0&0&23\end{pmatrix}=\boldsymbol{A}^*\boldsymbol{A}.$$

若记 $\boldsymbol{C}=\dfrac{1}{23}\boldsymbol{A}^*=\dfrac{1}{|\boldsymbol{A}|}\boldsymbol{A}^*$, 则 $\boldsymbol{C}$ 满足

$$\boldsymbol{AC}=\boldsymbol{A}\left(\frac{1}{23}\boldsymbol{A}^*\right)=\frac{1}{23}(\boldsymbol{AA}^*)=\frac{1}{23}\begin{pmatrix}23&0&0\\0&23&0\\0&0&23\end{pmatrix}=\begin{pmatrix}1&0&0\\0&1&0\\0&0&1\end{pmatrix};$$

$$\boldsymbol{CA}=\left(\frac{1}{23}\boldsymbol{A}^*\right)\boldsymbol{A}=\frac{1}{23}(\boldsymbol{A}^*\boldsymbol{A})=\frac{1}{23}\begin{pmatrix}23&0&0\\0&23&0\\0&0&23\end{pmatrix}=\begin{pmatrix}1&0&0\\0&1&0\\0&0&1\end{pmatrix}.$$

所以, $\boldsymbol{A}$ 是可逆矩阵, 且 $\boldsymbol{A}^{-1}=\boldsymbol{C}=\dfrac{1}{|\boldsymbol{A}|}\boldsymbol{A}^*$.

利用定理 4.2, 可以得到判断方阵 $\boldsymbol{A}$ 是否可逆以及求逆矩阵的另一种方法:

定理 4.3　设 $\boldsymbol{A}\in\mathbf{R}^{n\times n}$, $\boldsymbol{A}^*$ 是 $\boldsymbol{A}$ 的伴随矩阵. 则 $\boldsymbol{A}$ 可逆当且仅当 $|\boldsymbol{A}|\neq 0$, 且 $\boldsymbol{A}^{-1}=\dfrac{1}{|\boldsymbol{A}|}\boldsymbol{A}^*$.

推论 4.1　设 $\boldsymbol{A}\in\mathbf{R}^{n\times n}$, $\boldsymbol{I}$ 是 n 阶单位矩阵, 若存在 $\boldsymbol{B}\in\mathbf{R}^{n\times n}$, 满足 $\boldsymbol{AB}=\boldsymbol{I}$, 则 $\boldsymbol{A}$ 是可逆矩阵, 且 $\boldsymbol{A}^{-1}=\boldsymbol{B}$.

例 4.7　(1) 设 $\boldsymbol{A}=\begin{pmatrix}a&b\\c&d\end{pmatrix}$, 若满足 $ad-bc\neq 0$, 求 $\boldsymbol{A}^{-1}$;

(2) 用 (1) 的结论, 判定下列矩阵是否可逆, 若可逆, 求出它的逆矩阵.

$$\boldsymbol{A}_1=\begin{pmatrix}1&2\\-2&1\end{pmatrix};\ \boldsymbol{A}_2=\begin{pmatrix}1&-1\\-1&1\end{pmatrix};\ \boldsymbol{A}_3=\begin{pmatrix}2&-1\\2&1\end{pmatrix}.$$

解　(1) 因为 $|\boldsymbol{A}|=\begin{vmatrix}a&b\\c&d\end{vmatrix}=ad-bc\neq 0$, 所以 $\boldsymbol{A}$ 可逆. 又因为, $\boldsymbol{A}$ 的每一个元素的代数余子式分别是 $\boldsymbol{A}_{11}=d,\boldsymbol{A}_{12}=-c,\boldsymbol{A}_{21}=-b,\boldsymbol{A}_{22}=a$, 所以, $\boldsymbol{A}$ 的伴随矩阵

$$\boldsymbol{A}^*=\begin{pmatrix}d&-b\\-c&a\end{pmatrix},\ \boldsymbol{A}^{-1}=\frac{1}{|\boldsymbol{A}|}\boldsymbol{A}^*=\begin{pmatrix}\dfrac{d}{ad-bc}&-\dfrac{b}{ad-bc}\\-\dfrac{c}{ad-bc}&\dfrac{a}{ad-bc}\end{pmatrix}.$$

(2) 因为 $|\boldsymbol{A}_1|=\begin{vmatrix}1&2\\-2&1\end{vmatrix}=5\neq 0$, 所以 $\boldsymbol{A}_1$ 是可逆矩阵. 又因为 $\boldsymbol{A}_1$ 的伴随矩阵 $\boldsymbol{A}_1^*=\begin{pmatrix}1&-2\\2&1\end{pmatrix}$, 所以

$$\boldsymbol{A}_1^{-1}=\frac{1}{5}\boldsymbol{A}_1^*=\begin{pmatrix}\dfrac{1}{5}&-\dfrac{2}{5}\\\dfrac{2}{5}&\dfrac{1}{5}\end{pmatrix};$$

因为 $|\boldsymbol{A}_2|=\begin{vmatrix}1&-1\\-1&1\end{vmatrix}=0$, 所以 $\boldsymbol{A}_2$ 是不可逆矩阵.

因为 $|\boldsymbol{A}_3| = \begin{vmatrix} 2 & -1 \\ 2 & 1 \end{vmatrix} = 4 \neq 0$, 所以 $\boldsymbol{A}_3$ 是可逆矩阵. 又因为 $\boldsymbol{A}_3$ 的伴随矩阵

$\boldsymbol{A}_3^* = \begin{pmatrix} 1 & 1 \\ -2 & 2 \end{pmatrix}$, 所以 $\boldsymbol{A}_3^{-1} = \dfrac{1}{4}\boldsymbol{A}_3^* = \begin{pmatrix} \dfrac{1}{4} & \dfrac{1}{4} \\ -\dfrac{1}{2} & \dfrac{1}{2} \end{pmatrix}$.

例 4.8 设 $\boldsymbol{A} = \begin{pmatrix} 1 & -1 & 2 \\ -1 & 2 & 1 \\ 2 & 1 & -1 \end{pmatrix}$. 求 $\boldsymbol{A}$ 的行列式和 $\boldsymbol{A}$ 的伴随矩阵 $\boldsymbol{A}^*$. 在 $\boldsymbol{A}$ 可逆时, 利用伴随矩阵求 $\boldsymbol{A}$ 的逆矩阵, 用 MATLAB 中的 inv 函数, 验证求得的结果.

解 用 MATLAB 求 $\boldsymbol{A}$ 的行列式 $|\boldsymbol{A}|$.

在 MATLAB 的命令窗口中输入以下内容 (包括括号、空格、逗号、分号等符号):

A=[1 -1 2;-1 2 1;2 1 -1]; det(A)

完成输入, 点击“回车”键, 命令窗口中出现如图 4.4 的内容.

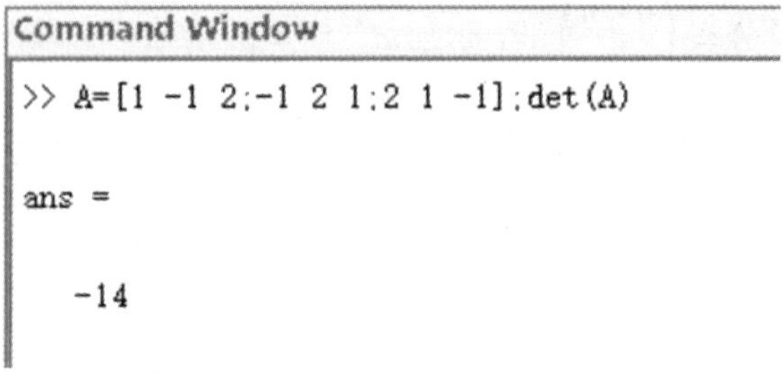
Command Window
>> A=[1 -1 2;-1 2 1;2 1 -1];det(A)
ans =
-14

图 4.4

命令窗口中输出的运算结果: $\det(\boldsymbol{A}) = -14$.

求 $\boldsymbol{A}$ 中每一个元素的代数余子式

$$A_{11} = \begin{vmatrix} 2 & 1 \\ 1 & -1 \end{vmatrix} = -3;\ A_{12} = -\begin{vmatrix} -1 & 1 \\ 2 & -1 \end{vmatrix} = 1;\ A_{13} = \begin{vmatrix} -1 & 2 \\ 2 & 1 \end{vmatrix} = -5;$$

$$A_{21} = -\begin{vmatrix} -1 & 2 \\ 1 & -1 \end{vmatrix} = 1;\ A_{22} = \begin{vmatrix} 1 & 2 \\ 2 & -1 \end{vmatrix} = -5;\ A_{23} = -\begin{vmatrix} 1 & -1 \\ 2 & 1 \end{vmatrix} = -3;$$

$$A_{31} = \begin{vmatrix} -1 & 2 \\ 2 & 1 \end{vmatrix} = -5;\ A_{32} = -\begin{vmatrix} 1 & 2 \\ -1 & 1 \end{vmatrix} = -3;\ A_{33} = \begin{vmatrix} 1 & -1 \\ -1 & 2 \end{vmatrix} = 1.$$

所以,

$$\boldsymbol{A}^* = \begin{pmatrix} \boldsymbol{A}_{11} & \boldsymbol{A}_{21} & \boldsymbol{A}_{31} \\ \boldsymbol{A}_{12} & \boldsymbol{A}_{22} & \boldsymbol{A}_{32} \\ \boldsymbol{A}_{13} & \boldsymbol{A}_{23} & \boldsymbol{A}_{33} \end{pmatrix} = \begin{pmatrix} -3 & 1 & -5 \\ 1 & -5 & -3 \\ -5 & -3 & 1 \end{pmatrix}.$$

因为 $|\boldsymbol{A}| = -14 \neq 0$, 所以 $\boldsymbol{A}$ 是可逆矩阵,

$$\boldsymbol{A}^{-1} = \frac{1}{|\boldsymbol{A}|}\boldsymbol{A}^* = \left(-\frac{1}{14}\right)\begin{pmatrix} -3 & 1 & -5 \\ 1 & -5 & -3 \\ -5 & -3 & 1 \end{pmatrix} = \begin{pmatrix} \frac{3}{14} & -\frac{1}{14} & \frac{5}{14} \\ -\frac{1}{14} & \frac{5}{14} & \frac{3}{14} \\ \frac{5}{14} & \frac{3}{14} & -\frac{1}{14} \end{pmatrix}.$$

在 MATLAB 的命令窗口中输入以下内容 (包括括号、空格、逗号、分号等符号):

format rat

A=[1 -1 2;-1 2 1;2 1 -1]; inv(A)

完成输入, 点击 “回车” 键, 命令窗口中出现如图 4.5 的内容.

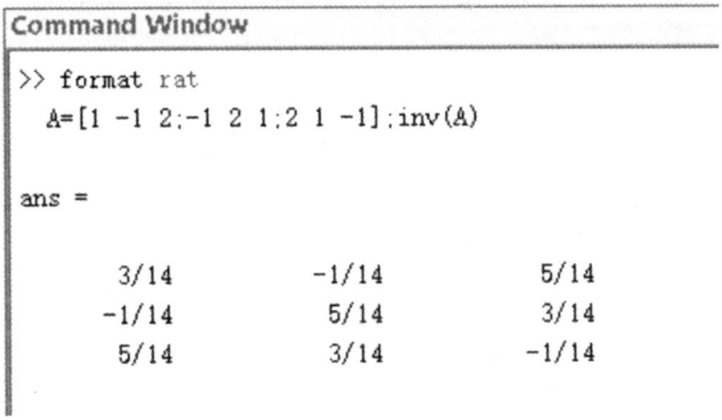

```
Command Window
>> format rat
  A=[1 -1 2;-1 2 1;2 1 -1];inv(A)

ans =

       3/14           -1/14            5/14
      -1/14            5/14            3/14
       5/14            3/14           -1/14
```

图 4.5

命令窗口中输出的运算结果:

$$\boldsymbol{A}^{-1} = \begin{pmatrix} \frac{3}{14} & -\frac{1}{14} & \frac{5}{14} \\ -\frac{1}{14} & \frac{5}{14} & \frac{3}{14} \\ \frac{5}{14} & \frac{3}{14} & -\frac{1}{14} \end{pmatrix}.$$

与计算所求结果一致.

定理 4.4 (Cramer 法则) 设 $\boldsymbol{A} = (a_{ij}) \in \mathbf{R}^{n\times n}$, 若 $|\boldsymbol{A}| \neq 0$, 则线性方程组

$$\begin{cases} a_{11}x_1+a_{12}x_2+\cdots+a_{1n}x_n=b_1 \\ a_{21}x_1+a_{22}x_2+\cdots+a_{2n}x_n=b_2 \\ \cdots\cdots \\ a_{n1}x_1+a_{n2}x_2+\cdots+a_{nn}x_n=b_n \end{cases}$$ 有唯一的解: $$\begin{cases} x_1=\dfrac{|\boldsymbol{A}_1|}{|\boldsymbol{A}|} \\ x_2=\dfrac{|\boldsymbol{A}_2|}{|\boldsymbol{A}|} \\ \cdots \\ x_n=\dfrac{|\boldsymbol{A}_n|}{|\boldsymbol{A}|} \end{cases}$$,其中, $\boldsymbol{A}_k(k=1,2,\cdots,n)$ 是矩阵 $\boldsymbol{A}$ 的第 k 列用常数列替换所得的矩阵.

$$\boldsymbol{A}_k=\begin{pmatrix} a_{11} & \cdots & a_{1k-1} & b_1 & a_{1k+1} & \cdots & a_{1n} \\ a_{21} & \cdots & a_{2k-1} & b_2 & a_{2k+1} & \cdots & a_{2n} \\ \vdots & & \vdots & \vdots & \vdots & & \vdots \\ a_{n1} & \cdots & a_{nk-1} & b_n & a_{nk+1} & \cdots & a_{nn} \end{pmatrix}.$$

注 ① Cramer 法则不仅给出了系数矩阵为方阵的线性方程组 $\boldsymbol{AX}=\boldsymbol{\beta}$ 有唯一解的条件 (系数行列式不为零),也给出了方程组有唯一解时的“求解公式”.

但 Cramer 法则只能判断系数矩阵为方阵的特殊方程, 且需要计算 $n+1$ 个 n 阶行列式, 才可以求出“唯一解”.

② 系数矩阵为方阵的 n 元线性方程组 $\boldsymbol{AX}=\boldsymbol{\beta}$, 若系数行列式 $|\boldsymbol{A}|\neq 0$, 则 $\boldsymbol{A}$ 是可逆矩阵, 方程组有唯一解 $\boldsymbol{X}=\boldsymbol{A}^{-1}\boldsymbol{\beta}$.

③ 系数矩阵为方阵的 n 元线性方程组 $\boldsymbol{AX}=\boldsymbol{\beta}$, 若系数行列式 $|\boldsymbol{A}|=0$, 则方程组可能有解, 也可能无解. 若有解, 则有无穷多解.

例 4.9 用 Cramer 法则解线性方程组 $\begin{cases} 2x_1+x_2+x_3=1 \\ x_1+2x_2+x_3=2 \\ x_1+x_2+2x_3=3 \end{cases}$.

解 利用 MATLAB 中 det 函数,计算方程组的系数行列式 $|\boldsymbol{A}|=\begin{vmatrix} 2 & 1 & 1 \\ 1 & 2 & 1 \\ 1 & 1 & 2 \end{vmatrix}=4.$

系数行列式 $|\boldsymbol{A}|\neq 0$, 方程组有唯一解.

再计算方程组的常数列分别替换 $\boldsymbol{A}$ 中的第 1 列、第 2 列、第 3 列得到的矩阵的行列式.

$$|\boldsymbol{A}_1|=\begin{vmatrix} 1 & 1 & 1 \\ 2 & 2 & 1 \\ 3 & 1 & 2 \end{vmatrix}=-2;\ |\boldsymbol{A}_2|=\begin{vmatrix} 2 & 1 & 1 \\ 1 & 2 & 1 \\ 1 & 3 & 2 \end{vmatrix}=2;\ |\boldsymbol{A}_3|=\begin{vmatrix} 2 & 1 & 1 \\ 1 & 2 & 2 \\ 1 & 1 & 3 \end{vmatrix}=6.$$

所以, 方程组的唯一解 $$\begin{cases} x_1=\dfrac{|\boldsymbol{A}_1|}{|\boldsymbol{A}|}=\dfrac{-2}{4}=-\dfrac{1}{2} \\ x_2=\dfrac{|\boldsymbol{A}_2|}{|\boldsymbol{A}|}=\dfrac{2}{4}=\dfrac{1}{2} \\ x_3=\dfrac{|\boldsymbol{A}_3|}{|\boldsymbol{A}|}=\dfrac{6}{4}=\dfrac{3}{2} \end{cases}.$$

练　习　4.2

练习4.2解答

1. 分别把 3 阶行列式按第 1 行、第 2 行、第 3 行或者按第 1 列、第 2 列、第 3 列展开, 验证:

$$\begin{vmatrix} a_{11} & a_{12} & a_{13} \\ a_{21} & a_{22} & a_{23} \\ a_{31} & a_{32} & a_{33} \end{vmatrix} = a_{11}a_{22}a_{33} + a_{12}a_{23}a_{31} + a_{13}a_{21}a_{32} - a_{13}a_{22}a_{31} - a_{12}a_{21}a_{33} - a_{11}a_{23}a_{32}.$$

按照展开公式, 计算下列 3 阶行列式 (尝试用 MATLAB 验证求得的值).

$$(1)\begin{vmatrix} 2 & 0 & 1 \\ 1 & -4 & -1 \\ -1 & 8 & 3 \end{vmatrix};\quad (2)\begin{vmatrix} 1 & 2 & 3 \\ 0 & 1 & 2 \\ 1 & 1 & 1 \end{vmatrix};\quad (3)\begin{vmatrix} a & b & c \\ b & c & a \\ c & a & b \end{vmatrix};\quad (4)\begin{vmatrix} 0 & a & 0 \\ b & 0 & c \\ 0 & d & 0 \end{vmatrix}.$$

2. 用伴随矩阵求下列可逆矩阵的逆 (尝试用 MATLAB 验证求得的结果).

$$(1)\begin{pmatrix} 1 & -3 & 2 \\ -3 & 0 & 1 \\ 0 & 0 & -1 \end{pmatrix};\quad (2)\begin{pmatrix} 3 & -2 & -5 \\ 2 & -1 & -3 \\ -4 & 0 & 1 \end{pmatrix};\quad (3)\begin{pmatrix} 1 & 1 & 1 & 1 \\ 1 & 1 & -1 & -1 \\ 1 & -1 & 1 & -1 \\ 1 & -1 & -1 & 1 \end{pmatrix}.$$

3. 设 $\boldsymbol{A}=\begin{pmatrix} a_1 & a_2 & a_3 & a_4 & a_5 \\ b_1 & b_2 & b_3 & b_4 & b_5 \\ c_1 & c_2 & 0 & 0 & 0 \\ d_1 & d_2 & 0 & 0 & 0 \\ e_1 & e_2 & 0 & 0 & 0 \end{pmatrix}$, 利用行列式的展开定理, 验证 $\det(\boldsymbol{A})=0$.

4. 设 $\boldsymbol{A}=\begin{pmatrix} 1 & -1 & 1 \\ 1 & 2 & 3 \\ 1 & 3 & 2 \end{pmatrix}$, A_{ij} 是 $\boldsymbol{A}$ 的第 i 行、 j 列元素的代数余子式. 求

(1) $A_{11}+A_{21}+A_{31}$;　(2) $-A_{11}+2A_{21}+3A_{31}$.

5. 设 $\boldsymbol{D}=\begin{pmatrix} 3 & 1 & -1 & 2 \\ -5 & 1 & 3 & -4 \\ 2 & 0 & 1 & -1 \\ 1 & -5 & 3 & -3 \end{pmatrix}$, A_{kl} 是 $\boldsymbol{D}$ 的第 k 行、l 列元素的代数余子式. 求

(1) $A_{31}+3A_{32}-2A_{33}+2A_{34}$;　(2) $A_{14}-A_{24}-A_{34}+A_{44}$.

6. 利用 Cramer 法则求解下列方程组:

(1) $\begin{cases} 2x_1+x_2-5x_3=8 \\ x_1-3x_2=9 \\ 2x_2-x_3=-5 \end{cases}$;　(2) $\begin{cases} x_1+x_2+x_3+x_4=2 \\ x_1+x_2-x_3-x_4=3 \\ x_1-x_2+x_3-x_4=0 \\ x_1-x_2-x_3+x_4=-1 \end{cases}$.

习 题 4

习题4解答

1. 设 5 阶行列式 $|\boldsymbol{D}|=m$, 依次对 $|\boldsymbol{D}|$ 进行以下初等变换：交换第 1 行和第 5 行, 再用 2 乘它的第 3 行, 把第 2 行的 (-2) 倍加到第 4 行, 最后用 $\dfrac{1}{4}$ 乘第 2 行. 求所得新行列式的值.

2. 已知 4 阶行列式 $|\boldsymbol{D}|$ 的第 3 列元素依次是 $-1,2,0,1$, 它们的余子式依次是 $5,3,-7,4$, 求 $|\boldsymbol{D}|$.

3. 由 9 个自然数 $1,2,3,4,5,6,7,8,9$, 能确定 9! 种不同的 3 阶方阵. 求这些矩阵的行列式的最大值.

4. 计算下列行列式:

(1) 10 阶行列式 $\begin{vmatrix} -1 & 1 & 0 & \cdots & 0 & 0 \\ 0 & -2 & 2 & \cdots & 0 & 0 \\ 0 & 0 & -3 & \cdots & 0 & 0 \\ \vdots & \vdots & \vdots & & \vdots & \vdots \\ 0 & 0 & 0 & \cdots & -9 & 9 \\ 1 & 1 & 1 & \cdots & 1 & 1 \end{vmatrix}$;

(2) 2018 阶行列式 $\begin{vmatrix} 2 & 1 & \cdots & 1 & 1 \\ 1 & 2 & \cdots & 1 & 1 \\ \vdots & \vdots & & \vdots & \vdots \\ 1 & 1 & \cdots & 2 & 1 \\ 1 & 1 & \cdots & 1 & 2 \end{vmatrix}$;

(3) 20 阶行列式 $\begin{vmatrix} 21 & 20 & 20 & \cdots & 20 & 20 \\ 20 & 21 & 20 & \cdots & 20 & 20 \\ 20 & 20 & 21 & \cdots & 20 & 20 \\ \vdots & \vdots & \vdots & & \vdots & \vdots \\ 20 & 20 & 20 & \cdots & 21 & 20 \\ 20 & 20 & 20 & \cdots & 20 & 21 \end{vmatrix}$;

(4) $\begin{vmatrix} 2 & 0 & 0 & 0 & 0 & 0 & 2 \\ -1 & 2 & 0 & 0 & 0 & 0 & 2 \\ 0 & -1 & 2 & 0 & 0 & 0 & 2 \\ 0 & 0 & -1 & 2 & 0 & 0 & 2 \\ 0 & 0 & 0 & -1 & 2 & 0 & 2 \\ 0 & 0 & 0 & 0 & -1 & 2 & 2 \\ 0 & 0 & 0 & 0 & 0 & -1 & 2 \end{vmatrix}$;

(5) $\begin{vmatrix} 0 & a & b & 0 \\ a & 0 & 0 & b \\ 0 & c & d & 0 \\ c & 0 & 0 & d \end{vmatrix}$;　(6) $\begin{vmatrix} \lambda & -1 & 0 & 0 \\ 0 & \lambda & -1 & 0 \\ 0 & 0 & \lambda & -1 \\ 4 & 3 & 2 & \lambda+1 \end{vmatrix}$.

5. 设齐次线性方程组 $\begin{cases} kx_1+x_4=0 \\ x_1+2x_2-x_4=0 \\ (k+2)x_1-x_2+4x_4=0 \\ 2x_1+x_2+3x_3+kx_4=0 \end{cases}$ 有非零解, 求 k 的值, 并求出它的解集.

6. λ 为何值时, 以下列矩阵为系数矩阵的齐次线性方程组有非零解? 并求它相应的基础解系.

(1) $\begin{pmatrix} \lambda-1 & -1 & -1 & -1 \\ -1 & \lambda-1 & 1 & 1 \\ -1 & 1 & \lambda-1 & 1 \\ -1 & 1 & 1 & \lambda-1 \end{pmatrix}$;　(2) $\begin{pmatrix} \lambda-1 & -1 & -1 & -1 \\ -1 & \lambda-1 & -1 & -1 \\ -1 & -1 & \lambda-1 & -1 \\ -1 & -1 & -1 & \lambda-1 \end{pmatrix}$.

7. 设矩阵 $\boldsymbol{A}$ 的伴随矩阵 $\boldsymbol{A}^*=\begin{pmatrix} 1 & 0 & 0 & 0 \\ 0 & 1 & 0 & 0 \\ 1 & 0 & 1 & 0 \\ 0 & -3 & 0 & 8 \end{pmatrix}$, $\boldsymbol{I}$ 是 4 阶单位矩阵.

若 $\boldsymbol{ABA}^{-1}=\boldsymbol{BA}^{-1}+3\boldsymbol{I}$, 求矩阵 $\boldsymbol{B}$.

8. 设 $\boldsymbol{A},\boldsymbol{B}$ 都是 3 阶矩阵, $\boldsymbol{I}$ 是三阶单位矩阵, 满足 $\boldsymbol{A}^2\boldsymbol{B}-\boldsymbol{A}-\boldsymbol{B}=\boldsymbol{I}$. 若 $\boldsymbol{A}=\begin{pmatrix} 1 & 0 & 1 \\ 0 & 2 & 0 \\ -2 & 0 & 1 \end{pmatrix}$, 求 $\boldsymbol{B}$ 的行列式.

9. 设 $\boldsymbol{A}=\begin{pmatrix} 2 & 1 & 0 \\ 1 & 2 & 0 \\ 0 & 0 & 1 \end{pmatrix}$, $\boldsymbol{A}^*$ 为 $\boldsymbol{A}$ 的伴随矩阵, $\boldsymbol{I}$ 是单位矩阵. 若矩阵 $\boldsymbol{B}$

满足 $\boldsymbol{ABA}^*=2\boldsymbol{BA}^*+\boldsymbol{I}$, 求 $\boldsymbol{B}$ 的行列式.

10. 设矩阵 $\boldsymbol{A}=\begin{pmatrix}2&1\\-1&2\end{pmatrix}$, $\boldsymbol{I}$ 是 2 阶单位矩阵. 若矩阵 $\boldsymbol{B}$ 满足 $\boldsymbol{BA}=\boldsymbol{B}+\boldsymbol{I}$, 求 $\boldsymbol{B}$ 的行列式.

11. 设 $\boldsymbol{A}$ 为 3 阶方阵, $|\boldsymbol{A}|=3$, $\boldsymbol{A}^*$ 为 $\boldsymbol{A}$ 的伴随矩阵. 若交换 $\boldsymbol{A}$ 的第 1 行与第 2 行得矩阵 $\boldsymbol{B}$, 求 $|\boldsymbol{BA}^*|$.

12. 设 $\boldsymbol{\alpha}_1,\boldsymbol{\alpha}_2,\boldsymbol{\alpha}_3\in\mathbf{R}^3$. 记列分块矩阵 $\boldsymbol{A}=(\boldsymbol{\alpha}_1,\boldsymbol{\alpha}_2,\boldsymbol{\alpha}_3)$, $\boldsymbol{B}=(\boldsymbol{\alpha}_1+\boldsymbol{\alpha}_2+\boldsymbol{\alpha}_3,\boldsymbol{\alpha}_1+2\boldsymbol{\alpha}_2+4\boldsymbol{\alpha}_3,\boldsymbol{\alpha}_1+3\boldsymbol{\alpha}_2+9\boldsymbol{\alpha}_3)$,

若矩阵 $\boldsymbol{A}$ 的行列式 $|\boldsymbol{A}|=1$, 求 $\boldsymbol{B}$ 的行列式.

13. 设 $\boldsymbol{A},\boldsymbol{B}$ 为 3 阶矩阵. 若 $|\boldsymbol{A}|=3$, $|\boldsymbol{B}|=2$, $|\boldsymbol{A}^{-1}+\boldsymbol{B}|=2$, 求 $|\boldsymbol{A}+\boldsymbol{B}^{-1}|$.

14. 设 $\boldsymbol{A}=(a_{ij})$ 是 3 阶非零实方阵, $|\boldsymbol{A}|$ 是 $\boldsymbol{A}$ 的行列式, A_{ij} 是 a_{ij} 的代数余子式. 若 $a_{ij}+A_{ij}=0\ (i,j=1,2,3)$, 求 $|\boldsymbol{A}|$.

15. 设 $\boldsymbol{A},\boldsymbol{B}$ 均为 2 阶矩阵, $\boldsymbol{A}^*,\boldsymbol{B}^*$ 分别是矩阵 $\boldsymbol{A},\boldsymbol{B}$ 的伴随矩阵. 若 $|\boldsymbol{A}|=2,|\boldsymbol{B}|=3$, 求分块矩阵 $\begin{pmatrix}\boldsymbol{0}&\boldsymbol{A}\\\boldsymbol{B}&\boldsymbol{0}\end{pmatrix}$ 的伴随矩阵.

16. 设矩阵 $\boldsymbol{A}=\begin{pmatrix}a&b&b\\b&a&b\\b&b&a\end{pmatrix}$ 的伴随矩阵 $\boldsymbol{A}^*$ 的秩 $r(\boldsymbol{A}^*)=1$, 求 a,b 满足的关系.

17. 设 $\boldsymbol{A}=(\boldsymbol{\alpha}_1\quad\boldsymbol{\alpha}_2\quad\boldsymbol{\alpha}_3\quad\boldsymbol{\alpha}_4)$, $\boldsymbol{A}^*$ 为 $\boldsymbol{A}$ 的伴随矩阵.

若 $\boldsymbol{\alpha}=\begin{pmatrix}1\\0\\1\\0\end{pmatrix}$ 是 $\boldsymbol{AX}=\boldsymbol{0}$ 的基础解系, 求 $\boldsymbol{A}^*\boldsymbol{X}=\boldsymbol{0}$ 的基础解系.

18. 设线性方程组 $\begin{cases}(a_1+b)x_1+a_2x_2+a_3x_3+\cdots+a_nx_n=0\\a_1x_1+(a_2+b)x_2+a_3x_3+\cdots+a_nx_n=0\\a_1x_1+a_2x_2+(a_3+b)x_3+\cdots+a_nx_n=0\\\cdots\cdots\\a_1x_1+a_2x_2+a_3x_3+\cdots+(a_n+b)x_n=0\end{cases}$.

若 $\sum\limits_{i=1}^{n}a_i\neq0$, 试讨论 $a_1,a_2,\cdots,a_n$ 与 b 满足什么关系时,

(1) 方程组仅有零解;

(2) 方程组有非零解. 有非零解时, 求出它的基础解系.

第 5 章　矩阵的等价、相似与合同

5.1　矩阵的等价

利用初等行变换, 化矩阵为标准阶梯形. 利用增广矩阵的标准阶梯形, 讨论线性方程组解的情形和解的结构. 其实, 矩阵也能引入初等列变换:

(1) 交换矩阵的某两列;

(2) 把矩阵的某一列乘非零数;

(3) 把矩阵的某一列的倍数加到另一列.

矩阵的初等行变换和初等列变换, 统称为矩阵的初等变换.

定义 5.1　若矩阵 $\boldsymbol{A}=\left(a_{ij}\right)_{m\times n}$ 经初等变换 (初等行变换和初等列变换) 化得矩阵 $\boldsymbol{B}=\left(b_{ij}\right)_{m\times n}$, 则称矩阵 $\boldsymbol{A}$ 与 $\boldsymbol{B}$ 等价.

“等价”是两个同阶矩阵之间的一种关系. 因为初等变换都是可逆的, 所以,

(1) 任何矩阵都与它自身等价 (反身性);

(2) 若矩阵 $\boldsymbol{A}$ 与 $\boldsymbol{B}$ 等价, 则矩阵 $\boldsymbol{B}$ 与 $\boldsymbol{A}$ 等价 (对称性);

(3) 若矩阵 $\boldsymbol{A}$ 与 $\boldsymbol{B}$ 等价, 矩阵 $\boldsymbol{B}$ 与 $\boldsymbol{C}$ 等价, 则矩阵 $\boldsymbol{A}$ 与 $\boldsymbol{C}$ 等价 (传递性).

假设 $\boldsymbol{A}=\left(a_{ij}\right)_{m\times n}$ 是秩 $r(\boldsymbol{A})=r$ 的矩阵, 若 $\boldsymbol{A}$ 经初等行变换化得的标准阶梯形是 $\boldsymbol{B}$, 则 $\boldsymbol{B}$ 有 r 个主元.

再对 $\boldsymbol{B}$ 实施初等列变换.

把 $\boldsymbol{B}$ 的第 1 行的主元所在的列交换到第 1 列, 第 2 行的主元所在的列交换到第 2 列, $\cdots$, 第 r 行的主元所在的列交换到第 r 列,

$$\boldsymbol{A}\xrightarrow[\text{化为标准阶梯形}]{\text{初等行变换}}\boldsymbol{B}\xrightarrow[\text{交换 }\boldsymbol{B}\text{ 的列}]{}\begin{pmatrix}1&0&\cdots&0&e_{1\,r+1}&\cdots&e_{1n}\\0&1&\cdots&0&e_{1\,r+1}&\cdots&e_{1n}\\\vdots&\vdots&&\vdots&\vdots&&\vdots\\0&0&\cdots&1&e_{r\,r+1}&\cdots&e_{rn}\\0&0&\cdots&0&0&\cdots&0\\\vdots&\vdots&&\vdots&\vdots&&\vdots\\0&0&\cdots&0&0&\cdots&0\end{pmatrix},$$

再把第 1 列至第 r 列的适当倍数分别加到第 $r+1$ 列至第 n 列, 把第 $r+1$ 列到第 n 列的元素全部化为零,

$$\begin{pmatrix}1&0&\cdots&0&e_{1r+1}&\cdots&e_{1n}\\0&1&\cdots&0&e_{1r+1}&\cdots&e_{1n}\\\vdots&\vdots&&\vdots&\vdots&&\vdots\\0&0&\cdots&1&e_{rr+1}&\cdots&e_{rn}\\0&0&\cdots&0&0&\cdots&0\\\vdots&\vdots&&\vdots&\vdots&&\vdots\\0&0&\cdots&0&0&\cdots&0\end{pmatrix}$$

$$\xrightarrow[\text{分别加到第 } r+1 \text{ 列至第 } n \text{ 列}]{\text{第 1 列至第 } r \text{ 列的适当倍数}}\begin{pmatrix}1&0&\cdots&0&0&\cdots&0\\0&1&\cdots&0&0&\cdots&0\\\vdots&\vdots&&\vdots&\vdots&&\vdots\\0&0&\cdots&1&0&\cdots&0\\0&0&\cdots&0&0&\cdots&0\\\vdots&\vdots&&\vdots&\vdots&&\vdots\\0&0&\cdots&0&0&\cdots&0\end{pmatrix}.$$

定理 5.1 设 $\boldsymbol{A}\in\mathbf{R}^{m\times n}$ 的秩 $r(\boldsymbol{A})=r$, 则 $\boldsymbol{A}$ 经初等变换 (初等行变换和初等列变换), 可以化为矩阵 $\begin{pmatrix}\boldsymbol{I}_r&\boldsymbol{0}\\\boldsymbol{0}&\boldsymbol{0}\end{pmatrix}$. 称 $\begin{pmatrix}\boldsymbol{I}_r&\boldsymbol{0}\\\boldsymbol{0}&\boldsymbol{0}\end{pmatrix}$ 为 $\boldsymbol{A}$ 的等价标准形. 秩为 r 的矩阵 $\boldsymbol{A}$ 等价于 $\begin{pmatrix}\boldsymbol{I}_r&\boldsymbol{0}\\\boldsymbol{0}&\boldsymbol{0}\end{pmatrix}$.

矩阵的等价标准形由秩唯一确定. $\mathbf{R}^{m\times n}$ 中秩为 r 的任意矩阵都等价于 $\begin{pmatrix}\boldsymbol{I}_r&\boldsymbol{0}\\\boldsymbol{0}&\boldsymbol{0}\end{pmatrix}_{m\times n}$.

因为矩阵的等价满足对称性和传递性, 所以

推论 5.1 设 $\boldsymbol{A},\boldsymbol{B}\in\mathbf{R}^{m\times n}$, 则 $\boldsymbol{A}$ 与 $\boldsymbol{B}$ 等价当且仅当它们有相同的秩.

例 5.1 设 $\boldsymbol{A}\in\mathbf{R}^{3\times 4}$, 写出 $\boldsymbol{A}$ 的所有可能的等价标准形.

解 3×4 矩阵的秩可能是 $0,1,2,3$, 所以 $\boldsymbol{A}$ 的可能等价标准形有:

秩为 0 的标准形是 $\begin{pmatrix}0&0&0&0\\0&0&0&0\\0&0&0&0\end{pmatrix}$; 秩为 1 的标准形是 $\begin{pmatrix}1&0&0&0\\0&0&0&0\\0&0&0&0\end{pmatrix}$;

秩为 2 的标准形是 $\begin{pmatrix}1&0&0&0\\0&1&0&0\\0&0&0&0\end{pmatrix}$; 秩为 3 的标准形是 $\begin{pmatrix}1&0&0&0\\0&1&0&0\\0&0&1&0\end{pmatrix}$.

矩阵进行初等行变换, 就相当于在矩阵的左侧乘上相应的初等矩阵; 矩阵进行初等列变换, 就相当于在矩阵的右侧乘上相应的初等矩阵.

① 交换矩阵 $\boldsymbol{A}$ 的第 i 列与第 j 列, 得矩阵 $\boldsymbol{B}_1$, 则 $\boldsymbol{B}_1=\boldsymbol{AP}(i,j)$;

② 把 $\boldsymbol{A}$ 的第 i 列乘非零数 c, 得矩阵 $\boldsymbol{B}_2$, 则 $\boldsymbol{B}_2=\boldsymbol{AP}(i(c))$;

③ 把 $\boldsymbol{A}$ 的第 i 列的 k 倍加到第 j 列, 得矩阵 $\boldsymbol{B}_3$, 则 $\boldsymbol{B}_3=\boldsymbol{AP}(j(k),i)$.

注 单位矩阵的第 i 行的 k 倍加到第 j 行得到初等矩阵 $\boldsymbol{P}(i(k),j)$, 而单位矩阵的第 i 列的 k 倍加到第 j 列, 得到初等矩阵是 $\boldsymbol{P}(j(k),i)$. 所以, $\boldsymbol{B}_3$ 是在 $\boldsymbol{A}$ 的右侧乘 $\boldsymbol{P}(j(k),i)$, 而不是乘 $\boldsymbol{P}(i(k),j)$.

定理 5.2 设 $\boldsymbol{A}\in\mathbf{R}^{m\times n}$ 的秩 $r(\boldsymbol{A})=r$. 则存在 m 阶初等矩阵 $\boldsymbol{P}_1,\boldsymbol{P}_2,\cdots,\boldsymbol{P}_s$, n 阶初等矩阵 $\boldsymbol{Q}_1,\boldsymbol{Q}_2,\cdots,\boldsymbol{Q}_t$, 满足 $\boldsymbol{P}_s\cdots\boldsymbol{P}_2\boldsymbol{P}_1\boldsymbol{A}\boldsymbol{Q}_1\boldsymbol{Q}_2\cdots\boldsymbol{Q}_t=\begin{pmatrix}\boldsymbol{I}_r & \boldsymbol{0}\\ \boldsymbol{0} & \boldsymbol{0}\end{pmatrix}_{m\times n}$.

因为初等矩阵之积仍是可逆矩阵, 可逆矩阵都能表成初等矩阵之积. 所以, 定理 5.2 等价于

推论 5.2 设 $\boldsymbol{A}\in\mathbf{R}^{m\times n}$ 的秩 $r(\boldsymbol{A})=r$. 则存在 m 阶可逆矩阵 $\boldsymbol{P}$, n 阶可逆矩阵 $\boldsymbol{Q}$, 满足 $\boldsymbol{PAQ}=\begin{pmatrix}\boldsymbol{I}_r & \boldsymbol{0}\\ \boldsymbol{0} & \boldsymbol{0}\end{pmatrix}_{m\times n}$.

推论 5.3 设 $\boldsymbol{A}\in\mathbf{R}^{m\times n}$ 的秩 $r(\boldsymbol{A})=r$. 则存在 m 阶可逆矩阵 $\boldsymbol{P}$, n 阶可逆矩阵 $\boldsymbol{Q}$, 满足 $\boldsymbol{A}=\boldsymbol{P}\begin{pmatrix}\boldsymbol{I}_r & \boldsymbol{0}\\ \boldsymbol{0} & \boldsymbol{0}\end{pmatrix}_{m\times n}\boldsymbol{Q}$.

练　习　5.1

练习5.1解答

1. 求下列矩阵的等价标准形:

(1) $\begin{pmatrix}1 & -1 & 3\\ -2 & 3 & -11\\ 4 & -5 & 17\end{pmatrix}$; (2) $\begin{pmatrix}1 & -1 & 3 & 2\\ -2 & 3 & -11 & 5\\ 4 & -5 & 17 & 3\end{pmatrix}$; (3) $\begin{pmatrix}1 & -2\\ -3 & -6\\ 2 & -4\end{pmatrix}$.

2. (1) 证明: 任意 4 个 2 阶方阵, 至少有两个是等价的;

(2) 证明: 任意 5 个 3 阶方阵, 至少有两个是等价的;

(3) 至少取多少个 n 阶方阵, 才可以保证至少有两个是等价的. 说明理由.

3. 已知矩阵 $\boldsymbol{A}$, 求可逆矩阵 $\boldsymbol{P},\boldsymbol{Q}$, 满足 $\boldsymbol{PAQ}$ 为标准形.

(1) $\boldsymbol{A}=\begin{pmatrix}1 & 2\\ -1 & -4\end{pmatrix}$; (2) $\boldsymbol{A}=\begin{pmatrix}1 & -1 & 2 & 1\\ 1 & 1 & -3 & 0\\ 2 & 0 & -1 & 1\end{pmatrix}$; (3) $\boldsymbol{A}=\begin{pmatrix}1 & -1\\ 1 & 0\\ 0 & 1\end{pmatrix}$.

4. 举例说明, 仅经过初等行变换, 只能把任意矩阵化为标准阶梯形, 不能把任意矩阵化为等价标准形.

5.2 矩阵的相似

在信息处理、信号传输、电路分析等问题中, 经常会用到矩阵表达的多个变量之间的线性变换.

一般地, 若线性变换在给定"基础变量"下的矩阵是 $\boldsymbol{A}$, 在另一组"基础变量"下的矩阵为 $\boldsymbol{B}$, 则存在两组"基础变量"之间的过渡矩阵 $\boldsymbol{P}$, 满足 $\boldsymbol{P}^{-1}\boldsymbol{A}\boldsymbol{P}=\boldsymbol{B}$. 矩阵之间的这种关系, 称为矩阵的相似.

定义 5.2 设 $\boldsymbol{A},\boldsymbol{B}\in\mathbf{R}^{n\times n}$, 若存在可逆矩阵 $\boldsymbol{P}$, 满足 $\boldsymbol{P}^{-1}\boldsymbol{A}\boldsymbol{P}=\boldsymbol{B}$, 则称 $\boldsymbol{A}$ 与 $\boldsymbol{B}$ 相似. 称 $\boldsymbol{P}$ 为 $\boldsymbol{A}$ 与 $\boldsymbol{B}$ 相似的相似变换矩阵.

矩阵的相似关系是两个同阶方阵之间的一种关系, 满足:

(1) 任何方阵都与它自身相似 (反身性);

(2) 设 $\boldsymbol{A},\boldsymbol{B}\in\mathbf{R}^{n\times n}$, 若 $\boldsymbol{A}$ 与 $\boldsymbol{B}$ 相似, 则 $\boldsymbol{B}$ 与 $\boldsymbol{A}$ 也相似 (对称性);

(3) 设 $\boldsymbol{A},\boldsymbol{B},\boldsymbol{C}\in\mathbf{R}^{n\times n}$, 若 $\boldsymbol{A}$ 与 $\boldsymbol{B}$ 相似, $\boldsymbol{B}$ 与 $\boldsymbol{C}$ 相似, 则 $\boldsymbol{A}$ 与 $\boldsymbol{C}$ 相似 (传递性).

对角阵是一类特殊的方阵, 方阵在满足什么条件时, 才相似于对角阵? 相似于对角阵时, 如何求相似变换矩阵和相似的对角阵? 是本节重点解决的问题.

定义 5.3 设 $\boldsymbol{A}\in\mathbf{R}^{n\times n}$, 若存在可逆矩阵 $\boldsymbol{P}$, 对角阵 $\boldsymbol{D}$, 满足 $\boldsymbol{P}^{-1}\boldsymbol{A}\boldsymbol{P}=\boldsymbol{D}$, 则称 $\boldsymbol{A}$ 可以对角化. 称 $\boldsymbol{D}$ 为矩阵 $\boldsymbol{A}$ 的相似标准形.

若 $\boldsymbol{A}\in\mathbf{R}^{n\times n}$ 可以对角化, 则存在可逆矩阵 $\boldsymbol{P}$、对角矩阵

$$\boldsymbol{D}=\begin{pmatrix}\lambda_1 & 0 & \cdots & 0\\ 0 & \lambda_2 & \cdots & 0\\ \vdots & \vdots & & \vdots\\ 0 & 0 & \cdots & \lambda_n\end{pmatrix},$$

满足

$$\boldsymbol{P}^{-1}\boldsymbol{A}\boldsymbol{P}=\begin{pmatrix}\lambda_1 & 0 & \cdots & 0\\ 0 & \lambda_2 & \cdots & 0\\ \vdots & \vdots & & \vdots\\ 0 & 0 & \cdots & \lambda_n\end{pmatrix},$$

两边左乘 $\boldsymbol{P}$, 得

$$\boldsymbol{AP}=\boldsymbol{P}\begin{pmatrix}\lambda_1 & 0 & \cdots & 0\\ 0 & \lambda_2 & \cdots & 0\\ \vdots & \vdots & & \vdots\\ 0 & 0 & \cdots & \lambda_n\end{pmatrix},$$

把矩阵 $\boldsymbol{P}$ 进行列分块, $\boldsymbol{P}=\begin{pmatrix}\boldsymbol{\eta}_1 & \boldsymbol{\eta}_2 & \cdots & \boldsymbol{\eta}_n\end{pmatrix}$, 按分块矩阵的乘法, 得

$$\boldsymbol{AP}=\boldsymbol{A}\begin{pmatrix}\boldsymbol{\eta}_1 & \boldsymbol{\eta}_2 & \cdots & \boldsymbol{\eta}_n\end{pmatrix}=\begin{pmatrix}\boldsymbol{A\eta}_1 & \boldsymbol{A\eta}_2 & \cdots & \boldsymbol{A\eta}_n\end{pmatrix},$$

$$\boldsymbol{PD}=\begin{pmatrix}\boldsymbol{\eta}_1 & \boldsymbol{\eta}_2 & \cdots & \boldsymbol{\eta}_n\end{pmatrix}\begin{pmatrix}\lambda_1 & 0 & \cdots & 0\\ 0 & \lambda_2 & \cdots & 0\\ \vdots & \vdots & & \vdots\\ 0 & 0 & \cdots & \lambda_n\end{pmatrix}=\begin{pmatrix}\lambda_1\boldsymbol{\eta}_1 & \lambda_2\boldsymbol{\eta}_2 & \cdots & \lambda_n\boldsymbol{\eta}_n\end{pmatrix},$$

所以,

$$\boldsymbol{P}^{-1}\boldsymbol{AP}=\boldsymbol{D}\Leftrightarrow\begin{pmatrix}\boldsymbol{A\eta}_1 & \boldsymbol{A\eta}_2 & \cdots & \boldsymbol{A\eta}_n\end{pmatrix}=\begin{pmatrix}\lambda_1\boldsymbol{\eta}_1 & \lambda_2\boldsymbol{\eta}_2 & \cdots & \lambda_n\boldsymbol{\eta}_n\end{pmatrix}$$
$$\Leftrightarrow\boldsymbol{A\eta}_k=\lambda_k\boldsymbol{\eta}_k\quad(k=1,2,\cdots,n).$$

定义 5.4　设 $\boldsymbol{A}\in\mathbf{R}^{n\times n},\lambda\in\mathbf{R}$, 若存在非零向量 $\boldsymbol{\eta}\in\mathbf{R}^n$, 满足 $\boldsymbol{A\eta}=\lambda\boldsymbol{\eta}$, 则称 λ 是 $\boldsymbol{A}$ 的一个特征值, $\boldsymbol{\eta}$ 是矩阵 $\boldsymbol{A}$ 属于特征值 λ 的一个特征向量.

矩阵 $\boldsymbol{A}$ 相似于对角阵 $\boldsymbol{D}$, 则 $\boldsymbol{D}$ 的对角元素是 $\boldsymbol{A}$ 的特征值, 相似变换矩阵 $\boldsymbol{P}$ 的列向量是 $\boldsymbol{A}$ 的特征向量. 又因为 $\boldsymbol{A\eta}=\lambda\boldsymbol{\eta}\Leftrightarrow(\lambda\boldsymbol{I}_n-\boldsymbol{A})\boldsymbol{\eta}=\boldsymbol{0}$, 所以, λ 是 $\boldsymbol{A}$ 的特征值, 当且仅当 λ 满足齐次线性方程组 $(\lambda\boldsymbol{I}_n-\boldsymbol{A})\boldsymbol{X}=\boldsymbol{0}$ 有非零解. $(\lambda\boldsymbol{I}_n-\boldsymbol{A})\boldsymbol{X}=\boldsymbol{0}$ 的非零解向量 $\boldsymbol{\eta}$, 是 $\boldsymbol{A}$ 属于特征值 λ 相应的特征向量. 而 $(\lambda\boldsymbol{I}_n-\boldsymbol{A})\boldsymbol{X}=\boldsymbol{0}$ 有非零解, 当且仅当系数行列式 $|\lambda\boldsymbol{I}_n-\boldsymbol{A}|=0$, 所以, 满足行列式 $|\lambda\boldsymbol{I}_n-\boldsymbol{A}|=0$ 的 $\lambda=\lambda_0$, 是矩阵 $\boldsymbol{A}$ 的特征值. 把 $\lambda=\lambda_0$ 代入 $(\lambda\boldsymbol{I}_n-\boldsymbol{A})\boldsymbol{X}=\boldsymbol{0}$, 得到的齐次线性方程组 $(\lambda_0\boldsymbol{I}_n-\boldsymbol{A})\boldsymbol{X}=\boldsymbol{0}$ 的非零解向量, 就是矩阵 $\boldsymbol{A}$ 属于特征值 $\lambda=\lambda_0$ 的特征向量.

定义 5.5　设 $\boldsymbol{A}\in\mathbf{R}^{n\times n}$, λ 是变量, $\boldsymbol{I}_n$ 是 n 阶单位矩阵, 矩阵 $\lambda\boldsymbol{I}_n-\boldsymbol{A}$ 的行列式是关于 λ 的 n 次多项式 $f(\lambda)=\det(\lambda\boldsymbol{I}_n-\boldsymbol{A})$, 称为矩阵 $\boldsymbol{A}$ 的特征多项式.

注　矩阵 $\boldsymbol{A}$ 的特征多项式 $f(\lambda)=\det(\lambda\boldsymbol{I}_n-\boldsymbol{A})=0$ 的根 $\lambda=\lambda_0$, 就是 $\boldsymbol{A}$ 的特征值.

特征值 λ_0 相应的齐次线性方程组 $(\lambda_0\boldsymbol{I}_n-\boldsymbol{A})\boldsymbol{X}=\boldsymbol{0}$ 的非零解向量, 就是矩阵 $\boldsymbol{A}$ 属于特征值 λ_0 的所有特征向量.

齐次线性方程组 $(\lambda_0\boldsymbol{I}_n-\boldsymbol{A})\boldsymbol{X}=\boldsymbol{0}$ 的所有解, 都能由它的基础解系的线性组合得到.

所以, 通过以下步骤, 可以求得矩阵 $\boldsymbol{A}$ 的特征值和特征向量:

(1) 计算 n 阶行列式 $f(\lambda)=\det(\lambda\boldsymbol{I}_n-\boldsymbol{A})$, 求得 $\boldsymbol{A}$ 的特征多项式;

(2) 求特征多项式 $f(\lambda)=0$ 的根, 得 $\boldsymbol{A}$ 的全部特征值 $\lambda_1,\lambda_2,\cdots,\lambda_m$;

(3) 把特征值 $\lambda=\lambda_k(k=1,2,\cdots,m)$ 代入 $(\lambda\boldsymbol{I}_n-\boldsymbol{A})\boldsymbol{X}=\boldsymbol{0}$, 得 $(\lambda_k\boldsymbol{I}_n-\boldsymbol{A})\boldsymbol{X}=\boldsymbol{0}$. 求得 $(\lambda_k\boldsymbol{I}_n-\boldsymbol{A})\boldsymbol{X}=\boldsymbol{0}$ 的基础解系 $\boldsymbol{\eta}_{k1},\boldsymbol{\eta}_{k2},\cdots,\boldsymbol{\eta}_{kr_k}$, 为矩阵 $\boldsymbol{A}$ 属于特征值 λ_k 的线性无关的特征向量;

(4) 基础解系 $\boldsymbol{\eta}_{k1},\boldsymbol{\eta}_{k2},\cdots,\boldsymbol{\eta}_{kr_k}$ 的非零组合, 得到 $(\lambda_k\boldsymbol{I}_n-\boldsymbol{A})\boldsymbol{X}=\boldsymbol{0}$ 的全部非零解向量 $\{\boldsymbol{\eta}_k|\boldsymbol{\eta}_k=l_1\boldsymbol{\eta}_{k1}+l_2\boldsymbol{\eta}_{k2}+\cdots+l_{r_k}\boldsymbol{\eta}_{kr_k},(l_1,l_2,\cdots,l_{r_k}$ 不全为零$)\}$, 就是矩阵 $\boldsymbol{A}$ 属于特征值 λ_k 的全部特征向量.

例 5.2 设矩阵 $\boldsymbol{A}=\begin{pmatrix}0&1&0&1\\1&0&1&0\\0&1&0&1\\1&0&1&0\end{pmatrix}$, 求 $\boldsymbol{A}$ 的特征值以及属于每一个特征值的全部特征向量.

解 $\boldsymbol{A}$ 的特征多项式

$$\det(\lambda\boldsymbol{I}_4-\boldsymbol{A})=\begin{vmatrix}\lambda&-1&0&-1\\-1&\lambda&-1&0\\0&-1&\lambda&-1\\-1&0&-1&\lambda\end{vmatrix}$$

$$\xlongequal{\text{各列加到第 1 列}}\begin{vmatrix}\lambda-2&-1&0&-1\\\lambda-2&\lambda&-1&0\\\lambda-2&-1&\lambda&-1\\\lambda-2&0&-1&\lambda\end{vmatrix}$$

$$\xlongequal{\text{第 1 行的 (−1) 倍加到以下各行}}\begin{vmatrix}\lambda-2&-1&0&-1\\0&\lambda+1&-1&1\\0&0&\lambda&0\\0&1&-1&\lambda+1\end{vmatrix}$$

$$\xlongequal{\text{按第 1 列展开}}(\lambda-2)\begin{vmatrix}\lambda+1&-1&1\\0&\lambda&0\\1&-1&\lambda+1\end{vmatrix}$$

$$\xlongequal{\text{按第 2 行展开}}(\lambda-2)\lambda\begin{vmatrix}\lambda+1&1\\1&\lambda+1\end{vmatrix}$$

$$\xlongequal{\text{2 阶行列式直接计算}}(\lambda-2)\lambda[(\lambda+1)^2-1]=\lambda^2(\lambda+2)(\lambda-2).$$

所以, $\boldsymbol{A}$ 有三个不同特征值 $\lambda_1=0,\lambda_2=-2,\lambda_3=2$.

把 $\lambda_1=0$ 代入 $(\lambda\boldsymbol{I}-\boldsymbol{A})\boldsymbol{X}=\boldsymbol{0}$, 得齐次线性方程组

$$\begin{pmatrix}0&-1&0&-1\\-1&0&-1&0\\0&-1&0&-1\\-1&0&-1&0\end{pmatrix}\begin{pmatrix}x_1\\x_2\\x_3\\x_4\end{pmatrix}=\begin{pmatrix}0\\0\\0\\0\end{pmatrix},$$

同解于 $\begin{cases}x_1+x_3=0\\x_2+x_4=0\end{cases}$, 有基础解系 $\boldsymbol{\eta}_1=\begin{pmatrix}-1\\0\\1\\0\end{pmatrix}$, $\boldsymbol{\eta}_2=\begin{pmatrix}0\\-1\\0\\1\end{pmatrix}$, 所以, 属于特征

值 $\lambda_1=0$ 的所有的特征向量为

$$\{k_1\boldsymbol{\eta}_1+k_2\boldsymbol{\eta}_2|k_1,k_2\text{不全为零}\}=\left\{\begin{pmatrix}-k_1\\-k_2\\k_1\\k_2\end{pmatrix}\middle| k_1,k_2\text{不全为零}\right\}.$$

把 $\lambda_2=-2$ 代入 $(\lambda\boldsymbol{I}-\boldsymbol{A})\boldsymbol{X}=\boldsymbol{0}$, 得齐次线性方程组

$$\begin{pmatrix}-2&-1&0&-1\\-1&-2&-1&0\\0&-1&-2&-1\\-1&0&-1&-2\end{pmatrix}\begin{pmatrix}x_1\\x_2\\x_3\\x_4\end{pmatrix}=\begin{pmatrix}0\\0\\0\\0\end{pmatrix},$$

同解于 $\begin{cases}x_1+x_4=0\\x_2-x_4=0\\x_3+x_4=0\end{cases}$, 有基础解系 $\boldsymbol{\eta}_3=\begin{pmatrix}-1\\1\\-1\\1\end{pmatrix}$, 所以, 属于特征值 $\lambda_2=-2$ 的所有特征向量为

$$\{k_3\boldsymbol{\eta}_3|k_3\neq0\}=\left\{\begin{pmatrix}-k_3\\k_3\\-k_3\\k_3\end{pmatrix}\middle| k_3\neq0\right\}.$$

把 $\lambda_3=2$ 代入 $(\lambda\boldsymbol{I}-\boldsymbol{A})\boldsymbol{X}=\boldsymbol{0}$, 得齐次线性方程组

$$\begin{pmatrix}2&-1&0&-1\\-1&2&-1&0\\0&-1&2&-1\\-1&0&-1&2\end{pmatrix}\begin{pmatrix}x_1\\x_2\\x_3\\x_4\end{pmatrix}=\begin{pmatrix}0\\0\\0\\0\end{pmatrix},$$

同解于 $\begin{cases}x_1-x_4=0\\x_2-x_4=0\\x_3-x_4=0\end{cases}$, 有基础解系 $\boldsymbol{\eta}_4=\begin{pmatrix}1\\1\\1\\1\end{pmatrix}$, 所以, 属于特征值 $\lambda_3=2$ 的所有特征向量为

$$\{k_4\boldsymbol{\eta}_4|k_4\neq0\}=\left\{\begin{pmatrix}k_4\\k_4\\k_4\\k_4\end{pmatrix}\middle| k_4\neq0\right\}.$$

注　利用 MATLAB 中的“eig”函数, 可以求得矩阵 $\boldsymbol{A}$ 的特征值和特征向量; 利用“poly”函数, 可以求得 $\boldsymbol{A}$ 的特征多项式.

例如, 在 MATLAB 的命令窗口输入 (包括括号、空格、逗号、分号等符号):

A=[0 1 0 1; 1 0 1 0; 0 1 0 1; 1 0 1 0];
poly(sym(A)), [V D]=eig(sym(A)),
完成输入, 点击 “回车” 键, 命令窗口中出现如图 5.1 的内容.

Command Window
>> A=[0 1 0 1;1 0 1 0;0 1 0 1;1 0 1 0];
poly(sym(A)), [V D]=eig(sym(A)),
ans =
x^4-4*x^2
V =
[1, -1, 0, 1]
[-1, 0, -1, 1]
[1, 1, 0, 1]
[-1, 0, 1, 1]
D =
[-2, 0, 0, 0]
[0, 0, 0, 0]
[0, 0, 0, 0]
[0, 0, 0, 2]

图 5.1

命令窗口中输出的运算结果:
“ans=x^4 − 4 ∗ x^2” , 是 $\boldsymbol{A}$ 的特征多项式 x^4-4x^2;

矩阵 $\boldsymbol{V}=\begin{pmatrix}1&-1&0&1\\-1&0&-1&1\\1&1&0&1\\-1&0&1&1\end{pmatrix}$ 的列向量, 是 $\boldsymbol{A}$ 的特征向量;

矩阵 $\boldsymbol{D}=\begin{pmatrix}-2&0&0&0\\0&0&0&0\\0&0&0&0\\0&0&0&2\end{pmatrix}$ 的对角元素, 是 $\boldsymbol{A}$ 的特征值.

特征值 $-2,0,0,2$ 对应的特征向量依次为 $\boldsymbol{V}$ 的第 1 列、第 2 列、第 3 列、第 4 列. 满足

$$\boldsymbol{A}\begin{pmatrix}1\\-1\\1\\-1\end{pmatrix}=(-2)\begin{pmatrix}1\\-1\\1\\-1\end{pmatrix},\ \boldsymbol{A}\begin{pmatrix}-1\\0\\1\\0\end{pmatrix}=0\begin{pmatrix}-1\\0\\1\\0\end{pmatrix},$$

$$\boldsymbol{A}\begin{pmatrix}0\\-1\\0\\1\end{pmatrix}=0\begin{pmatrix}0\\-1\\0\\1\end{pmatrix},\ \boldsymbol{A}\begin{pmatrix}1\\1\\1\\1\end{pmatrix}=2\begin{pmatrix}1\\1\\1\\1\end{pmatrix}.$$

所以, $\boldsymbol{AV}=\boldsymbol{A}\begin{pmatrix}1&-1&0&1\\-1&0&-1&1\\1&1&0&1\\-1&0&1&1\end{pmatrix}$,

$$\overset{\text{矩阵 }\boldsymbol{V}\text{ 列分块}}{=\!=\!=\!=}\boldsymbol{A}\left(\begin{pmatrix}1\\-1\\1\\-1\end{pmatrix}\quad\begin{pmatrix}-1\\0\\1\\0\end{pmatrix}\quad\begin{pmatrix}0\\-1\\0\\1\end{pmatrix}\quad\begin{pmatrix}1\\1\\1\\1\end{pmatrix}\right)$$

$$\overset{\text{分块矩阵的乘法}}{=\!=\!=\!=}\left(\boldsymbol{A}\begin{pmatrix}1\\-1\\1\\-1\end{pmatrix}\quad\boldsymbol{A}\begin{pmatrix}-1\\0\\1\\0\end{pmatrix}\quad\boldsymbol{A}\begin{pmatrix}0\\-1\\0\\1\end{pmatrix}\quad\boldsymbol{A}\begin{pmatrix}1\\1\\1\\1\end{pmatrix}\right)$$

$$=\left((-2)\begin{pmatrix}1\\-1\\1\\-1\end{pmatrix}\quad 0\begin{pmatrix}-1\\0\\1\\0\end{pmatrix}\quad 0\begin{pmatrix}0\\-1\\0\\1\end{pmatrix}\quad 2\begin{pmatrix}1\\1\\1\\1\end{pmatrix}\right)$$

$$=\begin{pmatrix}1&-1&0&1\\-1&0&-1&1\\1&1&0&1\\-1&0&1&1\end{pmatrix}\begin{pmatrix}-2&0&0&0\\0&0&0&0\\0&0&0&0\\0&0&0&2\end{pmatrix}$$

$$=\boldsymbol{V}\begin{pmatrix}-2&0&0&0\\0&0&0&0\\0&0&0&0\\0&0&0&2\end{pmatrix}.$$

利用 MATLAB 的 det 函数, 求得 $|\boldsymbol{V}|=8(\neq 0)$, 所以, $\boldsymbol{V}$ 是可逆矩阵.

在 $\boldsymbol{AV}=\boldsymbol{V}\begin{pmatrix}-2&0&0&0\\0&0&0&0\\0&0&0&0\\0&0&0&2\end{pmatrix}$ 的两侧左乘 $\boldsymbol{V}^{-1}$, 得

$$\boldsymbol{V}^{-1}\boldsymbol{AV}=\begin{pmatrix}-2&0&0&0\\0&0&0&0\\0&0&0&0\\0&0&0&2\end{pmatrix},$$

所以, 矩阵 $\boldsymbol{A}$ 相似于对角阵 $\begin{pmatrix}-2&0&0&0\\0&0&0&0\\0&0&0&0\\0&0&0&2\end{pmatrix}$.

一般地, 若 $\boldsymbol{A}\in\mathbf{R}^{n\times n}$ 有 n 个线性无关特征向量 $\boldsymbol{\eta}_1,\boldsymbol{\eta}_2,\cdots,\boldsymbol{\eta}_n$, $\boldsymbol{A}\boldsymbol{\eta}_k=\lambda_k\boldsymbol{\eta}_k(k=1,2,\cdots,n)$. 以 $\boldsymbol{\eta}_1,\boldsymbol{\eta}_2,\cdots,\boldsymbol{\eta}_n$ 为列构作列分块矩阵 $\boldsymbol{P}=(\boldsymbol{\eta}_1\quad\boldsymbol{\eta}_2\quad\cdots\quad\boldsymbol{\eta}_n)$. 因为 $\boldsymbol{\eta}_1,\boldsymbol{\eta}_2,\cdots,\boldsymbol{\eta}_n$ 线性无关, 所以 $\boldsymbol{P}$ 是可逆矩阵. 又因为

$$\begin{aligned}\boldsymbol{AP}&=\boldsymbol{A}(\boldsymbol{\eta}_1\quad\boldsymbol{\eta}_2\quad\cdots\quad\boldsymbol{\eta}_n)=(\boldsymbol{A\eta}_1\quad\boldsymbol{A\eta}_2\quad\cdots\quad\boldsymbol{A\eta}_n)\\&=(\lambda_1\boldsymbol{\eta}_1\quad\lambda_2\boldsymbol{\eta}_2\quad\cdots\quad\lambda_n\boldsymbol{\eta}_n)\\&=(\boldsymbol{\eta}_1\quad\boldsymbol{\eta}_2\quad\cdots\quad\boldsymbol{\eta}_n)\begin{pmatrix}\lambda_1&0&\cdots&0\\0&\lambda_2&\cdots&0\\\vdots&\vdots&&\vdots\\0&0&\cdots&\lambda_n\end{pmatrix}=\boldsymbol{P}\begin{pmatrix}\lambda_1&0&\cdots&0\\0&\lambda_2&\cdots&0\\\vdots&\vdots&&\vdots\\0&0&\cdots&\lambda_n\end{pmatrix},\end{aligned}$$

所以,

$$\boldsymbol{P}^{-1}\boldsymbol{AP}=\begin{pmatrix}\lambda_1&0&\cdots&0\\0&\lambda_2&\cdots&0\\\vdots&\vdots&&\vdots\\0&0&\cdots&\lambda_n\end{pmatrix},$$

$\boldsymbol{A}$ 相似于对角阵, 可以对角化.

定理 5.3 设 $\boldsymbol{A}\in\mathbf{R}^{n\times n}$.$\boldsymbol{A}$ 可以对角化当且仅当 $\boldsymbol{A}$ 有 n 个线性无关的特征向量. 若 $\boldsymbol{A}$ 属于特征值 $\lambda_1,\lambda_2,\cdots,\lambda_n$ 的线性无关的特征向量分别为 $\boldsymbol{\eta}_1,\boldsymbol{\eta}_2,\cdots,\boldsymbol{\eta}_n$, 以 $\boldsymbol{\eta}_1,\boldsymbol{\eta}_2,\cdots,\boldsymbol{\eta}_n$ 为列向量构作分块矩阵 $\boldsymbol{P}=(\boldsymbol{\eta}_1\quad\boldsymbol{\eta}_2\quad\cdots\quad\boldsymbol{\eta}_n)$, 则

$$\boldsymbol{P}^{-1}\boldsymbol{AP}=\begin{pmatrix}\lambda_1&0&\cdots&0\\0&\lambda_2&\cdots&0\\\vdots&\vdots&&\vdots\\0&0&\cdots&\lambda_n\end{pmatrix}.$$

矩阵的特征值和特征向量还满足:

(1) 同一个矩阵属于不同特征值的线性无关的特征向量组成的向量组仍线性无关.

假设 $\lambda_1,\lambda_2,\cdots,\lambda_s$ 是 $\boldsymbol{A}$ 的 s 个不同特征值, $\boldsymbol{\eta}_{i1},\boldsymbol{\eta}_{i2},\cdots,\boldsymbol{\eta}_{ir_i}$ 是 $\boldsymbol{A}$ 属于特征值 λ_i 的 r_i 个线性无关的特征向量 $(i=1,2,\cdots,s)$, 则向量组 $\boldsymbol{\eta}_{11},\boldsymbol{\eta}_{12},\cdots,\boldsymbol{\eta}_{1r_1},\boldsymbol{\eta}_{21},\boldsymbol{\eta}_{22},\cdots,\boldsymbol{\eta}_{2r_2},\cdots,\boldsymbol{\eta}_{s1},\boldsymbol{\eta}_{s2},\cdots,\boldsymbol{\eta}_{sr_s}$ 仍线性无关.

(2) 属于同一个特征值的特征向量的非零组合仍是特征向量.

假设 $\boldsymbol{\eta}_1,\boldsymbol{\eta}_2$ 是矩阵 $\boldsymbol{A}$ 属于特征值 λ_0 的两个特征向量, k,l 是两个数, 若 $k\boldsymbol{\eta}_1+l\boldsymbol{\eta}_2\neq 0$, 则 $k\boldsymbol{\eta}_1+l\boldsymbol{\eta}_2$ 仍是 $\boldsymbol{A}$ 属于特征值 λ_0 的特征向量.

(3) 相似矩阵有相同的特征多项式, 从而有相同的特征值.

假设 $\boldsymbol{A},\boldsymbol{B}\in\mathbf{R}^{n\times n}$ 且 $\boldsymbol{A}$ 与 $\boldsymbol{B}$ 相似, 则存在可逆矩阵 $\boldsymbol{P}$, 满足 $\boldsymbol{P}^{-1}\boldsymbol{AP}=\boldsymbol{B}$, 所以, $|\lambda\boldsymbol{I}-\boldsymbol{B}|=|\lambda\boldsymbol{I}-\boldsymbol{P}^{-1}\boldsymbol{AP}|=|\boldsymbol{P}^{-1}(\lambda\boldsymbol{I}-\boldsymbol{A})\boldsymbol{P}|=|\boldsymbol{P}^{-1}||\lambda\boldsymbol{I}-\boldsymbol{A}||\boldsymbol{P}|=|\lambda\boldsymbol{I}-\boldsymbol{A}|$, $\boldsymbol{A},\boldsymbol{B}$ 有相同的特征多项式, 从而有相同的特征值.

(4) 相似矩阵有相同的行列式.

因为：若方阵 $\boldsymbol{A}$ 与 $\boldsymbol{B}$ 相似, 则存在可逆矩阵 $\boldsymbol{P}$, 满足 $\boldsymbol{P}^{-1}\boldsymbol{A}\boldsymbol{P}=\boldsymbol{B}$.

两边同时取行列式, 则 $|\boldsymbol{P}^{-1}\boldsymbol{A}\boldsymbol{P}|=|\boldsymbol{B}|$. 又因为矩阵乘积的行列式等于行列式的乘积, 所以 $|\boldsymbol{B}|=|\boldsymbol{P}^{-1}||\boldsymbol{A}||\boldsymbol{P}|=|\boldsymbol{P}|^{-1}|\boldsymbol{P}||\boldsymbol{A}|=|\boldsymbol{A}|$. 所以,

(5) 若 n 阶方阵 $\boldsymbol{A}$ 有 n 个不同的特征值, 则 $\boldsymbol{A}$ 一定可以对角化.

因为：若 n 阶方阵有 n 个不同特征值, 而属于不同特征值的特征向量一定线性无关, 从而 $\boldsymbol{A}$ 有 n 个线性无关的特征向量, 所以, $\boldsymbol{A}$ 可以对角化.

注　有相同特征值的两个同阶方阵不一定相似.

例如, 设 $\boldsymbol{I}_2=\begin{pmatrix}1&0\\0&1\end{pmatrix}$ 是单位矩阵. 则任意的 2 阶可逆矩阵 $\boldsymbol{P}$, 都满足 $\boldsymbol{P}^{-1}\boldsymbol{I}_2\boldsymbol{P}=\boldsymbol{I}_2$. 所以, 与 $\boldsymbol{I}_2$ 相似的矩阵只有它自身;

$\boldsymbol{A}=\begin{pmatrix}1&1\\0&1\end{pmatrix}$ 不是单位矩阵, $\boldsymbol{I}_2$ 与 $\boldsymbol{A}$ 不相似.

$\boldsymbol{I}_2$ 的特征多项式 $|\lambda\boldsymbol{I}-\boldsymbol{I}_2|=\begin{vmatrix}\lambda-1&0\\0&\lambda-1\end{vmatrix}=(\lambda-1)^2$, $\boldsymbol{A}$ 的特征多项式 $|\lambda\boldsymbol{I}-\boldsymbol{A}|=\begin{vmatrix}\lambda-1&-1\\0&\lambda-1\end{vmatrix}=(\lambda-1)^2$, $\boldsymbol{I}_2$, $\boldsymbol{A}$ 有相同的特征多项式, 有相同的特征值, 但 $\boldsymbol{I}_2$ 与 $\boldsymbol{A}$ 不相似.

判断方阵 $\boldsymbol{A}$ 是否可以对角化, 并在 $\boldsymbol{A}$ 可对角化时, 求出满足 $\boldsymbol{P}^{-1}\boldsymbol{A}\boldsymbol{P}=\boldsymbol{D}$ 的相似变换矩阵 $\boldsymbol{P}$ 和对角矩阵 $\boldsymbol{D}$ 的一般步骤:

(1) 求 $\boldsymbol{A}$ 的特征多项式 $\det(\lambda\boldsymbol{I}-\boldsymbol{A})$;

(2) 求 $\boldsymbol{A}$ 的全部特征值 (特征多项式 $\det(\lambda\boldsymbol{I}-\boldsymbol{A})=0$ 的根), 求得不同的特征值 $\lambda_1,\lambda_2,\cdots,\lambda_s$;

(3) 把 $\lambda=\lambda_i(i=1,2,\cdots,s)$ 代入 $(\lambda\boldsymbol{I}-\boldsymbol{A})\boldsymbol{X}=\boldsymbol{0}$, 得齐次线性方程组 $(\lambda_i\boldsymbol{I}-\boldsymbol{A})\boldsymbol{X}=\boldsymbol{0}$, 求得基础解系 (设基础解系为 $\boldsymbol{\eta}_{i1},\boldsymbol{\eta}_{i2},\cdots,\boldsymbol{\eta}_{ir_i}$);

(4) $\boldsymbol{A}$ 的线性无关的特征向量组为 $\boldsymbol{\eta}_{11},\boldsymbol{\eta}_{12},\cdots,\boldsymbol{\eta}_{1r_1},\boldsymbol{\eta}_{21},\boldsymbol{\eta}_{22},\cdots,\boldsymbol{\eta}_{2r_2},\cdots,\boldsymbol{\eta}_{s1},\boldsymbol{\eta}_{s2},\cdots,\boldsymbol{\eta}_{sr_s}$.

若 $r_1+r_2+\cdots+r_s=n$, $\boldsymbol{A}$ 有 n 个线性无关的特征向量, $\boldsymbol{A}$ 可以对角化;

若 $r_1+r_2+\cdots+r_s<n$, $\boldsymbol{A}$ 的线性无关的特征向量个数小于 n, $\boldsymbol{A}$ 不可以对角化;

(5) $\boldsymbol{A}$ 可以对角化时, 以 $\boldsymbol{\eta}_{11},\boldsymbol{\eta}_{12},\cdots,\boldsymbol{\eta}_{1r_1},\boldsymbol{\eta}_{21},\boldsymbol{\eta}_{22},\cdots,\boldsymbol{\eta}_{2r_2},\cdots,\boldsymbol{\eta}_{s1},\boldsymbol{\eta}_{s2},\cdots,\boldsymbol{\eta}_{sr_s}$ 为列向量构作矩阵 $\boldsymbol{P}=\begin{pmatrix}\boldsymbol{\eta}_{11}&\cdots&\boldsymbol{\eta}_{1r_1}&\boldsymbol{\eta}_{21}&\cdots&\boldsymbol{\eta}_{2r_2}&\cdots&\boldsymbol{\eta}_{s1}&\cdots&\boldsymbol{\eta}_{sr_s}\end{pmatrix}$, 则 $\boldsymbol{P}$ 是可逆矩阵 (以 $\boldsymbol{A}$ 的线性无关的特征向量为列的方阵), 且

$$\boldsymbol{P}^{-1}\boldsymbol{A}\boldsymbol{P}=\begin{pmatrix}\lambda_1\boldsymbol{I}_{r_1}&0&\cdots&0\\0&\lambda_2\boldsymbol{I}_{r_2}&\cdots&0\\\vdots&\vdots&&\vdots\\0&0&\cdots&\lambda_s\boldsymbol{I}_{r_s}\end{pmatrix},$$

$\boldsymbol{I}_{r_k}$ 是 r_k 阶单位矩阵.

例 5.3 设 $\boldsymbol{A}=\begin{pmatrix}1 & 2\\ -1 & 4\end{pmatrix}$, 求 $\boldsymbol{A}$ 的特征值与特征向量, 并判断 $\boldsymbol{A}$ 是否可以对角化. 可对角化时, 求满足 $\boldsymbol{P}^{-1}\boldsymbol{A}\boldsymbol{P}=\boldsymbol{D}$ 的可逆矩阵 $\boldsymbol{P}$ 和对角阵 $\boldsymbol{D}$.

解 $\boldsymbol{A}$ 的特征多项式

$$|\lambda\boldsymbol{I}_2-\boldsymbol{A}|=\begin{vmatrix}\lambda-1 & -2\\ 1 & \lambda-4\end{vmatrix}=(\lambda-1)(\lambda-4)-1\times(-2)=(\lambda-2)(\lambda-3),$$

所以, $\boldsymbol{A}$ 有两个不同特征值 $\lambda_1=2,\lambda_2=3$.

2 阶方阵 $\boldsymbol{A}$ 有两个不同特征值, $\boldsymbol{A}$ 可以对角化.

把 $\lambda_1=2$ 代入 $(\lambda\boldsymbol{I}_2-\boldsymbol{A})\boldsymbol{X}=\boldsymbol{0}$, 得齐次线性方程组 $\begin{cases}x_1-2x_2=0\\ x_1-2x_2=0\end{cases}$, 同解于 $x_1-2x_2=0$, 有基础解系 $\boldsymbol{\eta}_1=\begin{pmatrix}2\\1\end{pmatrix}$, 所以, $\boldsymbol{A}$ 属于特征值 $\lambda_1=2$ 的线性无关的特征向量为 $\boldsymbol{\eta}_1=\begin{pmatrix}2\\1\end{pmatrix}$;

把 $\lambda_2=3$ 代入 $(\lambda\boldsymbol{I}_2-\boldsymbol{A})\boldsymbol{X}=\boldsymbol{0}$, 得齐次线性方程组 $\begin{cases}2x_1-2x_2=0\\ x_1-x_2=0\end{cases}$, 同解于 $x_1-x_2=0$, 有基础解系 $\boldsymbol{\eta}_2=\begin{pmatrix}1\\1\end{pmatrix}$, 所以, $\boldsymbol{A}$ 属于特征值 $\lambda_2=3$ 的线性无关的特征向量为 $\boldsymbol{\eta}_2=\begin{pmatrix}1\\1\end{pmatrix}$; 取 $\boldsymbol{P}=\begin{pmatrix}2 & 1\\ 1 & 1\end{pmatrix}$, 则

$$\boldsymbol{P}^{-1}\boldsymbol{A}\boldsymbol{P}=\begin{pmatrix}2 & 0\\ 0 & 3\end{pmatrix}.$$

例 5.4 设 $\boldsymbol{A}=\begin{pmatrix}2 & -2 & 2\\ -2 & -1 & 4\\ 2 & 4 & -1\end{pmatrix}$, 求 $\boldsymbol{A}$ 的特征值与特征向量, 并判断 $\boldsymbol{A}$ 是否可以对角化. 可对角化时, 求满足 $\boldsymbol{P}^{-1}\boldsymbol{A}\boldsymbol{P}=\boldsymbol{D}$ 的可逆矩阵 $\boldsymbol{P}$ 和对角矩阵 $\boldsymbol{D}$.

解 利用 MATLAB 中的 eig 函数, 可以同时求得矩阵的线性无关的特征向量和相应的特征值.

在 MATLAB 的命令窗口中输入 (包括括号、空格、逗号、分号等符号):

```
A=[2 -2 2;-2 -1 4;2 4 -1];
[V D]=eig(sym(A))
```

完成输入, 点击“回车”键, 命令窗口中出现如图 5.2 的内容.

```
Command Window
>> A=[2 -2 2;-2 -1 4;2 4 -1];
   [V D]=eig(sym(A))

V =

[   -2,      2, -1/2]
[    1,      0,   -1]
[    0,      1,    1]



D =

[ 3,  0,  0]
[ 0,  3,  0]
[ 0,  0, -6]
```

图 5.2

命令窗口中输出的运算结果:

矩阵 $\boldsymbol{V}=\begin{pmatrix}-2&2&-\dfrac{1}{2}\\1&0&-1\\0&1&1\end{pmatrix}$ 的列向量, 是 $\boldsymbol{A}$ 的线性无关的特征向量;

矩阵 $\boldsymbol{D}=\begin{pmatrix}3&0&0\\0&3&0\\0&0&-6\end{pmatrix}$ 的对角元素, 是 $\boldsymbol{A}$ 的特征值; 满足:

$$\boldsymbol{A}\begin{pmatrix}-2\\1\\0\end{pmatrix}=3\begin{pmatrix}-2\\1\\0\end{pmatrix},\ \boldsymbol{A}\begin{pmatrix}2\\0\\1\end{pmatrix}=3\begin{pmatrix}2\\0\\1\end{pmatrix},\ \boldsymbol{A}\begin{pmatrix}-\dfrac{1}{2}\\-1\\1\end{pmatrix}=(-6)\begin{pmatrix}-\dfrac{1}{2}\\-1\\1\end{pmatrix},$$

3 阶矩阵 $\boldsymbol{A}$ 有 3 个线性无关的特征向量, $\boldsymbol{A}$ 可以对角化.

取 $\boldsymbol{P}=\boldsymbol{V}=\begin{pmatrix}-2&2&-\dfrac{1}{2}\\1&0&-1\\0&1&1\end{pmatrix}$, 则 $\boldsymbol{P}^{-1}\boldsymbol{A}\boldsymbol{P}=\begin{pmatrix}3&0&0\\0&3&0\\0&0&-6\end{pmatrix}$.

注　假设 $\boldsymbol{A}$ 可以对角化, 若相似变换矩阵 $\boldsymbol{P}$ 的第 $k(k=1,2,\cdots,n)$ 列相应的特征值是 λ_k, 则对角阵 $\boldsymbol{P}^{-1}\boldsymbol{A}\boldsymbol{P}$ 的第 k 个对角元素是 λ_k.

例如, 例 5.4 中,

若取 $P_1=\begin{pmatrix}-2 & -\frac{1}{2} & 2\\ 1 & -1 & 0\\ 0 & 1 & 1\end{pmatrix}$, 则 $P_1^{-1}AP_1=\begin{pmatrix}3 & 0 & 0\\ 0 & -6 & 0\\ 0 & 0 & 3\end{pmatrix}$;

若取 $P_2=\begin{pmatrix}-\frac{1}{2} & -2 & 2\\ -1 & 1 & 0\\ 1 & 0 & 1\end{pmatrix}$, 则 $P_2^{-1}AP_2=\begin{pmatrix}-6 & 0 & 0\\ 0 & 3 & 0\\ 0 & 0 & 3\end{pmatrix}$.

例 5.5 设 $A=\begin{pmatrix}2 & 0 & -1\\ 0 & -1 & 0\\ 0 & 0 & 2\end{pmatrix}$, 求 A 的特征值与特征向量, 并判断 A 是否可以对角化.

可对角化时, 求满足 $P^{-1}AP=D$ 的可逆矩阵 P 和对角矩阵 D.

解 A 的特征多项式

$$\det(\lambda I_3-A)=\begin{vmatrix}\lambda-2 & 0 & 1\\ 0 & \lambda+1 & 0\\ 0 & 0 & \lambda-2\end{vmatrix}=(\lambda-2)^2(\lambda+1),$$

所以, A 有两个不同特征值 $\lambda_1=2,\lambda_2=-1$.

把 $\lambda_1=2$ 代入 $(\lambda I_3-A)X=0$, 得齐次线性方程组

$$\begin{cases}0x_1+0x_2+x_3=0\\ 0x_1+3x_2+0x_3=0\\ 0x_1+0x_2+0x_3=0\end{cases},$$

有基础解系 $\eta_1=\begin{pmatrix}1\\0\\0\end{pmatrix}$, 所以, A 属于特征值 $\lambda_1=2$ 的线性无关的特征向量只有 1 个 η_1;

把 $\lambda_2=-1$ 代入 $(\lambda I_3-A)X=0$, 得齐次线性方程组

$$\begin{cases}-3x_1+0x_2+x_3=0\\ 0x_1+0x_2+0x_3=0\\ 0x_1+0x_2-3x_3=0\end{cases},$$

有基础解系 $\eta_2=\begin{pmatrix}0\\1\\0\end{pmatrix}$, 所以, A 属于特征值 $\lambda_2=-1$ 的线性无关的特征向量只有 1 个 η_2;

3 阶矩阵 A 只有 2 个线性无关的特征向量 η_1,η_2, 所以, A 不相似于对角形, 不能对角化.

在 MATLAB 的命令窗口中输入 (包括括号、空格、逗号、分号等符号):

A=[2 0 -1;0 -1 0;0 0 2]; [V D]=eig(sym(A))

完成输入, 点击“回车”键, 命令窗口中出现如图 5.3 的内容.

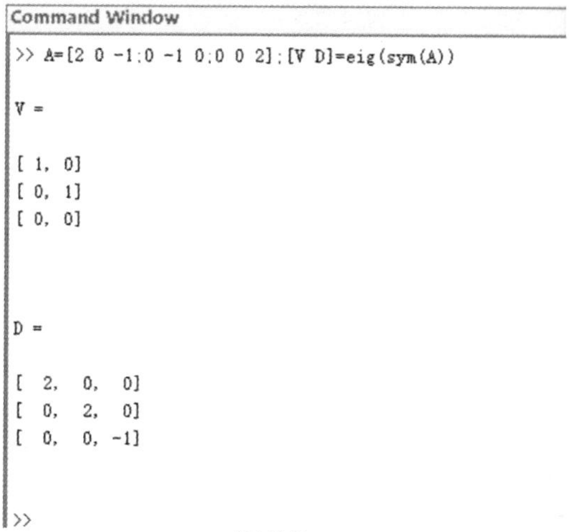
Command Window
>> A=[2 0 -1;0 -1 0;0 0 2];[V D]=eig(sym(A))
V =
[1, 0]
[0, 1]
[0, 0]
D =
[2, 0, 0]
[0, 2, 0]
[0, 0, -1]
>>

图 5.3

命令窗口中输出的运算结果:

矩阵 $\boldsymbol{V}=\begin{pmatrix}1&0\\0&1\\0&0\end{pmatrix}$ 的列向量, 是 $\boldsymbol{A}$ 线性无关的特征向量;

矩阵 $\boldsymbol{D}=\begin{pmatrix}2&0&0\\0&2&0\\0&0&-1\end{pmatrix}$ 的对角元, 是 $\boldsymbol{A}$ 的所有特征值.

3 阶矩阵 $\boldsymbol{A}$, 只有 2 个线性无关的特征向量, 不相似于对角阵, 不能对角化.

例子说明, 不是所有的方阵都可以对角化. 但实对称矩阵, 一定相似于对角阵.

定理 5.4　设 $\boldsymbol{A}\in\mathbf{R}^{n\times n}$. 若 $\boldsymbol{A}^{\mathrm{T}}=\boldsymbol{A}$, 则存在可逆矩阵 $\boldsymbol{P}$ 和对角矩阵 $\boldsymbol{D}$, 满足 $\boldsymbol{P}^{-1}\boldsymbol{A}\boldsymbol{P}=\boldsymbol{D}$.

实对称矩阵一定可以对角化.

练　习　5.2

练习5.2解答

1. 求下列矩阵的特征多项式, 特征值, 属于每一个特征值的全部特征向量. 判断它们是否可以对角化, 能对角化时, 求出满足 $\boldsymbol{P}^{-1}\boldsymbol{A}\boldsymbol{P}=\boldsymbol{D}$ 的可逆矩阵 $\boldsymbol{P}$ 和对角矩阵 $\boldsymbol{D}$.

(1) $\begin{pmatrix}1&0&0\\0&-1&0\\0&0&1\end{pmatrix}$; (2) $\begin{pmatrix}0&1&0\\0&0&1\\0&0&0\end{pmatrix}$; (3) $\begin{pmatrix}0&1&0\\1&0&1\\0&1&0\end{pmatrix}$; (4) $\begin{pmatrix}1&1&1\\1&1&1\\1&1&1\end{pmatrix}$;

(5) $\begin{pmatrix}2&3&2\\1&8&2\\-2&-14&-3\end{pmatrix}$; (6) $\begin{pmatrix}6&2&4\\2&3&2\\4&2&6\end{pmatrix}$; (7) $\begin{pmatrix}1&2&3\\2&1&3\\3&3&6\end{pmatrix}$; (8) $\begin{pmatrix}1&1&1\\0&1&1\\0&0&2\end{pmatrix}$.

2. 设矩阵 $\boldsymbol{A}=\begin{pmatrix}1&2&-3\\-1&4&-3\\1&a&5\end{pmatrix}$. 若 $\boldsymbol{A}$ 的特征多项式有二重根, 求 a 的值, 并讨论 $\boldsymbol{A}$ 是否可以对角化.

3. 证明下列命题:

(1) 方阵 $\boldsymbol{A}$ 与它的转置矩阵 $\boldsymbol{A}^{\mathrm{T}}$ 有相同的特征多项式, 从而有相同的特征值.

(2) 若 $\boldsymbol{A}$ 是可逆矩阵, $\boldsymbol{B}$ 是与 $\boldsymbol{A}$ 同阶的方阵, 则 $\boldsymbol{AB}$ 与 $\boldsymbol{BA}$ 相似.

(3) 若 $\boldsymbol{A}$ 与 $\boldsymbol{B}$ 相似, 则 $\boldsymbol{A}$ 与 $\boldsymbol{B}$ 有相同的秩.

(4) 若 $\boldsymbol{A}_1$ 与 $\boldsymbol{B}_1$ 相似, $\boldsymbol{A}_2$ 与 $\boldsymbol{B}_2$ 相似, 则分块矩阵 $\begin{pmatrix}\boldsymbol{A}_1&\boldsymbol{0}\\\boldsymbol{0}&\boldsymbol{A}_2\end{pmatrix}$ 与 $\begin{pmatrix}\boldsymbol{B}_1&\boldsymbol{0}\\\boldsymbol{0}&\boldsymbol{B}_2\end{pmatrix}$ 相似.

4. 相似矩阵有相同的行列式. 方阵 $\boldsymbol{A}$ 的行列式等于它的所有特征值的乘积. 若 $\boldsymbol{A}$ 的相似标准形是以 $\lambda_1,\lambda_2,\cdots,\lambda_n$ 为对角元素的对角阵, 则 $|\boldsymbol{A}|=\lambda_1\lambda_2\cdots\lambda_n$.

(1) 若 3 阶方阵 $\boldsymbol{A}$ 有 3 个互不相同特征值 $\lambda,2,3,\boldsymbol{A}$ 的行列式 $|\boldsymbol{A}|=24$, 求 λ;

(2) 若行列式的值为零的 3 阶方阵 $\boldsymbol{A}$ 有 3 个互不相同特征值, 求 $\boldsymbol{A}$ 的秩.

5. 设向量 $\boldsymbol{\eta}=\begin{pmatrix}1\\1\\-1\end{pmatrix}$ 是矩阵 $\boldsymbol{A}=\begin{pmatrix}2&-1&2\\5&a&3\\-1&b&-2\end{pmatrix}$ 的一个特征向量.

(1) 求 $\boldsymbol{\eta}$ 相应的特征值; (2) 求 a,b 的值; (3) $\boldsymbol{A}$ 能否对角化? 说明理由.

6. 设矩阵 $\boldsymbol{A}=\begin{pmatrix}2&2&0\\8&2&a\\0&0&6\end{pmatrix}$ 相似于对角阵 $\boldsymbol{D}$.

(1) 求 a 的值; (2) 求相似变换矩阵 $\boldsymbol{P}$ 和对角矩阵 $\boldsymbol{D}$, 满足 $\boldsymbol{P}^{-1}\boldsymbol{AP}=\boldsymbol{D}$.

7. 设矩阵 $\boldsymbol{A}$ 属于特征值 $\lambda_1=2,\lambda_2=-2,\lambda_3=1$ 的特征向量依次是

$$\boldsymbol{\eta}_1=\begin{pmatrix}0\\1\\1\end{pmatrix},\ \boldsymbol{\eta}_2=\begin{pmatrix}1\\1\\1\end{pmatrix},\ \boldsymbol{\eta}_3=\begin{pmatrix}1\\1\\0\end{pmatrix},$$

求矩阵 $\boldsymbol{A}$.

8. 设矩阵 $\boldsymbol{A}$ 属于特征值 $1,1,-2$ 的特征向量依次是

$$\boldsymbol{\eta}_1=\begin{pmatrix}0\\1\\0\end{pmatrix},\ \boldsymbol{\eta}_2=\begin{pmatrix}1\\0\\1\end{pmatrix},\ \boldsymbol{\eta}_3=\begin{pmatrix}1\\0\\-1\end{pmatrix}.$$

求 (1) 矩阵 $\boldsymbol{A}$;　(2) $\boldsymbol{A}^{2018}$.

9. 设 $\boldsymbol{A}=\begin{pmatrix}2&1&1\\1&2&1\\1&1&a\end{pmatrix}$ 是可逆矩阵, $\boldsymbol{A}^*$ 是 $\boldsymbol{A}$ 的伴随矩阵, $\boldsymbol{\eta}=\begin{pmatrix}1\\b\\1\end{pmatrix}$. 若 $\boldsymbol{\eta}$ 是矩阵 $\boldsymbol{A}^*$ 属于特征值 λ 的特征向量, 求 a,b,λ 的值.

10. 设 3 阶矩阵 $\boldsymbol{A}$ 的特征值 $\lambda_1=1,\lambda_2=2,\lambda_3=-2,\boldsymbol{\eta}_1=\begin{pmatrix}1\\-1\\1\end{pmatrix}$ 是 $\boldsymbol{A}$ 属于特征值 λ_1 的特征向量, $\boldsymbol{I}$ 是 3 阶单位矩阵, $\boldsymbol{B}=\boldsymbol{A}^2-2\boldsymbol{A}+\boldsymbol{I}$.

(1) 验证 $\boldsymbol{\eta}_1$ 是 $\boldsymbol{B}$ 的一个特征向量, 并求它相应的特征值;

(2) 求 $\boldsymbol{B}$ 的全部特征值.

5.3　矩阵的合同

矩阵的合同也是两个同阶方阵之间的一种关系.

定义 5.6　设 $\boldsymbol{A},\boldsymbol{B}\in\mathbf{R}^{n\times n}$, 若存在可逆矩阵 $\boldsymbol{P}$, 满足 $\boldsymbol{P}^{\mathrm{T}}\boldsymbol{A}\boldsymbol{P}=\boldsymbol{B}$, 则称 $\boldsymbol{A}$ 与 $\boldsymbol{B}$ 合同. 称 $\boldsymbol{P}$ 为 $\boldsymbol{A}$ 与 $\boldsymbol{B}$ 合同的合同变换矩阵.

矩阵的合同满足:

(1) 任何方阵都与它自身合同 (反身性);

(2) 设 $\boldsymbol{A},\boldsymbol{B}\in\mathbf{R}^{n\times n}$, 若 $\boldsymbol{A}$ 与 $\boldsymbol{B}$ 合同, 则 $\boldsymbol{B}$ 也与 $\boldsymbol{A}$ 合同 (对称性);

(3) 设 $\boldsymbol{A},\boldsymbol{B},\boldsymbol{C}\in\mathbf{R}^{n\times n}$, 若 $\boldsymbol{A}$ 与 $\boldsymbol{B}$ 合同, $\boldsymbol{B}$ 与 $\boldsymbol{C}$ 合同, 则 $\boldsymbol{A}$ 与 $\boldsymbol{C}$ 合同 (传递性).

注　矩阵的等价、相似、合同关系, 都满足反身性、对称性、传递性. 代数学中, 把满足这三条性质的关系, 称为等价关系.

矩阵的等价、相似、合同, 都是矩阵之间的等价关系.

例 5.6　设 $\boldsymbol{A}_1=\begin{pmatrix}1&0&0\\0&2&0\\0&0&3\end{pmatrix},\boldsymbol{A}_2=\begin{pmatrix}3&0&0\\0&2&0\\0&0&1\end{pmatrix},\boldsymbol{A}_3=\begin{pmatrix}3&0&0\\0&1&0\\0&0&2\end{pmatrix}$, 验证 $\boldsymbol{A}_1,\boldsymbol{A}_2,\boldsymbol{A}_3$ 中, 任意两个之间都是合同矩阵.

解 取 $\boldsymbol{P}_1=\begin{pmatrix}0&0&1\\0&1&0\\1&0&0\end{pmatrix}$, 则 $\boldsymbol{P}_1$ 是初等矩阵, 也是可逆, $\boldsymbol{P}_1^{\mathrm{T}}=\boldsymbol{P}_1$,

$$\boldsymbol{P}_1^{\mathrm{T}}\boldsymbol{A}_1\boldsymbol{P}_1=\begin{pmatrix}0&0&1\\0&1&0\\1&0&0\end{pmatrix}\begin{pmatrix}1&0&0\\0&2&0\\0&0&3\end{pmatrix}\begin{pmatrix}0&0&1\\0&1&0\\1&0&0\end{pmatrix}$$
$$=\begin{pmatrix}0&0&3\\0&2&0\\1&0&0\end{pmatrix}\begin{pmatrix}0&0&1\\0&1&0\\1&0&0\end{pmatrix}$$
$$=\begin{pmatrix}3&0&0\\0&2&0\\0&0&1\end{pmatrix}=\boldsymbol{A}_2,$$

所以, $\boldsymbol{A}_1$ 与 $\boldsymbol{A}_2$ 合同, 合同变换矩阵为 $\boldsymbol{P}_1$;

取 $\boldsymbol{P}_2=\begin{pmatrix}1&0&0\\0&0&1\\0&1&0\end{pmatrix}$, 则 $\boldsymbol{P}_2$ 是初等矩阵, 也是可逆, $\boldsymbol{P}_2^{\mathrm{T}}=\boldsymbol{P}_2$,

$$\boldsymbol{P}_2^{\mathrm{T}}\boldsymbol{A}_2\boldsymbol{P}_2=\begin{pmatrix}1&0&0\\0&0&1\\0&1&0\end{pmatrix}\begin{pmatrix}3&0&0\\0&2&0\\0&0&1\end{pmatrix}\begin{pmatrix}1&0&0\\0&0&1\\0&1&0\end{pmatrix}$$
$$=\begin{pmatrix}3&0&0\\0&0&1\\0&2&0\end{pmatrix}\begin{pmatrix}1&0&0\\0&0&1\\0&1&0\end{pmatrix}$$
$$=\begin{pmatrix}3&0&0\\0&1&0\\0&0&2\end{pmatrix}=\boldsymbol{A}_3,$$

所以, $\boldsymbol{A}_2$ 与 $\boldsymbol{A}_3$ 合同, 合同变换矩阵为 $\boldsymbol{P}_2$; 取 $\boldsymbol{P}=\boldsymbol{P}_1\boldsymbol{P}_2$, 则 $\boldsymbol{P}$ 是可逆矩阵, $\boldsymbol{P}^{\mathrm{T}}=\boldsymbol{P}_2^{\mathrm{T}}\boldsymbol{P}_1^{\mathrm{T}}$,

$$\boldsymbol{P}^{\mathrm{T}}\boldsymbol{A}_1\boldsymbol{P}=\boldsymbol{P}_2^{\mathrm{T}}(\boldsymbol{P}_1^{\mathrm{T}}\boldsymbol{A}_1\boldsymbol{P}_1)\boldsymbol{P}_2=\boldsymbol{P}_2^{\mathrm{T}}\boldsymbol{A}_2\boldsymbol{P}_2=\boldsymbol{A}_3,$$

所以, $\boldsymbol{A}_1$ 与 $\boldsymbol{A}_3$ 合同, 合同变换矩阵为 $\boldsymbol{P}$.

假设矩阵 $\boldsymbol{A}$ 合同于对角阵 $\boldsymbol{D}$, 也就是存在可逆矩阵 $\boldsymbol{P}$, 满足 $\boldsymbol{P}^{\mathrm{T}}\boldsymbol{A}\boldsymbol{P}=\boldsymbol{D}$, 两边同时取转置, $(\boldsymbol{P}^{\mathrm{T}}\boldsymbol{A}\boldsymbol{P})^{\mathrm{T}}=\boldsymbol{D}^{\mathrm{T}}=\boldsymbol{D}$, $(\boldsymbol{P}^{\mathrm{T}}\boldsymbol{A}\boldsymbol{P})^{\mathrm{T}}=\boldsymbol{P}^{\mathrm{T}}\boldsymbol{A}^{\mathrm{T}}(\boldsymbol{P}^{\mathrm{T}})^{\mathrm{T}}=\boldsymbol{P}^{\mathrm{T}}\boldsymbol{A}^{\mathrm{T}}\boldsymbol{P}$, $\boldsymbol{P}^{\mathrm{T}}\boldsymbol{A}^{\mathrm{T}}\boldsymbol{P}=\boldsymbol{P}^{\mathrm{T}}\boldsymbol{A}\boldsymbol{P}$, 又因为 $\boldsymbol{P},\boldsymbol{P}^{\mathrm{T}}$ 均为可逆矩阵, 两边同时乘上它们的逆矩阵, 得到 $\boldsymbol{A}^{\mathrm{T}}=\boldsymbol{A}$, 所以, $\boldsymbol{A}$ 是对称矩阵. 即与对角阵合同的矩阵, 只能是对称阵.

对称阵是否合同于对角阵? 回答是: $\mathbf{R}$ 上的任何对称阵都合同于对角阵.

设 $\boldsymbol{A}\in\mathbf{R}^{n\times n},\boldsymbol{A}^{\mathrm{T}}=\boldsymbol{A}$($\boldsymbol{A}$ 是实对称阵), 由定理 5.4, $\boldsymbol{A}$ 相似于对角阵.

存在可逆矩阵 $\boldsymbol{P}$, 对角阵 $\boldsymbol{D}$, 满足 $\boldsymbol{P}^{-1}\boldsymbol{A}\boldsymbol{P}=\boldsymbol{D}$.$\boldsymbol{P}$ 的列向量是 $\boldsymbol{A}$ 的特征向量, 对角矩阵 $\boldsymbol{D}$ 的第 i 个对角元素, 是 $\boldsymbol{P}$ 的第 i 列对应的特征值.

如果相似变换矩阵 $\boldsymbol{P}$ 满足 $\boldsymbol{P}^{\mathrm{T}}=\boldsymbol{P}^{-1}$, 则 $\boldsymbol{P}^{-1}\boldsymbol{A}\boldsymbol{P}=\boldsymbol{D}=\boldsymbol{P}^{\mathrm{T}}\boldsymbol{A}\boldsymbol{P}$, 这时 $\boldsymbol{A}$ 与对角阵 $\boldsymbol{D}$ 不仅相似, 而且合同.$\boldsymbol{P}$ 既是相似变换矩阵, 也是合同变换矩阵.

例如, 例 5.6 中的矩阵 $\boldsymbol{P}_1,\boldsymbol{P}_2,\boldsymbol{P}$, 都满足 $\boldsymbol{P}_1^{-1}=\boldsymbol{P}_1^{\mathrm{T}},\boldsymbol{P}_2^{-1}=\boldsymbol{P}_2^{\mathrm{T}},\boldsymbol{P}^{-1}=\boldsymbol{P}^{\mathrm{T}}$, 满足这种性质的矩阵, 称为正交矩阵.

定义 5.7　设 $\boldsymbol{P}\in\mathbf{R}^{n\times n}$ 为可逆矩阵, $\boldsymbol{I}_n$ 是 n 阶单位矩阵. 若 $\boldsymbol{P}$ 满足 $\boldsymbol{P}^{\mathrm{T}}\boldsymbol{P}=\boldsymbol{P}\boldsymbol{P}^{\mathrm{T}}=\boldsymbol{I}_n,\boldsymbol{P}^{-1}=\boldsymbol{P}^{\mathrm{T}}$, 则称 $\boldsymbol{P}$ 是正交矩阵.

因为正交矩阵 $\boldsymbol{P}$ 满足 $\boldsymbol{P}^{\mathrm{T}}\boldsymbol{P}=\boldsymbol{I}_n$, 取行列式得 $|\boldsymbol{P}^{\mathrm{T}}\boldsymbol{P}|=|\boldsymbol{I}_n|=1$, 而 $|\boldsymbol{P}^{\mathrm{T}}\boldsymbol{P}|=|\boldsymbol{P}^{\mathrm{T}}||\boldsymbol{P}|=|\boldsymbol{P}|^2$, 所以, 正交矩阵 $\boldsymbol{P}$ 的行列式满足 $|\boldsymbol{P}|^2=1,|\boldsymbol{P}|=\pm1$.

(1) 正交矩阵的行列式等于 1 或者 (-1);

(2) 若 $\boldsymbol{P},\boldsymbol{Q}\in\mathbf{R}^{n\times n}$ 都是正交矩阵, 则 $\boldsymbol{P}\boldsymbol{Q},\boldsymbol{P}^{-1}(=\boldsymbol{P}^{\mathrm{T}})$ 仍是正交矩阵;

(3) 设 $\boldsymbol{P}\in\mathbf{R}^{n\times n}$ 是正交矩阵, 把 $\boldsymbol{P}$ 进行列分块, $\boldsymbol{P}=\begin{pmatrix}\boldsymbol{\eta}_1 & \boldsymbol{\eta}_2 & \cdots & \boldsymbol{\eta}_n\end{pmatrix}$, 则由 $\boldsymbol{P}^{\mathrm{T}}\boldsymbol{P}=\boldsymbol{I}_n$, 得 $\boldsymbol{\eta}_k^{\mathrm{T}}\boldsymbol{\eta}_l=(\boldsymbol{\eta}_k,\boldsymbol{\eta}_l)=\begin{cases}1 & k=l\\ 0 & k\neq l\end{cases}$.

定义 5.8　设 $\boldsymbol{\alpha},\boldsymbol{\beta}\in\mathbf{R}^n$, 若满足 $(\boldsymbol{\alpha},\boldsymbol{\beta})=0$, 则称 $\boldsymbol{\alpha},\boldsymbol{\beta}$ 正交;

若向量组 $\boldsymbol{\alpha}_1,\boldsymbol{\alpha}_2,\cdots,\boldsymbol{\alpha}_s\in\mathbf{R}^n$, 满足 $(\boldsymbol{\alpha}_k,\boldsymbol{\alpha}_l)=\begin{cases}1 & k=l\\ 0 & k\neq l\end{cases}$. 则称向量组 $\boldsymbol{\alpha}_1,\boldsymbol{\alpha}_2,\cdots,\boldsymbol{\alpha}_s$ 为标准正交向量组.

显然, 正交矩阵的列向量是两两正交的单位向量; 正交矩阵的列向量组是标准正交向量组.

若 $\boldsymbol{P}\in\mathbf{R}^{n\times n}$ 的列向量组是标准正交向量组, 把 $\boldsymbol{P}$ 进行列分块 $\boldsymbol{P}=\begin{pmatrix}\boldsymbol{\eta}_1 & \boldsymbol{\eta}_2 & \cdots & \boldsymbol{\eta}_n\end{pmatrix}$, 则满足 $(\boldsymbol{\eta}_k,\boldsymbol{\eta}_l)=\begin{cases}1 & k=l\\ 0 & k\neq l\end{cases}$, 从而 $\boldsymbol{P}^{\mathrm{T}}\boldsymbol{P}=\boldsymbol{I}_n$, 所以, $\boldsymbol{P}$ 是正交矩阵.

(4) 设 $\boldsymbol{P}\in\mathbf{R}^{n\times n}$, 则 $\boldsymbol{P}$ 是正交矩阵当且仅当 $\boldsymbol{P}$ 的列向量组为标准正交向量组.

设 $\boldsymbol{A}\in\mathbf{R}^{n\times n}$ 是对称阵, 若求得正交矩阵 $\boldsymbol{P}$, 对角阵 $\boldsymbol{D}$, 满足 $\boldsymbol{P}^{\mathrm{T}}\boldsymbol{A}\boldsymbol{P}=\boldsymbol{P}^{-1}\boldsymbol{A}\boldsymbol{P}=\boldsymbol{D}$, 则 $\boldsymbol{P}$ 的列向量组是 $\boldsymbol{A}$ 的两两正交的单位特征向量组 (标准正交特征向量组).

假设 $\lambda_1\neq\lambda_2$ 是实对称矩阵 $\boldsymbol{A}$ 的两个不同特征值, $\boldsymbol{\eta}_1,\boldsymbol{\eta}_2$ 是 $\boldsymbol{A}$ 分别属于特征值 λ_1,λ_2 的特征向量, 满足 $\boldsymbol{A}\boldsymbol{\eta}_1=\lambda_1\boldsymbol{\eta}_1,\boldsymbol{A}\boldsymbol{\eta}_2=\lambda_2\boldsymbol{\eta}_2$. 则

$$\begin{aligned}\lambda_1(\boldsymbol{\eta}_1,\boldsymbol{\eta}_2)&=(\lambda_1\boldsymbol{\eta}_1,\boldsymbol{\eta}_2)=(\boldsymbol{A}\boldsymbol{\eta}_1,\boldsymbol{\eta}_2)=(\boldsymbol{A}\boldsymbol{\eta}_1)^{\mathrm{T}}\boldsymbol{\eta}_2=\boldsymbol{\eta}_1^{\mathrm{T}}\boldsymbol{A}^{\mathrm{T}}\boldsymbol{\eta}_2\\&=\boldsymbol{\eta}_1^{\mathrm{T}}\boldsymbol{A}\boldsymbol{\eta}_2=\boldsymbol{\eta}_1^{\mathrm{T}}(\boldsymbol{A}\boldsymbol{\eta}_2)=\boldsymbol{\eta}_1^{\mathrm{T}}(\lambda_2\boldsymbol{\eta}_2)=(\boldsymbol{\eta}_1,\lambda_2\boldsymbol{\eta}_2)=\lambda_2(\boldsymbol{\eta}_1,\boldsymbol{\eta}_2),\end{aligned}$$

得到 $(\lambda_1-\lambda_2)(\boldsymbol{\eta}_1,\boldsymbol{\eta}_2)=0$, 又因为 $\lambda_1-\lambda_2\neq0$, 所以, $(\boldsymbol{\eta}_1,\boldsymbol{\eta}_2)=0$.

定理 5.5　设 $\boldsymbol{A}\in\mathbf{R}^{n\times n}$ 是对称矩阵, $\lambda_1\neq\lambda_2$ 是 $\boldsymbol{A}$ 的两个不同特征值, $\boldsymbol{\eta}_1,\boldsymbol{\eta}_2$ 是 $\boldsymbol{A}$ 分别属于特征值 λ_1,λ_2 的特征向量, 则 $(\boldsymbol{\eta}_1,\boldsymbol{\eta}_2)=\boldsymbol{\eta}_1^{\mathrm{T}}\boldsymbol{\eta}_2=0$. $\boldsymbol{\eta}_1$ 与 $\boldsymbol{\eta}_2$ 正交.

实对称矩阵属于不同特征值的特征向量是正交的.

设 $\boldsymbol{\alpha}_1,\boldsymbol{\alpha}_2,\cdots,\boldsymbol{\alpha}_s\in\mathbf{R}^n$ 线性无关, 取

$$\begin{aligned}
\boldsymbol{\beta}_1&=\boldsymbol{\alpha}_1,\\
\boldsymbol{\beta}_2&=\boldsymbol{\alpha}_2-\frac{(\boldsymbol{\beta}_1,\boldsymbol{\alpha}_2)}{(\boldsymbol{\beta}_1,\boldsymbol{\beta}_1)}\boldsymbol{\beta}_1,\\
&\cdots\\
\boldsymbol{\beta}_k&=\boldsymbol{\alpha}_k-\frac{(\boldsymbol{\beta}_1,\boldsymbol{\alpha}_k)}{(\boldsymbol{\beta}_1,\boldsymbol{\beta}_1)}\boldsymbol{\beta}_1-\frac{(\boldsymbol{\beta}_2,\boldsymbol{\alpha}_k)}{(\boldsymbol{\beta}_2,\boldsymbol{\beta}_2)}\boldsymbol{\beta}_2-\cdots-\frac{(\boldsymbol{\beta}_{k-1},\boldsymbol{\alpha}_k)}{(\boldsymbol{\beta}_{k-1},\boldsymbol{\beta}_{k-1})}\boldsymbol{\beta}_{k-1},\\
&\cdots\\
\boldsymbol{\beta}_s&=\boldsymbol{\alpha}_s-\frac{(\boldsymbol{\beta}_1,\boldsymbol{\alpha}_s)}{(\boldsymbol{\beta}_1,\boldsymbol{\beta}_1)}\boldsymbol{\beta}_1-\frac{(\boldsymbol{\beta}_2,\boldsymbol{\alpha}_s)}{(\boldsymbol{\beta}_2,\boldsymbol{\beta}_2)}\boldsymbol{\beta}_2-\cdots-\frac{(\boldsymbol{\beta}_{s-1},\boldsymbol{\alpha}_s)}{(\boldsymbol{\beta}_{s-1},\boldsymbol{\beta}_{s-1})}\boldsymbol{\beta}_{s-1}.
\end{aligned}$$

则得到的向量组 $\boldsymbol{\beta}_1,\boldsymbol{\beta}_2,\cdots,\boldsymbol{\beta}_s$ 满足:

(1) $\boldsymbol{\beta}_1,\boldsymbol{\beta}_2,\cdots,\boldsymbol{\beta}_s$ 是两两正交的;

(2) 对任意的 $1\leqslant k\leqslant s$, 都满足 $\boldsymbol{\alpha}_1,\boldsymbol{\alpha}_2,\cdots,\boldsymbol{\alpha}_k$ 与 $\boldsymbol{\beta}_1,\boldsymbol{\beta}_2,\cdots,\boldsymbol{\beta}_k$ 等价. 称 $\boldsymbol{\beta}_1,\boldsymbol{\beta}_2,\cdots,\boldsymbol{\beta}_s$ 为向量组 $\boldsymbol{\alpha}_1,\boldsymbol{\alpha}_2,\cdots,\boldsymbol{\alpha}_s$ 的施密特正交化. 再取

$$\boldsymbol{\gamma}_1=\frac{1}{|\boldsymbol{\beta}_1|}\boldsymbol{\beta}_1,\ \boldsymbol{\gamma}_2=\frac{1}{|\boldsymbol{\beta}_2|}\boldsymbol{\beta}_2,\ \cdots,\ \boldsymbol{\gamma}_s=\frac{1}{|\boldsymbol{\beta}_s|}\boldsymbol{\beta}_s,$$

则 $\boldsymbol{\gamma}_1,\boldsymbol{\gamma}_2,\cdots,\boldsymbol{\gamma}_s$ 满足:

(3) $\boldsymbol{\gamma}_1,\boldsymbol{\gamma}_2,\cdots,\boldsymbol{\gamma}_s$ 是标准正交向量组;

(4) 对任意的 $1\leqslant k\leqslant s$, 都满足 $\boldsymbol{\alpha}_1,\boldsymbol{\alpha}_2,\cdots,\boldsymbol{\alpha}_k$ 与 $\boldsymbol{\gamma}_1,\boldsymbol{\gamma}_2,\cdots,\boldsymbol{\gamma}_k$ 等价. 称 $\boldsymbol{\gamma}_1,\boldsymbol{\gamma}_2,\cdots,\boldsymbol{\gamma}_s$ 为向量组 $\boldsymbol{\beta}_1,\boldsymbol{\beta}_2,\cdots,\boldsymbol{\beta}_s$ 的单位化; 称 $\boldsymbol{\gamma}_1,\boldsymbol{\gamma}_2,\cdots,\boldsymbol{\gamma}_s$ 为向量组 $\boldsymbol{\alpha}_1,\boldsymbol{\alpha}_2,\cdots,\boldsymbol{\alpha}_s$ 的标准正交单位化.

假设 $\boldsymbol{\eta}_1,\boldsymbol{\eta}_2,\cdots,\boldsymbol{\eta}_r$ 是矩阵 $\boldsymbol{A}$ 属于特征值 λ 的线性无关的特征向量组. 因为同一个特征值的特征向量的非零线性组合仍是特征向量, 所以, 将 $\boldsymbol{\eta}_1,\boldsymbol{\eta}_2,\cdots,\boldsymbol{\eta}_r$ 进行施密特正交化, 然后再单位化, 得到 $\boldsymbol{\gamma}_1,\boldsymbol{\gamma}_2,\cdots,\boldsymbol{\gamma}_r$, 是矩阵 $\boldsymbol{A}$ 属于特征值 λ 的标准正交的特征向量组.

设 $\boldsymbol{A}$ 是实对称矩阵, $\lambda_1,\lambda_2,\cdots,\lambda_s$ 是 $\boldsymbol{A}$ 的 s 个不同特征值, $\boldsymbol{\eta}_{k1},\boldsymbol{\eta}_{k2},\cdots,\boldsymbol{\eta}_{kr_k}$ 是 $\boldsymbol{A}$ 属于特征值 $\lambda_k(k=1,2,\cdots,s)$ 的线性无关的特征向量.

把 $\boldsymbol{\eta}_{k1},\boldsymbol{\eta}_{k2},\cdots,\boldsymbol{\eta}_{kr_k}$ 进行施密特正交化, 再单位化, 得向量组 $\boldsymbol{\delta}_{k1},\boldsymbol{\delta}_{k2},\cdots,\boldsymbol{\delta}_{kr_k}$, 是矩阵 $\boldsymbol{A}$ 属于特征值 $\lambda_k(k=1,2,\cdots,s)$ 的标准正交的特征向量组.

又因为实对称矩阵属于不同特征值的特征向量是正交的,

所以向量组 $\boldsymbol{\delta}_{11},\boldsymbol{\delta}_{12},\cdots,\boldsymbol{\delta}_{1r_1},\boldsymbol{\delta}_{21},\boldsymbol{\delta}_{22},\cdots,\boldsymbol{\delta}_{2r_2},\cdots,\boldsymbol{\delta}_{s1},\boldsymbol{\delta}_{s2},\cdots,\boldsymbol{\delta}_{sr_s}$ 是矩阵 $\boldsymbol{A}$ 的标准正交特征向量组. 构作列分块矩阵

$$\boldsymbol{P}=\begin{pmatrix}\boldsymbol{\delta}_{11} & \cdots & \boldsymbol{\delta}_{1r_1} & \boldsymbol{\delta}_{21} & \cdots & \boldsymbol{\delta}_{2r_2} & \cdots & \boldsymbol{\delta}_{s1} & \cdots & \boldsymbol{\delta}_{sr_s}\end{pmatrix},$$

则 $\boldsymbol{P}$ 是正交矩阵, 并满足

$$\boldsymbol{P}^{\mathrm{T}}\boldsymbol{A}\boldsymbol{P}=\boldsymbol{P}^{-1}\boldsymbol{A}\boldsymbol{P}=\begin{pmatrix}\lambda_1\boldsymbol{I}_{r_1} & 0 & \cdots & 0\\ 0 & \lambda_2\boldsymbol{I}_{r_2} & \cdots & 0\\ \vdots & \vdots & & \vdots\\ 0 & 0 & \cdots & \lambda_s\boldsymbol{I}_{r_s}\end{pmatrix}.$$

定理 5.6　设 $\boldsymbol{A}$ 是实对称矩阵, 则存在正交矩阵 $\boldsymbol{P}$, 对角矩阵 $\boldsymbol{D}$, 满足 $\boldsymbol{P}^{\mathrm{T}}\boldsymbol{A}\boldsymbol{P}=\boldsymbol{P}^{-1}\boldsymbol{A}\boldsymbol{P}=\boldsymbol{D}$. $\boldsymbol{D}$ 的对角元素是 $\boldsymbol{A}$ 的特征值, $\boldsymbol{P}$ 的列向量是 $\boldsymbol{A}$ 的标准正交特征向量组, $\boldsymbol{P}$ 的第 k 列对应的特征值为 $\boldsymbol{D}$ 的第 k 个对角元素.

设 $\boldsymbol{A}$ 是实对称矩阵, 则由以下步骤, 可以求得正交矩阵 $\boldsymbol{P}$, 对角阵 $\boldsymbol{D}$, 满足 $\boldsymbol{P}^{\mathrm{T}}\boldsymbol{A}\boldsymbol{P}=\boldsymbol{P}^{-1}\boldsymbol{A}\boldsymbol{P}=\boldsymbol{D}$.

(1) 求 $\boldsymbol{A}$ 的特征多项式 $f(\lambda)=\det(\lambda\boldsymbol{I}_n-\boldsymbol{A})$;

(2) 求 $\boldsymbol{A}$ 的全部特征值 ($f(\lambda)=0$ 的根)$\lambda_1,\lambda_2,\cdots,\lambda_s$;

(3) 把特征值 λ_k 代入 $(\lambda\boldsymbol{I}-\boldsymbol{A})\boldsymbol{X}=\boldsymbol{0}$, 得齐次线性方程组 $(\lambda_k\boldsymbol{I}-\boldsymbol{A})\boldsymbol{X}=\boldsymbol{0}$, 求得基础解系 $\boldsymbol{\eta}_{k1},\boldsymbol{\eta}_{k2},\cdots,\boldsymbol{\eta}_{kr_k}$ $(k=1,2,\cdots,s)$;

(4) 把 $\boldsymbol{\eta}_{k1},\boldsymbol{\eta}_{k2},\cdots,\boldsymbol{\eta}_{kr_k}$ 施密特正交化, 再单位化得 $\boldsymbol{\delta}_{k1},\boldsymbol{\delta}_{k2},\cdots,\boldsymbol{\delta}_{kr_k},(k=1,2,\cdots,s)$;

(5) 以 $\boldsymbol{\delta}_{11},\boldsymbol{\delta}_{12},\cdots,\boldsymbol{\delta}_{1r_1},\boldsymbol{\delta}_{21},\boldsymbol{\delta}_{22},\cdots,\boldsymbol{\delta}_{2r_2},\cdots,\boldsymbol{\delta}_{s1},\boldsymbol{\delta}_{s2},\cdots,\boldsymbol{\delta}_{sr_s}$ 为列向量, 构作列分块矩阵 $\boldsymbol{P}=\begin{pmatrix}\boldsymbol{\delta}_{11} & \cdots & \boldsymbol{\delta}_{1r_1} & \boldsymbol{\delta}_{21} & \cdots & \boldsymbol{\delta}_{2r_2} & \cdots & \boldsymbol{\delta}_{s1} & \cdots & \boldsymbol{\delta}_{sr_s}\end{pmatrix}$, 则 $\boldsymbol{P}$ 是正交矩阵, 满足

$$\boldsymbol{P}^{\mathrm{T}}\boldsymbol{A}\boldsymbol{P}=\boldsymbol{P}^{-1}\boldsymbol{A}\boldsymbol{P}=\begin{pmatrix}\lambda_1\boldsymbol{I}_{r_1} & 0 & \cdots & 0\\ 0 & \lambda_2\boldsymbol{I}_{r_2} & \cdots & 0\\ \vdots & \vdots & & \vdots\\ 0 & 0 & \cdots & \lambda_s\boldsymbol{I}_{r_s}\end{pmatrix}.$$

例 5.7　设矩阵 $\boldsymbol{A}=\begin{pmatrix}1 & -2 & -4\\ -2 & 4 & -2\\ -4 & -2 & 1\end{pmatrix}$, 求正交矩阵 $\boldsymbol{P}$, 满足 $\boldsymbol{P}^{\mathrm{T}}\boldsymbol{A}\boldsymbol{P}=\boldsymbol{P}^{-1}\boldsymbol{A}\boldsymbol{P}$ 为对角阵.

解　$\boldsymbol{A}$ 的特征多项式

$$|\lambda\boldsymbol{I}-\boldsymbol{A}|=\begin{vmatrix}\lambda-1 & 2 & 4\\ 2 & \lambda-4 & 2\\ 4 & 2 & \lambda-1\end{vmatrix}$$

$$\xlongequal{\text{第 2 行的 }(-2)\text{ 倍加到第 3 行}}\begin{vmatrix}\lambda-1 & 2 & 4\\ 2 & \lambda-4 & 2\\ 0 & -2\lambda+10 & \lambda-5\end{vmatrix}$$

$$\xlongequal{\text{第 3 列的 2 倍加到第 2 列}}\begin{vmatrix}\lambda-1 & 10 & 4\\ 2 & \lambda & 2\\ 0 & 0 & \lambda-5\end{vmatrix}$$

$$\xlongequal{\text{按第 3 行展开}}(\lambda-5)\begin{vmatrix}\lambda-1 & 10\\ 2 & \lambda\end{vmatrix}$$

$$\xlongequal{\text{2 阶行列式展开}}(\lambda-5)[\lambda(\lambda-1)-2\times 10]=(\lambda-5)^2(\lambda+4).$$

所以, $\boldsymbol{A}$ 有两个不同特征值 $\lambda_1=5,\lambda_2=-4$.

把 $\lambda_1=5$ 代入 $(\lambda\boldsymbol{I}-\boldsymbol{A})\boldsymbol{X}=\boldsymbol{0}$, 得齐次线性方程组 $\begin{cases}4x_1+2x_2+4x_3=0\\2x_1+x_2+2x_3=0\\4x_1+2x_2+4x_3=0\end{cases}$,

同解于 $2x_1+x_2+2x_3=0$, 有基础解系 $\boldsymbol{\eta}_1=\begin{pmatrix}-\frac{1}{2}\\1\\0\end{pmatrix}$, $\boldsymbol{\eta}_2=\begin{pmatrix}-1\\0\\1\end{pmatrix}$, 所以, $\boldsymbol{A}$ 属于特征值 $\lambda_1=5$ 有两个线性无关的特征向量 $\boldsymbol{\eta}_1,\boldsymbol{\eta}_2$;

把 $\lambda_2=-4$ 代入 $(\lambda\boldsymbol{I}-\boldsymbol{A})\boldsymbol{X}=\boldsymbol{0}$, 得齐次线性方程组

$$\begin{cases}-5x_1+2x_2+4x_3=0\\2x_1-8x_2+2x_3=0\\4x_1+2x_2-5x_3=0\end{cases},$$

同解于 $\begin{cases}-5x_1+2x_2+4x_3=0\\2x_1-8x_2+2x_3=0\end{cases}$, 有基础解系 $\boldsymbol{\eta}_3=\begin{pmatrix}1\\\frac{1}{2}\\1\end{pmatrix}$, 所以, $\boldsymbol{A}$ 属于特征值 $\lambda_2=-4$ 有一个线性无关的特征向量 $\boldsymbol{\eta}_3$;

把属于特征值 $\lambda_1=5$ 的两个线性无关的特征向量进行施密特正交化, 取

$$\boldsymbol{\gamma}_1=\boldsymbol{\eta}_1=\begin{pmatrix}-\frac{1}{2}\\1\\0\end{pmatrix},$$

$$\boldsymbol{\gamma}_2=\boldsymbol{\eta}_2-\frac{(\boldsymbol{\gamma}_1,\boldsymbol{\eta}_2)}{(\boldsymbol{\gamma}_1,\boldsymbol{\gamma}_1)}\boldsymbol{\gamma}_1=\begin{pmatrix}-1\\0\\1\end{pmatrix}-\frac{\frac{1}{2}}{\frac{5}{4}}\begin{pmatrix}-\frac{1}{2}\\1\\0\end{pmatrix}=\begin{pmatrix}-\frac{4}{5}\\-\frac{2}{5}\\1\end{pmatrix},$$

$\boldsymbol{\gamma}_1,\boldsymbol{\gamma}_2$ 是矩阵 $\boldsymbol{A}$ 属于特征值 $\lambda_1=5$ 的两个正交的特征向量. 再把 $\boldsymbol{\gamma}_1,\boldsymbol{\gamma}_2$ 单位化, 取

$$\boldsymbol{\delta}_1=\frac{1}{|\boldsymbol{\gamma}_1|}\boldsymbol{\gamma}_1=\frac{1}{\frac{\sqrt{5}}{2}}\begin{pmatrix}-\frac{1}{2}\\1\\0\end{pmatrix}=\begin{pmatrix}-\frac{1}{\sqrt{5}}\\\frac{2}{\sqrt{5}}\\0\end{pmatrix},$$

$$\boldsymbol{\delta}_2=\frac{1}{|\boldsymbol{\gamma}_2|}\boldsymbol{\gamma}_2=\frac{1}{\frac{3}{\sqrt{5}}}\begin{pmatrix}-\frac{4}{5}\\-\frac{2}{5}\\1\end{pmatrix}=\begin{pmatrix}-\frac{4}{3\sqrt{5}}\\-\frac{2}{3\sqrt{5}}\\\frac{5}{3\sqrt{5}}\end{pmatrix},$$

$\boldsymbol{\delta}_1,\boldsymbol{\delta}_2$ 是 $\boldsymbol{A}$ 属于特征值 $\lambda_1=5$ 的两个正交的单位特征向量.

因为, $\boldsymbol{\eta}_3$ 与 $\boldsymbol{\delta}_1,\boldsymbol{\delta}_2$ 是实对称矩阵 $\boldsymbol{A}$ 属于不同特征值的特征向量, 所以, $\boldsymbol{\eta}_3$ 与 $\boldsymbol{\delta}_1,\boldsymbol{\delta}_2$ 都正交.

把 $\boldsymbol{\eta}_3$ 单位化. 取

$$\boldsymbol{\delta}_3=\frac{1}{|\boldsymbol{\eta}_3|}\boldsymbol{\eta}_3=\frac{1}{\frac{3}{2}}\begin{pmatrix}1\\ \frac{1}{2}\\ 1\end{pmatrix}=\begin{pmatrix}\frac{2}{3}\\ \frac{1}{3}\\ \frac{2}{3}\end{pmatrix},$$

$\boldsymbol{\delta}_3$ 是矩阵 $\boldsymbol{A}$ 属于特征值 $\lambda_2=-4$ 的单位特征向量;

$\boldsymbol{\delta}_1,\boldsymbol{\delta}_2,\boldsymbol{\delta}_3$ 是矩阵 $\boldsymbol{A}$ 分别属于特征值 $5,5,-4$ 的两两正交的单位特征向量.

以 $\boldsymbol{\delta}_1,\boldsymbol{\delta}_2,\boldsymbol{\delta}_3$ 为列构作矩阵 $\boldsymbol{P}=\begin{pmatrix}\boldsymbol{\delta}_1 & \boldsymbol{\delta}_2 & \boldsymbol{\delta}_3\end{pmatrix}=\begin{pmatrix}-\frac{1}{\sqrt{5}} & -\frac{4}{3\sqrt{5}} & \frac{2}{3}\\ \frac{2}{\sqrt{5}} & -\frac{2}{3\sqrt{5}} & \frac{1}{3}\\ 0 & \frac{5}{3\sqrt{5}} & \frac{2}{3}\end{pmatrix}$, 则 $\boldsymbol{P}$ 是正交矩阵, 满足 $\boldsymbol{P}^{\mathrm{T}}\boldsymbol{A}\boldsymbol{P}=\boldsymbol{P}^{-1}\boldsymbol{A}\boldsymbol{P}=\begin{pmatrix}5 & 0 & 0\\ 0 & 5 & 0\\ 0 & 0 & -4\end{pmatrix}$.

练　习　5.3

练习5.3解答

1. 求下列实对称矩阵的特征值、特征向量, 把它们特征向量正交化和单位化, 求正交变换矩阵 $\boldsymbol{P}$ 和对角矩阵 $\boldsymbol{D}$, 满足 $\boldsymbol{P}^{\mathrm{T}}\boldsymbol{A}\boldsymbol{P}=\boldsymbol{D}$.

(1) $\boldsymbol{A}=\begin{pmatrix}0 & 1 & 0\\ 1 & 0 & 1\\ 0 & 1 & 0\end{pmatrix}$; (2) $\boldsymbol{A}=\begin{pmatrix}1 & 1 & 1\\ 1 & 1 & 1\\ 1 & 1 & 1\end{pmatrix}$;

(3) $\boldsymbol{A}=\begin{pmatrix}1 & 1 & 0\\ 1 & -1 & 0\\ 0 & 0 & 1\end{pmatrix}$; (4) $\boldsymbol{A}=\begin{pmatrix}1 & -1 & 0\\ -1 & 1 & -1\\ 0 & -1 & 1\end{pmatrix}$.

2. 求正交矩阵 $\boldsymbol{Q}$, 满足 $\boldsymbol{Q}^{\mathrm{T}}\boldsymbol{A}\boldsymbol{Q}$ 是对角阵.

(1) $\boldsymbol{A}=\begin{pmatrix}1&1&-1\\1&-1&1\\-1&1&1\end{pmatrix}$; (2) $\boldsymbol{A}=\begin{pmatrix}1&1&1&1\\1&1&-1&-1\\1&-1&1&-1\\1&-1&-1&1\end{pmatrix}$;

(3) $\boldsymbol{A}=\begin{pmatrix}1&0&1&0\\0&1&0&1\\1&0&1&0\\0&1&0&1\end{pmatrix}$.

3. 设矩阵 $\boldsymbol{A}=\begin{pmatrix}1&-2&-4\\-2&a&-2\\-4&-2&1\end{pmatrix}$ 与矩阵 $\boldsymbol{D}=\begin{pmatrix}5&0&0\\0&-4&0\\0&0&b\end{pmatrix}$ 相似. 求

(1) a,b 的值; (2) 正交矩阵 $\boldsymbol{P}$, 满足 $\boldsymbol{P}^{\mathrm{T}}\boldsymbol{AP}=\boldsymbol{D}$.

4. 设向量 $\boldsymbol{\alpha}=\begin{pmatrix}1\\-1\\1\end{pmatrix}$, 求与 $\boldsymbol{\alpha}$ 正交的所有非零向量.

5. 设 $\boldsymbol{A}$ 是秩为 2 的 3 阶实对称矩阵. 若 $\boldsymbol{A}^2+\boldsymbol{A}=\boldsymbol{0}$, 求 $\boldsymbol{A}$ 的相似标准形.

5.4 二 次 型

关于变元 $x_1,x_2,\cdots,x_n$ 的二次齐次式, 称为 n 元二次型.

例如, $f(x_1,x_2,x_3)=2x_1^2-3x_2^2-x_1x_2+2x_1x_3+4x_2x_3$ 是 x_1,x_2,x_3 的二次齐次式 (每一项都是 2 次项), 是关于变元 x_1,x_2,x_3 的 3 元二次型.

记 $\boldsymbol{X}=\begin{pmatrix}x_1\\x_2\\x_3\end{pmatrix}$ 是由变元 x_1,x_2,x_3 构成的 3×1 矩阵, $\boldsymbol{A}=\begin{pmatrix}2&-\frac{1}{2}&1\\-\frac{1}{2}&-3&2\\1&2&0\end{pmatrix}$ 是一个对称阵, 则

$$\begin{aligned}\boldsymbol{X}^{\mathrm{T}}\boldsymbol{AX}&=\begin{pmatrix}x_1&x_2&x_3\end{pmatrix}\begin{pmatrix}2&-\frac{1}{2}&1\\-\frac{1}{2}&-3&2\\1&2&0\end{pmatrix}\begin{pmatrix}x_1\\x_2\\x_3\end{pmatrix}\\&=\left(2x_1^2-3x_2^2-x_1x_2+2x_1x_3+4x_2x_3\right),\end{aligned}$$

所以, $\boldsymbol{X}^{\mathrm{T}}\boldsymbol{AX}$ 是以二次型 $f(x_1,x_2,x_3)=2x_1^2-3x_2^2-x_1x_2+2x_1x_3+4x_2x_3$ 为元素的一阶方阵, 称 $\boldsymbol{X}^{\mathrm{T}}\boldsymbol{AX}$ 是二次型 $f(x_1,x_2,x_3)$ 的矩阵表示.

定义 5.9 称关于变元 $x_1,x_2,\cdots,x_n$ 的二次齐次式

$$\begin{aligned}f(x_1,x_2,\cdots,x_n)=&a_{11}x_1^2+2a_{12}x_1x_2+\cdots+2a_{1n}x_1x_n\\&+a_{22}x_2^2+2a_{23}x_2x_3+\cdots+2a_{2n}x_2x_n\\&+\cdots+a_{n-1n-1}x_{n-1}^2+2a_{n-1n}x_{n-1n}+a_{nn}x_n^2\end{aligned}$$

是关于变元 $x_1,x_2,\cdots,x_n$ 的 n 元二次型.

$a_{kk}(k=1,2,\cdots,n)$ 是平方项 x_k^2 的系数, $2a_{ij}(i<j,i,j=1,2,\cdots,n)$ 是交叉项 x_ix_j 的系数 (a_{ij} 为交叉项 x_ix_j 系数的一半);

以 a_{ij}(满足 $a_{ij}=a_{ji}$) 为元素确定的实对称矩阵 $\boldsymbol{A}=\begin{pmatrix}a_{11}&a_{12}&\cdots&a_{1n}\\a_{21}&a_{22}&\cdots&a_{2n}\\\vdots&\vdots&&\vdots\\a_{n1}&a_{n2}&\cdots&a_{nn}\end{pmatrix}$,

被二次型 $f(x_1,x_2,\cdots,x_n)$ 唯一确定. 称为二次型 $f(x_1,x_2,\cdots,x_n)$ 的矩阵.

记 $\boldsymbol{X}=\begin{pmatrix}x_1\\x_2\\\vdots\\x_n\end{pmatrix}$, 则 $\boldsymbol{X}^{\mathrm{T}}\boldsymbol{A}\boldsymbol{X}=\begin{pmatrix}x_1&x_2&\cdots&x_n\end{pmatrix}\begin{pmatrix}a_{11}&a_{12}&\cdots&a_{1n}\\a_{21}&a_{22}&\cdots&a_{2n}\\\vdots&\vdots&&\vdots\\a_{n1}&a_{n2}&\cdots&a_{nn}\end{pmatrix}\begin{pmatrix}x_1\\x_2\\\vdots\\x_n\end{pmatrix}$

是以二次型 $f(x_1,x_2,\cdots,x_n)$ 为元素的一阶方阵.

记 $f(x_1,x_2,\cdots,x_n)=\boldsymbol{X}^{\mathrm{T}}\boldsymbol{A}\boldsymbol{X}$, 称 $\boldsymbol{X}^{\mathrm{T}}\boldsymbol{A}\boldsymbol{X}$ 是二次型 $f(x_1,x_2,\cdots,x_n)$ 的矩阵表示.

例 5.8 把下列二次型表示成矩阵形式:

(1) $f(x_1,x_2,x_3)=x_1x_2-x_1x_3+x_2x_3$;

(2) $f(x_1,x_2,x_3,x_4)=x_1^2-2x_1x_2+4x_1x_4+3x_2^2-6x_2x_3-x_3^2+3x_3x_4$.

解 (1) 平方项系数全为零, 所以, 矩阵 $\boldsymbol{A}$ 的对角元素 $a_{kk}=0,k=1,2,3$;

交叉项 x_1x_2 的系数是 1, 所以, $\boldsymbol{A}$ 的元素 $a_{12}=a_{21}=\dfrac{1}{2}$; 交叉项 $-x_1x_3$ 的系数是 (-1), 所以, $\boldsymbol{A}$ 的元素 $a_{13}=a_{31}=-\dfrac{1}{2}$; 交叉项 x_2x_3 的系数是 1, 所以, $\boldsymbol{A}$ 的元素 $a_{23}=a_{32}=\dfrac{1}{2}$; 所以, 二次型 $f(x_1,x_2,x_3)=x_1x_2-x_1x_3+x_2x_3$ 的矩阵

$$\boldsymbol{A}=\begin{pmatrix}0&\dfrac{1}{2}&-\dfrac{1}{2}\\\dfrac{1}{2}&0&\dfrac{1}{2}\\-\dfrac{1}{2}&\dfrac{1}{2}&0\end{pmatrix},$$

它的矩阵表示是

$$f(x_1,x_2,x_3)=\begin{pmatrix}x_1 & x_2 & x_3\end{pmatrix}\begin{pmatrix}0 & \frac{1}{2} & -\frac{1}{2}\\ \frac{1}{2} & 0 & \frac{1}{2}\\ -\frac{1}{2} & \frac{1}{2} & 0\end{pmatrix}\begin{pmatrix}x_1\\ x_2\\ x_3\end{pmatrix}.$$

(2) 依据二次型的矩阵定义, $f(x_1,x_2,x_3,x_4)$ 的矩阵 $\boldsymbol{A}=\begin{pmatrix}1 & -1 & 0 & 2\\ -1 & 3 & -3 & 0\\ 0 & -3 & -1 & \frac{3}{2}\\ 2 & 0 & \frac{3}{2} & 0\end{pmatrix}$,

所以, 二次型 $f(x_1,x_2,x_3,x_4)$ 的矩阵表示是

$$f(x_1,x_2,x_3,x_4)=\begin{pmatrix}x_1 & x_2 & x_3 & x_4\end{pmatrix}\begin{pmatrix}1 & -1 & 0 & 2\\ -1 & 3 & -3 & 0\\ 0 & -3 & -1 & \frac{3}{2}\\ 2 & 0 & \frac{3}{2} & 0\end{pmatrix}\begin{pmatrix}x_1\\ x_2\\ x_3\\ x_4\end{pmatrix}.$$

设 $\boldsymbol{A}=\left(a_{ij}\right)_{n\times n}$ 是 n 阶实对称矩阵, 则

$$f(x_1,x_2,\cdots,x_n)=\begin{pmatrix}x_1 & x_2 & \cdots & x_n\end{pmatrix}\begin{pmatrix}a_{11} & a_{12} & \cdots & a_{1n}\\ a_{21} & a_{22} & \cdots & a_{2n}\\ \vdots & \vdots & & \vdots\\ a_{n1} & a_{n2} & \cdots & a_{nn}\end{pmatrix}\begin{pmatrix}x_1\\ x_2\\ \vdots\\ x_n\end{pmatrix}$$

是 1 阶方阵, 它的元素是以 $a_{kk}(k=1,2,\cdots,n)$ 为平方项 x_k^2 的系数, 以 $2a_{ij}(i<j,\ i,j=1,2,\cdots,n)$ 为交叉项 x_ix_j 的系数的 n 元二次型.

所以, 任何一个 n 元二次型都唯一地确定一个实对称矩阵; 任意一个 n 阶实对称矩阵, 也唯一地确定一个 n 元二次型.

关于变元 $y_1,y_2,\cdots,y_n$ 的二次型 $f(y_1,y_2,\cdots,y_n)=d_1y_1^2+d_2y_2^2+\cdots+d_ny_n^2$, 它的交叉项 y_iy_j 的系数全为零, 它的矩阵是对角阵 $\boldsymbol{D}=\begin{pmatrix}d_1 & 0 & \cdots & 0\\ 0 & d_2 & \cdots & 0\\ \vdots & \vdots & & \vdots\\ 0 & 0 & \cdots & d_n\end{pmatrix}$.

一般地, 二次型 $f(x_1,x_2,\cdots,x_n)=\boldsymbol{X}^{\mathrm{T}}\boldsymbol{A}\boldsymbol{X}$ 经可逆的线性变换, 都可以化为只含平方项 (交叉项系数全为零) 的二次型.

例如, 二次型 $f(x_1,x_2,x_3)=2x_1^2+2x_2^2+2x_3^2+2x_1x_2+2x_1x_3+2x_2x_3$, 它的矩阵

表示是

$$f(x_1,x_2,x_3)=\begin{pmatrix}x_1 & x_2 & x_3\end{pmatrix}\begin{pmatrix}2&1&1\\1&2&1\\1&1&2\end{pmatrix}\begin{pmatrix}x_1\\x_2\\x_3\end{pmatrix},$$

作线性变换 $\begin{cases}x_1 &= \dfrac{1}{2}y_1-\dfrac{1}{2}y_2+\dfrac{1}{2}y_3\\ x_2 &= \dfrac{1}{2}y_1+\dfrac{1}{2}y_2-\dfrac{1}{2}y_3\\ x_3 &= -\dfrac{1}{2}y_1+\dfrac{1}{2}y_2+\dfrac{1}{2}y_3\end{cases}$，也就是

$$\begin{pmatrix}x_1\\x_2\\x_3\end{pmatrix}=\begin{pmatrix}\frac{1}{2}&-\frac{1}{2}&\frac{1}{2}\\\frac{1}{2}&\frac{1}{2}&-\frac{1}{2}\\-\frac{1}{2}&\frac{1}{2}&\frac{1}{2}\end{pmatrix}\begin{pmatrix}y_1\\y_2\\y_3\end{pmatrix}.$$

若记 $\boldsymbol{X}=\begin{pmatrix}x_1\\x_2\\x_3\end{pmatrix}$，$\boldsymbol{Y}=\begin{pmatrix}y_1\\y_2\\y_3\end{pmatrix}$，$\boldsymbol{C}=\begin{pmatrix}\frac{1}{2}&-\frac{1}{2}&\frac{1}{2}\\\frac{1}{2}&\frac{1}{2}&-\frac{1}{2}\\-\frac{1}{2}&\frac{1}{2}&\frac{1}{2}\end{pmatrix}$，则上面的线性变换也可以表示为 $\boldsymbol{X}=\boldsymbol{C}\boldsymbol{Y}$.

把线性变换 $\boldsymbol{X}=\boldsymbol{C}\boldsymbol{Y}$ 代入二次型 $f(x_1,x_2,x_3)$，得

$$\begin{aligned}
&f(x_1,x_2,x_3)\\
&=\begin{pmatrix}x_1 & x_2 & x_3\end{pmatrix}\begin{pmatrix}2&1&1\\1&2&1\\1&1&2\end{pmatrix}\begin{pmatrix}x_1\\x_2\\x_3\end{pmatrix}\\
&=\left(\begin{pmatrix}\frac{1}{2}&-\frac{1}{2}&\frac{1}{2}\\\frac{1}{2}&\frac{1}{2}&-\frac{1}{2}\\-\frac{1}{2}&\frac{1}{2}&\frac{1}{2}\end{pmatrix}\begin{pmatrix}y_1\\y_2\\y_3\end{pmatrix}\right)^{\mathrm{T}}\begin{pmatrix}2&1&1\\1&2&1\\1&1&2\end{pmatrix}\left(\begin{pmatrix}\frac{1}{2}&-\frac{1}{2}&\frac{1}{2}\\\frac{1}{2}&\frac{1}{2}&-\frac{1}{2}\\-\frac{1}{2}&\frac{1}{2}&\frac{1}{2}\end{pmatrix}\begin{pmatrix}y_1\\y_2\\y_3\end{pmatrix}\right)\\
&=\begin{pmatrix}y_1 & y_2 & y_3\end{pmatrix}\left(\begin{pmatrix}\frac{1}{2}&-\frac{1}{2}&\frac{1}{2}\\\frac{1}{2}&\frac{1}{2}&-\frac{1}{2}\\-\frac{1}{2}&\frac{1}{2}&\frac{1}{2}\end{pmatrix}^{\mathrm{T}}\begin{pmatrix}2&1&1\\1&2&1\\1&1&2\end{pmatrix}\begin{pmatrix}\frac{1}{2}&-\frac{1}{2}&\frac{1}{2}\\\frac{1}{2}&\frac{1}{2}&-\frac{1}{2}\\-\frac{1}{2}&\frac{1}{2}&\frac{1}{2}\end{pmatrix}\right)\begin{pmatrix}y_1\\y_2\\y_3\end{pmatrix}
\end{aligned}$$

$$= \begin{pmatrix} y_1 & y_2 & y_3 \end{pmatrix} \left(\begin{pmatrix} \frac{1}{2} & \frac{1}{2} & -\frac{1}{2} \\ -\frac{1}{2} & \frac{1}{2} & \frac{1}{2} \\ \frac{1}{2} & -\frac{1}{2} & \frac{1}{2} \end{pmatrix} \begin{pmatrix} 2 & 1 & 1 \\ 1 & 2 & 1 \\ 1 & 1 & 2 \end{pmatrix} \begin{pmatrix} \frac{1}{2} & -\frac{1}{2} & \frac{1}{2} \\ \frac{1}{2} & \frac{1}{2} & -\frac{1}{2} \\ -\frac{1}{2} & \frac{1}{2} & \frac{1}{2} \end{pmatrix} \right) \begin{pmatrix} y_1 \\ y_2 \\ y_3 \end{pmatrix}$$

$$= \begin{pmatrix} y_1 & y_2 & y_3 \end{pmatrix} \begin{pmatrix} 1 & 0 & 0 \\ 0 & 1 & 0 \\ 0 & 0 & 1 \end{pmatrix} \begin{pmatrix} y_1 \\ y_2 \\ y_3 \end{pmatrix} = y_1^2 + y_2^2 + y_3^2.$$

用矩阵符号表示, 就是

$$f(x_1,x_2,x_3) = \boldsymbol{X}^{\mathrm{T}}\boldsymbol{A}\boldsymbol{X} = (\boldsymbol{C}\boldsymbol{Y})^{\mathrm{T}}\boldsymbol{A}(\boldsymbol{C}\boldsymbol{Y}) = \boldsymbol{Y}^{\mathrm{T}}(\boldsymbol{C}^{\mathrm{T}}\boldsymbol{A}\boldsymbol{C})\boldsymbol{Y} = y_1^2 + y_2^2 + y_3^2.$$

线性变换 $\boldsymbol{X} = \boldsymbol{C}\boldsymbol{Y}$ 代入到二次型 $f(x_1,x_2,x_3)$, 把二次型 $f(x_1,x_2,x_3)$ 化成只含平方项 (交叉项的系数全为零) 的二次型 $g(y_1,y_2,y_3) = y_1^2 + y_2^2 + y_3^2$.

利用 MATLAB 的 det 函数, 计算得 $|\boldsymbol{C}| = \dfrac{1}{2}$.

$|\boldsymbol{C}|$ 不为零, $\boldsymbol{C}$ 是可逆矩阵. 利用 MATLAB 的 inv 函数, 求得 $\boldsymbol{C}^{-1} = \begin{pmatrix} 1 & 1 & 0 \\ 0 & 1 & 1 \\ 1 & 0 & 1 \end{pmatrix}$.

在 $\boldsymbol{X} = \boldsymbol{C}\boldsymbol{Y}$ 的两侧, 同时左乘 $\boldsymbol{C}^{-1}$, 得

$$\boldsymbol{Y} = \boldsymbol{C}^{-1}\boldsymbol{X} \Leftrightarrow \begin{pmatrix} y_1 \\ y_2 \\ y_3 \end{pmatrix} = \begin{pmatrix} 1 & 1 & 0 \\ 0 & 1 & 1 \\ 1 & 0 & 1 \end{pmatrix} \begin{pmatrix} x_1 \\ x_2 \\ x_3 \end{pmatrix}$$

$$\Leftrightarrow \begin{cases} y_1 = x_1 + x_2 \\ y_2 = x_2 + x_3 \\ y_3 = x_1 + x_3 \end{cases}.$$

把 $\boldsymbol{Y} = \boldsymbol{C}^{-1}\boldsymbol{X}$ 代入二次型 $g(y_1,y_2,y_3) = y_1^2 + y_2^2 + y_3^2$, 得

$$g(y_1,y_2,y_3) = \begin{pmatrix} y_1 & y_2 & y_3 \end{pmatrix} \begin{pmatrix} 1 & 0 & 0 \\ 0 & 1 & 0 \\ 0 & 0 & 1 \end{pmatrix} \begin{pmatrix} y_1 \\ y_2 \\ y_3 \end{pmatrix}$$

$$= \begin{pmatrix} x_1 & x_2 & x_3 \end{pmatrix} \begin{pmatrix} 1 & 0 & 1 \\ 1 & 1 & 0 \\ 0 & 1 & 1 \end{pmatrix} \begin{pmatrix} 1 & 0 & 0 \\ 0 & 1 & 0 \\ 0 & 0 & 1 \end{pmatrix} \begin{pmatrix} 1 & 1 & 0 \\ 0 & 1 & 1 \\ 1 & 0 & 1 \end{pmatrix} \begin{pmatrix} x_1 \\ x_2 \\ x_3 \end{pmatrix}$$

$$= \begin{pmatrix} x_1 & x_2 & x_3 \end{pmatrix} \begin{pmatrix} 2 & 1 & 1 \\ 1 & 2 & 1 \\ 1 & 1 & 2 \end{pmatrix} \begin{pmatrix} x_1 \\ x_2 \\ x_3 \end{pmatrix}$$

$$= f(x_1,x_2,x_3).$$

所以, 线性变换

$$\begin{pmatrix}x_1\\x_2\\x_3\end{pmatrix}=\begin{pmatrix}\frac{1}{2}&-\frac{1}{2}&\frac{1}{2}\\\frac{1}{2}&\frac{1}{2}&-\frac{1}{2}\\-\frac{1}{2}&\frac{1}{2}&\frac{1}{2}\end{pmatrix}\begin{pmatrix}y_1\\y_2\\y_3\end{pmatrix} \text{和} \begin{pmatrix}y_1\\y_2\\y_3\end{pmatrix}=\begin{pmatrix}1&1&0\\0&1&1\\1&0&1\end{pmatrix}\begin{pmatrix}x_1\\x_2\\x_3\end{pmatrix},$$

使得二次型 $f(x_1,x_2,x_3)=2x_1^2+2x_2^2+2x_3^2+2x_1x_2+2x_1x_3+2x_2x_3$ 与只含平方项的二次型 $g(y_1,y_2,y_3)=y_1^2+y_2^2+y_3^2$ 之间实现了互化.

一般地, 假设 $\boldsymbol{A}=(a_{ij})$ 是实对称矩阵, $f(x_1,x_2,\cdots,x_n)=\boldsymbol{X}^{\mathrm{T}}\boldsymbol{A}\boldsymbol{X}$ 是以 $\boldsymbol{A}$ 为矩阵的 n 元二次型.

记 $\boldsymbol{X}=\begin{pmatrix}x_1\\x_2\\\vdots\\x_n\end{pmatrix}$, $\boldsymbol{Y}=\begin{pmatrix}y_1\\y_2\\\vdots\\y_n\end{pmatrix}$, $\boldsymbol{C}$ 是 n 阶可逆矩阵. 称 $\boldsymbol{X}=\boldsymbol{C}\boldsymbol{Y}$ 是变元 $x_1,x_2,\cdots,x_n$ 到变元 $y_1,y_2,\cdots,y_n$ 的可逆线性变换. 把 $\boldsymbol{X}=\boldsymbol{C}\boldsymbol{Y}$ 代入二次型 $f(x_1,x_2,\cdots,x_n)=\boldsymbol{X}^{\mathrm{T}}\boldsymbol{A}\boldsymbol{X}$, 得

$$f(x_1,x_2,\cdots,x_n)=(\boldsymbol{C}\boldsymbol{Y})^{\mathrm{T}}\boldsymbol{A}(\boldsymbol{C}\boldsymbol{Y})=\boldsymbol{Y}^{\mathrm{T}}(\boldsymbol{C}^{\mathrm{T}}\boldsymbol{A}\boldsymbol{C})\boldsymbol{Y}\xlongequal{\text{记作}}g(y_1,y_2,\cdots,y_n)$$

是关于变元 $y_1,y_2,\cdots,y_n$ 的二次型.

因为 $(\boldsymbol{C}^{\mathrm{T}}\boldsymbol{A}\boldsymbol{C})^{\mathrm{T}}=\boldsymbol{C}^{\mathrm{T}}\boldsymbol{A}^{\mathrm{T}}(\boldsymbol{C}^{\mathrm{T}})^{\mathrm{T}}=\boldsymbol{C}^{\mathrm{T}}\boldsymbol{A}\boldsymbol{C}$ 仍是实对称矩阵, 所以, $\boldsymbol{C}^{\mathrm{T}}\boldsymbol{A}\boldsymbol{C}$ 是关于变元 $y_1,y_2,\cdots,y_n$ 的二次型 $g(y_1,y_2,\cdots,y_n)$ 的矩阵.

因为 $\boldsymbol{C}$ 是可逆矩阵, 在 $\boldsymbol{X}=\boldsymbol{C}\boldsymbol{Y}$ 两边左乘 $\boldsymbol{C}^{-1}$, 得 $\boldsymbol{Y}=\boldsymbol{C}^{-1}\boldsymbol{X}$, 把 $\boldsymbol{Y}=\boldsymbol{C}^{-1}\boldsymbol{X}$ 代入二次型 $g(y_1,y_2,\cdots,y_n)=\boldsymbol{Y}^{\mathrm{T}}(\boldsymbol{C}^{\mathrm{T}}\boldsymbol{A}\boldsymbol{C})\boldsymbol{Y}$, 得

$$\begin{aligned}g(y_1,y_2,\cdots,y_n)&=(\boldsymbol{C}^{-1}\boldsymbol{X})^{\mathrm{T}}(\boldsymbol{C}^{\mathrm{T}}\boldsymbol{A}\boldsymbol{C})(\boldsymbol{C}^{-1}\boldsymbol{X})\\&=\boldsymbol{X}^{\mathrm{T}}((\boldsymbol{C}^{-1})^{\mathrm{T}}(\boldsymbol{C}^{\mathrm{T}}\boldsymbol{A}\boldsymbol{C})(\boldsymbol{C}^{-1}))\boldsymbol{X}\\&=\boldsymbol{X}^{\mathrm{T}}\boldsymbol{A}\boldsymbol{X}\\&=f(x_1,x_2,\cdots,x_n).\end{aligned}$$

二次型 $f(x_1,x_2,\cdots,x_n)=\boldsymbol{X}^{\mathrm{T}}\boldsymbol{A}\boldsymbol{X}$ 与二次型 $g(y_1,y_2,\cdots,y_n)=\boldsymbol{Y}^{\mathrm{T}}(\boldsymbol{C}^{\mathrm{T}}\boldsymbol{A}\boldsymbol{C})\boldsymbol{Y}$ 在可逆的线性变换 $\boldsymbol{X}=\boldsymbol{C}\boldsymbol{Y}(\boldsymbol{Y}=\boldsymbol{C}^{-1}\boldsymbol{X})$ 之下, 可以互化.

在可逆的线性变换之下能够互化的两个二次型, 称为等价的. 两个等价的二次型的矩阵是合同的.

因为任意的实对称矩阵 $\boldsymbol{A}$, 都存在正交矩阵 $\boldsymbol{P}$, 对角阵 $\boldsymbol{D}$, 满足

$$\boldsymbol{P}^{\mathrm{T}}\boldsymbol{A}\boldsymbol{P}=\boldsymbol{P}^{-1}\boldsymbol{A}\boldsymbol{P}=\boldsymbol{D}.$$

所以, 任意的二次型 $f(x_1,x_2,\cdots,x_n)=\boldsymbol{X}^{\mathrm{T}}\boldsymbol{A}\boldsymbol{X}$, 都存在线性变换 $\boldsymbol{X}=\boldsymbol{P}\boldsymbol{Y}$, 对角矩阵 $\boldsymbol{D}$, 满足

$$f(x_1,x_2,\cdots,x_n)=(\boldsymbol{P}\boldsymbol{Y})^{\mathrm{T}}\boldsymbol{A}(\boldsymbol{P}\boldsymbol{Y})=\boldsymbol{Y}^{\mathrm{T}}(\boldsymbol{P}^{\mathrm{T}}\boldsymbol{A}\boldsymbol{P})\boldsymbol{Y}=\boldsymbol{Y}^{\mathrm{T}}\boldsymbol{D}\boldsymbol{Y}.$$

二次型 $\boldsymbol{Y}^{\mathrm{T}}\boldsymbol{D}\boldsymbol{Y}$ 只含平方项 (交叉项系数全为零). 例如, 二次型 $f(x_1,x_2,x_3)=2x_1^2+2x_2^2+2x_3^2+2x_1x_2+2x_1x_3+2x_2x_3$ 的矩阵是 $\boldsymbol{A}=\begin{pmatrix}2&1&1\\1&2&1\\1&1&2\end{pmatrix}$, $f(x_1,x_2,x_3)$ 的矩阵表示是

$$f(x_1,x_2,x_3)=\begin{pmatrix}x_1&x_2&x_3\end{pmatrix}\begin{pmatrix}2&1&1\\1&2&1\\1&1&2\end{pmatrix}\begin{pmatrix}x_1\\x_2\\x_3\end{pmatrix}=\boldsymbol{X}^{\mathrm{T}}\boldsymbol{A}\boldsymbol{X}.$$

在 MATLAB 的命令窗口输入以下内容 (包括括号、空格、逗号、分号等符号):

```
A=[2 1 1;1 2 1;1 1 2];
[V D]=eig(sym(A))
```

完成输入, 点击“回车”键, 命令窗口中出现如图 5.4 的内容.

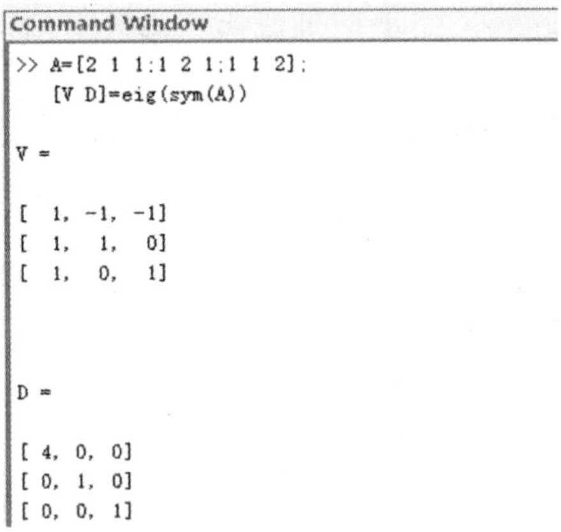
Command Window
>> A=[2 1 1;1 2 1;1 1 2];
[V D]=eig(sym(A))
V =
[1, -1, -1]
[1, 1, 0]
[1, 0, 1]
D =
[4, 0, 0]
[0, 1, 0]
[0, 0, 1]

图 5.4

命令窗口中输出的运算结果:

矩阵 $\boldsymbol{V}=\begin{pmatrix}1&-1&-1\\1&1&0\\1&0&1\end{pmatrix}$ 的列向量, 是 $\boldsymbol{A}$ 的线性无关的特征向量;

矩阵 $\boldsymbol{D}=\begin{pmatrix}4&0&0\\0&1&0\\0&0&1\end{pmatrix}$ 的对角元素, 是 $\boldsymbol{A}$ 的特征值;

特征值 4,1,1 对应的线性无关的特征向量分别

$$\boldsymbol{\alpha}_1=\begin{pmatrix}1\\1\\1\end{pmatrix},\ \boldsymbol{\alpha}_2=\begin{pmatrix}-1\\1\\0\end{pmatrix},\ \boldsymbol{\alpha}_3=\begin{pmatrix}-1\\0\\1\end{pmatrix}.$$

因为 $|\boldsymbol{\alpha}_1|=\sqrt{3}$, 所以把 $\boldsymbol{\alpha}_1$ 单位化, 得 $\boldsymbol{\delta}_1=\dfrac{1}{|\boldsymbol{\alpha}_1|}\boldsymbol{\alpha}_1=\begin{pmatrix}\dfrac{1}{\sqrt{3}}\\\dfrac{1}{\sqrt{3}}\\\dfrac{1}{\sqrt{3}}\end{pmatrix}$; 再把 $\boldsymbol{\alpha}_2,\boldsymbol{\alpha}_3$ 正交化. 在 MATLAB 的命令窗口输入以下内容 (包括括号、空格、逗号、分号等符号):

format rat

a2=[-1;1;0]; a3=[-1;0;1];

b2=a2, b3=a3- dot(b2, a3)/dot (b2, b2)*b2,

完成输入, 点击“回车”键, 命令窗口中出现如图 5.5 的内容.

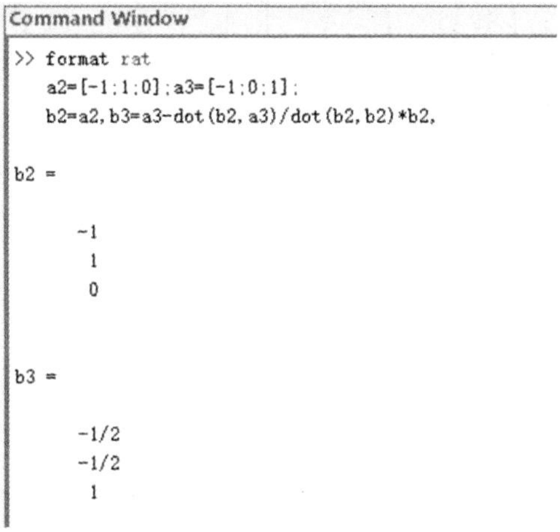
Command Window
>> format rat
a2=[-1;1;0];a3=[-1;0;1];
b2=a2,b3=a3-dot(b2,a3)/dot(b2,b2)*b2,
b2 =
-1
1
0
b3 =
-1/2
-1/2
1

图 5.5

命令窗口中输出的运算结果:

$$\boldsymbol{b}_2=\begin{pmatrix}-1\\1\\0\end{pmatrix},\ \boldsymbol{b}_3=\begin{pmatrix}-\dfrac{1}{2}\\-\dfrac{1}{2}\\1\end{pmatrix},$$ 是二次型的矩阵 $\boldsymbol{A}$ 属于特征值 1 的两个正交的特征向量;

因为 $|\boldsymbol{b}_2|=\sqrt{2},|\boldsymbol{b}_3|=\dfrac{\sqrt{6}}{2}$, 所以把 $\boldsymbol{b}_2,\boldsymbol{b}_3$ 单位化, 得

$$\boldsymbol{\delta}_2=\frac{1}{|\boldsymbol{b}_2|}\boldsymbol{b}_2=\begin{pmatrix}-\frac{1}{\sqrt{2}}\\ \frac{1}{\sqrt{2}}\\ 0\end{pmatrix},\ \boldsymbol{\delta}_3=\frac{1}{|\boldsymbol{b}_3|}\boldsymbol{b}_3=\begin{pmatrix}-\frac{1}{\sqrt{6}}\\ -\frac{1}{\sqrt{6}}\\ \frac{2}{\sqrt{6}}\end{pmatrix}.$$

以 $\boldsymbol{\delta}_1,\boldsymbol{\delta}_2,\boldsymbol{\delta}_3$ 为列构作矩阵 $\boldsymbol{P}=\begin{pmatrix}\frac{1}{\sqrt{3}} & -\frac{1}{\sqrt{2}} & -\frac{1}{\sqrt{6}}\\ \frac{1}{\sqrt{3}} & \frac{1}{\sqrt{2}} & -\frac{1}{\sqrt{6}}\\ \frac{1}{\sqrt{3}} & 0 & \frac{2}{\sqrt{6}}\end{pmatrix}$, 则 $\boldsymbol{P}$ 是正交矩阵, 满足

$\boldsymbol{P}^{\mathrm{T}}\boldsymbol{AP}=\boldsymbol{P}^{-1}\boldsymbol{AP}=\begin{pmatrix}4&0&0\\0&1&0\\0&0&1\end{pmatrix}$. 作线性变换

$$\begin{pmatrix}x_1\\x_2\\x_3\end{pmatrix}=\boldsymbol{P}\begin{pmatrix}y_1\\y_2\\y_3\end{pmatrix}\Leftrightarrow\begin{pmatrix}x_1\\x_2\\x_3\end{pmatrix}=\begin{pmatrix}\frac{1}{\sqrt{3}} & -\frac{1}{\sqrt{2}} & -\frac{1}{\sqrt{6}}\\ \frac{1}{\sqrt{3}} & \frac{1}{\sqrt{2}} & -\frac{1}{\sqrt{6}}\\ \frac{1}{\sqrt{3}} & 0 & \frac{2}{\sqrt{6}}\end{pmatrix}\begin{pmatrix}y_1\\y_2\\y_3\end{pmatrix}$$

$$\Leftrightarrow\begin{cases}x_1=\dfrac{1}{\sqrt{3}}y_1-\dfrac{1}{\sqrt{2}}y_2-\dfrac{1}{\sqrt{6}}y_3\\ x_2=\dfrac{1}{\sqrt{3}}y_1+\dfrac{1}{\sqrt{2}}y_2-\dfrac{1}{\sqrt{6}}y_3\\ x_3=\dfrac{1}{\sqrt{3}}y_1\qquad\qquad+\dfrac{2}{\sqrt{6}}y_3\end{cases},$$

把线性变换 $\boldsymbol{X}=\boldsymbol{PY}$ 代入二次型 $f(x_1,x_2,x_3)$, 得

$$\begin{aligned}f(x_1,x_2,x_3)&=\boldsymbol{X}^{\mathrm{T}}\boldsymbol{AX}=(\boldsymbol{PY})^{\mathrm{T}}\boldsymbol{A}(\boldsymbol{PY})=\boldsymbol{Y}^{\mathrm{T}}(\boldsymbol{P}^{\mathrm{T}}\boldsymbol{AP})\boldsymbol{Y}\\&=\begin{pmatrix}y_1&y_2&y_3\end{pmatrix}\begin{pmatrix}4&0&0\\0&1&0\\0&0&1\end{pmatrix}\begin{pmatrix}y_1\\y_2\\y_3\end{pmatrix}=4y_1^4+y_2^2+y_3^2.\end{aligned}$$

定义 5.10 设 $x_1,x_2,\cdots,x_n;\ y_1,y_2,\cdots,y_n$ 是两组变元, 称关系式

$$\begin{cases}x_1=c_{11}y_1+c_{12}y_2+\cdots+c_{1n}y_n\\ x_2=c_{21}y_1+c_{22}y_2+\cdots+c_{2n}y_n\\ \qquad\cdots\cdots\\ x_n=c_{n1}y_1+c_{n2}y_2+\cdots+c_{nn}y_n\end{cases}$$

为 $x_1,x_2,\cdots,x_n$ 到 $y_1,y_2,\cdots,y_n$ 线性变换；记

$$\boldsymbol{X}=\begin{pmatrix}x_1\\x_2\\\vdots\\x_n\end{pmatrix},\ \boldsymbol{Y}=\begin{pmatrix}y_1\\y_2\\\vdots\\y_n\end{pmatrix},\ \boldsymbol{C}=\begin{pmatrix}c_{11}&c_{12}&\cdots&c_{1n}\\c_{21}&c_{22}&\cdots&c_{2n}\\\vdots&\vdots&&\vdots\\c_{n1}&c_{n2}&\cdots&c_{nn}\end{pmatrix},$$

则线性变换

$$\begin{cases}x_1=c_{11}y_1+c_{12}y_2+\cdots+c_{1n}y_n\\x_2=c_{21}y_1+c_{22}y_2+\cdots+c_{2n}y_n\\\qquad\cdots\cdots\\x_n=c_{n1}y_1+c_{n2}y_2+\cdots+c_{nn}y_n\end{cases}$$

可以表示为 $\boldsymbol{X}=\boldsymbol{CY}$;

若 $\boldsymbol{C}$ 是可逆矩阵 ($|\boldsymbol{C}|\neq 0$), 称 $\boldsymbol{X}=\boldsymbol{CY}$ 为可逆的线性变换;

若 $\boldsymbol{C}$ 是正交矩阵, 则称 $\boldsymbol{X}=\boldsymbol{CY}$ 为正交线性变换;

若二次型 $f(x_1,x_2,\cdots,x_n)=\boldsymbol{X}^{\mathrm{T}}\boldsymbol{AX}$ 经可逆的线性变换 $\boldsymbol{X}=\boldsymbol{CY}$, 化得只含平方项的二次型 $g(y_1,y_2,\cdots,y_n)=\boldsymbol{Y}^{\mathrm{T}}\boldsymbol{DY}$, 则称 $g(y_1,y_2,\cdots,y_n)=\boldsymbol{Y}^{\mathrm{T}}\boldsymbol{DY}$ 是 $\boldsymbol{X}^{\mathrm{T}}\boldsymbol{AX}$ 的标准形.

注　(1) 二次型的标准形不唯一.

例如, 二次型 $f(x_1,x_2,x_3)=2x_1^2+2x_2^2+2x_3^2+2x_1x_2+2x_1x_3+2x_2x_3$;

线性变换 $\begin{pmatrix}x_1\\x_2\\x_3\end{pmatrix}=\begin{pmatrix}\frac{1}{2}&-\frac{1}{2}&\frac{1}{2}\\\frac{1}{2}&\frac{1}{2}&-\frac{1}{2}\\-\frac{1}{2}&\frac{1}{2}&\frac{1}{2}\end{pmatrix}\begin{pmatrix}y_1\\y_2\\y_3\end{pmatrix}$, 化 $f(x_1,x_2,x_3)$ 得标准形是 $y_1^2+y_2^2+y_3^2$;

线性变换 $\begin{pmatrix}x_1\\x_2\\x_3\end{pmatrix}=\begin{pmatrix}\frac{1}{\sqrt{3}}&-\frac{1}{\sqrt{2}}&-\frac{1}{\sqrt{6}}\\\frac{1}{\sqrt{3}}&\frac{1}{\sqrt{2}}&-\frac{1}{\sqrt{6}}\\\frac{1}{\sqrt{3}}&0&\frac{2}{\sqrt{6}}\end{pmatrix}\begin{pmatrix}y_1\\y_2\\y_3\end{pmatrix}$, 化 $f(x_1,x_2,x_3)$ 得标准形是 $4y_1^4+y_2^2+y_3^2$.

(2) 若可逆的线性变换 $\boldsymbol{X}=\boldsymbol{CY}$ 化二次型 $f(x_1,x_2,\cdots,x_n)=\boldsymbol{X}^{\mathrm{T}}\boldsymbol{AX}$ 得到的标准形是 $g(y_1,y_2,\cdots,y_n)=\boldsymbol{Y}^{\mathrm{T}}\boldsymbol{DY}$, 则 $\boldsymbol{A}$ 与 $\boldsymbol{D}$ 合同, 且 $\boldsymbol{C}^{\mathrm{T}}\boldsymbol{AC}=\boldsymbol{D}$.

(3) 二次型的标准形不唯一, 但标准形中非零项的个数唯一.

因为二次型的矩阵 $\boldsymbol{A}$ 与它的标准形的对角阵 $\boldsymbol{D}$ 合同, 存在可逆矩阵 $\boldsymbol{C}$, 满足 $\boldsymbol{C}^{\mathrm{T}}\boldsymbol{AC}=\boldsymbol{D}$, 从而 $\boldsymbol{A}$ 与 $\boldsymbol{D}$ 等价, 有相同的秩. 又因为 $\boldsymbol{D}$ 的非零对角元个数等于 $\boldsymbol{D}$ 的秩, 所以, 二次型 $f(x_1,x_2,\cdots,x_n)=\boldsymbol{X}^{\mathrm{T}}\boldsymbol{AX}$ 的标准形中, 非零项的个数等于 $\boldsymbol{D}$ 的秩 (也是矩阵 $\boldsymbol{A}$ 的秩).

二次型 $f(x_1,x_2,\cdots,x_n)=\boldsymbol{X}^{\mathrm{T}}\boldsymbol{A}\boldsymbol{X}$ 的标准形的非零平方项个数, 被 $\boldsymbol{A}$ 的秩唯一确定.

二次型 $f(x_1,x_2,\cdots,x_n)=\boldsymbol{X}^{\mathrm{T}}\boldsymbol{A}\boldsymbol{X}$ 的矩阵 $\boldsymbol{A}$ 的秩, 等于它的标准形中非零平方项的个数, 称为二次型的 $f(x_1,x_2,\cdots,x_n)$ 的秩.

定理 5.7 假设 n 元实二次型 $f(x_1,x_2,\cdots,x_n)=\boldsymbol{X}^{\mathrm{T}}\boldsymbol{A}\boldsymbol{X}$ 的矩阵为 $\boldsymbol{A}$. 则存在正交线性变换 $\begin{pmatrix}x_1\\ \vdots\\ x_n\end{pmatrix}=\boldsymbol{P}\begin{pmatrix}y_1\\ \vdots\\ y_n\end{pmatrix}$ 化二次型 $f(x_1,x_2,\cdots,x_n)=\boldsymbol{X}^{\mathrm{T}}\boldsymbol{A}\boldsymbol{X}$ 成标准形 $f(x_1,x_2,\cdots,x_n)=\boldsymbol{X}^{\mathrm{T}}\boldsymbol{A}\boldsymbol{X}\xlongequal{\boldsymbol{X}=\boldsymbol{P}\boldsymbol{Y}}d_1y_1^2+d_2y_2^2+\cdots+d_ry_r^2$, 其中, $d_1,d_2,\cdots,d_r$ 是矩阵 $\boldsymbol{A}$ 的 r 个非零特征值, r 是二次型的秩 (也是 $\boldsymbol{A}$ 的秩).

求正交变换 $\boldsymbol{X}=\boldsymbol{P}\boldsymbol{Y}$, 化二次型 $f(x_1,x_2,\cdots,x_n)$ 为标准形 $d_1y_1^2+d_2y_2^2+\cdots+d_ry_r^2$ 的步骤:

(1) 写出二次型 $f(x_1,x_2,\cdots,x_n)$ 的矩阵表示 $f(x_1,x_2,\cdots,x_n)=\boldsymbol{X}^{\mathrm{T}}\boldsymbol{A}\boldsymbol{X}$.

(2) 求得实对称矩阵 $\boldsymbol{A}$ 的不同非零特征值 $\lambda_1,\lambda_2,\cdots,\lambda_s$, 以及特征值 $\lambda_0=0$(若 0 是 $\boldsymbol{A}$ 的特征值).

(3) 求得属于非零特征值 $\lambda_k(k=1,2,\cdots,s)$ 的线性无关的特征向量 $\boldsymbol{\eta}_{k1},\boldsymbol{\eta}_{k2},\cdots,\boldsymbol{\eta}_{kr_k}$, 以及属于 λ_0 特征值的线性无关的特征向量 (若 0 是 $\boldsymbol{A}$ 的特征值) $\boldsymbol{\eta}_{01},\boldsymbol{\eta}_{02},\cdots,\boldsymbol{\eta}_{0r_0}$.

(4) 把 $\boldsymbol{\eta}_{k1},\boldsymbol{\eta}_{k2},\cdots,\boldsymbol{\eta}_{kr_k}$ 进行施密特正交化, 再单位化, 得属于特征值 $\lambda_k(k=1,2,\cdots,s,0)$ 的标准正交的特征向量 $\boldsymbol{\delta}_{k1},\boldsymbol{\delta}_{k2},\cdots,\boldsymbol{\delta}_{kr_k}(k=1,2,\cdots,s,0)$.

(5) 以 $\boldsymbol{\delta}_{11},\cdots,\boldsymbol{\delta}_{1r_1},\cdots,\boldsymbol{\delta}_{s1},\cdots,\boldsymbol{\delta}_{sr_s},\boldsymbol{\delta}_{01},\cdots,\boldsymbol{\delta}_{0r_0}$ 为列, 构作列分块矩阵

$$\boldsymbol{P}=(\boldsymbol{\delta}_{11}\quad\cdots\quad\boldsymbol{\delta}_{1r_1}\quad\cdots\quad\boldsymbol{\delta}_{s1}\quad\cdots\quad\boldsymbol{\delta}_{sr_s}\quad\boldsymbol{\delta}_{01}\quad\cdots\quad\boldsymbol{\delta}_{0r_0}),$$

则 $\boldsymbol{P}$ 是正交矩阵, $\boldsymbol{X}=\boldsymbol{P}\boldsymbol{Y}$ 是正交线性变换变换. $\boldsymbol{X}=\boldsymbol{P}\boldsymbol{Y}$ 化二次型 $f(x_1,x_2,\cdots,x_n)$ 为

$$\lambda_1y_1^2+\cdots+\lambda_1y_{r_1}^2+\lambda_2y_{r_1+1}^2+\cdots+\lambda_2y_{r_1+r_2}^2+\cdots+\lambda_sy_{r_1+\cdots+r_{s-1}+1}^2+\cdots+\lambda_sy_{n-r_0}^2.$$

例 5.9 求化二次型 $f(x_1,x_2,x_3,x_4)=x_1x_2+x_1x_3+x_1x_4+x_2x_3+x_2x_4+x_3x_4$ 为标准形的正交变换 $\boldsymbol{X}=\boldsymbol{P}\boldsymbol{Y}$.

解 二次型 $f(x_1,x_2,x_3,x_4)$ 的矩阵 $\boldsymbol{A}=\begin{pmatrix}0&\frac{1}{2}&\frac{1}{2}&\frac{1}{2}\\ \frac{1}{2}&0&\frac{1}{2}&\frac{1}{2}\\ \frac{1}{2}&\frac{1}{2}&0&\frac{1}{2}\\ \frac{1}{2}&\frac{1}{2}&\frac{1}{2}&0\end{pmatrix}$.

在 MATLAB 的命令窗口中输入 (包括括号、空格、逗号、分号等符号):

$\text{A}=\left[0\ \frac{1}{2}\ \frac{1}{2}\ \frac{1}{2};\ \frac{1}{2}\ 0\ \frac{1}{2}\ \frac{1}{2};\ \frac{1}{2}\ \frac{1}{2}\ 0\ \frac{1}{2};\ \frac{1}{2}\ \frac{1}{2}\ \frac{1}{2}\ 0\right];$

[V D]=eig(sym(A))

完成输入, 点击“回车”键, 命令窗口中出现如图 5.6 的内容.

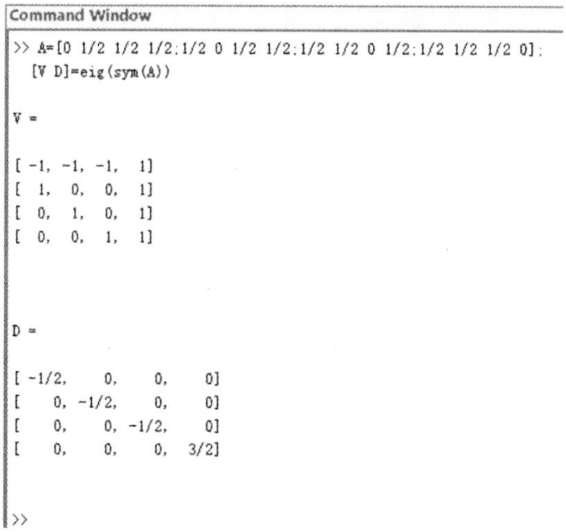

```
Command Window
>> A=[0 1/2 1/2 1/2;1/2 0 1/2 1/2;1/2 1/2 0 1/2;1/2 1/2 1/2 0];
  [V D]=eig(sym(A))

V =

[ -1, -1, -1,  1]
[  1,  0,  0,  1]
[  0,  1,  0,  1]
[  0,  0,  1,  1]



D =

[ -1/2,     0,     0,    0]
[    0, -1/2,     0,    0]
[    0,     0, -1/2,    0]
[    0,     0,     0,  3/2]


>>
```

图 5.6

命令窗口输出的运算结果

$$\boldsymbol{V}=\begin{pmatrix}-1&-1&-1&1\\1&0&0&1\\0&1&0&1\\0&0&1&1\end{pmatrix},$$

它的列向量

$$\boldsymbol{\eta}_1=\begin{pmatrix}-1\\1\\0\\0\end{pmatrix},\ \boldsymbol{\eta}_2=\begin{pmatrix}-1\\0\\1\\0\end{pmatrix},\ \boldsymbol{\eta}_3=\begin{pmatrix}-1\\0\\0\\1\end{pmatrix},\ \boldsymbol{\eta}_4=\begin{pmatrix}1\\1\\1\\1\end{pmatrix}$$

是 $\boldsymbol{A}$ 的线性无关的特征向量;

$$\boldsymbol{D}=\begin{pmatrix}-\frac{1}{2}&0&0&0\\0&-\frac{1}{2}&0&0\\0&0&-\frac{1}{2}&0\\0&0&0&\frac{3}{2}\end{pmatrix}$$

的对角元素 $d_1=-\frac{1}{2},d_2=\frac{3}{2}$ 是 $\boldsymbol{A}$ 的两个不同特征值.

满足 $\boldsymbol{A\eta}_1=-\frac{1}{2}\boldsymbol{\eta}_1$，$\boldsymbol{A\eta}_2=-\frac{1}{2}\boldsymbol{\eta}_2$，$\boldsymbol{A\eta}_3=-\frac{1}{2}\boldsymbol{\eta}_3$，$\boldsymbol{A\eta}_4=\frac{3}{2}\boldsymbol{\eta}_4$. 把属于特征值 $d_1=-\frac{1}{2}$ 的三个线性无关的特征向量 $\boldsymbol{\eta}_1,\boldsymbol{\eta}_2,\boldsymbol{\eta}_3$ 正交化. 取

$$\boldsymbol{\gamma}_1=\boldsymbol{\eta}_1=\begin{pmatrix}-1\\1\\0\\0\end{pmatrix};$$

$$\boldsymbol{\gamma}_2=\boldsymbol{\eta}_2-\frac{(\boldsymbol{\eta}_2,\boldsymbol{\gamma}_1)}{(\boldsymbol{\gamma}_1,\boldsymbol{\gamma}_1)}\boldsymbol{\gamma}_1=\begin{pmatrix}-1\\0\\1\\0\end{pmatrix}-\frac{1}{2}\begin{pmatrix}-1\\1\\0\\0\end{pmatrix}=\begin{pmatrix}-\frac{1}{2}\\-\frac{1}{2}\\1\\0\end{pmatrix};$$

$$\boldsymbol{\gamma}_3=\boldsymbol{\eta}_3-\frac{(\boldsymbol{\eta}_3,\boldsymbol{\gamma}_1)}{(\boldsymbol{\gamma}_1,\boldsymbol{\gamma}_1)}\boldsymbol{\gamma}_1-\frac{(\boldsymbol{\eta}_3,\boldsymbol{\gamma}_2)}{(\boldsymbol{\gamma}_2,\boldsymbol{\gamma}_2)}\boldsymbol{\gamma}_2=\begin{pmatrix}-1\\0\\0\\1\end{pmatrix}-\frac{1}{2}\begin{pmatrix}-1\\1\\0\\0\end{pmatrix}-\frac{\frac{1}{2}}{\frac{3}{2}}\begin{pmatrix}-\frac{1}{2}\\-\frac{1}{2}\\1\\0\end{pmatrix}=\begin{pmatrix}-\frac{1}{3}\\-\frac{1}{3}\\-\frac{1}{3}\\1\end{pmatrix}.$$

再把 $\boldsymbol{\gamma}_1,\boldsymbol{\gamma}_2,\boldsymbol{\gamma}_3$ 单位化. 取

$$\boldsymbol{\delta}_1=\frac{1}{\sqrt{(\boldsymbol{\gamma}_1,\boldsymbol{\gamma}_1)}}\boldsymbol{\gamma}_1=\frac{1}{\sqrt{2}}\begin{pmatrix}-1\\1\\0\\0\end{pmatrix}=\begin{pmatrix}-\frac{1}{\sqrt{2}}\\\frac{1}{\sqrt{2}}\\0\\0\end{pmatrix};$$

$$\boldsymbol{\delta}_2=\frac{1}{\sqrt{(\boldsymbol{\gamma}_2,\boldsymbol{\gamma}_2)}}\boldsymbol{\gamma}_2=\frac{1}{\sqrt{\frac{3}{2}}}\begin{pmatrix}-\frac{1}{2}\\-\frac{1}{2}\\1\\0\end{pmatrix}=\begin{pmatrix}-\frac{1}{\sqrt{6}}\\-\frac{1}{\sqrt{6}}\\\frac{2}{\sqrt{6}}\\0\end{pmatrix};$$

$$\boldsymbol{\delta}_3=\frac{1}{\sqrt{(\boldsymbol{\gamma}_3,\boldsymbol{\gamma}_3)}}\boldsymbol{\gamma}_3=\frac{1}{\sqrt{\frac{4}{3}}}\begin{pmatrix}-\frac{1}{3}\\-\frac{1}{3}\\-\frac{1}{3}\\1\end{pmatrix}=\begin{pmatrix}-\frac{1}{2\sqrt{3}}\\-\frac{1}{2\sqrt{3}}\\-\frac{1}{2\sqrt{3}}\\\frac{\sqrt{3}}{2}\end{pmatrix}.$$

$\boldsymbol{\delta}_1,\boldsymbol{\delta}_2,\boldsymbol{\delta}_3$ 是矩阵 $\boldsymbol{A}$ 属于特征值 $d_1=-\frac{1}{2}$ 的标准正交特征向量. 把属于特征值 $d_2=\frac{3}{2}$ 的特征向量 $\boldsymbol{\eta}_4$ 单位化. 取

$$\boldsymbol{\delta}_4=\frac{1}{\sqrt{(\boldsymbol{\eta}_4,\boldsymbol{\eta}_4)}}\boldsymbol{\eta}_4=\frac{1}{2}\begin{pmatrix}1\\1\\1\\1\end{pmatrix}=\begin{pmatrix}\frac{1}{2}\\\frac{1}{2}\\\frac{1}{2}\\\frac{1}{2}\end{pmatrix}.$$

以 $\boldsymbol{\delta}_4,\boldsymbol{\delta}_1,\boldsymbol{\delta}_2,\boldsymbol{\delta}_3$ 为列构作矩阵

$$\boldsymbol{P}=\begin{pmatrix}\frac{1}{2}&-\frac{1}{\sqrt{2}}&-\frac{1}{\sqrt{6}}&-\frac{1}{2\sqrt{3}}\\\frac{1}{2}&\frac{1}{\sqrt{2}}&-\frac{1}{\sqrt{6}}&-\frac{1}{2\sqrt{3}}\\\frac{1}{2}&0&\frac{2}{\sqrt{6}}&-\frac{1}{2\sqrt{3}}\\\frac{1}{2}&0&0&\frac{\sqrt{3}}{2}\end{pmatrix},$$

则 $\boldsymbol{P}$ 是正交矩阵, 满足

$$\boldsymbol{P}^{\mathrm{T}}\boldsymbol{A}\boldsymbol{P}=\boldsymbol{P}^{-1}\boldsymbol{A}\boldsymbol{P}=\begin{pmatrix}\frac{3}{2}&0&0&0\\0&-\frac{1}{2}&0&0\\0&0&-\frac{1}{2}&0\\0&0&0&-\frac{1}{2}\end{pmatrix}.$$

作正交线性变换

$$\begin{pmatrix} x_1 \\ x_2 \\ x_3 \\ x_4 \end{pmatrix} = \begin{pmatrix} \frac{1}{2} & -\frac{1}{\sqrt{2}} & -\frac{1}{\sqrt{6}} & -\frac{1}{2\sqrt{3}} \\ \frac{1}{2} & \frac{1}{\sqrt{2}} & -\frac{1}{\sqrt{6}} & -\frac{1}{2\sqrt{3}} \\ \frac{1}{2} & 0 & \frac{2}{\sqrt{6}} & -\frac{1}{2\sqrt{3}} \\ \frac{1}{2} & 0 & 0 & \frac{\sqrt{3}}{2} \end{pmatrix} \begin{pmatrix} y_1 \\ y_2 \\ y_3 \\ y_4 \end{pmatrix},$$

也就是

$$\begin{cases} x_1 = \frac{1}{2}y_1 - \frac{1}{\sqrt{2}}y_2 - \frac{1}{\sqrt{6}}y_3 - \frac{1}{2\sqrt{3}}y_4 \\ x_2 = \frac{1}{2}y_1 + \frac{1}{\sqrt{2}}y_2 - \frac{1}{\sqrt{6}}y_3 - \frac{1}{2\sqrt{3}}y_4 \\ x_3 = \frac{1}{2}y_1 + \frac{2}{\sqrt{6}}y_3 - \frac{1}{2\sqrt{3}}y_4 \\ x_4 = \frac{1}{2}y_1 + \frac{\sqrt{3}}{2}y_4 \end{cases},$$

化二次型为标准形 $f(x_1,x_2,x_3,x_4) \xlongequal{\boldsymbol{X}=\boldsymbol{PY}} \frac{3}{2}y_1^2 - \frac{1}{2}y_2^2 - \frac{1}{2}y_3^2 - \frac{1}{2}y_4^2$.

注 (1) 因为正交变换矩阵 $\boldsymbol{P}$ 的第 1 列, 是特征值 $d_2 = \frac{3}{2}$ 对应的特征向量, 第 2 列、3 列、4 列, 是特征值 $d_1 = -\frac{1}{2}$ 对应的特征向量, 所以, 正交变换 $\boldsymbol{X} = \boldsymbol{PY}$ 化二次型得到的标准形是 $\frac{3}{2}y_1^2 - \frac{1}{2}y_2^2 - \frac{1}{2}y_3^2 - \frac{1}{2}y_4^2$.

(2) 标准形中有一项 $\frac{3}{2}y_1^2$ 系数为正数, 有三项 $\left(-\frac{1}{2}y_2^2 - \frac{1}{2}y_3^2 - \frac{1}{2}y_4^2\right)$ 的系数为负数. 标准形中的正项个数和负项个数被二次型唯一确定.

n 元二次型 $f(x_1,x_2,\cdots,x_n)$ 经可逆线性变换化得的标准形中, 系数为正数的项数与系数为负数的项数都被二次型唯一确定, 分别称为二次型的正惯性指数和二次型的负惯性指数.

二次型的正惯性指数与负惯性指数的和, 等于二次型的秩.

(3) 二次型 $f(x_1,x_2,\cdots,x_n) = \boldsymbol{X}^{\mathrm{T}}\boldsymbol{AX}$ 的正惯性指数等于 $\boldsymbol{A}$ 的正特征值个数, 负惯性指数等于 $\boldsymbol{A}$ 的负特征值个数.

假设 $\boldsymbol{A}$ 是 n 阶实对称矩阵, $\boldsymbol{A}$ 有 p 个正特征值 (可能重复)$d_1,d_2,\cdots,d_p$, 有 q 个负特征值 (可能重复) $-d_{p+1},-d_{p+2},\cdots,-d_{p+q}(d_{p+k} > 0, k = 1,2,\cdots,q)$, 则存在正交

变换 $\boldsymbol{X}=\boldsymbol{PY}$, 化二次型 $f(x_1,x_2,\cdots,x_n)=\boldsymbol{X}^{\mathrm{T}}\boldsymbol{AX}$, 得标准形

$$d_1y_1^2+d_2y_2^2+\cdots+d_py_p^2-d_{p+1}y_{p+1}^2-d_{p+2}y_{p+2}^2-\cdots-d_{p+q}y_{p+q}^2.$$

记 $\boldsymbol{Y}=\begin{pmatrix} y_1\\ \vdots\\ y_{p+q}\\ y_{p+q+1}\\ \vdots\\ y_n\end{pmatrix}$, $\boldsymbol{Z}=\begin{pmatrix} z_1\\ \vdots\\ z_{p+q}\\ z_{p+q+1}\\ \vdots\\ z_n\end{pmatrix}$, 取

$$\boldsymbol{Q}=\begin{pmatrix} \frac{1}{\sqrt{d_1}} & \cdots & 0 & 0 & \cdots & 0\\ \vdots & & \vdots & \vdots & \cdots & \vdots\\ 0 & \cdots & \frac{1}{\sqrt{d_{p+q}}} & 0 & \cdots & 0\\ 0 & \cdots & 0 & 1 & \cdots & 0\\ \vdots & \cdots & \vdots & \vdots & & \vdots\\ 0 & \cdots & 0 & 0 & \cdots & 1\end{pmatrix},$$

作线性变换 $\boldsymbol{Y}=\boldsymbol{QZ}$, 也就是 $\begin{cases} y_1=\frac{1}{\sqrt{d_1}}z_1\\ \qquad\cdots\\ y_{p+q}=\frac{1}{\sqrt{d_{p+q}}}z_{p+q}\\ y_{p+q+1}=z_{p+q+1}\\ \qquad\cdots\\ y_n=z_n\end{cases}$, 是可逆的线性变换.

把 $\boldsymbol{Y}=\boldsymbol{QZ}$ 代入二次型 $f(x_1,x_2,\cdots,x_n)$ 的经正交变换 $\boldsymbol{X}=\boldsymbol{PY}$ 已经化得的标准形, 得

$$\begin{aligned}&d_1y_1^2+\cdots+d_py_p^2-d_{p+1}y_{p+1}^2-\cdots-d_{p+q}y_{p+q}^2\\ &\xlongequal{\boldsymbol{Y}=\boldsymbol{QZ}} z_1^2+\cdots+z_p^2-z_{p+1}^2-\cdots-z_{p+q}^2.\end{aligned}$$

也就是说, 把线性变换 $\boldsymbol{X}=\boldsymbol{PY}$ 代入二次型 $f(x_1,x_2,\cdots,x_n)=\boldsymbol{X}^{\mathrm{T}}\boldsymbol{AX}$, 得关于 $y_1,y_2,\cdots,y_n$ 的二次型

$$g(y_1,y_2,\cdots,y_n)=\boldsymbol{Y}^{\mathrm{T}}(\boldsymbol{P}^{\mathrm{T}}\boldsymbol{AP})\boldsymbol{Y}=d_1y_1^2+\cdots+d_py_p^2-d_{p+1}y_{p+1}^2-\cdots-d_{p+q}y_{p+q}^2,$$

再把线性变换 $\boldsymbol{Y}=\boldsymbol{QZ}$ 代入二次型 $g(y_1,y_2,\cdots,y_n)=\boldsymbol{Y}^{\mathrm{T}}(\boldsymbol{P}^{\mathrm{T}}\boldsymbol{AP})\boldsymbol{Y}$, 得关于 $z_1,z_2,\cdots,z_n$ 的二次型

$$h(z_1,z_2,\cdots,z_n)=\boldsymbol{Z}^{\mathrm{T}}(\boldsymbol{Q}^{\mathrm{T}}(\boldsymbol{P}^{\mathrm{T}}\boldsymbol{AP})\boldsymbol{Q})\boldsymbol{Z}=z_1^2+\cdots+z_p^2-z_{p+1}^2-\cdots-z_{p+q}^2.$$

把变元 $y_1,y_2,\cdots,y_n$ 到变元 $z_1,z_2,\cdots,z_n$ 的线性变换 $\boldsymbol{Y}=\boldsymbol{C}_2\boldsymbol{Z}$, 代入变元 $x_1,x_2,\cdots,x_n$ 到变元 $y_1,y_2,\cdots,y_n$ 的线性变换 $\boldsymbol{X}=\boldsymbol{C}_1\boldsymbol{Y}$, 得变元 $x_1,x_2,\cdots,x_n$ 到变元 $z_1,z_2,\cdots,z_n$ 的线性变换 $\boldsymbol{X}=(\boldsymbol{C}_1\boldsymbol{C}_2)\boldsymbol{Z}$, 称为线性变换的复合运算.

因为两个可逆矩阵之积仍是可逆矩阵, 所以, 两个可逆线性变换的复合, 仍是可逆线性变换.

可逆线性变换 $\boldsymbol{Y}=\boldsymbol{QZ}$ 代入正交变换 $\boldsymbol{X}=\boldsymbol{PY}$, 得可逆线性变换 $\boldsymbol{X}=(\boldsymbol{PQ})\boldsymbol{Z}$, 把 $\boldsymbol{X}=(\boldsymbol{PQ})\boldsymbol{Z}$ 代入二次型 $f(x_1,x_2,\cdots,x_n)=\boldsymbol{X}^{\mathrm{T}}\boldsymbol{AX}$, 得标准形

$$\boldsymbol{X}^{\mathrm{T}}\boldsymbol{AX}\xlongequal{\boldsymbol{X}=(\boldsymbol{PQ})\boldsymbol{Z}}\boldsymbol{Z}^{\mathrm{T}}((\boldsymbol{PQ})^{\mathrm{T}}\boldsymbol{A}(\boldsymbol{PQ}))\boldsymbol{Z}=z_1^2+\cdots+z_p^2-z_{p+1}^2-\cdots-z_{p+q}^2.$$

如例 5.9 中的二次型 $f(x_1,x_2,x_3,x_4)=x_1x_2+x_1x_3+x_1x_4+x_2x_3+x_2x_4+x_2x_4$ 的矩阵有 1 个正特征值$\left(\dfrac{3}{2}\right)$, 3 个负特征值$\left(-\dfrac{1}{2},-\dfrac{1}{2},-\dfrac{1}{2}\right)$, 它的正惯性指数是 1, 负惯性指数是 3.

正交线性变换 $\begin{cases}x_1=\dfrac{1}{2}y_1-\dfrac{1}{\sqrt{2}}y_2-\dfrac{1}{\sqrt{6}}y_3-\dfrac{1}{2\sqrt{3}}y_4\\x_2=\dfrac{1}{2}y_1+\dfrac{1}{\sqrt{2}}y_2-\dfrac{1}{\sqrt{6}}y_3-\dfrac{1}{2\sqrt{3}}y_4\\x_3=\dfrac{1}{2}y_1+\dfrac{2}{\sqrt{6}}y_3-\dfrac{1}{2\sqrt{3}}y_4\\x_4=\dfrac{1}{2}y_1+\dfrac{\sqrt{3}}{2}y_4\end{cases}$ 化 $f(x_1,x_2,x_3,x_4)$ 成标准形 $\dfrac{3}{2}y_1^2-\dfrac{1}{2}y_2^2-\dfrac{1}{2}y_3^2-\dfrac{1}{2}y_4^2$.

再作可逆线性变换 $\begin{cases}y_1=\dfrac{\sqrt{6}}{3}z_1\\y_2=\sqrt{2}z_2\\y_3=\sqrt{2}z_3\\y_4=\sqrt{2}z_4\end{cases}$, 代入 $\dfrac{3}{2}y_1^2-\dfrac{1}{2}y_2^2-\dfrac{1}{2}y_3^2-\dfrac{1}{2}y_4^2$, 得标准形 $z_1^2-z_2^2-z_3^2-z_4^2$.

把 $\begin{cases}y_1=\dfrac{\sqrt{6}}{3}z_1\\y_2=\sqrt{2}z_2\\y_3=\sqrt{2}z_3\\y_4=\sqrt{2}z_4\end{cases}$ 代入 $\begin{cases}x_1=\dfrac{1}{2}y_1-\dfrac{1}{\sqrt{2}}y_2-\dfrac{1}{\sqrt{6}}y_3-\dfrac{1}{2\sqrt{3}}y_4\\x_2=\dfrac{1}{2}y_1+\dfrac{1}{\sqrt{2}}y_2-\dfrac{1}{\sqrt{6}}y_3-\dfrac{1}{2\sqrt{3}}y_4\\x_3=\dfrac{1}{2}y_1+\dfrac{2}{\sqrt{6}}y_3-\dfrac{1}{2\sqrt{3}}y_4\\x_4=\dfrac{1}{2}y_1+\dfrac{\sqrt{3}}{2}y_4\end{cases}$, 得可逆的线性

变换 $\begin{cases} x_1=\dfrac{1}{\sqrt{6}}z_1-z_2-\dfrac{1}{\sqrt{3}}z_3-\dfrac{1}{\sqrt{6}}z_4 \\ x_2=\dfrac{1}{\sqrt{6}}z_1+z_2-\dfrac{1}{\sqrt{3}}z_3-\dfrac{1}{\sqrt{6}}z_4 \\ x_3=\dfrac{1}{\sqrt{6}}z_1+\dfrac{2}{\sqrt{3}}z_3-\dfrac{1}{\sqrt{6}}z_4 \\ x_4=\dfrac{1}{\sqrt{6}}z_1+\dfrac{\sqrt{6}}{2}z_4 \end{cases}$, 代入 (例 5.9 的) 二次型 $f(x_1,x_2,x_3,x_4)=x_1x_2+x_1x_3+x_1x_4+x_2x_3+x_2x_4+x_2x_4$, 得标准形

$$f(x_1,x_2,x_3,x_4)=z_1^2-z_2^2-z_3^2-z_4^2.$$

非零平方项系数只有 $(+1)$ 或者 (-1) 的标准形, 称为二次型的规范标准形.

二次型的规范标准形中, 系数为 $(+1)$ 的项数是它的正惯性指数, 系数为 (-1) 的项数是它的负正惯性指数.

任何一个 n 元二次型, 都存在可逆的线性变换, 化得规范标准形.

定理 5.8　设 n 元二次型

$$f(x_1,x_2,\cdots,x_n)=\boldsymbol{X}^{\mathrm{T}}\boldsymbol{A}\boldsymbol{X}$$

的秩为 r, 则存在可逆线性变换 $\boldsymbol{X}=\boldsymbol{C}\boldsymbol{Y}$, 化二次型 $f(x_1,x_2,\cdots,x_n)=\boldsymbol{X}^{\mathrm{T}}\boldsymbol{A}\boldsymbol{X}$ 为规范标准形

$$f(x_1,x_2,\cdots,x_n)\xlongequal{\boldsymbol{X}=\boldsymbol{C}\boldsymbol{Y}}y_1^2+\cdots+y_p^2-y_{p+1}^2-\cdots-y_{p+q}^2,$$

p 是 $\boldsymbol{A}$ 的正特征值个数, q 是 $\boldsymbol{A}$ 的负特征值个数, p 和 q 被二次型唯一确定, 且 $p+q=r$ 是 $\boldsymbol{A}$ 的秩. 称 p 是 $f(x_1,x_2,\cdots,x_n)$ 的正惯性指数, q 是 $f(x_1,x_2,\cdots,x_n)$ 的负惯性指数.

设 n 元二次型 $f(x_1,x_2,\cdots,x_n)$ 的矩阵 $\boldsymbol{A}=\begin{pmatrix} a_{11} & a_{12} & \cdots & a_{1n} \\ a_{21} & a_{22} & \cdots & a_{2n} \\ \vdots & \vdots & & \vdots \\ a_{n1} & a_{n2} & \cdots & a_{nn} \end{pmatrix}$, 取变元 $x_1,x_2,\cdots,x_n$ 的一组值 $c_1,c_2,\cdots,c_n$, 即 $\begin{cases} x_1=c_1 \\ x_2=c_2 \\ \cdots \\ x_n=c_n \end{cases}$, 把 $\begin{cases} x_1=c_1 \\ x_2=c_2 \\ \cdots \\ x_n=c_n \end{cases}$ 代入二次型 $f(x_1,x_2,\cdots,x_n)=\boldsymbol{X}^{\mathrm{T}}\boldsymbol{A}\boldsymbol{X}$, 得

$$f(c_1,c_2,\cdots,c_n)=\begin{pmatrix} c_1 & c_2 & \cdots & c_n \end{pmatrix}\begin{pmatrix} a_{11} & a_{12} & \cdots & a_{1n} \\ a_{21} & a_{22} & \cdots & a_{2n} \\ \vdots & \vdots & & \vdots \\ a_{n1} & a_{n2} & \cdots & a_{nn} \end{pmatrix}\begin{pmatrix} c_1 \\ c_2 \\ \vdots \\ c_n \end{pmatrix}.$$

称 $f(c_1,c_2,\cdots,c_n)$ 是二次型 $f(x_1,x_2,\cdots,x_n)$ 在 $\begin{cases} x_1=c_1 \\ x_2=c_2 \\ \quad\cdots \\ x_n=c_n \end{cases}$ 时的值.

若对任意不全为零的数 $c_1,c_2,\cdots,c_n$，都有 $f(c_1,c_2,\cdots,c_n)>0$，则称 $f(x_1,x_2,\cdots,x_n)$ 为正定二次型;

若对任意不全为零的数 $c_1,c_2,\cdots,c_n$，都有 $f(c_1,c_2,\cdots,c_n)\geqslant 0$，则称 $f(x_1,x_2,\cdots,x_n)$ 为半正定二次型.

假设可逆线性变换 $\boldsymbol{X}=\boldsymbol{C}\boldsymbol{Y}$，化正定二次型 $f(x_1,x_2,\cdots,x_n)=\boldsymbol{X}^{\mathrm{T}}\boldsymbol{A}\boldsymbol{X}$，得 $g(y_1,y_2,\cdots,y_n)=\boldsymbol{Y}^{\mathrm{T}}(\boldsymbol{C}^{\mathrm{T}}\boldsymbol{A}\boldsymbol{C})\boldsymbol{Y}, \boldsymbol{X}^{\mathrm{T}}\boldsymbol{A}\boldsymbol{X}\xlongequal{\boldsymbol{X}=\boldsymbol{C}\boldsymbol{Y}}\boldsymbol{Y}^{\mathrm{T}}(\boldsymbol{C}^{\mathrm{T}}\boldsymbol{A}\boldsymbol{C})\boldsymbol{Y}$.

任取 $\boldsymbol{Y}$ 的一组非零值 $\begin{cases} y_1=l_1 \\ y_2=l_2 \\ \quad\cdots \\ y_n=l_n \end{cases}$ $(l_1,l_2,\cdots,l_n$ 不全为零). 记

$$\boldsymbol{C}\begin{pmatrix} l_1 \\ l_2 \\ \vdots \\ l_n \end{pmatrix}=\begin{pmatrix} k_1 \\ k_2 \\ \vdots \\ k_n \end{pmatrix}.$$

因为 $\boldsymbol{C}$ 是可逆矩阵, 所以, 若 $l_1,l_2,\cdots,l_n$ 不全为 0, 则 $k_1,k_2,\cdots,k_n$ 也不全为 0.

$$\begin{aligned} g(l_1,l_2,\cdots,l_n)&=\begin{pmatrix} l_1 & l_2 & \cdots & l_n \end{pmatrix}(\boldsymbol{C}^{\mathrm{T}}\boldsymbol{A}\boldsymbol{C})\begin{pmatrix} l_1 \\ l_2 \\ \vdots \\ l_n \end{pmatrix} \\ &=\left(\boldsymbol{C}\begin{pmatrix} l_1 \\ l_2 \\ \vdots \\ l_n \end{pmatrix}\right)^{\mathrm{T}}\boldsymbol{A}\left(\boldsymbol{C}\begin{pmatrix} l_1 \\ l_2 \\ \vdots \\ l_n \end{pmatrix}\right) \\ &=\begin{pmatrix} k_1 & k_2 & \cdots & k_n \end{pmatrix}\boldsymbol{A}\begin{pmatrix} k_1 \\ k_2 \\ \vdots \\ k_n \end{pmatrix} \\ &=f(k_1,k_2,\cdots,k_n)>0, \end{aligned}$$

所以, $g(y_1,y_2,\cdots,y_n)$ 仍是正定二次型.

定理 5.9 假设二次型 $f(x_1,x_2,\cdots,x_n)=\boldsymbol{X}^{\mathrm{T}}\boldsymbol{A}\boldsymbol{X}$, 经可逆线性变换 $\boldsymbol{X}=\boldsymbol{C}\boldsymbol{Y}$, 化得 $g(y_1,y_2,\cdots,y_n)=\boldsymbol{Y}^{\mathrm{T}}(\boldsymbol{C}^{\mathrm{T}}\boldsymbol{A}\boldsymbol{C})\boldsymbol{Y}$. 则

$f(x_1,x_2,\cdots,x_n)=\boldsymbol{X}^{\mathrm{T}}\boldsymbol{A}\boldsymbol{X}$ 正定，当且仅当 $g(y_1,y_2,\cdots,y_n)=\boldsymbol{Y}^{\mathrm{T}}(\boldsymbol{C}^{\mathrm{T}}\boldsymbol{A}\boldsymbol{C})\boldsymbol{Y}$ 正定;

$f(x_1,x_2,\cdots,x_n)=\boldsymbol{X}^{\mathrm{T}}\boldsymbol{A}\boldsymbol{X}$ 半正定，当且仅当 $g(y_1,y_2,\cdots,y_n)=\boldsymbol{Y}^{\mathrm{T}}(\boldsymbol{C}^{\mathrm{T}}\boldsymbol{A}\boldsymbol{C})\boldsymbol{Y}$ 半正定.

也就是说，可逆的线性变换把正定二次型化得正定二次型；把半正定二次型化得半正定二次型.

因为只含平方项的二次型 $d_1y_1^2+d_2y_2^2+\cdots+d_ny_n^2$ 正定，当且仅当 $d_k>0(k=1,2,\cdots,n)$；二次型 $d_1y_1^2+d_2y_2^2+\cdots+d_ny_n^2$ 半正定，当且仅当 $d_k\geqslant 0(k=1,2,\cdots,n)$. 所以，

定理 5.10　二次型 $f(x_1,x_2,\cdots,x_n)=\boldsymbol{X}^{\mathrm{T}}\boldsymbol{A}\boldsymbol{X}$ 正定，当且仅当规范标准形是 $y_1^2+y_2^2+\cdots+y_n^2$，当且仅当 $\boldsymbol{A}$ 的特征值全是正数；

二次型 $f(x_1,x_2,\cdots,x_n)=\boldsymbol{X}^{\mathrm{T}}\boldsymbol{A}\boldsymbol{X}$ 半正定，当且仅当规范标准形是 $y_1^2+y_2^2+\cdots+y_r^2$，$r<n$ 是二次型的秩，当且仅当 $\boldsymbol{A}$ 的特征值全是非负数.

求出二次型 $f(x_1,x_2,\cdots,x_n)=\boldsymbol{X}^{\mathrm{T}}\boldsymbol{A}\boldsymbol{X}$ 的矩阵 $\boldsymbol{A}$ 的所有特征值，就可以判断它的正定性 (正定或者半正定)，也可以写出它的规范标准形.

若二次型 $f(x_1,x_2,\cdots,x_n)=\boldsymbol{X}^{\mathrm{T}}\boldsymbol{A}\boldsymbol{X}$ 的矩阵 $\boldsymbol{A}$ 的特征值全大于零，则 $f(x_1,x_2,\cdots,x_n)=\boldsymbol{X}^{\mathrm{T}}\boldsymbol{A}\boldsymbol{X}$ 正定，规范标准形是 $y_1^2+y_2^2+\cdots+y_n^2$;

若二次型 $f(x_1,x_2,\cdots,x_n)=\boldsymbol{X}^{\mathrm{T}}\boldsymbol{A}\boldsymbol{X}$ 的矩阵 $\boldsymbol{A}$ 的特征值全非负，则 $f(x_1,x_2,\cdots,x_n)=\boldsymbol{X}^{\mathrm{T}}\boldsymbol{A}\boldsymbol{X}$ 半正定，规范标准形是 $y_1^2+y_2^2+\cdots+y_r^2$，$r<n$ 是 $\boldsymbol{A}$ 的正特征值个数 (也是 $\boldsymbol{A}$ 的秩);

若二次型 $f(x_1,x_2,\cdots,x_n)=\boldsymbol{X}^{\mathrm{T}}\boldsymbol{A}\boldsymbol{X}$ 的矩阵 $\boldsymbol{A}$ 有 $p(>0)$ 个正特征值，$q(>0)$ 个负特征值，则 $f(x_1,x_2,\cdots,x_n)=\boldsymbol{X}^{\mathrm{T}}\boldsymbol{A}\boldsymbol{X}$ 既不正定，也不半正定，

它的规范标准形是 $y_1^2+\cdots+y_p^2-y_{p+1}^2-\cdots-y_{p+q}^2$，$p$ 是 $f(x_1,x_2,\cdots,x_n)=\boldsymbol{X}^{\mathrm{T}}\boldsymbol{A}\boldsymbol{X}$ 的正惯性指数，q 是 $f(x_1,x_2,\cdots,x_n)=\boldsymbol{X}^{\mathrm{T}}\boldsymbol{A}\boldsymbol{X}$ 的负惯性指数.

例 5.10　判断下列二次型是否正定，并写出它们的规范标准形.

(1) $f(x_1,x_2,x_3)=x_1^2+2x_1x_2+2x_1x_3+2x_2^2+2x_2x_3+2x_3^2$;

(2) $f(x_1,x_2,x_3,x_4)=2x_1x_2+2x_1x_4+2x_2x_3+2x_3x_4$;

解　(1) 二次型 $f(x_1,x_2,x_3)$ 的矩阵 $\boldsymbol{A}=\begin{pmatrix}1&1&1\\1&2&1\\1&1&2\end{pmatrix}$.

利用 MATLAB 求 $\boldsymbol{A}$ 的特征值.

在 MATLAB 的命令窗口中输入以下内容 (包括括号、空格、逗号、分号等符号):

```
A=[1 1 1;1 2 1;1 1 2];
[V D]=eig(sym(A))
```

完成输入，点击“回车”键，命令窗口出现如图 5.7 的内容.

```
Command Window
>>  A=[1 1 1;1 2 1;1 1 2];
  [V D]=eig(sym(A))

V =

[          0,  3^(1/2)-1,  -1-3^(1/2)]
[          1,          1,           1]
[         -1,          1,           1]



D =

[        1,          0,          0]
[        0, 2+3^(1/2),           0]
[        0,          0, 2-3^(1/2)]
```

图 5.7

命令窗口输出的运算结果:

矩阵 $\boldsymbol{V}=\begin{pmatrix}0 & \sqrt{3}-1 & -1-\sqrt{3}\\ 1 & 1 & 1\\ -1 & 1 & 1\end{pmatrix}$ 的列向量是 $\boldsymbol{A}$ 的特征向量;

$$\boldsymbol{D}=\begin{pmatrix}1 & 0 & 0\\ 0 & 2+\sqrt{3} & 0\\ 0 & 0 & 2-\sqrt{3}\end{pmatrix}$$

的对角元素是 $\boldsymbol{A}$ 的特征值, 分别为 $\lambda_1=1,\lambda_2=2+\sqrt{3},\lambda_3=2-\sqrt{3}$.

$\boldsymbol{A}$ 的特征值全大于零, 所以二次型正定. $f(x_1,x_2,x_3)$ 的规范标准形是 $y_1^2+y_2^2+y_3^2$.

(2) 二次型 $f(x_1,x_2,x_3,x_4)$ 的矩阵 $\boldsymbol{A}=\begin{pmatrix}0 & 1 & 0 & 1\\ 1 & 0 & 1 & 0\\ 0 & 1 & 0 & 1\\ 1 & 0 & 1 & 0\end{pmatrix}$.

利用 MATLAB 求 $\boldsymbol{A}$ 的特征值.

在 MATLAB 的命令窗口中输入以下内容 (包括括号、空格、逗号、分号等符号):

A=[0 1 0 1;1 0 1 0;0 1 0 1;1 0 1 0];

[V D]=eig(sym(A))

完成输入, 点击 “回车” 键, 命令窗口出现如图 5.8 的内容.

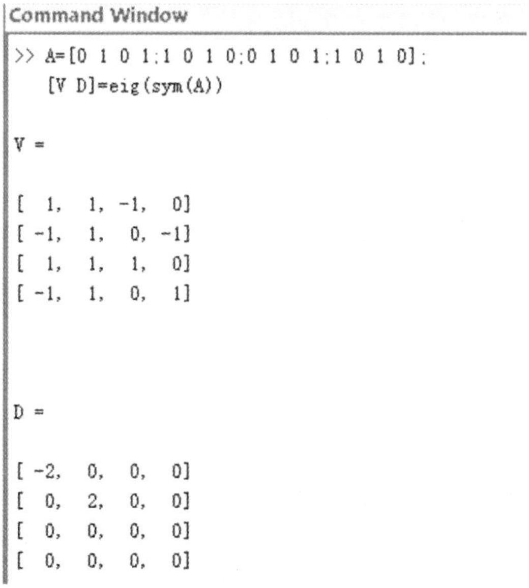
Command Window
>> A=[0 1 0 1;1 0 1 0;0 1 0 1;1 0 1 0];
[V D]=eig(sym(A))
V =
[1, 1, -1, 0]
[-1, 1, 0, -1]
[1, 1, 1, 0]
[-1, 1, 0, 1]
D =
[-2, 0, 0, 0]
[0, 2, 0, 0]
[0, 0, 0, 0]
[0, 0, 0, 0]

图 5.8

命令窗口输出的运算结果:

矩阵 $\boldsymbol{V}=\begin{pmatrix}1&1&-1&0\\-1&1&0&-1\\1&1&1&0\\-1&1&0&1\end{pmatrix}$ 的列向量是 $\boldsymbol{A}$ 的特征向量;

矩阵 $\boldsymbol{D}=\begin{pmatrix}-2&0&0&0\\0&2&0&0\\0&0&0&0\\0&0&0&0\end{pmatrix}$ 的对角元素是 $\boldsymbol{A}$ 的特征值, 分别为 $\lambda_1=-2,\lambda_2=2,\lambda_3=\lambda_4=0$.

$\boldsymbol{A}$ 有正特征值 $(\lambda_2=2)$, 也有负特征值 $(\lambda_1=-2)$, 也有零特征值 $(\lambda_3=\lambda_4=0)$. 所以, 二次型既不是正定的, 也不是半正定的. 它的规范标准形是 $y_1^2-y_2^2$.

练　习　5.4

练习5.4解答

1. 写出下列二次型的矩阵以及矩阵表示:

(1) $f(x_1,x_2,x_3,x_4)=x_1x_2+x_2x_3+x_3x_4+x_1x_4$;

(2) $f(x_1,x_2,x_3)=x_1^2+x_1x_2+x_1x_3+x_2^2+x_2x_3+x_3^2$.

2. 求正交的线性变换, 化以下二次型为标准形:

(1) $f(x_1,x_2,x_3,x_4)=x_1x_2+x_2x_3+x_3x_4+x_1x_4$;

(2) $f(x_1,x_2,x_3)=x_1^2+x_1x_2+x_1x_3+x_2^2+x_2x_3+x_3^2$;

(3) $f(x_1,x_2,x_3)=x_1^2+3x_2^2+x_3^2+2x_1x_2+2x_1x_3+2x_2x_3$;

(4) $f(x_1,x_2,x_3)=x_1^2+x_2^2+x_3^2-2x_1x_2-2x_2x_3$.

3. 设 $\boldsymbol{A}=\begin{pmatrix}1&0&1\\0&1&1\\-1&0&a\end{pmatrix}$, $\boldsymbol{A}^{\mathrm{T}}$ 是 $\boldsymbol{A}$ 的转置矩阵. 若二次型 $f(x_1,x_2,x_3)=\boldsymbol{X}^{\mathrm{T}}\boldsymbol{A}^{\mathrm{T}}\boldsymbol{A}\boldsymbol{X}$ 的秩等于 2.

(1) 求 a 的值;

(2) 写出二次型 $f(x_1,x_2,x_3)$ 的矩阵;

(3) 求正交变换 $\boldsymbol{X}=\boldsymbol{P}\boldsymbol{Y}$, 化二次型为标准形.

4. (1) 设二次型 $f(x_1,x_2,x_3)=a(x_1^2+x_2^2+x_3^2)+4x_1x_2+4x_1x_3+4x_2x_3$, 经正交变换 $\boldsymbol{X}=\boldsymbol{P}\boldsymbol{Y}$ 化得标准形 $g(y_1,y_2,y_3)=6y_1^2$, 求 a 的值.

(2) 设二次型 $f(x_1,x_2,x_3)=ax_1^2+ax_2^2+(a-1)x_3^2+2x_1x_3-2x_2x_3$, 经正交变换 $\boldsymbol{X}=\boldsymbol{P}\boldsymbol{Y}$ 化得标准形 $g(y_1,y_2,y_3)=2y_1^2+3y_2^2$, 求 a 的值.

(3) 设二次型 $f(x_1,x_2,x_3)=(1-a)x_1^2+(1-a)x_2^2+2x_3^2+2(1+a)x_1x_2$, 经正交变换 $\boldsymbol{X}=\boldsymbol{P}\boldsymbol{Y}$ 化得标准形 $g(y_1,y_2,y_3)=2y_1^2+2y_2^2$, 求 a 的值.

5. 求可逆的线性变换 $\boldsymbol{X}=\boldsymbol{P}\boldsymbol{Y}$ 化以下二次型为规范标准形, 并求得它们的惯性指数.

(1) $f(x_1,x_2,x_3)=x_1x_2+x_1x_3+x_2x_3$;

(2) $f(x_1,x_2,x_3)=x_1^2+x_2^2+x_3^2+x_1x_2+x_1x_3+x_2x_3$;

(3) $f(x_1,x_2,x_3)=(x_1-x_2)^2+(x_2-x_3)^2+(x_1-x_3)^2$.

6. a 为何值时, 下列二次型是正定的.

(1) $f(x_1,x_2,x_3)=\begin{pmatrix}x_1&x_2&x_3\end{pmatrix}\begin{pmatrix}1&a&0\\a&4&0\\0&0&2\end{pmatrix}\begin{pmatrix}x_1\\x_2\\x_3\end{pmatrix}$;

(2) $f(x_1,x_2,x_3)=\begin{pmatrix}x_1&x_2&x_3\end{pmatrix}\begin{pmatrix}1&1&a\\1&2&0\\a&0&2\end{pmatrix}\begin{pmatrix}x_1\\x_2\\x_3\end{pmatrix}$.

习　题　5

习题5解答

1. 设矩阵 $\begin{pmatrix} a & -1 & -1 \\ -1 & a & -1 \\ -1 & -1 & a \end{pmatrix}$ 与 $\begin{pmatrix} 1 & 1 & 0 \\ 0 & -1 & 1 \\ 1 & 0 & 1 \end{pmatrix}$ 等价, 求 a 的值.

2. 设 $\boldsymbol{A}=\begin{pmatrix} 1 & 0 & 0 \\ 0 & 2 & 0 \\ 0 & 0 & 3 \end{pmatrix}$, $\boldsymbol{P}=\begin{pmatrix} \boldsymbol{\eta}_1 & \boldsymbol{\eta}_2 & \boldsymbol{\eta}_3 \end{pmatrix}$ 是可逆的列分块矩阵. 记

$$\boldsymbol{P}_1=\begin{pmatrix} \boldsymbol{\eta}_2 & \boldsymbol{\eta}_3 & \boldsymbol{\eta}_1 \end{pmatrix},\ \boldsymbol{P}_2=\begin{pmatrix} \boldsymbol{\eta}_3 & \boldsymbol{\eta}_1 & \boldsymbol{\eta}_2 \end{pmatrix},\ \boldsymbol{P}_3=\begin{pmatrix} \boldsymbol{\eta}_3 & \boldsymbol{\eta}_2 & \boldsymbol{\eta}_1 \end{pmatrix}.$$

若 $\boldsymbol{P}^{-1}\boldsymbol{B}\boldsymbol{P}=\boldsymbol{A}$, 求 $\boldsymbol{P}_1^{-1}\boldsymbol{B}\boldsymbol{P}_1$; $\boldsymbol{P}_2^{-1}\boldsymbol{B}\boldsymbol{P}_2$; $\boldsymbol{P}_3^{-1}\boldsymbol{B}\boldsymbol{P}_3$; $\det(\boldsymbol{B})$.

3. 设矩阵 $\boldsymbol{A}=\begin{pmatrix} 4 & 1 & -2 \\ 1 & 2 & a \\ 3 & 1 & -1 \end{pmatrix}$ 的一个特征向量为 $\begin{pmatrix} 1 \\ 1 \\ 2 \end{pmatrix}$, 求 a 的值.

4. 设 $\boldsymbol{A}$ 是 3 阶方阵, $\boldsymbol{P}=\begin{pmatrix} \boldsymbol{\alpha}_1 & \boldsymbol{\alpha}_2 & \boldsymbol{\alpha}_3 \end{pmatrix}$ 是可逆矩阵, 满足

$$\boldsymbol{P}^{-1}\boldsymbol{A}\boldsymbol{P}=\begin{pmatrix} 0 & 0 & 0 \\ 0 & 1 & 0 \\ 0 & 0 & 2 \end{pmatrix},$$

求 $\boldsymbol{A}(\boldsymbol{\alpha}_1+\boldsymbol{\alpha}_2+\boldsymbol{\alpha}_3)$.

5. 设 $\boldsymbol{\alpha}$, $\boldsymbol{\beta}$ 为 3 维列向量, $\boldsymbol{\beta}^{\mathrm{T}}$ 为 $\boldsymbol{\beta}$ 的转置. 若 $\boldsymbol{\alpha}\boldsymbol{\beta}^{\mathrm{T}}$ 相似于 $\begin{pmatrix} 2 & 0 & 0 \\ 0 & 0 & 0 \\ 0 & 0 & 0 \end{pmatrix}$, 求 $\boldsymbol{\beta}^{\mathrm{T}}\boldsymbol{\alpha}$.

6. 求解下列各题:

(1) 设二次曲面的方程 $x^2+3y^2+z^2+2axy+2xz+2yz=4$, 经正交变换化为 $y_1^2+4z_1^2=4$, 求 a 的值;

(2) 设二次型 $f(x_1,x_2,x_3)=x_1^2+3x_2^2+x_3^2+2x_1x_2+2x_2x_3+2x_1x_3$, 求 $f(x_1,x_2,x_3)$ 的正惯性指数;

(3) 设二次型 $f(x_1,x_2,x_3)=\boldsymbol{X}^{\mathrm{T}}\boldsymbol{A}\boldsymbol{X}$ 的秩为 1, $\boldsymbol{A}$ 的每一行的元素之和都是 3, 求 $f(x_1,x_2,x_3)$ 在正交变换下 $\boldsymbol{X}=\boldsymbol{Q}\boldsymbol{Y}$ 的标准形;

(4) 设二次型 $f=x_1^2-x_2^2+2ax_1x_3+4x_2x_3$ 的正、负惯性指数都是 1, 求 a 的取值;

(5) 设二次型 $f=a(x_1^2+x_2^2+x_3^2)+2x_1x_2+2x_1x_3+2x_2x_3$ 的正惯性指数为 1, 负惯性指数 2. 求 a 的取值.

7. 设 $\boldsymbol{A},\boldsymbol{P}$ 都是 3 阶矩阵, $\boldsymbol{P}=(\boldsymbol{\eta}_1\quad\boldsymbol{\eta}_2\quad\boldsymbol{\eta}_3),\boldsymbol{Q}=(\boldsymbol{\eta}_1+\boldsymbol{\eta}_2\quad\boldsymbol{\eta}_2\quad\boldsymbol{\eta}_3)$.

(1) 若 $\boldsymbol{P}^{\mathrm{T}}\boldsymbol{A}\boldsymbol{P}=\begin{pmatrix}1&0&0\\0&1&0\\0&0&2\end{pmatrix}$, 求 $\boldsymbol{Q}^{\mathrm{T}}\boldsymbol{A}\boldsymbol{Q}$;

(2) 若 $\boldsymbol{P}^{-1}\boldsymbol{A}\boldsymbol{P}=\begin{pmatrix}1&0&0\\0&1&0\\0&0&2\end{pmatrix}$, 求 $\boldsymbol{Q}^{-1}\boldsymbol{A}\boldsymbol{Q}$.

8. 设 $\boldsymbol{A}\in\mathbf{R}^{2\times2},\boldsymbol{\eta}_1,\boldsymbol{\eta}_2\in\mathbf{R}^2$ 线性无关, 若 $\boldsymbol{A}\boldsymbol{\eta}_1=\mathbf{0},\boldsymbol{A}\boldsymbol{\eta}_2=2\boldsymbol{\eta}_1+\boldsymbol{\eta}_2$, 求 $\boldsymbol{A}$ 的相似标准形.

9. 设 λ_1,λ_2 是 $\boldsymbol{A}$ 的两个不同特征值, $\boldsymbol{\eta}_1,\boldsymbol{\eta}_2$ 是分别属于特征值 λ_1,λ_2 的特征向量. 讨论向量组 $\boldsymbol{\eta}_1,\boldsymbol{A}(\boldsymbol{\eta}_1+\boldsymbol{\eta}_2)$ 的线性相关性.

10. 设 $\boldsymbol{B}=\begin{pmatrix}0&0&1\\0&1&0\\1&0&0\end{pmatrix}$. 若 $\boldsymbol{A}$ 相似于 $\boldsymbol{B}$, 求 $(\boldsymbol{A}-2\boldsymbol{I})$ 以及 $(\boldsymbol{A}-\boldsymbol{I})$ 的秩.

11. 设 $\boldsymbol{A}$ 是 3 阶方阵, $\boldsymbol{\eta}_1,\boldsymbol{\eta}_2$ 是 $\boldsymbol{A}$ 分别属于特征值 $-1,1$ 的特征向量. 若 $\boldsymbol{\eta}_3$ 满足 $\boldsymbol{A}\boldsymbol{\eta}_3=\boldsymbol{\eta}_2+\boldsymbol{\eta}_3$.

(1) 证明: $\boldsymbol{\eta}_1,\boldsymbol{\eta}_2,\boldsymbol{\eta}_3$ 线性无关;

(2) 记 $\boldsymbol{P}=(\boldsymbol{\eta}_1\quad\boldsymbol{\eta}_2\quad\boldsymbol{\eta}_3)$ 是以 $\boldsymbol{\eta}_1,\boldsymbol{\eta}_2,\boldsymbol{\eta}_3$ 为列的分块矩阵, 求 $\boldsymbol{P}^{-1}\boldsymbol{A}\boldsymbol{P}$.

12. 设 $\boldsymbol{A}$ 是 3 阶方阵, $\boldsymbol{X}$ 是 3 维向量, 满足 $\boldsymbol{X}$, $\boldsymbol{A}\boldsymbol{X}$, $\boldsymbol{A}^2\boldsymbol{X}$ 线性无关, $\boldsymbol{A}^3\boldsymbol{X}=3\boldsymbol{A}\boldsymbol{X}-2\boldsymbol{A}^2\boldsymbol{X}$.

(1) 记 $\boldsymbol{P}=(\boldsymbol{X}\quad\boldsymbol{A}\boldsymbol{X}\quad\boldsymbol{A}^2\boldsymbol{X})$ 是列分块矩阵, 求矩阵 $\boldsymbol{B}$, 满足 $\boldsymbol{A}=\boldsymbol{P}\boldsymbol{B}\boldsymbol{P}^{-1}$;

(2) 计算行列式 $|\boldsymbol{A}+\boldsymbol{I}|$.

13. 设二次型 $f(x_1,x_2,x_3)=ax_1^2+2x_2^2-2x_3^2+2bx_1x_3(b>0)$. 若它的矩阵的特征值之和等于 1, 特征值之积等于 -12. 求

(1) a,b 的值;

(2) 正交变换 $\boldsymbol{X}=\boldsymbol{P}\boldsymbol{Y}$, 化它成标准形.

14. 设二次型 $f(x_1,x_2,x_3)=(1-a)x_1^2+(1-a)x_2^2+2x_3^2+2(1+a)x_1x_2$ 的秩等于 2. 求

(1) a 的值;

(2) 正交变换 $\boldsymbol{X}=\boldsymbol{Q}\boldsymbol{Y}$, 化二次型为标准形;

(3) 方程 $f(x_1,x_2,x_3)=0$ 的根.

15. 设 3 阶实对称矩阵 $\boldsymbol{A}$ 的各行元素之和都等于 3, 向量 $\boldsymbol{\eta}_1=\begin{pmatrix}-1\\2\\-1\end{pmatrix},\boldsymbol{\eta}_2=\begin{pmatrix}0\\-1\\1\end{pmatrix}$ 是线性方程组 $\boldsymbol{A}\boldsymbol{X}=\mathbf{0}$ 的两个解.

(1) 求 $\boldsymbol{A}$ 的特征值和特征向量;

(2) 求正交矩阵 $\boldsymbol{Q}$ 和对角矩阵 $\boldsymbol{B}$, 满足 $\boldsymbol{Q}^{\mathrm{T}}\boldsymbol{A}\boldsymbol{Q}=\boldsymbol{B}$.

16. 设二次型 $f(x_1,x_2,x_3)=ax_1^2+ax_2^2+(a-1)x_3^2+2x_1x_3-2x_2x_3$.

(1) 求它的矩阵的所有特征值;

(2) 若它的标准形是 $y_1^2+y_2^2$, 求 a 的值.

17. 已知二次型 $f(x_1,x_2,x_3)=\boldsymbol{X}^{\mathrm{T}}\boldsymbol{A}\boldsymbol{X}$ 在正交变换 $\boldsymbol{X}=\boldsymbol{Q}\boldsymbol{Y}$ 下的标准形是 $y_1^2+y_2^2$, 若 $\boldsymbol{Q}$ 的第三列是 $\begin{pmatrix}\frac{\sqrt{2}}{2}\\0\\\frac{\sqrt{2}}{2}\end{pmatrix}$.

(1) 求矩阵 $\boldsymbol{A}$;

(2) 说明: $\boldsymbol{A}+\boldsymbol{I}$ 是正定矩阵, 其中 $\boldsymbol{I}$ 是 3 阶单位矩阵.

18. 设 $\boldsymbol{A}=\begin{pmatrix}0&-1&4\\-1&3&a\\4&a&0\end{pmatrix}$, 若存在第 1 列是 $\begin{pmatrix}\frac{1}{\sqrt{6}}\\\frac{2}{\sqrt{6}}\\\frac{1}{\sqrt{6}}\end{pmatrix}$ 的正交矩阵 $\boldsymbol{Q}$, 满足 $\boldsymbol{Q}^{\mathrm{T}}\boldsymbol{A}\boldsymbol{Q}$ 为对角阵, 求 $a,\boldsymbol{Q}$.

19. 设 $\boldsymbol{A}$ 是秩为 2 的 3 阶实对称矩阵, 若 $\boldsymbol{A}\begin{pmatrix}1&1\\0&0\\-1&1\end{pmatrix}=\begin{pmatrix}-1&1\\0&0\\1&1\end{pmatrix}$. 求

(1) $\boldsymbol{A}$ 的特征值与特征向量; (2) 矩阵 $\boldsymbol{A}$.

20. 设二次型 $f(x_1,x_2,x_3)=2(a_1x_1+a_2x_2+a_3x_3)^2+(b_1x_1+b_2x_2+b_3x_3)^2$. 记 $\boldsymbol{\alpha}=\begin{pmatrix}a_1\\a_2\\a_3\end{pmatrix},\boldsymbol{\beta}=\begin{pmatrix}b_1\\b_2\\b_3\end{pmatrix}$.

(1) 证明: 二次型 $f(x_1,x_2,x_3)$ 的矩阵等于 $2\boldsymbol{\alpha}\boldsymbol{\alpha}^{\mathrm{T}}+\boldsymbol{\beta}\boldsymbol{\beta}^{\mathrm{T}}$;

(2) 若 $\boldsymbol{\alpha},\boldsymbol{\beta}$ 是正交的单位向量, 证明: $f(x_1,x_2,x_3)$ 在正交变换下的标准形是 $2y_1^2+y_2^2$.

21. 设二次型 $f(x_1,x_2,x_3)=2x_1^2-x_2^2+ax_3^2+2x_1x_2-8x_1x_3+2x_2x_3$ 在正交变换 $\boldsymbol{X}=\boldsymbol{Q}\boldsymbol{Y}$ 下的标准形为 $\lambda_1y_1^2+\lambda_2y_2^2$, 求 a 的值及一个正交矩阵 $\boldsymbol{Q}$.

22. 设矩阵 $\boldsymbol{A}=\begin{pmatrix}0&2&-3\\-1&3&-3\\1&-2&a\end{pmatrix}$ 相似于矩阵 $\boldsymbol{B}=\begin{pmatrix}1&-2&0\\0&b&0\\0&3&1\end{pmatrix}$. 求

(1) a,b 的值;

(2) 可逆矩阵 $\boldsymbol{P}$, 满足 $\boldsymbol{P}^{-1}\boldsymbol{AP}$ 为对角阵.

23. 已知矩阵 $\boldsymbol{A}=\begin{pmatrix}0&-1&-1\\2&-3&0\\0&0&0\end{pmatrix}$.

(1) 求 $\boldsymbol{A}^{2019}$;

(2) 设 3 阶矩阵 $\boldsymbol{B}=(\boldsymbol{\alpha}_1\quad\boldsymbol{\alpha}_2\quad\boldsymbol{\alpha}_3)$ 满足 $\boldsymbol{B}^2=\boldsymbol{BA}$.

记 $\boldsymbol{B}^{2020}=(\boldsymbol{\beta}_1\quad\boldsymbol{\beta}_2\quad\boldsymbol{\beta}_3)$, 把 $\boldsymbol{\beta}_1,\boldsymbol{\beta}_2,\boldsymbol{\beta}_3$ 分别表示成 $\boldsymbol{\alpha}_1,\boldsymbol{\alpha}_2,\boldsymbol{\alpha}_3$ 的线性组合.

24. 证明: n 阶矩阵 $\begin{pmatrix}1&1&\cdots&1\\1&1&\cdots&1\\\vdots&\vdots&&\vdots\\1&1&\cdots&1\end{pmatrix}$ 与 $\begin{pmatrix}0&\cdots&0&1\\0&\cdots&0&2\\\vdots&&\vdots&\vdots\\0&\cdots&0&n\end{pmatrix}$ 相似.

25. 设 $\boldsymbol{A},\boldsymbol{B}$ 是同阶方阵.

(1) 如果 $\boldsymbol{A},\boldsymbol{B}$ 相似, 证明: $\boldsymbol{A},\boldsymbol{B}$ 的特征多项式相等;

(2) 举一个二阶方阵的例子, 证明 (1) 的逆命题不成立;

(3) 当 $\boldsymbol{A},\boldsymbol{B}$ 均为实对称矩阵时, 证明 (1) 的逆命题成立.

26. 设 $\boldsymbol{I}$ 是 3 阶单位矩阵, $\boldsymbol{A}$ 是特征值为 2, -2, 1 是 3 阶方阵, $\boldsymbol{B}=\boldsymbol{A}^2-\boldsymbol{A}+\boldsymbol{I}$. 求 $\boldsymbol{B}$ 的行列式.

27. 讨论下列矩阵 $\boldsymbol{A}$ 与 $\boldsymbol{B}$(或 $\boldsymbol{A},\boldsymbol{B},\boldsymbol{C}$) 的关系 (相似? 合同? 等价?)

(1) $\boldsymbol{A}=\begin{pmatrix}1&1&1&1\\1&1&1&1\\1&1&1&1\\1&1&1&1\end{pmatrix}$, $\boldsymbol{B}=\begin{pmatrix}4&0&0&0\\0&0&0&0\\0&0&0&0\\0&0&0&0\end{pmatrix}$;

(2) $\boldsymbol{A}=\begin{pmatrix}2&-1&-1\\-1&2&-1\\-1&-1&2\end{pmatrix}$, $\boldsymbol{B}=\begin{pmatrix}1&0&0\\0&1&0\\0&0&0\end{pmatrix}$.

(3) $\boldsymbol{A}=\begin{pmatrix}2&0&0\\0&2&1\\0&0&1\end{pmatrix}$, $\boldsymbol{B}=\begin{pmatrix}2&1&0\\0&2&0\\0&0&1\end{pmatrix}$, $\boldsymbol{C}=\begin{pmatrix}1&0&0\\0&2&0\\0&0&2\end{pmatrix}$.

28. 讨论矩阵 $\begin{pmatrix}1&a&1\\a&b&a\\1&a&1\end{pmatrix}$ 与 $\begin{pmatrix}2&0&0\\0&b&0\\0&0&0\end{pmatrix}$ 相似的充分必要条件.

应 用 题

应用题解答

1. 拥有 30 万城市就业人口的某市, 就业人口主要从事工业、商业、服务业工作. 假定某市就业人口在若干年内保持不变, 而社会调查表明:

(1) 在这 30 万就业人员中, 目前约有 15 万人从事工业, 9 万人从事商业, 6 万从事服务业;

(2) 在从事工业人员中, 每年约有 20% 改为从事商业, 10% 改为服务业;

(3) 在从事商业人员中, 每年约有 20% 改为从事工业, 10% 改为服务业;

(4) 在从事服务业人员中, 每年约有 10% 改为从事工业, 10% 改为从事商业.

现市政府为了制定某项长期政策, 需要了解近一、二年后从事各业人员的人数以及经过若干年后, 从事各业人员总数之发展趋势.

请你利用所学习线性代数的知识和上述信息, 建立适当的数学模型, 给出近一、二年后从事各业人员的人数以及经过若干年后, 从事各业人员总数之发展趋势.

2. Fibonacci 数列是经典的数列之一.1202 年, 意大利数学家斐波那契在一本书中提出一个问题:

如果一对兔子出生一个月后开始繁殖, 每个月生出一对后代, 现有一对新生兔子, 假定兔子只繁殖, 没有死亡, 问第 k 月月初会有多少兔子?

以“对”为单位, 每月兔子组队数构成一个数列, 这便是著名的 Fibonacci 数列 $\{F_k\}: 0,1,2,3,5,8,\cdots$, 数列符合条件 $F_0=0, F_1=1, F_{k+2}=F_{k+1}+F_k$.

请你利用所学线性代数知识, 经过计算得到 F_k 的通项公式.

3. 某中药厂用五种中草药 ($A\sim E$), 根据不同的比例配制成了非常容易储存的三种成药, 各用量成分见表 1(单位: 克).

表 1

	1 号成药	2 号成药	3 号成药
A	20	18	20
B	10	10	10
C	20	25	15
D	10	5	15
E	0	2	8

因为这三种成药比较容易储存, 所以药厂希望, 客户所订购的其他同样由成分 A,B,C,D,E 组成的中药都可以由着三种基本类型按一定比例混合而成.

(1) 假如某医院要求的 4 号中药中的五种成分为 16, 10, 21, 9, 4, 试问三种成药应各占多少比例? 如果客户总共需要 5 kg 新的中药, 则三种类型各要多少?

(2) 如果医院要求的 5 号中药含 A,B,C,D,E 的成分为 16, 12, 19, 9, 4, 则这种中药能用以上三种成药配成吗? 为什么?

4. (1) 磷酸钠和硝酸钡溶液混合时产生磷酸钡沉淀和硝酸钠. 请利用所学线性方程组知识, 配平如下化学方程式

$$\mathrm{Na_3PO_4+Ba(NO_3)_2\to Ba_3(PO_4)_2+NaNO_3}.$$

(2) 燃烧丙烷时, 丙烷 (C_3H_8) 和氧气 (O_2) 结合, 生成 CO_2 和 H_2O. 请利用所学线性方程组知识, 配平如下化学方程式

$$\mathrm{C_3H_8+O_2\to CO_2+H_2O}.$$

5. 假设一个经济体系由五金化工、石油能源和机械三个部门构成. 五金化工部门销售 30% 的产出给石油部门和 50% 的产出给机械部门, 保留余下的产出. 石油部门销售 80% 的产出给五金化工部门和 10% 的产出给机械部门, 保留余下的产出. 机械部门销售 40% 的产出给五金化工部门和 40% 的产出给石油部门并保留余下的产出.

求出该经济体系的一组平衡价格使得每个部门的收支平衡.

6. 考虑在某一地区某种传染病流行期的发展情况. 该传染病可以治愈, 但治愈者没有免疫力, 可能因感染病毒而再次患病. 假设开始时患病者占的比例为 10%, 且流行期健康者每天因感染病毒而患病的人数比例为常数 20%, 患病者每天治愈的比例为常数 30%. 那么, 若干天后情况会怎样呢?

7. 某学校为提高教师的业务水平, 计划让教师进行分批脱产进修, 假设学校目前在岗教师 800 人, 正在脱产进修的有 200 人, 现准备每年从在岗教师中选 30% 的人去进修, 且每年正在进修的教师中有 60% 的人可以完成培训回到教学岗位中, 若教师总人数不变, 问一年后在岗教师及进修教师各有多少? 两年后各有多少? 并由此预测若干年后, 学校在岗及进修教师各有多少?

8. 设简支梁如图 1 所示, 在梁的三个位置分别施加力 f_1, f_2 和 f_3 后, 在该处产生的综合变形 (通常称为挠度) 为 y_1, y_2 和 y_3 .

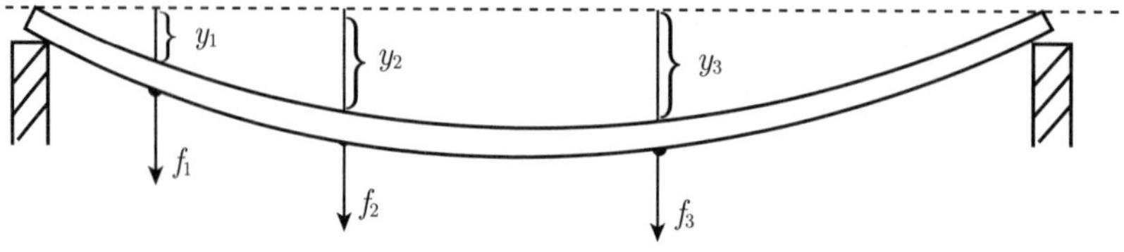

图 1

根据胡克定律, 在材料未失去弹性的范围内, 三个力与它引起的三个变形都

呈线性关系, 可以写出矩阵形式

$$\begin{pmatrix} y_1 \\ y_2 \\ y_3 \end{pmatrix} = \begin{pmatrix} d_{11} & d_{12} & d_{13} \\ d_{21} & d_{22} & d_{23} \\ d_{31} & d_{32} & d_{33} \end{pmatrix} \begin{pmatrix} f_1 \\ f_2 \\ f_3 \end{pmatrix}.$$

(1) 若只施加一个力 f_1, 其余两个力 $f_2 = f_3 = 0$, 求力 f_1 在三处分别引起的挠度;

(2) 由 (1) 以及矩阵的乘法, 说明元素 d_{ij} 的物理意义;

(3) 若 $\begin{pmatrix} d_{11} & d_{12} & d_{13} \\ d_{21} & d_{22} & d_{23} \\ d_{31} & d_{32} & d_{33} \end{pmatrix} = \begin{pmatrix} 0.005 & 0.002 & 0.001 \\ 0.002 & 0.004 & 0.003 \\ 0.001 & 0.003 & 0.006 \end{pmatrix}$, 且在三处施加的力

$$\begin{pmatrix} f_1 \\ f_2 \\ f_3 \end{pmatrix} = \begin{pmatrix} 20 \\ 50 \\ 30 \end{pmatrix}$$

求挠度.

9. 假定某地人口总数保持不变, 每年有 5% 的农村人口流入城镇, 有 1% 的城镇人口流入农村. 利用所学线性代数的知识, 说明该地的城镇人口与农村人口的分布最终是否会趋于一个“稳定状态”.

10. (*李政道问题*) 一堆苹果要分给 5 只猴子, 第一只猴子来了, 把苹果分成 5 堆, 还多一个扔了, 自己拿走一堆. 第二只猴子来了, 又把苹果分成 5 堆, 又多一个扔了, 自己拿走一堆, 以后每只猴子来了, 都如此办理. 问原来至少有多少苹果, 最后至少有多少苹果?

11. 学校附近有三家餐馆, 一家是川菜, 一家是湘菜, 还有一家是快餐. 假设每个周末在食堂的学生中有 20% 下次吃湘菜, 20% 下次吃快餐, 还有 30% 下次吃川菜; 吃湘菜的学生中有 20% 在食堂吃, 20% 下次吃快餐, 还有 30% 下次吃川菜; 而吃快餐的学生中有 20% 的下次在食堂吃, 20% 的下次吃湘菜, 20% 的下次吃川菜; 对于吃川菜的学生, 30% 的下次在食堂吃, 30% 的下次吃湘菜, 20% 的下次吃快餐. 我们把这样的整个事件称为一个系统. 而某个学生在四个地方的任何一个地方吃饭, 被称为状态. 在这个例子里, 有四个状态.

请利用所学线性代数知识, 估计系统状态的稳定性. 经过若干周以后, 四种状态中学生比例的大致情况 (利用 MATLAB 完成数值计算).

12. 图 2 是一个“左行环岛”在某一时段的车流量示意图. 请利用所学线性代数知识, 解决以下问题:

(1) 给出图中所有车流量的满足的关系式;

(2) 由于道路设施等原因, 图中环岛 x_1 至 x_6 路段单位时段内的车流量最大不能超过 200. 请利用线性方程组理论, 说明如何控制 x_1 至 x_6 中的某一个流量, 使得 6 个路段的单位时间内流量 x_1 至 x_6 都不超过 200;

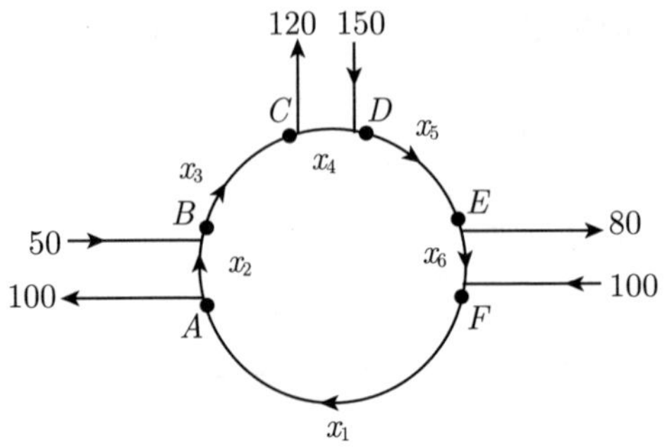

图 2

(3) 由于道路施工,x_4 路段封闭,这时保证道路畅通的各路段车流量是多少?

13. 图 3 是某一单行高速立交桥某时段的的车流量示意图. 请利用所学线性代数知识, 解决以下问题:

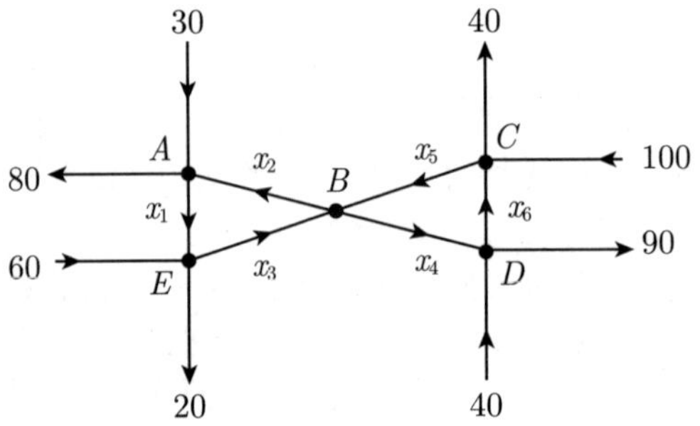

图 3

(1) 给出图中所有车流量的满足的关系式;

(2) 由计算结果说明, 路段 x_2,x_3,x_4,x_5 中的任何一条都不能封闭. 即路段 x_2,x_3,x_4,x_5 中任何一段需要封闭施工, 都必须封闭整个立交桥;

(3) 由计算结果, 说明路段 x_1 或路段 x_6 可以封闭施工. 路段 x_1 或路段 x_6 封闭施工时, 立交桥可以正常通行.

14. 某食品厂收到 2 000 kg 食品的订单, 要求食品中含脂肪 5%, 碳水化合物 12%, 蛋白质 15%. 该厂准备用 5 种原材料配制这种食品, 其中每一种原材料含脂肪、碳水化合物、蛋白质的百分比和每千克的成本 (元) 如表 2 所示.

(1) 用上述五种原材料能不能配制 2 000 kg 的这种食品? 如果能够, 那么解是唯一的吗? 写出它的所有解;

(2) 对于第 (1) 小题, 写出所花费的成本的表达式, 并求每一种原材料用多少量时成本最低 (有的原材料可以不用);

(3) 用 A_1,A_2,A_3,A_4 这 4 种原材料能配制 2 000 kg 这种食品吗? 如果能够, 它的解是唯一的吗? 求出这时所花费的成本;

表 2

	A_1	A_2	A_3	A_4	A_5
脂肪	8	6	3	2	4
碳水化合物	5	25	10	15	5
蛋白质	15	5	20	10	10
每千克成本	4.4	2	2.4	2.8	3.2

(4) 用 A_2,A_3,A_4,A_5 这 4 种原材料能配制 2000 kg 这种食品吗?

(5) 用 A_3,A_4,A_5 这 3 种原材料能配制 2000 kg 这种食品吗?

参 考 文 献

[1] 丘维声. 高等代数 [M].2 版. 北京: 高等教育出版社, 2002.

[2] Lay D C. 线性代数及其应用 [M]. 刘深泉, 等, 译. 北京: 机械工业出版社, 2005.

[3] 同济大学数学教研室. 线性代数 [M]. 北京: 高等教育出版社, 1999.

[4] 李尚志. 从问题出发引入线性代数概念 [J]. 高等数学研究, 2006, 9(5): 6-9.

[5] 李尚志. 从问题出发引入线性代数概念 (续)[J]. 高等数学研究, 2006, 9(6): 12-15.

[6] 李尚志.Cramer 法则教学的问题与对策 [J]. 大学数学, 2009, 25(6): 1-5.

[7] 李小平. 关于“线性代数”教学改革的一些思考 [J]. 大学数学, 2011, 27(3): 22-25.

[8] 刘彦芬, 王汝锋. 教学改革之我见: 从行列式的定义说起 [J]. 佳木斯教育学院学报, 2011, 3: 140.

[9] 段勇, 黄廷祝. 将数学建模思想融入线性代数课程教学 [J]. 中国大学教学, 2009, 3: 43-44.

[10] 黄玉梅, 彭涛. 线性代数中矩阵的应用典型案例 [J]. 兰州大学学报: 自然科学版, 2009, 45, Supp: 123-125.

[11] 江立辉, 等. 应用型本科院校线性代数课程建设的思考 [J]. 合肥学院学报, 2012, 22(2): 88-92.

[12] 郭文艳. 巧妙设计线性代数习题 [J]. 高等数学研究, 2008, 11(1): 80-81.

[13] 朱凤林. 浅谈线性代数中的一些应用实例 [J]. 企业导报, 2011, 19: 201.

[14] 宁群. 行列式映射唯一性的一个证明 [J]. 大学数学, 2005, 21(2): 78-81.

[15] 陈怀琛, 高淑萍. 论非数学专业线性代数的内容改革 [J]. 高等数学研究, 2015, 18(2): 8-11.

[16] 陈怀琛. 线性代数要与科学计算结成好伙伴 [J]. 大学数学, 2010, (S1):28-34.